Logistik

Susanne Koch

Logistik

Eine Einführung in Ökonomie
und Nachhaltigkeit

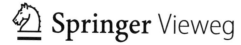 Springer Vieweg

Susanne Koch
Frankfurt
Deutschland

ISBN 978-3-642-15288-7   ISBN 978-3-642-15289-4 (eBook)
DOI 10.1007/978-3-642-15289-4

Die Deutsche Nationalbibliothek verzeichnet diese Publikation in der Deutschen Nationalbibliografie; detaillierte bibliografische Daten sind im Internet über http://dnb.d-nb.de abrufbar.

Springer Vieweg
© Springer-Verlag Berlin Heidelberg 2012

Gedruckt auf säurefreiem und chlorfrei gebleichtem Papier

Springer Vieweg ist eine Marke von Springer DE. Springer DE ist Teil der Fachverlagsgruppe Springer Science+Business Media
www.springer-vieweg.de

Vorwort

Die voranschreitende Globalisierung hat die Rahmenbedingungen für Unternehmen und die Gesellschaft maßgeblich verändert. Globaler Handel und Reisen in fast alle Länder der Erde sind selbstverständlich geworden. Unternehmen haben die Möglichkeit, neue Absatzmärkte zu erschließen sowie einen erleichterten Zugang zu günstigen Rohstoffen und Arbeitskräften zu erhalten. Doch mit dieser Globalisierung rücken neue Herausforderungen in den Mittelpunkt der Betrachtungen. Die wachsende Weltwirtschaft und der wachsende Wohlstand sind Gründe für ein weltweit verstärktes Verkehrsaufkommen, einen global steigenden Energie- und Ressourcenverbrauch sowie eine stetige Zunahme an Abfällen und Emissionen.

Alle Beteiligten der Gesellschaft sind aufgefordert, ihren Beitrag zur Reduzierung der vom Menschen verursachten Beeinflussung des Klimas zu leisten, damit unsere Umwelt und damit unsere Lebensqualität nicht dauerhaft beeinträchtigt werden.

In diesem Lehrbuch werden in fünf Kapiteln die Grundlagen der betrieblichen Logistik und des Supply Chain Managements sowie des Logistik-Controllings vorgestellt. Durch die Vermittlung der Grundlagen aus den jeweiligen Subsystemen der Logistik erhalten die Studierenden Anregungen zur Umsetzung einer nachhaltigen Logistik. Jedes Kapitel schließt mit einem Fragenkatalog zur Vertiefung des Stoffgebietes. Die Themengebiete werden durch vertiefende Informationen und Erläuterungen zu aktuellen Stichworten ergänzt. Bedanken möchte ich mich an dieser Stelle bei den Studierenden der FH Frankfurt – insbesondere Herrn Dipl. Kaufmann Andreas Strömmer-, die durch das Quellenstudium im Rahmen ihrer Abschlussarbeiten die Arbeit an diesem Lehrbuch beschleunigt haben.

Zu Gunsten des Leseflusses wird auf die Nennung beider Geschlechtsformen verzichtet, ohne dass damit eine Wertung verbunden wäre.

Frankfurt am Main im April 2012   Susanne Koch

Ökologie und Ökonomie – zwei unvereinbare Gegensätze?

Der Abbau von Zöllen erlaubt die Verlagerung der Produktion in Regionen mit den günstigsten Herstellkosten. Damit verbunden ist einerseits ein steigendes Transportaufkommen für die Bereitstellung der Roh-, Hilfs- und Betriebsstoffe für die global verteilten Fertigungsstätten und andererseits ein hohes Transportaufkommen für die weltweite Verteilung der Fertigwaren. Daraus ergibt sich eine zunehmend bedeutende Rolle für den Bereich Transport und Logistik in den länderübergreifenden Produktions- und Distributionskonzepten.

Der wachsende Welthandel hat lange für einen anhaltenden Boom im internationalen Frachtgeschäft gesorgt. Ausgelöst durch die Wirtschaftskrise in den Jahren 2007–2009 lastete ein globaler Wettbewerbsdruck und Preiskampf auf den Unternehmen. Sie sind gezwungen ihre Kosten und damit Preise zu senken, um weiterhin wettbewerbsfähig zu bleiben. Die Preise für Transport- und Logistikleistungen sind im Zuge der Wirtschaftskrise so stark gefallen, dass es den Unternehmen kaum möglich war, kostendeckend zu wirtschaften.

In den Industrienationen herrscht ein außerordentlich breites, von Jahreszeiten und geografischer Herkunft weitgehend unabhängiges Angebot von verderblichen Lebensmitteln auf den Märkten. Man kann beispielsweise in Deutschland das ganze Jahr über frisches Obst oder Kaffee und Tee aus verschiedenen Anbaugebieten beziehen. Die Folge davon ist eine ständig wachsende weltumspannende Transportmenge mit den damit verbundenen Auswirkungen auf die Umwelt.

Abbildung 1 zeigt den statistischen Erdölverbrauch für den Einkauf von Gemüsesorten zu verschiedenen Jahreszeiten. Je nachdem, wie und wo das Gemüse angebaut wurde und wie weit es transportiert werden musste, lässt sich der Energiebedarf in virtuelle Erdölmengen umrechnen. Saisongemüse wie Spargel und Bohnen werden in den Wintermonaten aus Übersee per Flugzeug nach Europa befördert. Dementsprechend hoch ist der virtuelle Erdölverbrauch.

Das Konsumverhalten der Endkunden auf der einen Seite und die Transportpreise auf der anderen Seite bestimmen über die Art und Intensität des Güterverkehrs. Die Kernfragen sind (etwas zugespitzt formuliert): „Muss eine Erdbeere erst 2.500 km zurücklegen, bis sie in Deutschland auf den Frühstückstisch gelangt?" und „Müssen wir wirklich das ganze Jahr

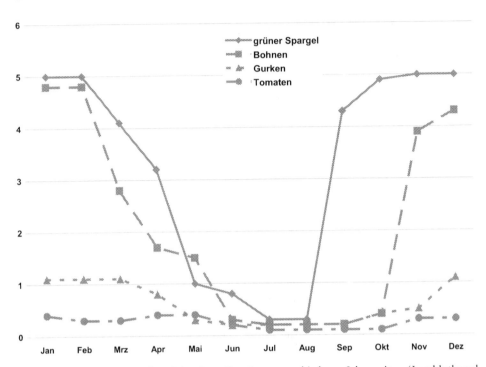

Abb. 1 Erdölverbrauch für den Einkauf von Gemüse zu verschiedenen Jahreszeiten. (Jungbluth und Emmenegger 2004, S. 9)

über Weintrauben essen?" Wenn die Endkunden an den gewohnten Verbrauchsmustern festhalten, vervielfacht sich der globale Ressourcenverbrauch innerhalb der nächsten Jahre. Es gibt zahlreiche weitere Beispiele, die das Problem veranschaulichen: deutsche Kartoffeln, die zum Waschen nach Polen transportiert werden, Schweine aus Nordrhein-Westfalen, die in Italien zu Parma-Schinken für deutsche Discounter verarbeitet werden oder Nordsee-krabben, die zum Pulen mit dem Lastwagen nach Marokko transportiert werden[1]. Trotz des offensichtlichen Mehraufwandes rechnen sich diese Maßnahmen. Die günstigen Trans-portpreise ermöglichen es deutschen Unternehmen, niedrige Arbeitslöhne im Ausland zu nutzen und sich somit gegenüber dem lokalen Wettbewerb Vorteile zu verschaffen. Aus ökologischer Sicht müssen sich diese Handlungsweisen grundlegend ändern.

Die Regierungen stellen durch politische Rahmenbedingungen die Weichen für ein nach-haltiges Wirtschaften. Die Klimarahmen-Konvention vom 03.–14.06.1992 in Rio de Janeiro hatte das Ziel „die Stabilisierung der Treibhausgaskonzentrationen auf einem Niveau zu er-reichen, . . . dass sich die Ökosysteme auf natürliche Weise den Klimaänderungen anpassen können, die Nahrungsmittelerzeugung nicht bedroht wird und die wirtschaftliche Ent-

---

[1] Vgl. Spiegel Online (1994).

wicklung auf nachhaltige Weise fortgeführt werden kann."[2] Ein Meilenstein für den Schutz des Weltklimas stellte die Unterzeichnung des Kyoto-Protokolls dar, welches am 16. Februar 2005 in Kraft trat. In diesem internationalen Abkommen wurden zum ersten Mal verbindliche Obergrenzen für den Ausstoß von Treibhausgasen festgelegt. Mehr als 130 Staaten haben sich bisher dazu verpflichtet ihre Treibhausgasemissionen in der Zeit von 2008 bis 2012 insgesamt um mindestens 5 % unter das Niveau von 1990 zu senken[3]. Für das im Jahr 2012 ablaufende Kyoto-Protokoll sollte auf einer Klima-Konferenz in Kopenhagen im Dezember 2009 ein neues Abkommen beschlossen werden[4]. Diese 15. Konferenz der Vertragsstaaten der Klimarahmenkonvention der Vereinten Nationen (Conference of the Parties, COP 15) stellte gleichzeitig das fünfte Treffen im Rahmen des Kyoto-Protokolls (Meeting of the Parties, MOP 5) dar. Der Fahrplan von Bali 2007 (bali roadmap[5]) hatte vorgesehen, dass sich die Vertragsstaaten in Kopenhagen auf ein neues verbindliches Regelwerk für den Klimaschutz nach 2012 einlassen. Auf der Kopenhagener Konferenz konnten sich die Delegierten jedoch lediglich auf einen „Minimalkonsens" einigen. In einem „zur Kenntnis genommenen" und völkerrechtlich nicht bindenden politischen Papier, dem Copenhagen Accord, ist das Ziel erwähnt, die Erderwärmung auf weniger als 2 °C im Vergleich zum vorindustriellen Niveau zu begrenzen[6]. Konkrete Zielvorgaben zur Verringerung der Treibhausgasemissionen wurden nicht beschlossen[7].

Da ein Nachfolgeabkommen für das 2012 auslaufende Kyoto-Protokoll in Kopenhagen nicht beschlossen werden konnte, soll dies nun auf der 16. Vertragsstaatenkonferenz in Mexiko-Stadt vom 29. November bis 10. Dezember 2010 nachgeholt werden[8].

Im mexikanischen Cancún fand die Klimarahmenkonvention (COP 16) und die 6. Vertragsstaatenkonferenz des Kyoto-Protokolls (CMP 6) statt - kurz: die Weltklimakonferenz. Nach erneut schwierigen Verhandlungen hat sich die Staatengemeinschaft am 11. Dezember 2010 auf ein umfassendes Maßnahmenpaket verständigt. Erstmalig ist das 2-Grad-Ziel von der Weltgemeinschaft offiziell anerkannt worden.[9]

„Auf der dritten Nachfolgekonferenz (Rio+20), die vom 4. bis zum 6. Juni 2012 erneut in Rio de Janeiro stattfinden wird, sollen unter anderem institutionelle Reformen vorangebracht werden, die eine Intensivierung des politischen Engagements für eine nachhaltige Entwicklung ermöglichen. Die Kernthemen der Konferenz 2012 sind „Green Economy -

---

[2] Vgl. http://www.nachhaltigkeit.info/artikel/geschichte_10/rio_48/weltgipfel_rio_de_janeiro_1992_539.htm.

[3] Vgl. Bundesministerium für Umwelt, Naturschutz und Reaktorsicherheit (BMU): „Das Kyoto-Protokoll" 2005.

[4] UNFCCC: Copenhagen Accord (PDF).

[5] http://unfccc.int/meetings/cop_13/items/4049.php, Zugegriffen: 3 Mai 2010.

[6] Als „vorindustriell" wird allgemein die Zeit vor der Industriellen Revolution bezeichnet, d. h. vor 1850.

[7] Vgl. z. B. http://unfccc.int/2860.php.

[8] Vgl. z. B. http://reset.to/blog/16-vertragsstaatenkonferenz-mexiko-stadt-vom-29-november-bis-10-dezember-2010.

[9] Vgl. Lokale Agenda 21 für Dresden e. V. (Hrsg.) (o. J.,o. S.)

Grüne Wirtschaft im Kontext von nachhaltiger Entwicklung und Armutsbe-kämpfung" und „Der institutionelle Rahmen für nachhaltige Entwicklung". Die Vorbereitungsphase startete bereits im vergangenen Jahr."[10]

Einen entscheidenden Beitrag zur Reduzierung der Abgase leistet der Handel mit so genannten Emissionszertifikaten innerhalb der EU, der im Januar 2005 begonnen hat. Am 2. Februar 2009 ist eine Änderung dieser Richtlinie in Kraft getreten, wonach ab 2012 auch der Luftverkehr in den europäischen Emissionshandel einbezogen wird[11].

Wichtige Schritte in eine „klimafreundliche" Zukunft werden nicht nur im Rahmen der internationalen, sondern auch in der nationalen Politik umgesetzt.

In Deutschland gibt es zum Beispiel ein LKW-Fahrverbot an Sonn- und Feiertagen. Dieses Verbot soll nicht nur zur Reduzierung der Abgase beitragen, sondern auch zur Entlastung der Strassen und so durch weniger Lärm der Natur und den Menschen zugute kommen. Mit dem Beginn der Ferienzeit gilt auf deutschen Autobahnen das alljährliche Ferienfahrverbot für LKW. In der Zeit vom 01. Juli bis zum 31. August sind bestimmte belastete Streckenabschnitte an Samstagen von 7 bis 20 Uhr für LKW über 7,5 Tonnen zulässiges Gesamtgewicht gesperrt. Von diesen Verboten sind kombinierte Güterverkehre (Schiene-Straße und Hafen-Straße) zwischen den nächstgelegenen Belade- und Entladestationen sowie der Transport von frischen und leicht verderblichen Nahrungsmitteln ausgenommen[12].

Zurzeit wird in den Medien über eine PKW-Maut, verschärfte Emissionsauflagen und Geschwindigkeitsbegrenzungen diskutiert. Die Befürworter erhoffen sich durch eine erhebliche Verteuerung des umweltbelastenden Straßengüterverkehrs zur stärkeren Inanspruchnahme der umweltverträglicheren Verkehrsträger Bahn und Binnenschiff sowie zu einer besseren Kapazitätsauslastung der Transportmittel beitragen zu können. Die Gegner sind der Ansicht, dass solche Maßnahmen nur zur Verlagerung des Straßenverkehrs von der Autobahn auf Bundes- und Landstraßen führen würden sowie Wettbewerbsnachteile für den Standort Deutschland zur Folge hätten.

In diesem Kontext gerät der Begriff „Green Logistics" zunehmend in die öffentliche Wahrnehmung. Das Bestreben der „grünen" Logistik ist es, die wirtschaftlich notwendigen Maßnahmen mit ökologischen Zielen bestmöglich zu vereinen. Letztlich sollte es gelingen, Ökonomie und Ökologie innerhalb der Logistik soweit miteinander zu verbinden, dass in beiden Bereichen jeweils die Ziele und Fragestellungen des anderen Bereichs bedacht werden.

---

[10] Lokale Agenda 21 für Dresden e. V. (Hrsg.) (o. J.,o. S.)

[11] RICHTLINIE 2008/101/EG DES EUROPÄISCHEN PARLAMENTS UND DES RATES vom 19. November 2008 zur Änderung der Richtlinie 2003/87/EG zwecks Einbeziehung des Luftverkehrs in das System für den Handel mit Treibhausgasemissionszertifikaten in der Gemeinschaft.

[12] Vgl. Bundesministerium für Verkehr, Bau und Stadtentwicklung „Lkw-Fahrverbot in der Ferienreisezeit" auf http://www.bmvbs.de/Verkehr-,1405.2221/Lkw-Fahrverbot-in-der-Ferienre.htm. Zugegriffen: 3 Aug. 2009, 14:33.

Abb. 2 „Drei-Säulen-Ansatz" (Nachhaltigkeitsprinzip). (Michalak 2009, S. 6)

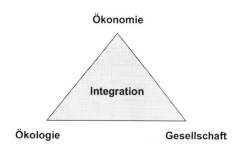

„Unternehmen entwickeln nachhaltige Strategien, um die Wettbewerbsvorteile, die Überlebensfähigkeit und die Wertsteigerung des Unternehmens zu sichern."[13] Diese Taktiken orientieren sich unter anderem an den Wünschen und Bedürfnissen der Kunden. Unternehmen versuchen innovative Lösungen einzuführen, um dadurch einen dauerhaften Wettbewerbsvorteil gegenüber den Konkurrenten zu erzielen[14]. Infolgedessen resultiert eine „[...] Differenzierung sowohl in den jeweiligen Geschäftsfeldern als auch in der Logistikstrategie innerhalb der einzelnen Geschäftsfelder"[15].

Nachhaltigkeit bedeutet nicht nur Umweltschutz. Es umfasst neben ökologischen auch ökonomische und soziale Ziele. Diese nachhaltige Entwicklung wird in einem „Drei-Säulen-Ansatz" in Abb. 2 dargestellt. Die drei Säulen sind aufeinander bezogen und sollen als ein ganzheitliches Zukunftskonzept betrachtet werden. Die Existenz der Gesellschaft, der Unternehmen und der Natur hängen voneinander ab.

Die Aufgabe der Logistik ist „(...) einerseits umweltschädliche Produkte, Reststoffe, Abgase zu reduzieren und andererseits Wettbewerbsvorteile zu erzielen."[16] Das Gleichgewicht zwischen ökologischem, ökonomischem und sozialem Umfeld ist dabei zu erhalten.

---

[13] Schulte (1999, S. 18).

[14] Vgl. Schulte (1999, S. 19).

[15] Schulte (1999, S. 43).

[16] Michalak (1999, S. 1).

Inhaltsverzeichnis

Abbildungsverzeichnis

Tabellenverzeichnis

1.1 Begriffsdefinitionen

1.1.1 Ursprung des Begriffs „Logistik"

Der Begriff „Logistik" kann auf zwei sprachliche Wurzeln zurückgeführt werden:

Das griechische Wort „lego" bedeutet „denken" oder „denkbar", daraus leitet sich „logizomai" = berechnen, überlegen und „logos" = Vernunft ab. Auch das lateinische Wort „logica" = Vernunft hat diese Herkunft. Basierend auf diesem Wortstamm lässt sich die mathematische Bedeutung nachzeichnen. In Athen, Byzanz und dem Römischen Reich nahmen Beamte mit dem Titel „logista" die Funktion von Finanzrevisoren und Nahrungsmittelverteilern wahr. Bis ins 17. Jahrhundert. bezeichnete die Logistik die praktische Rechenkunst in Abgrenzung zur Arithmetik.

In der Wissenschaft der Logik wird der Begriff „Logistik" synonym zu „mathematische Logik" und „symbolischer Logik" verwendet. Als logistische Funktionen werden in der Mathematik modifizierte Exponentialfunktionen bezeichnet. Diese Funktionen dienen u. a. der Beschreibung von Wachstumsprozessen (beispielsweise dem Bevölkerungswachstum) und können zur Abbildung des Produktlebenszyklus herangezogen werden.[1]

Als zweite Wurzel gilt der französische Begriff „Logement" = Unterbringung, der aus dem lateinischen Wort für Miete abstammt. Das deutsche Wort „Logieren" gehört ebenfalls zu dieser Wortfamilie.[2]

Auch wenn sich zwischen der Herkunft des Wortes Logistik und seiner modernen Verwendung in den Wirtschaftswissenschaften leicht ein Zusammenhang ableiten lässt (so sollten vernünftiges Denken und Berechnen Grundlage jeden wirtschaftlichen Handelns sein), hat die Logistik über den militärischen Bereich Einzug in die Wirtschaftswissenschaften gefunden.

---

[1] Vgl. Pfohl (2010, S. 11).

[2] Vgl. Kummer (2009, S. 250).

S. Koch, *Logistik*,
DOI 10.1007/978-3-642-15289-4_1, © Springer-Verlag Berlin Heidelberg 2012

Abb. 1.1 Kaiser Leontos VI.
(Entnommen aus Classical
Numismatic Group, Inc.
http://www.cngcoins.com)

Abb. 1.2 Baron Antoine-
Henri de Jomini. (Entnommen
aus http://www.museum.ru
/1812/Persons/RUSS/)

Die älteste Definition der Logistik findet sich in der Abhandlung „Summarische Ausein-
andersetzung der Kriegskunst" des byzantinischen Kaisers Leontos VI (886–911 n. Chr.)
Dort bezeichnet die Logistik alle Aktivitäten zur Unterstützung des Heeres und stellt nach
„Taktik" und „Strategie" die dritte Kriegskunst dar (Abb. 1.1).

Der Schweizer Baron Antoine-Henri de Jomini (1779–1869), der als General zunächst
in französischen und später russischen Diensten stand, entwickelte die militärische Logistik weiter. In seinem 1837 veröffentlichten Werk „Abriss der Kriegskunst" fasst er in 18
Punkten die wesentlichen Aufgaben der Logistik zur Unterstützung der Streitkräfte zusammen. Diese Aufgaben obliegen dem „major général des logis de la cavalerie", einem
der ranghöchsten Offiziere, der bereits 1638 in der französischen Armee eingeführt wurde. In seinen Aufgabenbereich fallen beispielsweise Standortbestimmungen von Lagern,
Truppentransporte, Quartierung und das Nachschubwesen zur Versorgung der Truppen.
Auf die Ausführungen Jominis ist einerseits die heutige Sicht der Logistik als wesentlicher
Bestandteil der Umsetzung von Strategien und andererseits der Gegenstandsbereich der
Raum-Zeit-Überbrückung zurückzuführen (Abb. 1.2).

Abb. 1.3 Admiral Stephen B. Luce. (Entnommen aus: Taylor (1920))

Nach der Übersetzung ins Englische 1862 wurden die Gedanken in der US amerikanischen Armee aufgegriffen und 1884 für das Navigieren und Versorgen einer Flotte eingesetzt. Im Jahre 1885 kündigte der Admiral Stephen B. Luce anlässlich der Gründung des Naval War College eine Ausbildungseinheit Logistik an, die sich jedoch auf die Vermittlung von Navigationskenntnissen beschränkte[3] (Abb. 1.3).

Im Zweiten Weltkrieg wurden die logistischen Erkenntnisse in allen Truppenbereichen umgesetzt und finden sich heute im Sprachgebrauch aller NATO-Armeen. In der Heeresdienstvorschrift 100/900 der Bundeswehr wird die Logistik definiert als „die Lehre von der Planung, der Bereitstellung und vom Einsatz der für militärische Zwecke erforderlichen Mittel zur Unterstützung der Streitkräfte und/oder die Anwendung dieser Lehre".[4]

Die hohe Komplexität der weltweiten Versorgung Alliierter Streitkräfte führte bei der US-Navy zur Bildung einer eigenständigen Planungsabteilung, zur modellgestützten Planung und Optimierung der Nachschubaktivitäten. Daraus entwickelte sich in den Folgejahren eine hohe Expertise in der Entwicklung mathematischer Modelle zur Lösung von Bevorratungs-, Transport- und Tourenplanungsproblemen, die nicht nur zu den Erfolgen der US-amerikanischen Armee beitrugen, sondern auch als die Gründung des „Operations Research" betrachtet werden können.[5]

---

[3] Vgl. Engelsleben und Niebuer (1997, S. 4 f.).

[4] Zitiert nach Engelsleben und Niebuer (1997, S. 5).

[5] Vgl. Engelsleben und Niebuer (1997, S. 4 f.).

Exkurs Operations- Research (Unternehmensforschung)[6]

1. Zielsetzung:

   Die Zielsetzung des Operations- Research (OR) liegt in der Entwicklung und dem Einsatz von quantitativen Modellen und Methoden zur Entscheidungsunterstützung. Dabei sind die Problemlösungsansätze durch ihre Interdisziplinarität gekennzeichnet, wobei vor allem Methoden und Anwendungen der Mathematik, der Statistik, der Wirtschaftswissenschaften, der Informatik und der Ingenieurwissenschaften von Bedeutung sind. Die Vorgehensweise innerhalb des OR zielt darauf ab, für komplexe reale Situationen optimale Handlungsvorschläge zu entwerfen. Die optimale Lösung stützt sich auf entscheidungstheoretische Ansätze und stellt die beste Alternative unter den zu berücksichtigenden Bedingungen dar, gemessen an den geforderten Zielen. Der Entscheidungsprozess besteht aus der Entscheidungsvorbereitung, der Entscheidungsfindung, der Entscheidungsdurchführung und der Überprüfung der getroffenen Entscheidung. Jeder dieser Prozessschritte kann durch Methoden des OR unterstützt werden. Bei der Entscheidungsvorbereitung müssen entscheidungsrelevante Informationen beschafft und aufbereitet werden. Die dabei entwickelten Beschreibungs- und Erklärungsmodelle können beispielsweise durch Verfahren der Netzplantechnik oder Simulation aufgestellt werden. Die Entscheidungsfindung erfolgt auf Basis von Entscheidungsmodellen. Aus einem Entscheidungsmodell können z. B. durch Verfahren der mathematischen Optimierung oder Modelle der Spieltheorie Entscheidungsvorschläge abgeleitet werden.

2. Historische Entwicklung:

   Erste Ansätze zur Lösung von ökonomischen Entscheidungsproblemen mit mathematischen Methoden finden sich etwa bei Erlang (1905) zur Untersuchung von Warteschlangen im Telefonnetz Kopenhagens, bei Harris (1915) und Andler (1929) zu Lagerhaltungsmodellen sowie bei von Neumann und Morgenstern (1928) zur Spieltheorie. Allerdings bildete sich der Begriff Operations Research erst in den 1940er Jahren. In Großbritannien und den USA wurde in dieser Zeit versucht, militärische Entscheidungen durch die Anwendung mathematischer Methoden zu verbessern. Gleichzeitig wurden Untersuchungen zur Produktionsplanung im National Coal Board sowie über die Regionalverteilung von Feuerwachen in England durchgeführt. Nach dem Einsatz zu militärischen Zwecken wurden die Arbeiten anschließend im industriellen Umfeld weitergeführt. Die Simplexmethode von Dantzig (1946), die Netzplantechniken CPM und MPM (1958) und die Konzepte der

---

[6] Vgl. z. B. Werners (2008).

[7] CPM: Critical Path Method.

[8] MPM: Metra Potential Method.

dynamischen Optimierung von Bellmann (1957) stellten die ersten wichtigen Erfolge zur Begründung des OR als wissenschaftliche Disziplin dar. Die Entwicklungen der elektronischen Datenverarbeitung haben dabei die Anwendung beschleunigt, in manchen Bereichen sogar erst ermöglicht.

3. Vorgehensweise:
   Der Problemlösungsprozess beinhaltet i. d. R. folgende sieben Phasen:
   a. Problembeschreibung
   b. Einordnung des Problems und Analyse seiner relevanten Zusammenhänge
   c. Entwicklung eines geeigneten mathematischen Modells
   d. Informationsbeschaffung und -aufbereitung sowie Entwicklung einer Lösungsmethode
   e. Suche von Modelllösungen durch Optimierungsrechnungen
   f. Interpretation und Plausibilisierung der Ergebnisse
   g. Übertragung der mathematischen Lösung auf das ursprüngliche Problem

4. Anwendungen in der Logistik
   Eine Vielzahl von OR-Verfahren wurde zu logistischen Problemen wie z. B. Tourenplanungsproblem (TPP), Traveling Salesman Problem (TSP), Routensuchen in Netzen entwickelt. So kann beispielsweise mit der sog. Graphentheorie die Lösung die Zeitplanung und Bestimmung des kritischen Weges in der Netzplantechnik im Rahmen von Projektplanungen, Routensuchen in Netzen (Shortest Path through a Maze) in der Verkehrsplanung, bei Telefonnetzen und Lösungsmethoden für das Traveling Salesman Problem herbeigeführt werden. Darüber hinaus können OR-Methoden die strategische, taktische und operationelle Planung komplexer Logistiknetzwerke, die Zulieferung, Produktion an verschiedenen Standorten, Lagerhaltung und den Transport unterstützen. Die Simulation und Visualisierung der Produktions-, Transport-, Umschlags- und Lagerhaltungsprozesse in komplexen logistischen Netzwerken ist ein weiterer wichtiger Bestandteil des OR.

Aus dem militärischen Bereich hat der Begriff „Logistik" also Eingang in die Wirtschaftswissenschaften gefunden. Seit 1950 gewinnt die Versorgungsfunktion der Logistik aufgrund der Ausdehnung der Märkte verbunden mit der Verteilung von Produktionsstätten im Zuge einer fortschreitenden Spezialisierung an Bedeutung. Die 1955 in der Zeitschrift „Naval Research Logistics Quarterly" erschienene Veröffentlichung „Note of the Formulation of the Theory of Logistics" von Oskar Morgenstern kann als erster Beitrag zur Formulierung einer Theorie der Logistik angesehen werden.[9]

---

[9] Vgl. Morgenstern (1955, S. 129–136).

1.1.2 Entwicklung der Logistik

In den 1970er Jahren beeinflussten hauptsächlich materialflusstechnische Entwicklungen, wie beispielsweise Hochregallagertechnik, fahrerlose Transportsysteme und Kommissioniertechniken, die Logistik. In der betriebswirtschaftlichen Forschung beschäftigte man sich zunächst mit der Lösung unabhängig betrachteter Einzelprobleme, wie z. B. Optimierung der Lagerhaltung oder der Reduzierung des Sicherheitsbestandes.

Mit zunehmendem Rationalisierungsdruck in den 80er Jahren rückten die logistischen Bereiche in den Mittelpunkt des Interesses. Man entdeckte vielfältige Einsparpotenziale, wie beispielsweise die Lagerhaltung oder die Optimierung der Losgrößen durch abteilungsübergreifende Betrachtung der Produktion und Beschaffung.

Die Sättigung der Märkte und der damit verbundene stetig zunehmende Wettbewerb führten in den 90er Jahren zur Entdeckung der Logistik als Differenzierungsmerkmal. Während technische Innovationen schnell durch den Wettbewerb kopiert werden können, lassen sich logistische Prozesse nur schwer auf andere Unternehmen übertragen.

Mittlerweile endet die Betrachtung logistischer Fragestellungen nicht mehr an den Unternehmensgrenzen, sondern es werden auch die vor- und nachgelagerten Unternehmen mit in die Betrachtung aufgenommen. Nicht mehr einzelne Unternehmen sind Gegenstand der Optimierung, sondern ganze „Supply Chains" vom Lieferanten des Lieferanten bis zum Kunde des Kunden.[10]

Abbildung 1.4 gibt einen Überblick über die Entwicklungen in der Logistik von der Urzeit bis heute.

1.1.3 Definitionen der Logistik

Der Begriff Logistik ist in der betriebswirtschaftlichen Literatur nicht einheitlich definiert. Es lassen sich verschiedene Definitionsansätze unterscheiden, die jedoch von den Autoren nicht einheitlich interpretiert werden. Hier werden folgende Definitionsansätze beispielhaft vorgestellt:

1.1.3.1 Flussorientierte Definition

Unter Logistik wird oftmals eine unternehmerische Funktion verstanden, die alle Transport-, Lager- und Umschlagvorgänge in einem Unternehmen und zwischen den Unternehmen plant, steuert, realisiert und überwacht („Raum-Zeit-Transformationsfunktion der Logistik"). Hinzu kommen ergänzende Vorgänge wie z. B. Verpacken, Kommissionieren, Konfektionieren und Palletieren. Durch das Zusammenwirken all dieser Tätigkeiten wird ein Güterfluss ausgelöst, der einen Lieferpunkt mit einem zugehörigen Empfangspunkt möglichst effizient verbindet.

Beispiele für eine Logistik-Definition gemäß der Flussorientierung:

---

[10] Siehe hierzu auch Kap. 5: Supply Chain Management

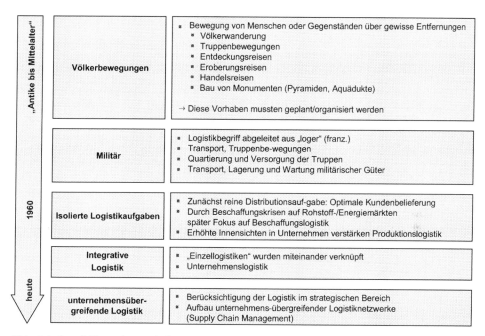

Abb. 1.4 Entwicklung der Logistik

- Bäck: „Logistische Prozesse beschäftigen sich mit Vorgängen des Transports, der Speicherung und der Handhabung von Stoffen (Gütern), Lebewesen, Informationen und Energien. In logistischen Prozessen werden „Objekte" von einem Anfangs- in einen Endzustand transformiert, wobei mindestens eine der Systemgrößen Zeit, Ort, Menge und Sorte sich ändert, ohne dass die Objekte eine unerwünschte Änderung ihrer Eigenschaften erfahren. Die Logistik umfasst damit alle Tätigkeiten, in denen solche logistischen Prozesse untersucht, geplant, realisiert, betrieben und optimiert werden".[11]
- Schubert: „[...] das abgestimmte Zusammenwirken aller Prozesse, die der Raumüberwindung in einer Zeiteinheit aus der Sicht des Beförderungsobjektes, d. h. dem Fluss von Personen, Stoffen und Informationen, dienen".[12]
- Council of Logistics Management: „Logistik ist der Prozess der Planung, Realisierung und Kontrolle des effizienten, kosteneffektiven Fließens und Lagerns von Rohstoffen, Halbfertigfabrikaten und Fertigfabrikaten und der damit zusammenhängenden Informationen vom Liefer- zum Empfangspunkt entsprechend den Anforderungen des Kunden".[13]
- European Logistics Association: Logistik ist „ die Organisation, Planung, Kontrolle und Durchführung eines Güterflusses von der Entwicklung und vom Kauf durch die

---

[11] Vgl. Bäck (1984, S. 5).
[12] Vgl. Schubert (2000).
[13] Vgl. Council of Logistics Management (o. J. S. 2), Übersetzung nach Pfohl (2010, S. 12).

Produktion und die Distribution bis zum endgültigen Kunden mit dem Ziel der Befriedigung der Anforderungen des Marktes bei minimalen Kosten und bei minimalem Kapitalaufwand".[14]

Diese flussorientierten Definitionen zeigen eine funktionenübergreifende Sicht der Logistik, d. h. mit der Optimierung der Logistik verspricht man sich Effizienzvorteile im Unternehmen, die

- durch die bessere Abwicklung von Einzelaktivitäten (z. B. bessere Gestaltung der Lagerabwicklung) entstehen,
- durch verbesserte Abstimmung zwischen unterschiedlichen Bereichen, wie Lagerwesen, Transport- und Umschlagprozesse entstehen.[15]
- in „Economies of Scale" durch Zusammenfassung ähnlicher Aktivitäten (d. h. Größenvorteile durch z. B. bessere Ressourcenauslastung oder zentrale Disposition) münden.

Exkurs Economies of Scale (Größenkostenersparnisse, Skalenerträge)[16]
Skalenerträge bezeichnen Kostenersparnisse, die sich bei gegebener Produktionsfunktion (Produktionstechnik) durch konstante Fixkosten ergeben, wenn die Ausbringungsmenge wächst. Bei wachsender Betriebsgröße sinken die durchschnittlichen totalen Kosten bis zur sog. mindestoptimalen technischen Betriebs- oder. Unternehmensgröße, wodurch der Anteil der fixen Kosten je produzierter Einheit immer kleiner wird. Economies of Scale können daher auch ein Grund für Unternehmenszusammenschlüsse sein.
  Die Gründe für Economies of Scale sind u. a.
- Spezialisierungsvorteile aus Arbeitsteilung;
- Kostenersparnisse, die sich aus einer Vergrößerung von Produktionsmitteln ergeben, deren Kapazität vom Fassungs- oder Durchsatzvermögen bestimmt wird;
- Ersparnisse durch zentrale Lagerhaltung;
- Das Prinzip des kleinsten gemeinsamen Vielfachen bei aufeinander folgenden Fertigungsstufen mit unterschiedlicher optimaler Kapazität;
- Losgrößenersparnisse.

1.1.3.2   Koordinierungs- oder dienstleistungsorientierte Definition

Eine Weiterentwicklung lässt sich an den Definitionen erkennen, die eher den Koordinierungs- oder Dienstleistungsaspekt der Logistik in den Vordergrund stellen. Nach

---

[14] Vg. European Logistics Association (1993, S. 1), Übersetzung nach Pfohl (2010, S. 12).

[15] Vgl. Kummer et al. (2009, S. 256).

[16] Vgl. z. B. Woeckener (2006, S. 29).

den Rationalisierungsaktivitäten einzelner betrieblicher Funktionen sind weitere Optimierungspotenziale nur durch die Beeinflussung von Struktur und Höhe des Bedarfs an material- und güterflussbezogenen Dienstleistungen zu erreichen.[17] Hierbei wird davon ausgegangen, dass diese Dienstleistung nur dann einem Kunden bestmöglich zur Verfügung gestellt werden kann, wenn alle Aktivitäten in koordinierter Weise erbracht werden.[18] Dabei werden die Koordinierungsaktivitäten über die Unternehmensgrenzen hinweg gesehen.

Folgende Definitionen haben eine koordinierungs- oder dienstleistungsorientierte Sicht:

- Arthur D. Little: Logistik ist „der Prozess zur Koordinierung aller immateriellen Aktivitäten, die zur Erfüllung einer Dienstleistung in einer kosten- und kundeneffektiven Weise vollzogen werden müssen".[19] Dabei liegt der Schwerpunkt der Aktivitäten auf der Minimierung der Wartezeiten, d. h. den Auftragsabwicklungszeiten, dem Management der Dienstleistungskapazitäten und der Bereitstellung der Dienstleistung durch den Distributionskanal.[20]
- Haldimann: „Logistik ist das Schaffen von Rendevous".[21]
- Weber, Kummer: „Logistik ist das Management von Prozessen und Potenzialen zur koordinierten Realisierung unternehmensweiter und unternehmensübergreifender Materialflüsse und der dazugehörigen Informationsflüsse (Prozessmanagement der Wertschöpfungskette). Die materialflussbezogene Koordination beinhaltet insbesondere die horizontale Koordination zwischen Lieferanten (Vorlieferanten), Unternehmensbereichen und Kunden (bis zum Endabnehmer) sowie die vertikale Koordination zwischen Planungs-, Steuerungs-, Durchführungs- und Kontrollebenen (von der strategischen bis zur operativen Ebene)".[22]
- Isermann: „[...] Gesamtheit aller Tätigkeiten, die auf eine bedarfsgerechte Verfügbarkeit von Objekten (Personen, Sachgüter, Dienstleistungen, Informationen, Energie) ausgerichtet sind".[23]
- Jünemann: Logistik ist die „wissenschaftliche Lehre der Planung, Steuerung und Überwachung der Material–, Personen–, Energie– und Informationsflüsse in Systemen".[24]

Neben den flussorientierten und koordinationsorientierten Definitionsansätzen für die Logistik lassen sich in der Literatur weitere Ausprägungen finden, je nachdem welcher Aspekt der Logistik im Fokus der Betrachtungen steht. So stellt die international tätige Gesell-

---

[17] Vgl. Kummer et al. (2009, S. 256).

[18] Vgl. Pfohl (2010, S. 13).

[19] Vgl. Arthur D. Little (1991, S. XXII), Übersetzung nach Pfohl (2010, S. 13).

[20] Vgl. Arthur D. Little (1991, S. 34 ff.).

[21] Vgl. Haldimann (1975).

[22] Vgl. Weber und Kummer (1990, S. 776).

[23] Vgl. Isermann (1998, S. 23).

[24] Vgl. Jünemann (1974, S. 11–25).

schaft „Society of Logistics Engineers" den Lebenszyklusgedanken in den Vordergrund ihrer Definition:

Logistik ist „das unterstützende Management, das während des Lebens eines Produktes eine effizientere Nutzung von Ressourcen und die adäquate Leistung logistischer Elemente während aller Phasen des Lebenszyklus sicherstellt, so dass durch rechtzeitiges Eingreifen in das System eine effektive Steuerung des Ressourcenverbrauchs gewährleistet wird".[25]

Der Versuch, all diese Logistikdefinitionen zusammen zu fassen, liefert Ehrmann:[26]

> Logistik stellt die aus den Unternehmenszielen abgeleiteten planerischen und ausführenden Maßnahmen und Instrumente zur Gewährleistung eines optimalen Material-, Wert- und Informationsflusses im Rahmen des betrieblichen Leistungserstellungsprozesses dar, wobei sich dieser von der Beschaffung von Produktionsfaktoren und Informationen über deren Bearbeitung und Weiterleitung bis zur Distribution der erstellten Leistungen erstreckt. Die Logistikprozesse erstrecken sich [daher] nicht allein auf das eigene Unternehmen, sondern sie erfassen ebenso die Kunden- und Lieferantenbeziehungen zur Schaffung unternehmensübergreifender, optimaler Geschäftsprozesse.

In diesem Lehrbuch wird die in Wissenschaft und Praxis am häufigsten verwendete flussorientierte Definition der Logistik zugrunde gelegt. Alle übrigen Logistik-Definitionen haben ihre Bedeutung im jeweiligen Kontext.

Abschließend kann festgestellt werden, dass zwar alle Definitionen gute Ansatzpunkte zum Verständnis der Logistik liefern können, keine jedoch einen transparenten und widerspruchsfreien Logistikbegriff bildet. Im jeweiligen Kontext muss daher zunächst geklärt werden, welches betriebswirtschaftliche Problem mit Hilfe der Logistik gelöst werden muss und daraus abgeleitet, welche Sicht/Definition der Logistik am Besten die Problemlösung unterstützt.

Weiter ist zu beachten, dass die Logistik keine Aneinanderreihung von Maßnahmen und Instrumenten darstellt. Es muss vielmehr ein logistisches Konzept entwickelt werden, das die Logistik als eigene betriebliche Funktion neben anderen etabliert.

Die von Jünemann[27] formulierten sechs Aufgaben der Logistik (sechs „r"), die die Bereitstellung

- der richtigen Menge
- der richtigen Objekte (Güter, Personen, Energie und Informationen)
- am richtigen Ort (Quelle oder Senke) im System
- zum richtigen Zeitpunkt
- in der richtigen Qualität
- zu den richtigen Kosten

zum Inhalt haben, müssen folglich zu einer Gesamtfunktion zusammengebracht werden.[28]

---

[25] In Coyle et al. (1992, S. 8), Übersetzung nach Pfohl, H.C. (2010, S. 13).

[26] Ehrmann (2008, S. 25).

[27] In der Literatur gibt es zahlreiche Abwandlungen dieser Aufgabenbeschreibung der Logistik, wobei die Grundaussage gleich bleibt. Vgl. z. B. Isermann (1994, S. 22).

[28] Vgl. Ehrmann (2008, S. 25).

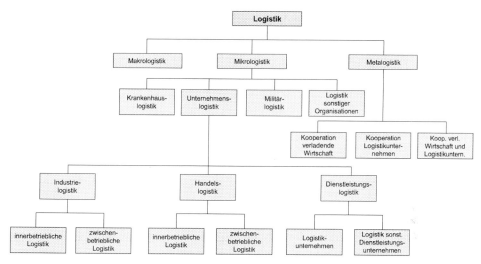

Abb. 1.5 Institutionelle Abgrenzung von Logistik-Systemen. (Pfohl (2010, S. 15))

1.1.4 Logistiksysteme

Logistiksysteme können nach der in der Volkswirtschaftslehre üblichen Kriterien in Makro,- Mikro- und Meta-Logistik unterschieden werden. Diese nach institutionellen Aspekten getroffene Unterscheidung von Logistiksystemen ist in Abb. 1.5 dargestellt:

Die Makrologistik betrachtet gesamtwirtschaftliche Zusammenhänge, dazu gehört beispielsweise die Untersuchung des Schienengüterverkehrs einer Volkswirtschaft. Die Mikrologistik beschäftigt sich mit konkreten Aufgabenstellungen eines Unternehmens, z. B. dem innerbetrieblichen Materialfluss in einem Produktionsunternehmen. Die Metaebene liegt zwischen diesen beiden Extrempunkten und analysiert beispielsweise den Schienengüterverkehr einer bestimmten Branche oder den Absatzkanal miteinander kooperierender Unternehmen.[29]

Die Systeme der Metalogistik können danach unterschieden werden, welche Unternehmen bei der Erfüllung logistischer Aufgaben kooperieren. Eine Kooperation kann z. B. unter Unternehmen der sogenannten „verladenden Wirtschaft" (Unternehmen, die Transporte organisieren oder Transport- und Logistikleistungen nachfragen) eingegangen werden. So können unterschiedliche Verlader ein gemeinsames Warenverteilsystem nutzen. Schließen sich regional tätige Speditionen zusammen, um gemeinsam größere Aufträge abwickeln zu können, so handelt es sich um eine Kooperation zwischen Logistikunternehmen. Überträgt ein Verlader logistische Aufgaben einem Dienstleister, so liegt eine Kooperation zwischen verladender Wirtschaft und Logistikdienstleister vor.[30]

---

[29] Vgl. Pfohl (2010, S. 15).
[30] Vgl. Pfohl (2010, S. 16).

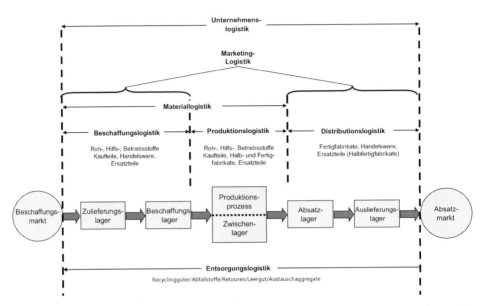

Abb. 1.6 Funktionelle Abgrenzung von Logistiksystemen nach den vier Phasen des Güterflusses. (In Anlehnung an Pfohl (2010, S. 19))

Neben der institutionellen Abgrenzung können Logistiksysteme nach den funktionellen Subsystemen unterschieden werden, die der Güterfluss von der Beschaffung der Ausgangsmaterialien beim Lieferanten bis zur Bereitstellung der Fertigwaren beim Kunden durchläuft. Diese ist in Abb. 1.6 dargestellt:

In der ersten Phase (Beschaffungslogistik) werden die für den Produktionsprozess erforderlichen Materialen (z. B. Roh-, Hilfs- und Betriebsstoffe, sowie Kaufteile und Ersatzteile) aus den Beschaffungsmärkten verfügbar gemacht. Die Bereitstellung erfolgt entweder über das Zuliefer- und Beschaffungs- bzw. Wareneingangslager oder direkt in die Produktion. Die zweite Phase beschäftigt sich mit der Produktionslogistik, also dem Zufließen der Roh-, Hilfs- und Betriebsstoffe, sowie der Kaufteile und Ersatzteile in die Produktion einschließlich der möglichen Zwischenlagerung. Einige Autoren fassen die Beschaffungs- und Produktionslogistik als Materiallogistik zusammen.[31] Das Ergebnis der Produktion sind Halbfertig- und Fertigteile für den Kunden, die im Absatzlager abgelegt werden. Die dritte Phase beschreibt den Fluss der erzeugten Produkte über Auslieferungslager zum Absatzmarkt (Distributionslogistik). Der früher hierfür gebräuchliche Begriff „Marketinglogistik" wird heute eher zur Beschreibung der beiden marktverbundenen Logistiksysteme Beschaffungs- und Distributionslogistik benutzt.[32] Die vierte Phase, die sogenannte „Reverse" Logistik (= Entsorgungslogistik), beschäftigt sich mit allen

---

[31] Vgl. z. B. Tempelmeier (2006).

[32] Vgl. Pfohl (2010, S. 17).

Güter- und Informationsflüssen, die dem vorgenannten Fluss entgegengerichtet sind. Dazu gehören beispielsweise defekte Produkte, Mehrwegtransportbehälter, vom Hersteller zurückzunehmende Altgeräte und Verpackungen.

Stehen logistische Aktivitäten in den einzelnen Lagern entlang des Güterflusses im Vordergrund, so spricht man von Lagerlogistik, also der Planung und Durchführung von Maßnahmen zur optimalen Standortwahl, zur Gestaltung optimaler Lagersysteme, einer optimalen Lagerorganisation und optimaler Lagertechnik. Der Güterfluss zwischen den verschiedenen Lager- und Produktionsstätten wird durch Transporte realisiert. Die Transportlogistik umfasst alle Maßnahmen zur Planung und Durchführung der optimalen Gestaltung des Transportes bei der Wahl der Transportmittel, Transportwege, Beladung und Entladung und Übergabe an das Lager bzw. die Produktion. Werden innerhalb der Produktionslogistik die Maßnahmen zur Planung und Durchführung einer hohen Anlagenverfügbarkeit betrachtet, so spricht man von der Instandhaltungslogistik.[33]

1.2 Ziele der Logistik

Ziele sind Aussagen über zukünftige Zustände, die durch konkretes Handeln erreicht werden sollen. Dabei handelt es sich um Aussagen mit normativem Charakter, d. h. sie geben einen von einem Entscheidungsträger gewünschten, von ihm oder anderen anzustrebenden Zustand der Realität wieder. Die Zielsetzung eines Unternehmens setzt sich aus unterschiedlichen Teilzielen zusammen (Zielsystem) und ist das Ergebnis eines Entscheidungsprozesses. Ein Zielsystem ist eine geordnete Gesamtheit von Zielen, zwischen denen Beziehungen bestehen und die gleichzeitig verfolgt werden. Unternehmensziele müssen konkretisiert und quantifiziert werden nach

- Inhalt
- Ausmaß
- Zeitbezug, Termin.

Beispiel

- Zielinhalte: Gewinnsteigerung
- Zielausmaß: um 4 %
- Zeitbezug, Zieltermin: Im folgenden Geschäftsjahr.

Formalziele (= Erfolgsziele) geben einen Anhaltspunkt für den optimalen Einsatz von Produktionsfaktoren. Solche Formalziele sind beispielsweise

---

[33] Vgl. Ehrmann (2008, S. 28).

- Das Erzielen eines größtmöglichen Gewinns (= Differenz zwischen positiven und negativen Erfolgsgrößen eines Unternehmens, positive Erfolgsgrößen sind Einnahmen, Erträge und Erlöse; negative Erfolgsgrößen sind Ausgaben, Aufwände und Kosten),
- das Erzielen einer bestimmten Rentabilität (diese bezieht den Gewinn auf das zur Gewinnerzielung eingesetzte Kapital),
- oder das Erreichen einer bestimmten Produktivität (= mengenmäßiges Verhältnis zwischen Ausgangsgrößen (Output) und den eingesetzten Produktionsfaktoren, meist werden in einem Unternehmen Teilproduktivitäten bestimmt, die sich auf bestimmte Produktionsfaktoren beziehen, z. B. Arbeitsproduktivität oder Maschinenproduktivität).

Für die Umsetzung im Unternehmen müssen die Formalziele operationalisiert werden. Sachziele werden aus den Formalzielen abgeleitet und betreffen konkrete Tatbestände in einzelnen betrieblichen Funktionsbereichen.

Mögliche Sachziele sind:

- Leistungsziele gelten maßgeblich in den Bereichen Produktion und Absatz. Die Leistungserstellung und deren Verwertung können durch Umsatz, Marktstellung des Unternehmens oder Kenngrößen im Produktionsprozess beurteilt werden.
- Finanzziele gelten im Bereich der Finanzwirtschaft und dienen der Sicherstellung der Zahlungsfähigkeit und Kapitalverfügbarkeit für Investitionen. Als Indikator dienen beispielsweise Liquiditätskennzahlen.
- Mitarbeiterbezogene Ziele betreffen die Mitarbeiterführung und die Personalwirtschaft. Ziele hierbei sind z. B. gerechte Entlohnung, Weiterbildungsmöglichkeiten, Verbesserung der Arbeitsbedingungen.
- Gesellschaftsbezogene Ziele leiten sich daraus ab, dass Unternehmen, als Teil der Gesellschaft, dieser Gesellschaft auch zu dienen haben und zur Lösung gesellschaftlicher Probleme beitragen. Unternehmen können dies aus eigener Entscheidung oder durch gesetzliche tun, z. B. Beschäftigung behinderter Arbeitnehmer, Fragen des Umweltschutzes. Zielvorgaben hierbei können Senkung der Abgasemissionen oder Rücknahme von Verpackungsmaterial sein.

Die Ziele eines Unternehmens – wie bereits erwähnt – stehen nicht isoliert nebeneinander, sondern müssen miteinander in Beziehung gesetzt und aufeinander abgestimmt werden.

Unterschiedliche Ziele können

- Komplementär
- Konfliktär
- Indifferent

zueinander stehen (s. Abb. 1.7).

Abb. 1.7 Zielbeziehungen bei
Mehrzielplanung, d. h. wenn
mehr als zwei Ziele gleichzeitig
verfolgt werden. (Vgl. Wöhe
(2005, S. 93))

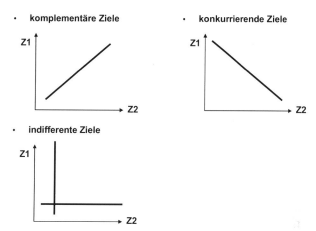

Abb. 1.8 Unterscheidung von
Zielen nach dem Rang. (Vgl.
Wöhe (2005, S. 94))

Rang	Zielvorschrift	Geltungsbereich
Oberziel	Langfristige Gewinnmaximierung	Gesamtunternehmung
Zwischenziel	Umsatzsteigerung	Vertriebsleitung
Unterziel	Umsetzung einer Preiserhöhung	Marketingabteilung

Komplementäre Zielbeziehungen bestehen dann, wenn durch das Erreichen bzw. Verfolgen des einen Ziels, das andere auch erreicht bzw. begünstigt wird (z. B. Reduzierung der
Herstellkosten und Reduzierung des Ausschusses). Im Unterschied dazu können Ziele,
die zueinander in Konkurrenz stehen, nicht gleichzeitig verfolgt werden (z. B. Erhöhung des Gehaltes der Produktionsmitarbeiter und Senkung der Herstellkosten). Neutrale
Ziele beeinflussen sich nicht gegenseitig (z. B. Verbesserung der Englischkenntnisse der
Vertriebsmitarbeiter und Erhöhung der Kommissionierleistung im Lager).

Zielkonflikte sind durch das Management durch Setzen von Präferenzen oder einer
Unterscheidung nach Haupt- und Nebenzielen zu lösen. Hauptzielen hierbei wird durch
eine stärkere Gewichtung eine größere Bedeutung beigemessen als Nebenzielen.

Durch die Formulierung von Ober-, Zwischen- und Unterzielen entsteht eine Zielhier-
archie (s. Abb. 1.8).

Durch die Ableitung von Zwischen- und Unterzielen aus einem Oberziel wird eine
brauchbare Arbeitsanweisung für die einzelnen Unternehmensbereiche geschaffen.

Bei der Formulierung von Zielen und Zielsystemen sind folgende Grundsätze (Merkmale) zu beachten (Abb. 1.9):

Da die Logistik im Unternehmen keinen Selbstzweck darstellt, sondern auch zur
Erreichung des Betriebszwecks und der Unternehmensziele dient, können die Logistik-

Abb. 1.9 Grundsätze zur
Formulierung von Zielen und
Zielsystemen. (Vgl. Wöhe
(2005, S. 92))

Zielmerkmal	Interpretation
Motivationsfunktion	⇒ Lieferung eines Impulses zur Verbesserung der Ausgangssituation
Realitätsbezug	⇒ Ziel muss erreichbar sein
Widerspruchsfreiheit	⇒ Ziele sollten kompatibel sein
Verständlichkeit	⇒ Zielverständnis ist Voraussetzung für die Zielrealisierung; je niedriger die Hierarchieebene, desto höher die Anforderungen an die Operationalität
Kontrollierbarkeit	⇒ Je konkreter die Zielvorgabe, desto leichter die Kontrollierbarkeit der erreichten Leistung

ziele nicht isoliert betrachtet werden. Sie sind im Zusammenhang mit den übrigen Unternehmenszielen zu sehen bzw. sind aus diesen abzuleiten.[34]

1.2.1 Allgemeine Logistik-Ziele

Alle logistischen Aktivitäten verfolgen das übergeordnete Ziel der Optimierung der Logistikleistung mit den beiden Komponenten Logistikservice und Logistikkosten (s. Abb. 1.10).

1.2.1.1 Logistikservice

Der Logistikservice ist die vom Kunden anerkannte Logistikleistung. Zur Systematisierung möglicher Erscheinungsformen können fünf Komponenten unterschieden werden:

1. **Lieferzeit**: Unter der Lieferzeit versteht man den Zeitraum zwischen Auftragserteilung (Bestelleingang) und Verfügbarkeit der Ware beim Kunden. Je kürzer die Lieferzeit ist, desto geringere Bestände muss der Kunde vorhalten und desto kurzfristiger und flexibler kann er seine Disposition gestalten. Die Lieferzeit setzt sich aus der Zeit für die Auftragsbearbeitung, ggf. die Herstellung des bestellten Produktes, die Kommissionierung, die Verpackung, die Verladung und den gesamten Transport vom Hersteller zum Kunden zusammen.
2. **Lieferzuverlässigkeit**: Die Lieferzuverlässigkeit (Liefertreue, Termintreue) gibt die Wahrscheinlichkeit an, mit der die Lieferzeit eingehalten wird. Nicht exakt eingehaltene Liefertermine (zu früh oder zu spät) rufen beim Kunden ggf. Störungen im Betriebsablauf hervor. Bei der Definition der Lieferzuverlässigkeit ist im Einzelfall zu entscheiden, ob die Häufigkeit des Auftretens von Fehlmengen (unabhängig von deren Höhe) oder die Höhe der Fehlmenge gemessen werden soll.
3. **Lieferflexibilität**: Die Lieferflexibilität beschreibt die Fähigkeit des Auslieferungssystems auf spezifische Kundenwünsche reagieren zu können. Dabei wird zwischen

---

[34] Vgl. Ehrmann (2008, S. 55).

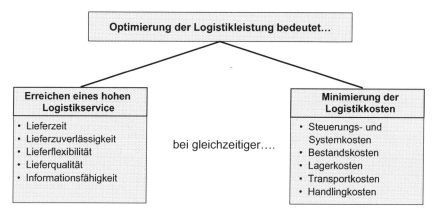

Abb. 1.10 Optimierung der Logistikleistung. (In Anlehnung an Ehrmann (2008, S. 65))

Modalitäten der Auftragserteilung und Liefermodalitäten unterschieden. Der Kunde erwartet, dass er Aufträge schriftlich, telefonisch, per Fax oder eMail oder auch im Internet per Webformular absetzen kann. Darüber hinaus zeichnet sich eine hohe logistische Leistung auch dadurch aus, dass kurzfristig die Belieferungsart verändert werden kann, z. B. Anlieferung mit Kleintransporter statt LKW.

4. **Lieferqualität:** Die Lieferqualität beschreibt die Liefergenauigkeit (Art, Menge) sowie den Zustand der Lieferung. Art bedeutet, dass auch das bestellte Produkt geliefert wird und auf ein Ersatzprodukt nur in Abstimmung mit dem Kunden ausgewichen wird. Eine Mengenüberschreitung führt insbesondere bei Geschäftsbeziehungen zwischen Unternehmen (Business-to-Business) oft zu höheren Kosten, z. B. für zusätzliche Lagerung, während Mengenunterschreitungen Fehlmengenkosten verursachen. Zur Lieferqualität gehört auch die Sicherstellung einer adäquaten Verpackung.

5. **Informationsfähigkeit:** Diese gibt Auskunft darüber, wie schnell und zufriedenstellend Kundenanfragen (vor und nach Auftragserteilung) bearbeitet werden, wie z. B.:
   • Liefermöglichkeiten
   • Auftragsstatus
   • Beschwerdestatus

1.2.1.2   Logistikkosten

Die zur Erbringung der Logistikleistung aufzuwendenden Kosten können in die Kategorien Bestandskosten, Lagerkosten, Transportkosten und Handlingkosten sowie Planungs-, Steuerungs- und Systemkosten unterteilt werden. Logistikkosten können dabei definiert werden als der bewertete Einsatz an Produktionsfaktoren in Logistiksystemen. Sie sind dann gerechtfertigt, wenn ihnen eine entsprechende Leistung als Systemoutput gegenübersteht.

1. **Bestandskosten:** Die Kosten aufgrund der Bevorratung von Beständen beinhalten u. a.:
   • Kapitalkosten zur Bestandsfinanzierung
   • Versicherungen

- Abwertungen
- Verluste

2. **Lagerkosten:** Diese können aufgeteilt werden in fixe Lagerkosten für die Bereithaltung von Lagerkapazitäten (z. B. Lagerhalle, Regale) und variable Lagerkosten z. B. für die Durchführung der Ein- und Auslagerungsvorgänge im Lager.
3. **Transportkosten:** Dazu gehören die Kosten des internen und externen Werkverkehrs, der Bereitschaftskostenanteil für die verwendeten Fahrzeuge (z. B. Gabelstapler) sowie volumenabhängige Kosten in Abhängigkeit der Nutzung (z. B. Treibstoffverbrauch der Fahrzeuge). Zusätzlich sind auch versteckte Transportkosten zu berücksichtigen, wie z. B. der Transportkostenanteil in den Einkaufskosten.
4. **Handlingkosten:** Diese umfassen Kosten für Verpacken, Umschlagen/Umladen von Materialien sowie Kommissionierung. Darüber hinaus zählen auch Bereitschaftskosten für Geräte (z. B. Konservierungsanlage) und volumenabhängige Kosten in Abhängigkeit der Nutzung (z. B. Verpackungsmaterial, Etiketten) zu den Handlingskosten.
5. **Planungs-, Steuerungs- und Systemkosten:** Um die logistischen Aktivitäten eines Unternehmens zielgerichtet abwickeln zu können, fallen u. a. Kosten zur Gestaltung, Planung und Kontrolle des inner- und zwischenbetrieblichen Materialflusses sowie Kosten für die Produktionsprogrammplanung, die Disposition, die Auftragsabwicklung und die Fertigungssteuerung an.

Die Optimierung der Logistikleistung ergibt sich damit aus dem Erreichen eines hohen Logistikservice bei einer Minimierung der Logistikkosten.

Die Gestaltung des Logistiksystems darf dabei weder nur nach dem Prinzip der Kostenminimierung noch nach dem der Leistungsmaximierung erfolgen. Logistische Probleme können vielmehr durch einen Kompromiss gelöst werden bei dem ein möglichst hoher Logistikservice für das Unternehmen zu minimalen Kosten angeboten wird. Dabei ist zu beachtet, dass eine Reduzierung der Logistikkosten i. d. R. zu Lasten des Service geht und eine Erhöhung des Logistikservice meist mit erhöhten Logistikkosten verbunden ist. Der dadurch entstehende Zielkonflikt ist durch den Logistiker in Absprache mit den anderen betrieblichen Funktionen im Einzelfall zu lösen.

1.2.2 Logistische Einzel- und Bereichsziele

Das allgemein formulierte Ziel der Optimierung einer logistischen Leistung führt zu unterschiedlichen Einzelzielen, die – wie die übrigen Unternehmensziele – Bestandteil eines Zielsystems sind.

Einzelziele in der Logistik können für die Bereiche Beschaffung, Produktion und Absatz formuliert werden, wobei natürlich auch die übergeordneten Unternehmensziele (Formalziele) zu berücksichtigen sind (Abb. 1.11).

Abb. 1.11 Einzel- und Bereichsziele der Logistik. (Ehrmann (2008, S. 66))

1.2.3 Strategische und operative Logistikziele

Logistikziele können nach strategischen und operativen Aspekten unterschieden werden. Zu den strategischen Logistikzielen gehört z. B. das Vorhaben, die Logistik als Wettbewerbsfaktor am Markt einzusetzen. Die Grundlage für strategische Entscheidungen ist die Ausrichtung auf das Unternehmensziel und die Bestimmung des Beitrages, den die Logistik zum Unternehmenserfolg leisten soll.

Strategische Ziele beinhalten die Festlegung der Leistungskriterien der Logistik sowie die Mittel zur Bestimmung zu deren Erreichung. Strategische Logistikziele sind u. a. die Reduzierung der Logistikkosten auf ein branchenübliches Maß durch Veränderung des Beschaffungsprinzips und der Distributionswege oder die Verminderung des Logistikbedarfs durch Veränderungen der Produktgestaltung.

Die operativen Logistikziele beziehen sich auf alle Tätigkeiten der Materialflusssteuerung, die den Bereichen Beschaffung, Produktion und Absatz zugeordnet werden können, z. B.:

- Reduzierung des Anteils der Leerfahrten im innerbetrieblichen Transport um × Prozent im nächsten Quartal,
- Erhöhung der Kommissionierleistung der Mitarbeiter pro Schicht,
- Reduzierung des durchschnittlichen Lagerbestandes pro Artikel um × Prozent,
- Reduzierung der Wartezeiten je LKW bei der Warenanlieferung.

Die Vereinbarung und Kontrolle der strategischen und operativen Logistikziele stellt die Grundlage zur Gestaltung des Logistiksystems dar. Logistikziele und die daraus abgeleiteten Strategien leisten einen wichtigen Beitrag zur Erreichung der festgelegten Unternehmensziele und müssen daher eng mit der Unternehmensplanung abgestimmt sein. Voraussetzung für die Festlegung der Logistikziele ist die genaue Kenntnis der Kundenanforderungen, die Leistungsfähigkeit der Wettbewerber und die unternehmenseigene Leistungsfähigkeit.

1.3 Systemtheoretische Betrachtungen

Die unter Abschn. 1.1.4 beschriebenen Aktivitäten der Logistik (Lagerhaltung, Transport, Beschaffung usw.) mussten selbstverständlich schon immer in den Unternehmen durchgeführt werden und nicht erst seit der Übernahme des Logistikbegriffs aus dem Militärbereich in die Wirtschaftswissenschaften. Damit stellt sich die Frage, was „neu" ist an der Betrachtung der Logistik. Bei der Beantwortung dieser Frage geht es in erster Linie darum, wie diese Aufgaben wahrgenommen werden und nicht ob sie überhaupt durchgeführt werden. Eine neue Konzeption beinhaltet neue Betrachtungsweisen der Unternehmensprobleme und ermöglicht damit auch neue Problemlösungen.[35]

Unternehmerische Wertschöpfungsprozesse zeichnen sich ebenso wie Logistikaktivitäten durch eine Vielzahl wechselseitiger Abhängigkeiten aus. Eine Vernachlässigung dieser Abhängigkeiten kann für Unternehmen schnell zu großen (Kosten-)nachteilen führen. Eine moderne Logistikkonzeption ist deshalb durch ein System- und Gesamtkostendenken geprägt. Unternehmerische Gesamtzusammenhänge und Interdependenzen werden dabei von Anfang an berücksichtigt, um Kosten zu minimieren.[36]

Diese Konzeption beruht auf einer systemtheoretischen Betrachtungsweise[37] (kurz: „Systemdenken"):

Systemdenken beinhaltet u. a. folgende Aspekte:

- Systeme bestehen aus einer Vielzahl von Einheiten unterschiedlichster Art, die als Ganzes bestimmte Eigenschaften realisieren und aufrechterhalten.
- Systemgrößen sind nicht als starr anzusehen, sondern als sich ständig verändernde Größen. Auch Stabilität einer Größe wird nur durch eine Aktivität erreicht.
- In Prozessen denken, nicht in Zuständen. Neben schwarz-weiß- bzw. ja-nein-Qualitäten existieren viele analoge Größen. Manche sind analytisch nicht beschreibbar.
- Systemgrößen existieren nur in Abhängigkeit, als Produkt von anderen Größen, die fördernd oder hemmend bezüglich dieser sind.
- Regelkreise, Produktkreise, Wirkungskreise und Prozesskreisläufe produzieren wiederkehrend bestimmte Eigenschaften.
- Ein System ist ein Gebilde mit Eigenheiten, mit inneren Gesetzmäßigkeiten, die beachtet werden müssen; lebendige Systeme haben eigene Bedürfnisse, eigene Ziele.
- Ein System ist ein organisatorisch zusammengehörender, von anderen Beobachtungsobjekten unterscheidbarer Sachverhalt, dessen innere Ordnung (= Struktur) durch seine Komponenten (= Elemente) und deren Beziehungen (= Relationen, nicht Kausalitäten) hervorgerufen wird.
- Die Vielgestaltigkeit und Innergesetzlichkeit macht Vorhersagbarkeit nur bedingt möglich, feststellbar sind vielmehr Makro-Eigenschaften, die über größere Bereiche (zeitlich, räumlich oder strukturell) festzustellen sind: z. B. Stabilität, Eintrittswahrscheinlichkeit und Mittelwerte. Die Vielgestaltigkeit der Systeme und ihre inneren Gesetzmäßigkeiten erlauben keine punktuelle oder unmittelbar wirkende Einflussmöglichkeit; stattdessen sind Handlungen erforderlich, wie Bereitstellung von Informationen, Versorgung des Sy-

---

[35] Vgl. Pfohl (2010, S. 25).

[36] Vgl. Wycisk (2009, S. 51).

[37] Vgl. z. B. Luhmann (2009)

stems mit der erforderlichen Energie zur Systemerhaltung und Kommunikation sowie eine ganzheitliche bzw. kombinierte Herangehensweise an Fragestellungen des Systems.

- Alle Systemteile sind selbst Systeme (oft Subsysteme genannt), die einen Teil ihrer Selbst, ihrer Aktivität, ihrer Struktur, ihrer Energie in das betrachtete System einbringen (und aber auch Bereiche haben, deren Steuerung nur diesen selbst obliegt).
- Jeder Systemteil ist meistens Teil mehrerer Systeme, in denen er unterschiedlichste Funktionen ausführt.
- Klassische und fachliche Sichtweisen können als Mittel zur Reduktion von Komplexität in größeren Systemen angesehen werden; dazu gehören: einfache Mechanik, einfache Regeln, lineares und kategorisches Denken (die durchaus für Teillösungen in sehr kleinen Bereichen verwendet und ggf. auch auf andere Systeme übertragen werden). In vielen Fällen ist jedoch eine vielgestaltigere, dynamischere Sichtweise angebracht, ohne dabei jedoch Effektivitätsprinzipien zu vernachlässigen.
- Innen und Außen. Die Unterscheidung zwischen dem Systeminnern und der Außenwelt und die Beziehung zwischen beiden ist ein wesentlicher Punkt.
- Wiederverwendung ist ein zentrales Werkzeug von Systemen zur Bildung von Energieüberschüssen.

Kennzeichnend für das Systemdenken sind die ganzheitliche Betrachtungsweise sowie die Erkenntnis, dass zur Erklärung des Gesamtsystems die Erklärung seiner einzelnen Elemente nicht ausreicht. Vielmehr müssen auch die Beziehungen zwischen den einzelnen Elementen in die Erklärung einbezogen werden. Systemdenken bedeutet ein Denken in komplexen und vernetzten Zusammenhängen.[38]

Die Zusammenhänge zwischen den Elementen eines Systems lassen sich als „Input/ Output-Beziehungen" interpretieren, durch die eine Beziehungsstruktur, z.B. die Netzwerkstruktur eines Logistiksystems, hergestellt wird. Steht der Prozesscharakter im Mittelpunkt der Betrachtungen, so kommt der Zeit als Systemdimension eine besondere Bedeutung zu. Man kann so die Prozessstruktur von der Beziehungsstruktur unterscheiden. Die Anwendung des Systemdenkens stellt die Behandlung logistischer Probleme auf eine neue Grundlage, da durch diesen Ansatz suboptimale Insellösungen vermieden und optimale Gesamtlösungen angestrebt werden.

Werden durch die Untersuchung der Beziehungsstruktur eines Systems die sachlichen Zusammenhänge zwischen verschiedenen logistischen Teilsystemen erfasst, so können Entscheidungen unter Berücksichtigung von Ressourceninterdependenzen (z. B. möglicher Engpässe oder freier Kapazitäten) getroffen werden. Damit ermöglicht das Systemdenken die Berücksichtigung von Engpässen oder Synergien bei der Entscheidungsfindung.

Beispiel: Kostendenken Eine Interdependenz existiert nicht nur zwischen den Ressourcen und Elementen eines Logistiksystems selbst. Sie besteht auch bei den entsprechenden Kosten. So kann die Kostensenkung in einem logistischen Teilsystem zu einem Kostenanstieg

---

[38] Pfohl (2010, S. 26).

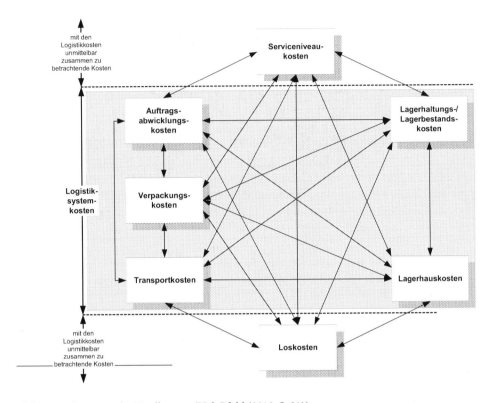

Abb. 1.12 Gesamt- oder Totalkosten. (Vgl. Pfohl (2010, S. 31))

in einem anderen Teilsystem führen. Unter Umständen können so sogar die Kosten für das gesamte Logistiksystem steigen.[39]

Das Gesamt- oder Totalkostendenken ist für Logistikentscheidungen von großer Bedeutung, weil Logistiksysteme von einer Vielzahl von Kostenkonflikten gekennzeichnet sind. Abbildung 1.12 gibt einen Überblick über die aufgrund des logistischen Gesamt- oder Totalkostendenkens zu berücksichtigenden Kosten. Diese bestehen aus den durch die funktionellen logistischen Subsysteme entstehenden Logistikkosten. Sie werden verursacht durch den Einsatz von Produktionsfaktoren in diesen Subsystemen. Die Produktionsfaktoren können als primäre Kostenarten und die Kosten des logistischen Subsystems als sekundäre Kostenarten bezeichnet werden. Zusätzlich zu den Systemkosten müssen auch weitere Kosten berücksichtigt werden, die mit den Logistiksystemkosten unmittelbar zusammenhängen. Dazu gehören die Kosten für die Gewährung eines bestimmten Serviceniveaus und die Loskosten, die mit der Anzahl der produzierten oder vom Lieferanten zu liefernden Lose schwanken.[40]

---

[39] Pfohl (2010, S. 26 f.).

[40] Vgl. Pfohl (2010, S. 30 f.).

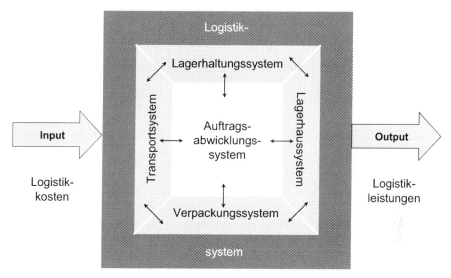

Abb. 1.13 Die Logistik als System. (Vgl. Pfohl (2010, S. 20))

Durch die Analyse der Prozessstruktur eines Systems, d. h. der zeitlichen Zusammenhänge zwischen den verschiedenen Elementen der logistischen Kette können Prozessinterdependenzen aufgezeigt werden. Dazu gehören Autonomiekosten – wie z. B. Aufbau von Beständen zur Entkopplung von Teilabschnitten der logistischen Kette – und Koordinationskosten, die durch einen Informationsaustausch zur Kopplung von Teilabschnitten der logistischen Kette aufgrund von Leistungsverflechtungen entstehen. Das Prozessdenken ermöglicht damit das Ersetzen der – meist höheren – Autonomiekosten durch Koordinierungskosten, und damit Optimierungen entlang der logistischen Kette durch, z. B. Abbau von Beständen und Reduzierung der Durchlaufzeiten.[41]

Fasst man die Unternehmenslogistik als System auf, so kann man als Systeminput die Logistikkosten annehmen und als Systemoutput die logistische Leistung.

Dieser Zusammenhang ist in Abb. 1.13 dargestellt:

Im Zentrum des logistischen Systems steht die Auftragsabwicklung. Auf Basis der eingehenden Kundenaufträge werden die logistischen Teilfunktionen wie Lagerhaltung und Lagerhaus, sowie Transportsystem und Verpackung dimensioniert.

Diese Teilfunktionen können nicht unabhängig voneinander betrachtet werden. So hat die Wahl des Transportsystems und dessen Kapazität einen direkten Einfluss auf die Dimensionierung der erforderlichen Lagerhaltung und auch auf die Wahl der Verpackung. Diese ist beispielsweise bei einem Transport über den Seeweg anders als beim Transport über den Luftweg.

Mit Hilfe des Systemdenkens lässt sich also ein System unabhängig von realen Inhalten auf einer abstrakten Modellebene untersuchen.

---

[41] Vgl. Pfohl (2010, S. 29).

Bei der Betrachtung logistischer Probleme hat sich diese Denkweise durchgesetzt, da mit ihr eine Komplexitätsreduzierung möglich ist. Dabei können einzelne Elemente vorgelagerter Stufen auf der jeweils nachgelagerten Stufe in ihre weiteren Bestandteile zerlegt werden. Die Untersysteme können im Rahmen der aktuellen Perspektive solange als „Blackbox" betrachtet werden, wie eine ausreichende Aussage auf der betrachteten Ebene getroffen werden kann.[42]

Der Vorteil dieses Ansatzes liegt darin, dass eine ganzheitliche Betrachtung des Gesamtsystems mit seinen funktionalen Beziehungen unter Berücksichtigung der Umwelteinflüsse möglich ist. Die systemtheoretische Betrachtungsweise stellt auch sicher, dass institutionelle wie funktionale Aspekte bei der Behandlung logistischer Problemstellungen berücksichtigt werden, einschließlich der damit verbundenen Informations- und Entscheidungsflüsse. Darüber hinaus erlaubt das Systemdenken Aussagen über verschiedene logistische Teilsysteme mit einer einheitlichen Terminologie. Dabei können auch Schnittstellen zu anderen Teilsystemen berücksichtigt werden.[43]

1.4 Übungsfragen

1. Der Begriff „Logistik" ist in der betriebswirtschaftlichen Literatur nicht einheitlich definiert. Bitte geben Sie eine Definition des Begriffs „Logistik" an.
2. Welche Teilgebiete der Logistik lassen sich funktional nach dem Güterfluss unterscheiden? Verdeutlichen Sie Ihre Antwort anhand einer Skizze.
3. Logistikkosten und Logistikleistung werden oft als die zwei Seiten einer Medaille bezeichnet. Beschreiben Sie kurz den Zusammenhang zwischen diesen beiden Begriffen!
4. Nennen und erläutern Sie drei Aspekte des Logistik-Service!
5. Nennen und erläutern Sie drei Aspekte der Logistik-Kosten!
6. Werden in einem Unternehmen gleichzeitig mehrere Ziele verfolgt, so können diese komplementär, konfliktär oder neutral zueinander stehen.
   Geben Sie jeweils ein Beispiel für diese Zielbeziehungen aus dem Bereich der Unternehmenslogistik.
7. Welchen Vorteil bei der Lösung logistischer Probleme bringt der systemtheoretische Ansatz?
8. Nennen und erläutern Sie zwei Entwicklungen, die zu einer zunehmenden Bedeutung der Logistik in den letzten Jahren geführt haben.

---

[42] Vgl. Wegener (1993, S. 30).
[43] Vgl. Wegener (1993, S. 30 f.).

2

2.1 Prozessorientierung und Wertschöpfung in der Logistik

2.1.1 Entwicklung der Logistik zur Querschnittfunktion

Die Logistik wurde lange als betriebliche Funktion bezeichnet, in deren Aufgabenbereich Transport-, Lager- und Umschlagvorgänge im und zwischen Unternehmen fallen. Diese Aufgaben wurden für die Wertschöpfung als weniger bedeutend eingestuft und daher lange vernachlässigt.[1]

Erst als in den 80er Jahren die Rationalisierungspotenziale der Logistik erkannt wurden, bauten die Unternehmen eigene Logistikabteilungen auf, die übergreifend alle Transport-, Umschlag- und Lageraktivitäten (TUL-Aktivitäten) übernahmen. Durch die Einrichtung einer solchen Abteilung lassen sich Spezialisierungsvorteile erzielen, beispielsweise durch Einrichtung eines Zentrallagers, in dem alle Materialien bevorratet werden. Nur durch die Bündelung der Lageraktivitäten des Unternehmens lohnt sich einerseits die Investition in eine Lagertechnik und können andererseits die Vorteile der Zentrallagerung, wie z. B. geringere Bestände und bessere Auslastung der Mitarbeiter im Lagerbereich, erzielt werden.

Die funktionsorientierte Organisation in Bereiche wie Einkauf, Produktion, Marketing/Vertrieb und auch Logistik ermöglichen eine hohe Spezialisierung der einzelnen Abteilungen auf die dort jeweils anfallenden Aufgaben. Entsprechend haben diese Abteilungen ihre internen Abläufe auf das Abteilungsziel hin ausgerichtet. Betrachtet man den Warenfluss durch ein in dieser Weise organisiertes Unternehmen, so werden Rohstoffe optimal beschafft (z. B. Waren werden von den günstigsten Lieferanten eingekauft und Rabatte ausgenutzt). Die Rohstoffe werden im Wareneingangslager zwischengepuffert und anschließend bestmöglich weiterverarbeitet (Ziele der Produktion sind u. a. hohe

---

[1] Vgl. Weber (1995, S. 16).

S. Koch, *Logistik*,
DOI 10.1007/978-3-642-15289-4_2, © Springer-Verlag Berlin Heidelberg 2012

Abb. 2.1 Schnittstellenproblematik der Aufbauorganisation. (In Anlehnung an Nicolai (2009, S. 184))

Auslastung der Maschinen und geringe Rüstzeiten). Anschließend werden die Fertigwaren gelagert, bis sie durch den Vertrieb bestmöglich verkauft werden. In einem solchen Unternehmen durchlaufen die Waren mindestens drei Abteilungen, an deren Schnittstellen es zu erheblichen Problemen, z. B. durch mangelnde Kommunikation oder Zeitverlusten, kommen kann.[2]

Diesen Zusammenhang verdeutlicht Abb. 2.1:

Über die Analyse und Lösung materialflussbezogener Steuerungsprobleme änderte sich die Sicht auf die Logistik. Ihre zentrale Aufgabe wird heute im Management der gesamten Prozesskette vom Lieferanten bis zum Kunden gesehen. Die Logistik hat dabei ihre Aufgaben über die einzelnen Funktionen des Unternehmens hinweg als bereichsübergreifende Service- bzw. Dienstleistungsfunktion wahrzunehmen (= Querschnittfunktion der Logistik).[3] Dabei ist Stellung der Logistik bzw. der darin integrierten Materialwirtschaft innerhalb eines Unternehmens von mehreren Faktoren abhängig. Hierbei spielen z. B. die Produktstruktur, die Kernkompetenz des Unternehmens, der Beitrag der Logistik zum Unternehmensgewinn sowie der Einfluss des Logistikmanagements innerhalb des Unternehmensmanagements eine wichtige Rolle.

Abbildung 2.2 zeigt diese geänderte Sicht auf die Logistik.

Dabei überlagert die Prozessorganisation die bereits vorhandene Aufbauorganisation[4] eines Unternehmens, wodurch eine prozessorientierte Matrixorganisation entsteht. Die

---

[2] Vgl. Arndt (2008, S. 32 f).

[3] Schulte (1996, S. 35 ff).

[4] „Unter Aufbauorganisation versteht man die sachliche und logische Aufteilung einer gesamtaufgabe in Teilaufgaben und deren spätere Zusammenfassung zu Aufgabenkomplexen und Organisationseinheiten, sodass die Erfüllung der Unternehmensziele gewährleistet wird." Nicolai (2009, S. 25).

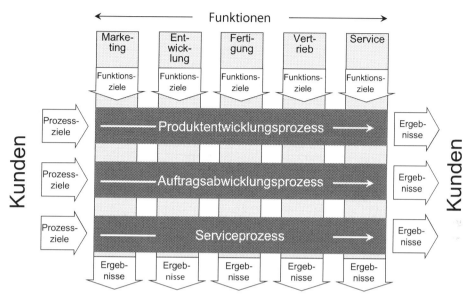

Abb. 2.2 Logistische Prozesse als Querschnittsfunktionen. (In Anlehnung an Nicolai (2009, S. 186))

funktionsübergreifenden Prozesse werden von einem Prozessmanager über mehrere Stellen oder Abteilungen hinweg betreut.[5]

2.1.2 Prozessorientierung der Logistik

In der Abb. 2.2 wurde der Begriff „Prozess" eingeführt, ohne näher auf dessen Bedeutung einzugehen. Dies wird in dem nun folgenden Kapitel nachgeholt.

In der Literatur hat sich noch keine allgemeingültige Definition des Prozessbegriffs herausgebildet. Nach ISO 8402 ist ein Prozess durch folgende Eigenschaften charakterisiert:

- Er besteht aus einer Menge von Mitteln und Tätigkeiten. Zu den Mitteln können Personal, Geldmittel, Anlagen, Einrichtungen, Techniken und Methoden gehören.
- Diese Mittel und Tätigkeiten stehen in Wechselbeziehungen.
- Ein Prozess erfordert Eingaben.
- Ein Prozess gibt Ergebnisse aus.

---

[5] Vgl. Nicolai (2009, S. 185).

Weiter lässt sich ein Prozess als eine Folge von Tätigkeiten definieren, deren Ergebnis eine Leistung für den Kunden darstellt. Harrington[6] beschreibt den Prozess als eine oder eine Gruppe von Aktivitäten, die einen Input haben, ihm einen Mehrwert geben und einen Output für einen internen oder externen Kunden erzeugen. Dabei nutzen Prozesse die Unternehmensressourcen, um sichtbare Ergebnisse zu erbringen.

Für das Verständnis der nachfolgenden Kapitel reicht folgende Definition aus:

> Ein Prozess stellt die inhaltlich abgeschlossene, zeitliche und sachlogische Abfolge der Funktionen dar, die zur Bearbeitung eines betriebswirtschaftlichen Objekts (z. B. Information) ausgeführt werden können. (Vgl. Turowski (1996, S. 211))

Die Unternehmensprozesse können in Haupt- oder Geschäftsprozesse und unterstützende Prozesse unterteilt werden.

Als Geschäftsprozesse werden die erfolgsrelevanten grundlegenden Unternehmenstätigkeiten, die zur Umsetzung der Unternehmensziele und Sicherung des Unternehmenserfolgs dienen, definiert. Sie beschreiben die wesentlichen Aufgaben, die das Geschäftsfeld eines Unternehmens charakterisieren.

Ein Geschäftsprozess besteht damit aus einer zusammenhängenden geschlossenen Folge von Tätigkeiten, die zur Erfüllung einer betrieblichen Aufgabe nötig sind.

Prozesse können in Teilprozesse zerlegt werden, so dass eine hierarchische Struktur entstehen kann.

Mehrere aufeinander folgende Prozesse bilden eine Prozesskette:

Unter einer Prozesskette versteht man die formale, hierarchisch strukturierte Zusammenfassung von Prozessen, die einem gemeinsamen Prozessziel dienen.

Ein Geschäftsprozess liegt of „quer" zur Aufbauorganisation, d. h. er tangiert mehrere Abteilungen (s. Abb. 2.2).

Damit lassen sich zusammenfassend folgende Kriterien für Geschäftsprozesse definieren:

- wertschöpfend,
- funktionsübergreifend,
- kundenorientiert,
- von strategischer Bedeutung für das Unternehmen,
- möglichst ein Prozessverantwortlicher vorhanden,
- Ziele und Messgrößen sind definiert.

Der Einkaufsprozess kann z. B. aus den nacheinander folgenden Prozessen bestehen:

- Ermittlung des Bedarfs,
- Suche von Lieferanten,
- Ausschreibung der Teile bzw. Einholung von Angeboten,

---

[6] Vgl. Harrington (1991, S. 9).

- Auswahl des optimalen Lieferanten,
- Vergabe des Auftrages.

Der sich daran anschließende Produktionsprozess beinhaltet möglicherweise folgende Teilprozesse:

- Wareneingangsprüfung der vom Einkauf bestellten Teile,
- Einlagerung im Produktionslager,
- Auslagerung an die Fertigung,
- Vormontage der Teile in der Fertigung,
- Zwischenlagerung,
- Endmontage der Teile,
- Einlagerung im Zentrallager.

Die Wertschöpfungskette, d. h. die Kette der Geschäftsprozesse, kann die einzelnen Bereiche eines Unternehmens (Hersteller) wie Entwicklung, Beschaffung, Materialwirtschaft, Fertigung, Vertrieb und Distribution betreffen, sich aber auch auf die Kette „Lieferanten – Hersteller – Kunden" (Supply Chain und eSupply Chain) beziehen.[7]

Unter dem Begriff des Supply Chain Managements werden somit nicht nur die Ansprechpartner in den logistischen Bereichen wie Beschaffung, Transport, Qualitätssicherung und Produktion verstanden. Vielmehr wird hier die gesamte Wertschöpfungskette mit einbezogen. Diese erstreckt sich von den Lieferanten, Modullieferanten, Systemlieferanten zum Hersteller mit Bereichen wie Entwicklung, Vertrieb, Marketing und Controlling.[8] Vom Hersteller spannt sich die Wertschöpfungskette über mehrere Ebenen weiter bis zum Kunden. Innerhalb der Wertschöpfungskette können wiederum Kooperationen der einzelnen Stufen stattfinden.

2.2 Logistische Prozesse

Die Beschreibung der Logistischen Prozesse beginnt mit den drei übergeordneten Prozessen Auftragsabwicklung, Lagerhaltung und Transport. Diese drei Prozesse sind den Ausführungen vorangestellt, da sie an nahezu jeder Stelle der Logistischen Kette stattfinden können. Fragestellungen aus dem Bereich der Lagerhaltung sind beispielsweise unabhängig davon, ob ein Lager die Fertigwaren des Lieferanten, den Wareneingang beim Produzenten oder die Fertigwaren innerhalb des Distributionsnetzes umfassen.

---

[7] Vgl. Wannenwetsch und Nicolai (2002, S. 3 ff).
[8] Vgl. Wannenwetsch (2002b, S. 196 ff).

Oft werden die mit der Lagerung und dem Transport verbundenen Technologien unter den Begriff Materialflusstechnik zusammengefasst.

Der Begriff Materialfluss bedeutet gemäß der VDI-Richtlinie 3.300 die räumliche, zeitliche und organisatorische Verkettung aller Vorgänge bei der Gewinnung, Be- und Verarbeitung sowie der Verteilung von stofflichen Gütern innerhalb festgelegter Bereiche. Dies erfolgt anhand der Grundfunktionen Fertigen mit Bearbeiten und Prüfen, Bewegen mit Transportieren und Handhaben sowie Ruhen mit Lagern und ungewolltem Aufenthalt.

Die Materialflusstechnik beinhaltet die Verkettung aller Bewegungsvorgänge der technologischen Prozesse von der Gewinnung der Rohstoffe über die Be- und Verarbeitung bis zur Lagerung bzw. Endproduktverteilung. Der Einsatz der Instrumente der Materialflusstechnik erfolgt überall dort, wo Güter über relativ kurze Strecken bewegt werden. Diese beschränkt sich auf den innerbetrieblichen Transport sowie den Warenumschlag an den Unternehmensschnittstellen, d. h. dem Wareneingang und Warenausgang. Die Komponenten der Materialflusstechnik sind Fördermittel, Lager-, Kommissionier-, Handhabungs-, Montage-, Umschlag- und Verpackungstechnik sowie die Ladeeinheitenbildung, Informations- und Steuerungstechnik. Die Materialflusstechnik bildet die Gesamtheit der Transport-, Umschlag- und Lagerprozesse. Folglich wird in Unternehmen zwischen einem externen Güterfluss und einem innerbetrieblichen Materialfluss differenziert. Der externe Güterfluss umfasst den Transport von Gütern mittels Verkehrsmitteln wie Bahn, Schiff oder LKW über weite Strecken. Die ganzheitliche Steuerung und Verfolgung der Güter vom Wareneingang bis zum Warenausgang führt zu einem optimalen Materialfluss. Hierbei ist die systematische Ablaufunterstützung von großer Bedeutung. Im Materialfluss lassen sich Transparenz und Effizienz ohne passende Informationsflussmittel und digitale Systeme nicht realisieren. Folglich bilden die Steuerungstechnik und die Informationsverarbeitung die Eckpfeiler eines Fördersystems.

Die Materialflussanlage besteht aus dem Leitrechner, dem Materialflussrechner und der Steuerung. Die Datenübertragung erfolgt hier leitungsgebunden (z. B. Koaxialleitung), nicht leitungsgebunden (z. B. Funk, Laser) bzw. materialgebunden. Diese bewirken die informationstechnische Synthese der Leit-, Steuerungs- und Feldebene. Zur Reduktion des Verdrahtungsaufwandes werden Bussysteme eingerichtet. Hierdurch können Fahrauftragsdaten, Identifikationsdaten und andere wesentliche Informationen zwischen den verschiedenen Ebenen übertragen werden. Zudem existieren materialflussbegleitende Informationsträger, die der Materialidentifikation dienen und in unterschiedlichen Bereichen eingesetzt werden. Hierbei sind insbesondere die optische (z. B. Barcode) und elektronische Codierung (z. B. Transponder) hervorzuheben. Eingesetzt wird die elektronische Codierung bei programmierbaren Datenträgern. Angewendet wird diese Codierung, wenn sich die objektbezogenen Daten im Materialfluss modifizieren. Die optischen Datenträger weisen die größte Verbreitung auf, da sie preiswert und zuverlässig sind. Die Datenerfassung erfolgt durch Laserscanner. Bei elektronischen Datenträgern werden spezielle Schreib-Lese-Geräte eingesetzt.

2.2.1 Auftragsabwicklung

Die Leistungsfähigkeit eines Unternehmens wird durch die Kunden nicht nur nach Qualität und Preis beurteilt, sondern auch danach, wie die Aufträge, Anfragen und Angebote bearbeitet werden. In der Auftragsabwicklung werden alle Auftragsdaten bis zur Auslieferung der fertig gestellten Produkte verwaltet.[9]

Die wichtigste Informationsquelle für alle logistischen Aktivitäten ist damit der Auftrag als Grundlage für den Informationsfluss in einem logistischen System.[10]

Die Kombination eines dem Güterfluss vorauseilenden, ihn begleitenden und ihm nacheilenden Informationsflusses dient allgemein der Planung, Steuerung und Kontrolle des Güterflusses.

Die Sicherstellung des vorauseilenden Informationsflusses sorgt dafür, dass alle betroffenen Stellen rechtzeitig über eintreffende Güter informiert sind. So kann der notwendige Planungs- und Dispositionsspielraum zur wirtschaftlichen Realisierung des Güterflusses gewährt werden, wenn beispielsweise unnötige Wartezeiten im Materialfluss vermieden werden.

Der begleitende Informationsfluss stellt sicher, dass die betroffenen Bereiche mit den Informationen, die zur operativen Ausführung von Lager-, Umschlag- und Transportaufgaben erforderlich sind, ausgestattet sind. Dazu gehören z. B. Informationen über Handhabung gefährlicher Güter. Darüber hinaus soll der begleitende Informationsfluss die Verfolgung des Auftragsbearbeitungsstatus, das Ergreifen von Maßnahmen zur Beschleunigung oder Verzögerung und das Nachverfolgung der Güter bis zum Eintreffen am Empfangsort sicherstellen.

Zum nacheilenden Informationsfluss gehören die Rechnungsstellung und die Rückmeldung des Empfängers über die Qualität des Auftrages.

Abbildung 2.3 zeigt den Zusammenhang zwischen den unterschiedlichen Unternehmensbereichen zur erfolgreichen Abwicklung eines Kundenauftrags.

Die Übermittlung des Auftrages erfolgt mit Hilfe eines ausgefüllten Auftragsformulars, das u. a. folgende Informationen beinhaltet:

- Auftragsnummer, Auftragsdatum,
- Kundenadresse, Kundennummer,
- Branche des Kunden,
- Verkäufer/Verkaufsgebiet,
- Artikelbezeichnung, Artikelnummer,
- Menge der bestellten Artikel, Bruttopreis,
- Verkaufsbedingungen, Rabatte,
- Transportmittel, zu berechnender Versandkostenanteil,
- Versandanschrift, Liefertermin.

---

[9] Vgl. Oeldorf und Olfert (2004, S. 344).
[10] Vgl. Schulte (2009, S. 473).

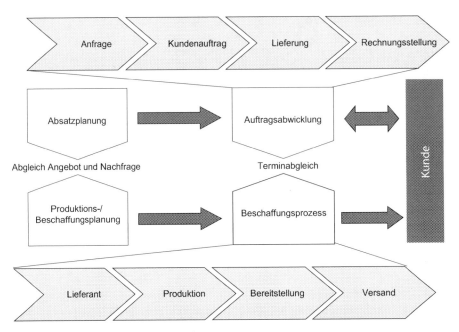

Abb. 2.3 Abwicklung eines Kundenauftrages

Richtigkeit und Vollständigkeit eines Auftrages sind deshalb so wichtig, weil sie Input für das gesamte System sind und Fehler erst bei Lieferung der Waren an den Empfangspunkt (Kunde) deutlich werden.

Darüber hinaus ist der Auftrag des Kunden Informationsquelle für eine Vielzahl von Unternehmensbereichen (Produktion, Lagerhaltung, Beschaffung, Personaleinsatz etc.).[11]

Unterschieden wird zwischen externen und internen Aufträgen. Externe Aufträge bezeichnen Kundenaufträge, die einerseits als Bindeglied zur Distributionslogistik des Lieferanten und andererseits als Bindeglied zur Beschaffungslogistik des Kunden wirken.

Interne Aufträge sind Aufträge zwischen Unternehmensbereichen, z. B. ein Auftrag zur Materiallieferung aus der Produktion an das Lager oder Lieferaufträge zwischen Zentral- und Regionallager. Oft werden in größeren Unternehmen Kundenaufträge in interne Teilaufträge aufgesplittet und erst in der Verpackung oder im Versand wieder zusammengeführt.

Die Auftragsabwicklung im engeren Sinn kann definiert werden als Zusammenfassung „aller administrativen, d. h. den Informationsfluss betreffenden Tätigkeiten vom Zeitpunkt der Kundenanfrage bis zur Rechnungserstellung".[12]

Im weiteren Sinn lässt sich die Auftragsabwicklung definieren als marktgerechte Steuerung der Material-/Informationsflüsse vom Rohmaterialienlieferant bis zum Endkunden.

---

[11] Vgl. Schulte (2009, S. 473).
[12] Vgl. Mertens (2009, S. 25).

Sie wird damit zum umfassenden Konzept aller am Auftragsdurchlauf beteiligen Funktionsbereiche und kann als zentraler Aufgabenbereich zur Erfüllung der Leistungsverpflichtung
innerhalb der industriellen Produktion angesehen werden.[13]

In der DIN 69905 ist die Auftragsabwicklung definiert als die „Aufgabendurchführung
vom Anfang bis zum Ende eines Auftrages". Auftrag bedeutet in diesem Zusammenhang
nicht der Vertrag zwischen Auftraggeber und Auftragnehmer, sondern die Menge der zu
erbringenden Leistungen[14].

Die Auftragsabwicklung ist also das Bindeglied zwischen den externen Informationen
und deren interner Umsetzung, indem sie die vom Markt gestellten Aufträge in konkrete
innerbetriebliche Vorgaben und Handlungsweisen umwandelt. Damit berührt die Auftragsabwicklung nahezu alle Unternehmensbereiche, wie die direkte Leistungserstellung,
die angrenzenden administrativen Bereiche, sowie die Kontroll- und Informationsstellen.

Die Auftragsabwicklung lässt sich in die Angebotserstellung und die Auftragsbearbeitung
unterteilen. Die Angebotserstellung umfasst die Unterbreitung eines dem Kundenwunsch
entsprechenden Leistungsangebots mit Preis und möglichem Liefertermin. Die Auftragsbearbeitung wird durch die Auftragserteilung des Kunden ausgelöst und umfasst je nach
Auftragsart und Kunde Tätigkeiten wie die Bonitätsprüfung[15], die Arbeitsplanung und
-steuerung, die Disposition der zu beschaffenden Materialien, die Erstellung der Versanddokumente und die Fakturierung.[16] Im Allgemeinen läuft die Auftragsbearbeitung in
mehreren Stufen ab. Nach der Kennzeichnung des Auftrags (z. B. durch eine Auftrags- oder
Kundennummer) wird die Bestellung auf ihre Vollständigkeit und sachliche Richtigkeit
geprüft. Anschließend wird festgestellt, ob das bestellte Gut bereits im Lager vorhanden ist oder ob es neu angefertigt werden muss. Nach der Bestimmung eines internen
Fertigstellungstermins werden schließlich auftragsungebundene und auftragsgebundene
Produktionsunterlagen gesammelt und erstellt.[17]

Die für die Auftragsabwicklung benötigte Zeit ist ein wesentlicher Bestandteil der Lieferzeit. Diese wird nicht nur durch die physischen Bewegungen der Güter zwischen Liefer- und
Empfangspunkt und (bei auftragsorientierter Fertigung) für die eigentliche Produktion determiniert, sondern hängt auch wesentlich von der Zeit für die im Vorfeld stattfindenden
Kommunikationsvorgänge und die Bearbeitung der Auftragsdokumente ab.[18]

Zudem wird die Auftragsabwicklung auch in technische Auftragsabwicklung und kaufmännische Auftragsabwicklung unterteilt. Zu den technischen Aspekten gehören die

---

[13] Vgl. Mertens (2009, S. 25).

[14] Vgl. Din 69905 Projektwirtschaft – Projektabwicklung – Begriffe.

[15] Die Bonitätsprüfung bezeichnet die Prüfung der Kreditwürdigkeit des Vertragspartners vor
Vertragsabschluss.

[16] Als Fakturierung wird ein Vorgang im Rechnungswesen bezeichnet, bei dem einem kunden eine
Rechnung über erfolgte Lieferungen und/oder leistungen erstellt wird.

[17] Vgl. Kummer et al. (2009, S. 301).

[18] Vgl. Pfohl (2010, S. 74).

Erstellung des Angebotes an den Kunden, die Konstruktion, die Arbeitsvorbereitung, die Beschaffung bzw. die Teilefertigung sowie die Montage und der Versand.

Die kaufmännische Auftragsabwicklung umfasst die Kalkulation des Auftrages, den Einkauf und die zugehörige Finanzbuchhaltung.[19]

2.2.2 Lagerhaltung

Durch die so genannten Mega-Trends der Logistik, wie zunehmende Globalisierung der Märkte, Verkürzung der Produktlebenszyklen und zunehmender Wettbewerb stehen den Unternehmen immer kürzere Reaktionszeiten für ihre Entscheidungen zur Verfügung. Dies hat auch eine veränderte Sicht auf die Lagerbestände zur Folge.

Die Lagerhaltung (= Bestandsmanagement) umfasst alle Entscheidungstatbestände, die einen Einfluss auf die Lagerbestände haben.[20] Während noch vor einigen Jahren die Sicherstellung des Produktionsprozesses zu vergleichsweise hohen Lagerbeständen an Roh- und Fertigmaterialien führte, ist heute das Bestandsmanagement dazu angehalten, Lagerbestände deutlich zu reduzieren. Dies soll aber bei Aufrechterhaltung einer hohen Verfügbarkeit gewährleistet werden.

Daher kann das Bestandsmanagement auch folgendermaßen definiert werden[21]:

Bestandsmanagement beschäftigt sich mit der Betrachtung aller im Unternehmen vorhandenen Lagerbestände mit dem Ziel, die Kapitalbindung zu senken und eine höhere Umschlaghäufigkeit zu erzielen. Bestände können in Form von Roh-, Hilfs- und Betriebsstoffen sowie Zwischen-, Halb- und Fertigprodukten entlang der gesamten Logistischen Kette auftreten.

Der Lagerbestand bildet einen Puffer zwischen Input- und Outputflüssen von Gütern, wenn diese Flüsse sich zeitlich und/oder quantitativ unterscheiden. Nur durch eine vollständige Synchronisation aller Input- und Outputströme kann daher auf Lagerbestände verzichtet werden, was sich in der betrieblichen Praxis nur in Ausnahmefällen realisieren lässt.[22]

2.2.2.1 Funktionen der Lagerhaltung[23]

Die im Folgenden vorgestellten Funktionen gelten zunächst unabhängig von einer bestimmten Lagerart und haben – in Abhängigkeit von der jeweiligen Unternehmenssituation – unterschiedlich große Bedeutung. Es wird gezeigt, warum es – trotz aller Bemühungen zur Bestandsreduzierung – in einigen Fällen sinnvoll sein kann, Lagerbestände vorzuhalten.

---

[19] Vgl. Rohweder (1996, S. 120).

[20] Vgl. Pfohl (2010, S. 87).

[21] Vgl. Kummer et al. (2009, S. 264).

[22] Vgl. Pfohl (2010, S. 87).

[23] Vgl. z. B. Pfohl (2010, S. 88 f), Schulte (2009, S. 228 f), Ehrmann (2008, S. 340 f).

Lagerbestände entstehen dann, wenn ein Unternehmen Größendegressionseffekte[24] beim Einkauf, im Transport oder bei der Produktion ausnutzen möchte. So können beispielsweise bei der Beschaffung größerer Mengen bessere Einkaufspreise (Mengenrabatte) erzielt werden. Häufig kann dabei ein größeres und damit kostengünstigeres Transportmittel eingesetzt werden. Also immer dann, wenn die Mengenrabatte bzw. Transportkosteneinsparungen höher sind als die Lagerungskosten lohnt sich der Aufbau eines Lagerbestandes. In der Produktion kann häufig eine höhere Stückzahl günstiger hergestellt werden, da die Rüstkosten entfallen, so dass sich auch hier der Aufbau eines Lagerbestandes als sinnvoll erweisen kann.

Eine weitere Funktion des Lagerbestandes ist der Ausgleich von Angebot und Nachfrage. Beispielsweise bietet der Einzelhandel das ganze Jahr über Äpfel aus Deutschland an. Da die Erntezeit nur wenige Wochen umfasst, müssen die Äpfel gelagert werden, um das ganzjährige Angebot sicherzustellen. Ein weiteres Beispiel ist die saisonal stark erhöhte Nachfrage nach Speiseeis. Um die Produktionskapazitäten trotz der saisonalen Nachfrage kontinuierlich auslasten zu können, müssen die Fertigprodukte bis zum Abverkauf gelagert werden.

Darüber hinaus erleichtern Lagerbestände die Spezialisierung der Produktion in verschiedenen Werken eines Unternehmens oder zwischen arbeitsteilig organisierten Supply Chains. Wenn keine einsatzsynchrone Anlieferung der Bauteile an den Montagebetrieb möglich ist, führt die Spezialisierung zwar zu niedrigeren Produktionskosten, bringt aber in der Regel den Aufbau von Lagerbeständen mit sich.

Der Aufbau von Lagerbeständen eignet sich auch zu Spekulationszwecken. So werden Beschaffungs- oder Fertigwarenlager aufgebaut, wenn mit einem Anstieg der Preise für diese Produkte zu rechnen ist. Das beschaffende Unternehmen baut einen Wareneingangsbestand auf, wenn es die Produkte zu dem noch aktuell gültigen niedrigen Preis erwerben möchte, der Lieferant spekuliert darauf, dass eine Verknappung des Angebotes die Preise weiter steigen lässt. Doch nicht nur der Preis kann Gegenstand von Spekulationsbemühungen der Unternehmen sein, auch eine erwartete Verknappung von Rohstoffen oder ein Streik beim Zulieferer, der die Versorgungssituation des Unternehmens beeinträchtigen kann, führt zum Aufbau von Lagerbeständen.

Weiter bieten Lagerbestände Schutz vor Unsicherheit. Steigt die erwartete Nachfrage beispielsweise deutlich an, so kann diese aus einem Lagerbestand befriedigt werden. Sinkt die Nachfrage dagegen, baut sich ein Bestand an Fertigwaren auf, wenn die Produktion nicht kurzfristig gedrosselt werden kann.

Lager können eine Sortierfunktion übernehmen. So wird die Lackierung von Rohkarossen im Fahrzeugbau möglichst in größeren Losen gleicher Farbe und von helleren Farben hin zu dunkleren durchgeführt. Vor der Lackiererei befindet sich daher ein Lager, in dem die unterschiedlichen Rohkarossen gesammelt und anschließend in Losen gleicher Farbe lackiert werden.

---

[24] Engl. Economies of scale.

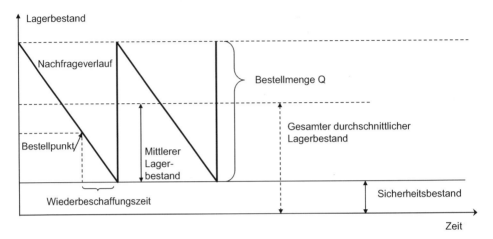

Abb. 2.4 Elemente des Lagerbestandes. (Vgl. z. B. Oeldorf und Olfert (2004, S. 179))

Eine Bereitstellungsfunktion erfüllt das Lager dann, wenn auf den Lagerplätzen die Produkte dem Kunden zur Abholung bereitgestellt werden, z. B. in den Regalen eines Supermarktes.

Letztlich ist der Aufbau von Lagerbeständen immer dann erforderlich, wenn die Lagerung Bestandteil der Wertschöpfung ist, beispielsweise müssen Weine oder Käse für den Reifeprozess mehrere Monate oder sogar Jahre gelagert werden.

2.2.2.2 Lagerhaltungsaufgaben
Bei der Gestaltung der Lagerhaltung sind grundsätzlich folgende vier Fragen zu beantworten:[25]

- Welches Produkt soll gelagert werden?
- Wie viel soll von dem jeweiligen Produkt gelagert werden?
- Welche Menge des Produktes soll zum Auffüllen des Lagerbestandes bestellt werden?
- Wann soll diese Menge bestellt werden?

Durch die Beantwortung dieser Fragen wird die Höhe des Lagerbestandes festgelegt. Die erste Frage entscheidet, ob für ein bestimmtes Produkt überhaupt ein Bestand angelegt wird, die weiteren drei Fragen legen für den Fall des Aufbaues eines Lagerbestandes dessen Höhe fest.

Abbildung 2.4 zeigt die Elemente des Lagerbestandes aufgrund der Bestandsergänzung und -sicherung.

Der Lagerbestand setzt sich aus der Bestellmenge und dem Sicherheitsbestand (= eiserner Bestand) zusammen. Je größer die Bestellmenge ist, umso seltener muss bestellt

---

[25] Vgl. Pfohl (2010, S. 90).

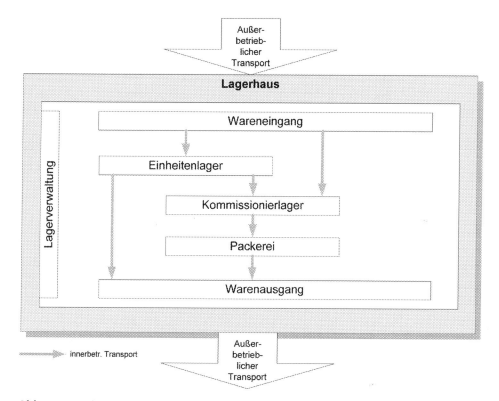

Abb. 2.5 Lagerhausbereiche. (Vgl. Pfohl (2010, S. 118))

werden, aber umso größer ist der durchschnittlich im Lager vorhandene Bestand (= mittlerer Lagerbestand).

Der Sicherheitsbestand ist dann erforderlich, wenn die tatsächliche Nachfrage höher ist als die prognostizierte. Für diesen Fall kann aus dem Sicherheitsbestand die Nachfrage in der Wiederbeschaffungszeit gedeckt werden. Kann die Nachfrage immer exakt prognostiziert werden, ist kein Sicherheitsbestand erforderlich. Durchschnittlich liegt im Lager der mittlere Lagerbestand zuzüglich des Sicherheitsbestands. Diese Menge bezeichnet man auch als gesamten durchschnittlichen Lagerbestand.

2.2.2.3 Lagerhausprozesse

Lagerhäuser (im Folgenden kurz „Lager" genannt) dienen der vorübergehenden Aufbewahrung von Gütern im logistischen Netzwerk. Sie sind Liefer- und Empfangspunkte für Waren, sowie Auflösungs- oder Konzentrationspunkte.

In einem Lager sind unterschiedliche Funktionsbereiche voneinander abzugrenzen, die in Abb. 2.5 dargestellt sind[26].

---

[26] Vgl. Pfohl (2010, S. 118).

Der Wareneingang ist zuständig für die physische Annahme angelieferter Waren, die notwendige Dokumentation, die Weitergabe der Güter sowie die Weiterleitung der Eingangsdaten (Informationsfluss, Datenübertragung).

Dazu gehört zunächst die Prüfung der Begleitpapiere hinsichtlich korrekter Lieferadresse, Menge und Richtigkeit der angelieferten Produkte. Danach werden die Waren vom Anlieferfahrzeug (meist LKW) abgeladen. In Abhängigkeit zur Vertragsgestaltung mit dem Lieferanten und der Bedeutung der Materialien für den Produktionsprozess, erfolgt anschließend eine Wareneingangsprüfung. Sie stellt neben Mängeln in Menge und Richtigkeit, auch die Qualität fest. Je nach Branche und Produkt kann sich die Qualitätsprüfung im Wareneingang auf eine optische Prüfung zur Feststellung äußerer Beschädigungen beschränken oder aber durch spezielle Labortests ermittelt werden. Die Wareneingangsprüfung sorgt gegebenenfalls für eine Regulierung des Schadens und die Rücksendung.

Entspricht die Ware den vereinbarten Annahmeanforderungen kann der Eingang der Waren bestätigt, Lieferscheine, ggf. Zolldokumente und andere Eingangsdaten zur Weiterverarbeitung an die entsprechenden Stellen geleitet werden. Die Produkte werden zur Produktion oder zum Lager gebracht. In einigen Fällen muss im Wareneingang erst die Lagerfähigkeit hergestellt werden, z. B. durch Umladen auf ein geeignetes Lager- und Transporthilfsmittel oder durch Umpacken.

Das Einheitenlager dient der Zeitüberbrückung von Materialien, die in derselben Einheit (z. B. Palette) eingelagert, gelagert und ausgelagert werden. Aus dem Einheitenlager gelangen die Waren entweder direkt zum Warenausgang oder in die Kommissionierung. Im letzten Fall bezeichnet man dann das Einheitenlager auch als Reservelager.

Im Kommissionierlager werden die Artikel für die Kommissionierung, d. h. die Zusammenstellung von Artikeln für einen Kundenauftrag, bereitgehalten. Das Kommissionierlager kann als eigenes Lager oder als Bereich des Einheitenlagers organisiert sein.

Nach der Kommissionierung gelangen die fertig kommissionierten Aufträge zur Packerei. Dort werden sie zu versandfertigen Einheiten zusammengestellt, wobei der Versand nicht nur zu externen Kunden, sondern auch an innerbetriebliche Stellen erfolgen kann.

In der Packerei werden der Sendung auch die erforderlichen Versanddokumente beigefügt. Danach werden die Sendungen im Warenausgang für den Versand bzw. bis zur Abholung durch den Kunden zwischengelagert. Zu den Aufgaben des Warenausgangs gehören die Entgegennahme der Waren aus der Packerei, die nach Kunden oder Versandart geordnete Lagerung und das Verladen.

Der Materialfluss innerhalb des Lagers wird durch den innerbetrieblichen Transport sichergestellt. Zum außerbetrieblichen Transport gehören die Anlieferung vom Lieferanten zum Lager und der Transport zu den Kunden.

Die Lagerverwaltung dient der Steuerung und Koordination aller im Lager ablaufenden Lager- und Transportprozesse. Sie stellt eine Verbindung zur Auftragsabwicklung und zur Lagerbestandsverwaltung her.

2.2.2.4 Lagerinfrastruktur

Bei der Planung der Lagerinfrastruktur sind u. a. folgende Aufgabenstellungen zu lösen:

- Ermittlung der erforderlichen Lager- und Verkehrsflächen.
- Größe und Ausgestaltung der Arbeitsflächen, z. B. für Wareneingang, Warenausgang und Packerei.
- Auswahl der Lagereinrichtung und deren Kapazität.
- Auswahl und Dimensionierung des innerbetrieblichen Transportsystems.

Exkurs Dimensionierung von Lagerflächen nach DIN 227

Die Ermittlung der erforderlichen Lagerflächen kann beispielsweise anhand der DIN 277 durchgeführt werden. Diese Norm unterstützt die Ermittlung von Grundflächen und Rauminhalten bei Bauwerken oder Teilen von Bauwerken im Hochbau. Hauptsächlich für die Flächenermittlung von Gebäuden mit mehreren Nutzungen kann diese Vorschrift angewendet werden.

Im ersten Teil (aktuelle Ausgabe: 2.2005) der DIN 277 werden die Regeln für die Berechnung von Flächen- und Rauminhalten von Bauwerken festgelegt. Anhand dieser Flächen- und Rauminhalte können sowohl die Herstellungskosten von Gebäuden als auch Miet- und Kaufpreise abgeschätzt werden. Darüber hinaus können die Nutzungsfähigkeit und die Wirtschaftlichkeit verschiedener Gebäude miteinander verglichen werden. Der zweite Teil (aktuelle Ausgabe: 2.2005) gliedert die in Teil 1 definierte Nutzfläche von Gebäuden nach Gruppen unterschiedlicher Nutzungsarten und listet Beispiele für die Zuordnung von Räumen und Flächen zu den einzelnen Nutzungsarten auf. Im dritten Teil (aktuelle Ausgabe: 4.2005) werden Messgrößen und Bezugseinheiten für Baukostengruppen auf der Grundlage der DIN 276 Kosten im Hochbau festgelegt. Ferner sind in dieser Norm die wichtigsten Begriffe festgelegt.

Brutto-Grundfläche (BGF)	Netto-Grundfläche + Konstruktionsgrundfläche
Netto-Grundfläche (NGF)	Nutzfläche + Technische Funktionsfläche + Verkehrsfläche
Konstruktions-Grundfläche (KGF)	Summe der aufgehenden Bauteile aller Grundrissebenen eines Bauwerks (Wände, Stützen, Pfeiler, auch die Grundflächen von Schornsteinen, nicht begehbaren Schächten, Türöffnungen, Nischen und Schlitzen zählen zur KGF, eine Ausnahme bilden leichte Trennwände ohne statische Funktion).
Nutzfläche (NF)	Summe der Grundfläche mit Nutzungen, d. h. derjenige Teil der NGF, der der Nutzung des

	Bauwerks aufgrund seiner Zweckbestimmung dient.
Technische Funktionsfläche (TF)	Teil der NGF in dem zentrale betriebstechnische Anlagen untergebracht sind.
Verkehrsfläche (VF)	Teil der NGF, der dem Zugang zu den Räumen, dem Verkehr innerhalb des Bauwerks und auch dem Verlassen im Notfall dient. Bewegungsflächen innerhalb von Räumen zählen nicht dazu.
Brutto-Rauminhalt (BRI)	Rauminhalt des Baukörpers ohne Fundament, der von den äußeren Begrenzungsflächen des Bauwerks umschlossen wird.
Netto-Rauminhalt (NRI)	Summe der Rauminhalte aller Räume, deren Grundflächen zur NGF gehören.
Konstruktionsrauminhalt (KRI)	Differenz zwischen Brutto- und Netto-Rauminhalt

Die Auswahl und Gestaltung der Lagerinfrastruktur beeinflusst die Kosten für das Lager in hohem Maße. Die wichtigsten Determinanten für Auswahl der geeigneten Lagereinrichtungen sind:

- physikalische Eigenschaften der zu lagernden Güter,
- Gewicht der Lagereinheiten und deren Abmessungen
- Lagertechnologie,
- Fördertechnik, eingesetzte Transportmittel
- Transporthilfsmittel (Ladungsträger),
- Verpackung,
- Lagerumschlaghäufigkeit der Artikel,
- Geforderte Verfügbarkeit, Leistungsgrößen (z. B. In- und Auslagerungen je Zeiteinheit)
- Raumnutzung, Stapel- und Lagerhöhe
- Wirtschaftlichkeit (z. B. Lagerkosten je Lagereinheit, Investitionsaufwand je Lagereinheit)
- Erforderliche Lagerkapazität
- Anzahl der zu lagernden Artikel
- Bestand je Artikel, der gelagert werden muss
- Lagerstrategie und Umschlagsleistung (Lagerbestand, Lagerumschlag)

Das Lagergut kann in feste, flüssige und gasförmige Güter eingeteilt werden. Bei den festen Lagergütern unterscheidet man nach Schütt- und Stückgut (s. Abb. 2.6).

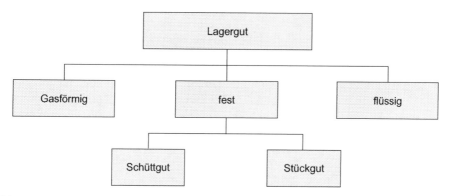

Abb. 2.6 Einteilung des Lagergutes. (In Anlehnung an Schulte (2001, S. 263))

Bei Schüttgütern handelt es sich um stückige, körnige oder staubförmige Güter, wie z. B. Erze, Zement, Steinkohle, Sand und Erden. Sie können durch ihre physikalischen Eigenschaften, wie z. B. Korngröße oder Schüttgewicht, charakterisiert werden. Stückgut wird zahlenmäßig erfasst durch z. B. Anzahl der Bauteile, Behälter und Paletten und durch die Hauptabmessungen, Gewicht oder Stapelfähigkeit gekennzeichnet.

Die Lagerumschlagshäufigkeit (LU) gibt an, wie oft sich das im Lager befindliche Material innerhalb einer Periode (meist 1 Jahr) umschlägt; d. h. wie oft sich das Material im Lager verbraucht oder verkauft und durch Neueinlagerung ersetzt wurde. Bei der Lagerumschlagshäufigkeit wird also der Materialverbrauch mit dem Lagerbestand in Beziehung gesetzt.

$$LU = \frac{\text{Lagerabgänge pro Periode}}{\text{durchschnittlicher Lagerbestand}}$$

Betrachtet man die Periode für ein Jahr, so erhält man die Formel (vgl. Ø Lagerdauer):

$$LU = \frac{365 \text{ Tage}}{\text{durchschnittliche Lagerdauer}}$$

Beispiele:

1. Aus dem Lager eines Unternehmens wurden innerhalb eines Geschäftsjahres insgesamt 300 Stück eines Artikels für die Produktion entnommen. Der durchschnittliche Lagerbestand des Artikels betrug 25 Stück. Wie groß ist die Umschlagshäufigkeit?

$$LU = \frac{\text{Lagerabgänge pro Periode}}{\text{durchschnittlicher Lagerbestand}} = \frac{300 \text{ Stück}}{25 \text{ Stück}} = 12$$

Die Umschlagshäufigkeit beträgt 12, das bedeutet, dass sich das Lager 12 Mal pro Jahr oder einmal pro Monat umschlägt.

2. In einem Unternehmen beträgt die durchschnittliche Lagerdauer 45 Tage. Wie groß ist die Umschlagshäufigkeit?

Tab. 2.1 Einteilung der Lager

Statische Lager		Dynamische Lager	
Einfache, technisch anspruchslose ortsfeste Lager ohne bewegliche Teile		Lager mit beweglichen Elementen	
Bodenlagerung	Blocklager	Mit beweglicher	Durchlaufregal
	Zeilenlager	Lagereinheit	Einschubregal
			Satellitenregal
Regallagerung	Fachbodenregal	Mit beweglichem	Verschieberegal
	Palettenregal	Regal	Umlaufregal
	Ständerregal		Paternoster/Karusselllager
	Behälterregal	Mit beweglichem Fördermittel	Hochregallager
	Wabenregal		
	Kragarmregal		

$$LU = \frac{365 \text{ Tage}}{\text{durchschnittliche Lagerdauer}} = \frac{365}{45} = 8$$

Die Umschlagshäufigkeit beträgt 8 – d. h. das Lager schlägt sich 8 Mal pro Jahr oder alle 45 Tage um.

2.2.2.5 Lagertechnik für Stückgut

Die im Lager eingesetzte Lagertechnik lässt sich nach unterschiedlichen Kriterien einteilen. Für die folgenden Ausführungen ist eine Unterteilung nach statischen und dynamischen Lagern sinnvoll (Tab. 2.1).

Bei der Anordnung der Lager- und Verkehrsflächen kann zwischen einachsigem und mehrachsigem Betrieb unterschieden werden. Beim einachsigen Betrieb steht nur ein Arbeitsgang (Flur) zur Einlagerung und Auslagerung zur Verfügung. Gibt es einen Flur zur Einlagerung und einen davon getrennten zur Auslagerung spricht man von mehrachsigem Betrieb (Abb. 2.7).

Als Einlagerungsgrundsätze gelten:

- **fifo** (first in, first out): was zuerst eingelagert wurde, wird als erstes wieder ausgelagert. Hierbei wird die Alterung der Güter verhindert.
- **lifo** (last in, first out): was zuletzt eingelagert wurde, wird als erstes ausgelagert. Dies ist bei der Blocklagerung oder bei Lagerung in Einschubregalen meist der Fall. Die Einlagerung nach dem lifo-Prinzip kann aber auch aus Gründen der Wegoptimierung erfolgen.
- **hifo** (highest in, first out): hierbei handelt es sich um ein rein buchhalterisches Prinzip. Werden zu unterschiedlichen Zeiträumen oder von unterschiedlichen Lieferanten gleiche Waren zu unterschiedlichen Preisen bezogen, so wird bei der Entnahme und Abbuchung immer so getan, als wäre die Ware mit dem höchsten Preis/Wert raus gegangen. Dadurch sinkt der „Wert" der eingelagerten Ware, also des gebundenen Kapitals.

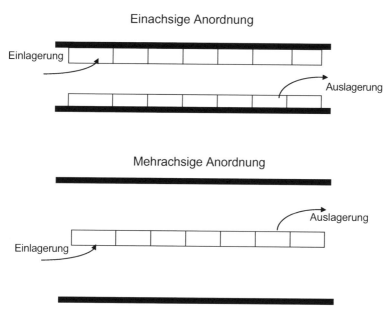

Abb. 2.7 Unterschiedliche Möglichkeiten zur Ein- und Auslagerung

- **lofo** (Lowest In – First Out): hierbei wird als Erstes das niederstwertige Element entnommen.

Im Rahmen des Rechnungswesens gibt es zudem noch zwei weitere Arten bei den Verbrauchsfolgeverfahren, nämlich das

- **kifo** (Konzern In – First Out) und kilo (Konzern In – Last Out). Sie besagen, dass die vom Konzernunternehmen erworbenen Gegenstände zuerst bzw. zuletzt verbraucht oder verkauft werden.

Im Folgenden werden die unterschiedlichen Lagertechniken nach ihren Haupteinsatzfällen und den wichtigsten Vor- und Nachteilen charakterisiert.

Bei der *Bodenlagerung ohne Lagergerät* stehen die Güter auf dem Boden. Beispiele hierfür sind Schüttgüter (Kies, Sand), Fahrzeuge oder Baustoffe – diese sind aber meist verpackt.

Statische Lager

Blocklager[27] Hierbei werden Lagergüter in großen Blöcken auf dem Boden gelagert. Die Wareneinlagerung und -entnahme erfolgt von einem zentralen Gang aus. Abbildung 2.8 zeigt eine schematische Darstellung eines Blocklagers.

---

[27] Vgl. z. B. Ehrmann (2008, S. 230), Schulte (2009, S. 232).

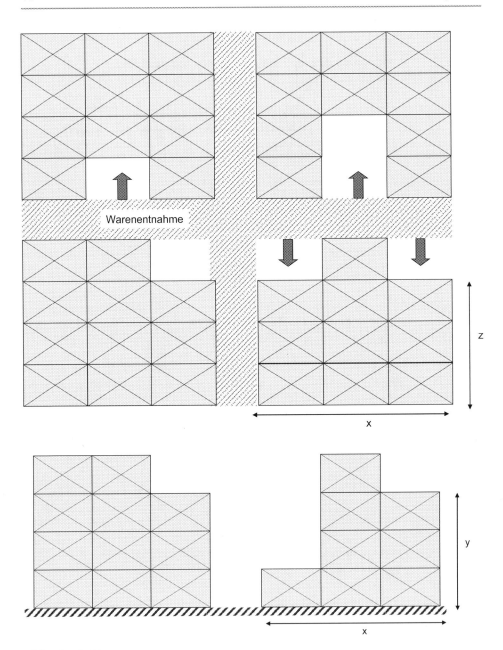

Abb. 2.8 Blocklagerung

Einsatzfälle

- Stapelfähiges, d. h. druckunempfindliches, formstabiles Lagergut
- Geringe Artikelvielfalt
- Große Mengen je Artikel

Vorteile

- Niedrige Investitionskosten
- In der Regel niedrige Lagerkosten
- Hohe Flexibilität
- Geringe Störanfälligkeit
- Geringer Personalbedarf
- Meist niedrige Anforderungen an das Lagergebäude

Nachteile

- Keine Lagerort- und Bestandstransparenz bei größerer Artikelanzahl
- Warenentnahme nur an wenigen Stellen möglich
- Keine Umsetzung des fifo-Prinzips möglich
- Schwierige Bestandsführung und -kontrolle
- Geringe Automatisierungsmöglichkeit
- Beschädigungsgefahr beim Handling

Zeilenlager[28]   Bei der Zeilenlagerung werden die Güter auf dem Lagerboden in Zeilen gelagert, um den Zugriff zu erleichtern. Durch die Zeilenlagerung erhöht sich der Raumbedarf (s. Abb. 2.9).

Einsatzfälle

- Stapelfähiges Lagergut
- Geringe bis mittlere Bestände pro Artikel

Vorteile

- Hohe Flexibilität
- Niedrige Investitionskosten
- Geringe Störanfälligkeit
- Hohe Verfügbarkeit
- Gute Anpassung an gegebene Raumsituationen

---

[28] Vgl. z. B. Ehrmann (2008, S. 230), Schulte (2009, S. 232).

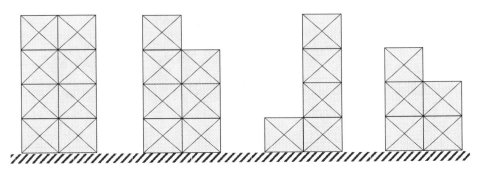

Abb. 2.9 Zeilenlagerung

Nachteile

- Geringe Automatisierungsmöglichkeit
- Bei größerer Artikelzahl besteht eine ungünstige Bestandsführung und Kontrolle
- Geringe Flächennutzung

Bei der Regallagerung werden die Güter in mehreren Ebenen mit Hilfe eines Regalsystems gelagert. Der direkte Zugriff auf die gelagerten Güter ist jederzeit möglich, bei guter Raumnutzung.

Die Regallagerung kann statisch und dynamisch erfolgen.

Bei der statischen Lagerung werden die Lagergüter von der Einlagerung bis zur Auslagerung nicht bewegt, während bei der dynamischen Lagerung Bewegungen stattfinden. Man unterscheidet:

- Bewegung der Lagergüter in feststehenden Regalen, z. B. Durchlaufregale
- Bewegung der Lagergüter mit den Regalen, z. B. Umlaufregale
- Bewegung der Lagergüter auf Fördermitteln mit Lagerfunktion, z. B. Rollenbahnen mit Lagerfunktion

Fachbodenregal[29] Fachbodenregale bestehen aus Ständern und eingehängten oder eingeschraubten Fachböden. Als Zubehörteile stehen Schubladen, ausziehbare Fachböden, Trennbleche etc. zur Verfügung, wodurch Fachbodenregale für unterschiedliche Güter geeignet sind. Bei einer manuellen Bedienung dürfen die Regale nicht höher als ca. 2 m sein, größere Höhen sind entweder durch ein Einsatz von Hilfsmitteln (Leitern oder Stapler) oder durch eine Mehrgeschossanlage zu realisieren. Dabei werden Zwischenebenen eingezogen, die mit Treppen oder Aufzügen verbunden sind.

---

[29] Vgl. z. B. Ehrmann (2008, S. 231).

Einsatzfälle

- Lagerung unterschiedlichster Artikel in verschiedenen Mengen
- Umfangreiche Sortimente mit geringen bis mittleren Beständen pro Artikel (z. B. Verschleißteile, Normteile)

Vorteile

- Gute Raumnutzung
- Direkte Zugriffsmöglichkeit zu den Gütern
- Hohe Flexibilität bei Strukturänderungen, da Lager leicht umrüstbar sind
- Hohe Umschlagsleistung
- Einfache Lagerorganisation
- Gute Kontrollmöglichkeiten der Bestände
- Geringe Störanfälligkeit
- Relativ niedrige Investitionskosten (abhängig von der Ausstattung)
- Relativ niedrige Betriebskosten

Nachteile

- Geringe Automatisierungsmöglichkeit
- Schlechte Greifmöglichkeit im oberen und unteren Bereich
- Körperlicher Kraftaufwand
- Nur eingeschränkte Umsetzung des fifo-Prinzips möglich
- Hoher Personalaufwand bei manueller Bedienung (Wegstrecken, Greifleistungen)

Palettenregal[30] Palettenlager nehmen die auf Paletten zusammengefassten Güter auf. Die Regale sind dazu mit Auflageträgern ausgestattet.

Das Palettenregal gilt als „Klassiker" in der Lagertechnik. Die Bauweise mit Breitgängen ist eine der bevorzugten Lösungen. Über Front- oder Schubmaststapler können die Palettenregale bedient werden.

Palettenregale sind auch für Schwerlasten geeignet und ermöglichen die Aufnahme von Gütern bis zu einer Feldlast von bis zu 40.000 kg. Die übliche Bauhöhe beträgt ca. 10 m.

Einsatzfälle

- Schwere Artikel
- Breites Sortiment der zu lagernden Artikel
- Hohe Bestände je Artikel

---

[30] Vgl. z. B. Ehrmann (2008, S. 232).

Vorteile

- Hohe Flexibilität, da gute Anpassung an unterschiedliche Lagergüter
- Direkte Zugriffsmöglichkeit zu den Gütern
- Günstige Organisationsmöglichkeit
- Transparenz, d. h. gute Kontrollmöglichkeiten der Bestände
- Geringe Störanfälligkeit
- Einfache Automatisierungsmöglichkeit

Nachteile

- An bestimmtes Lagermittel (Palette) gebunden
- Flächennutzungsgrad ca. 40–65 % in Abhängigkeit des Bediengerätes
- Schlechte Raumausnutzung
- Umsetzung des fifo-Prinzips nur durch organisatorische Maßnahmen möglich
- Häufig lange Wegstrecken

Ständerregal[31]   Hierbei handelt es sich um ein frei stehendes Regal ohne zusätzliche Fixierungen am Boden oder an der Wand.
   Einsatzfälle

- Kleinteile
- Geringer Bestand der Artikel
- Keine schweren Artikel

Vorteile

- Direkte Zugriffsmöglichkeit zu den Gütern
- Transparenz
- Günstige Organisationsmöglichkeit
- Gute Kontrollmöglichkeiten der Bestände
- Geringe Störanfälligkeit

Nachteile

- Schlechte Raumausnutzung
- Umsetzung des fifo-Prinzips nur durch organisatorische Maßnahmen möglich
- Nur für bestimmte Güter einsetzbar

---

[31] Vgl. z. B. Heiserich et al. (2011, S. 64).

Behälterregal Das Behälterregal dient der Lagerung standardisierter Behälter, für die das Regal, bezogen auf die Behältergrößen und Formen, ausgelegt wurde.[32]
Einsatzfälle

- Kleinteile
- Geringer Bestand der Artikel

Vorteile

- Umsetzung des fifo-Prinzips möglich
- Hohe Umschlagsleistungen
- Hohe Raumnutzung
- Möglichkeit zur Automatisierung

Nachteile

- Hohe Investitionskosten, insbesondere bei Automatisierung
- An bestimmtes Lagermittel (Behälter) gebunden
- Aufwändige Vorbereitung der Artikel für die Einlagerung (Umpacken in Behälter erforderlich)

Wabenregal[33] Dieses Regal ist insbesondere für die Aufnahme von Langgut geeignet. Das Langgut z. B. Rohre, Stangenmaterial, liegt in kanalähnlichen neben- oder übereinander liegenden Fächern, die entweder aus starren Rahmenstützen aufgebaut sind oder durch Übereinandersetzen von U-förmigen Rahmen in bestimmten Abständen hintereinander angeordnet entstehen. Die Bedienung erfolgt über die Stirnseite.[34]
Einsatzfälle

- Lagerung von Langgut
- Schutz der Lagergüter vor Beschädigung durch Knicken

Vorteile

- Gute Zugriffsleistung
- Hohe Anpassungsfähigkeit an unterschiedliche Güter
- Gute Raumvolumennutzung

---

[32] Vgl. Oeldorf und Olfert (2004, S. 320).
[33] Vgl. z. B. Ehrmann (2008, S. 235).
[34] Vgl. Martin (2006, S. 362).

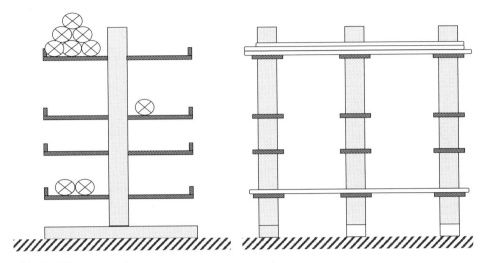

Abb. 2.10 Kragarmregal

Nachteile

- Geringe Automatisierungsmöglichkeit
- Hohe Investitionskosten

Kragarmregal Diese Lager bestehen aus einer Mittelstütze und einem Bodenriegel, sowie ein- oder doppelseitig angebrachten Kragarmen. Die Bedienung erfolgt über die Längsseite.[35]

Das Lagergut kann mit oder ohne Ladehilfsmittel auf den Kragarmen gelagert warden (Abb. 2.10).

Einsatzfälle

- Lagerung von Langgut
- Lagerung von stoß- und druckunempfindlichen Materialien

Vorteile

- Gute Zugriffsleistung
- Anpassungsfähigkeit
- Gute Raumvolumennutzung

Nachteile

- Geringe Automatisierungsmöglichkeit
- Beschädigung des Lagergutes durch die Kragarme möglich

---

[35] Vgl. Martin (2006, S. 362).

Abb. 2.11 Durchlaufregale

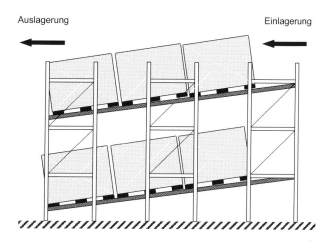

Auslagerung   Einlagerung

Dynamische Lager mit beweglicher Lagereinheit

Durchlaufregal[36] Bei dieser Regalkonstruktion sind die Durchlaufkanäle für Paletten oder Behälter nebeneinander und/oder übereinander angeordnet. Die Paletten oder Behälter werden aufgabeseitig auf die geneigten Rollbahnen gestellt und bewegen sich mittels Schwerkraft zur Entnahmeseite. Bei Schwerlastbetrieb ist auch der Einsatz von elektrischen Antrieben zur Fortbewegung der Lagergüter möglich (Abb. 2.11).

Einsatzfälle

- Lagerung von Artikeln, die zwingend nach dem fifo-Prinzip ein- und ausgelagert werden müssen
- Geringe Sortimentsbreite mit hohem Bestand
- Lagerung von Produkten mit hohen Lagerungsanforderungen (z. B. Kühlprodukte)

Vorteile

- Gute Flächen- und Raumnutzung
- Übersichtlichkeit
- Umsetzung des fifo-Prinzips möglich
- Beschickung und Entnahme sind unabhängig voneinander
- Leichte Bestandsüberwachung
- Hohe Zugriffsleistung

---

[36] Vgl. z. B. Ehrmann (2008, S. 235 f).

Ein- und Auslagerung

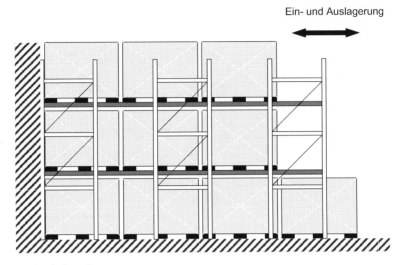

Abb. 2.12 Einschubregale

Nachteile

- Kein Zugriff auf Einzelpaletten
- Hohe Investitionskosten
- Hohe Anforderung an die Verpackung des Lagergutes (Beschädigung möglich)
- Hohe Störanfälligkeit

Einschubregal Einschubregale sind Schwerkraftregale, wobei eine Palette auf eine Rollbahn innerhalb eines Lagerkanals gestellt und durch die nächste Palette weitergeschoben wird[37] (Abb. 2.12).

Einsatzfälle

- Geringe Sortimentsbreite mit hohem Bestand
- Lagerung von Produkten mit hohen Lagerungsanforderungen (z. B. Kühlprodukte)

Vorteile

- Gute Flächen- und Raumnutzung
- Übersichtlichkeit

---

[37] Vgl. z. B. Ehrmann (2008, S. 237).

Nachteile

- Kein Zugriff auf Einzelpaletten
- Keine Umsetzung des fifo-Prinzips möglich
- Hohe Investitionskosten
- Hohe Anforderung an die Verpackung des Lagergutes (Beschädigung möglich)
- Hohe Störanfälligkeit

Satellitenregal   Bei den Satellitenregalen wird durch Hintereinanderlagerung von mehreren Paletten ein höherer Raumnutzungsgrad erreicht. Die Regalbedienung erfolgt über einen schienengeführten Verteilwagen in jeder Ebene. Zur senkrechten Bewegung werden ein- oder mehrere Aufzüge eingesetzt. Der Verteilwagen besitzt einen sogenannten Satelliten, der in die Lagerkanäle einfährt, sich unter der Palette positioniert, diese anhebt und zum Verteilerfahrzeug zurück bringt.[38]
    Einsatzfälle

- Geringe Sortimentsbreite mit hohem Bestand
- Lagerung von Produkten mit hohen Lagerungsanforderungen
  (z. B. Kühlprodukte)

Vorteile

- Gute Flächen- und Raumnutzung
- Einfache Erweiterbarkeit

Nachteile

- Kein Zugriff auf Einzelpaletten
- Hohe Investitionskosten
- Hohe Störanfälligkeit

Dynamische Lager mit beweglichem Regal

Verschieberegal[39]   Die Regalkörper werden auf seitlich verfahrbaren schienengebundenen Fahrgestellen angebracht, um Bediengänge öffnen und schließen zu können (Abb. 2.13).
    Einsatzfälle

- Aufnahme eines breiten Sortiments auf engstem Raum
- Einzelzugriff auf die Artikel

---

[38] Vgl. Martin (2009, S. 377).
[39] Vgl. z. B. Ehrmann (2008, S. 237).

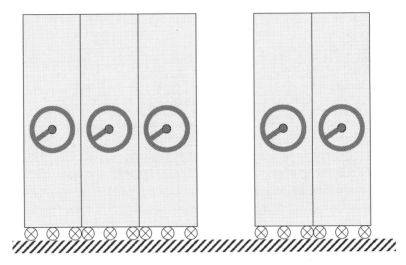

Abb. 2.13 Verschieberegal

Vorteile

- Gute Flächen- und Raumnutzung
- Übersichtlichkeit
- Umsetzung des fifo-Prinzips möglich
- Einzelzugriff auf jeden Lagerplatz
- Schutz des Lagergutes

Nachteile

- Geringe Zugriffsleistung
- Geringe Automatisierungsmöglichkeit
- Schlechte Erweiterungsmöglichkeit
- Hohe Investitionskosten
- Geringe Zugriffsgeschwindigkeit durch Wartezeiten zur Öffnung des Regals

Umlaufregal[40] Hierbei handelt es sich um eine Lagerart mit Lagergestellen, in dem das Lagergut zusammen mit dem Lagergestell entweder horizontal (Karusselllager) oder vertikal (Paternoster) bewegt wird.

Paternosterregal[41] Bei diesem Lager werden die Lastaufnahmeeinrichtungen (Fachböden) zwischen zwei parallelen vertikal umlaufenden Ketten eingehängt, die i. d. R. mit einem

---

[40] Vgl. Arnold (2008, S. 655 f.).
[41] Vgl. Arnold (2008, S. 655 f.).

Elektromotor angetrieben werden. Der Antrieb und die Steuerung bewirken den Transport der angeforderten Fachebene zur Entnahmeöffnung.

Einsatzfälle

* Lagerung von Kleinteilen oder Akten
* Einzelzugriff auf die Artikel
* Etagenpaternoster für Langgut und Ballen (z. B. Teppichballen)
* Schwerlastpaternoster für Lasten bis 50 t

Vorteile

* Gute Flächen- und Raumnutzung
* Saubere Lagerungsmöglichkeit
* Berechtigungskonzept einfügbar, daher hohe Sicherheit
* Übersichtlichkeit
* Umsetzung des fifo-Prinzips möglich
* Einzelzugriff auf jeden Lagerplatz
* Schutz des Lagergutes

Nachteile

* Hohe Störanfälligkeit
* Schlechte Erweiterungsmöglichkeit
* Hohe Investitionskosten

Karusselllager[42] Das Karusselllager ist ein automatisiertes Lagersystem. Es besteht aus einer Reihe von Trageinheiten mit Fachböden, die auf einer ovalen Bahn umlaufen. Auf diesem Weg gelangen die angeforderten Waren zum Bedienpersonal.

Einzelne Karusselllager werden dabei ohne Gangflächen direkt aneinander gereiht und dienen gleichzeitig zum Kommissionieren und Lagern.

Einsatzfälle

* Lagerung und Kommissionierung in einem System
* Hoher Schutz der Artikel

Vorteile

* Hohe Ein- und Auslagerleistung
* Gute Flächen- und Raumnutzung
* Saubere Lagerungsmöglichkeit
* Berechtigungskonzept einfügbar, daher hohe Sicherheit
* Übersichtlichkeit

---

[42] Arnold (2008, S. 655 f).

- Umsetzung des fifo-Prinzips möglich
- Einzelzugriff auf jeden Lagerplatz
- Schutz des Lagergutes

Nachteile

- Schlechte Erweiterungsmöglichkeit
- Hohe Investitionskosten
- Hohe Wartungskosten
- Hohe Störanfälligkeit
- Geringe Flexibilität

Dynamische Lager mit beweglichem Regal mit beweglichem Fördermittel

Hochregallager[43] Hierbei handelt es sich um ein Grundfläche sparendes, mittels Stahlkonstruktion in der Höhe ausgedehntes Lager. Die Ein- und Auslagerung erfolgt bis zu einer Höhe von ca. 10 m mit Schubmaststaplern, bis zu einer Höhe von ca. 14 m mit Schmalgangstaplern und bis zu einer Höhe von 45 m automatisiert durch spezielle Regalbediengeräte.

Einsatzfälle

- Breites Artikelspektrum mit hohen Beständen
- Schnelle Ein- und Auslagerung
- Hohe Lageranforderungen durch das Lagergut (z. B. Tiefkühllager)

Vorteile

- Hohe Anpassung an unterschiedliche Lagergüter
- Gute Zugriffsmöglichkeiten auf einzelne Artikel
- Hohe Transparenz
- Günstige Lagerorganisation
- Gute Bestandsüberwachung
- Hoher Automatisierungsgrad
- Niedriger Personalbedarf
- Hohe Umschlagsleistung

Nachteile

- Hohe Investitionskosten
- Hohe Betriebskosten
- Aufwändige Erweiterungsmöglichkeit
- Hohe Störanfälligkeit

---

[43] Vgl. z. B. Ehrmann (2008, S. 233).

Lagerplatzzuordnung[44] In einem Lagerhaus werden tausende Artikel unterschiedlichster Form und Beschaffenheit gelagert. Um dabei den verfügbaren Platz optimal zu nutzen und das Lagerhaus effizient zu betreiben, ist eine klare und koordinierte Lagerplatzzuordnung notwendig. Die Wahl der Art und des Ortes der Einlagerung richtet sich nach Gewicht, Menge, Verpackung, Empfindlichkeit, Gefährlichkeit, Wert, Haltbarkeit, Verwendungsart und Umschlagshäufigkeit des einzulagernden Gutes. Grundsätzlich bieten sich dazu zwei verschiedene Möglichkeiten der Lagerplatzzuordnung an: die feste Lagerplatzzuordnung und die vollständig freie bzw. chaotische Lagerplatzzuordnung.

Bei der festen Lagerplatzzuordnung wird jeder Artikel auf einem festgelegten Platz eingelagert. Eine sehr einfache Art, den Lagerplatz für einen Artikel festzulegen besteht darin, Artikel immer an ein und demselben Ort zu lagern. Charakteristisch für diese feste Lagerplatzzuordnung ist, dass die Warengruppen getrennt gelagert werden. Dies hat den Vorteil, dass Artikel einfach gefunden werden können. Somit kann auf die Waren auch zugegriffen werden, wenn die elektronische Lagerbestandsverwaltung ausfällt. Allerdings kann so die Auslastung der Lagerhauskapazität insbesondere bei schwankenden Lagerbeständen je Warengruppe gering sein.

Eine Variante dieser Lagerplatzzuordnung ist die Zuordnung eines Lagerplatzes innerhalb fester Bereiche. Dies kann durch eine Querverteilung oder eine freie Lagerplatzzuordnung innerhalb fester Zonen vorgenommen werden.

Bei der festen Lagerplatzzuordnung besteht das Problem, dass ein Artikel nicht ausgelagert werden kann, wenn z. B. ein fest installiertes Fördermittel wie ein Regalbediengerät in einem Hochregallager ausfällt. Diesem Problem kann begegnet werden, indem mehrere Ladeeinheiten eines Artikels über verschiedene Gänge verteilt werden. Diese Querverteilung hat zudem den Vorteil, dass bei stark nachgefragten Artikeln gleichzeitig auf mehrere Gassen zugegriffen werden kann. Dazu ist ein IT-System mit einer Zuordnungsdatei erforderlich, aus der entnommen wird, an welchem Lagerplatz welcher Artikel gelagert wird.

Eine weitere Möglichkeit, die Lagerplätze effizient zu vergeben, ist, Warengruppen z. B. nach deren Zugriffshäufigkeit zu trennen und für die einzelnen Warengruppen vorgegebene Bereiche festzulegen. Bei dieser Zonung sollten Artikel, die häufig ein- und ausgelagert werden, nahe am Ein- bzw. Auslagerungspunkt gelagert werden. Artikel mit einem großen Volumen je Verkaufseinheit sollten hingegen entfernt vom Ein- bzw. Auslagerungspunkt gelagert werden, um die – für den Transport benötigten – Wege für möglichst viele Artikel gering zu halten. Dazu kann die Klassifizierung der Artikel mit Hilfe einer ABC-Analyse vorgenommen werden. Ein Vorteil der freien Lagerplatzzuordnung innerhalb fester Zonen liegt darin, dass die Waren häufiger umgeschlagen werden. Allerdings reduziert sich dadurch die Lagerkapazität. Zudem ist ein IT-System erforderlich, das eine effiziente Zonung vornimmt und den Lagerplatz der einzelnen Artikel verwaltet.

Wenn es in einem Lagerhaus keine nach Güterart festgelegte Ordnung gibt, spricht man von einer freien Lagerplatzzuordnung, Einzelplatzlagerung oder chaotischen Lagerung. Dabei kann jedes Gut an jedem gerade freien Platz gelagert werden. Es wird das Ziel

---

[44] Vgl. z. B. Pfohl (2010, S. 120 f), Kummer et al. (2009, S. 280 f).

verfolgt, den Lagerraum optimal auszunutzen – möglichst auch bei stark schwankender Nachfrage. Da die Güter bei der chaotischen Lagerung an zufällig freien Lagerplätzen gelagert werden, ist bei einer großen Anzahl von Lagerplätzen eine elektronische Steuerung und Kontrolle der Ein- und Auslagerung erforderlich. Dies übernimmt eine elektronische Datenverarbeitungsanlage, die einem einzulagernden Gut automatisch einen Lagerplatz der erforderlichen Größe anweist. Sie registriert dabei, welches Gut in welchen Mengen an welchem Lagerplatz gelagert ist.

2.2.2.6 Lagertechnik für Schüttgut

Freilager Hierbei handelt es sich um Lagerplätze im Freien, auf denen auf einem befestigten Boden Schüttgüter zu Haufen (Halden) aufgeschüttet werden. Zur Abtrennung der einzelnen Lagergüter oder zur Stabilisierung der Halden können sie mit Stützmauern umgeben sein. Freilager bieten keinen Schutz vor Witterungseinflüssen, so dass sich diese Lagerungsform nur unempfindliche Güter, z. B. Sande, Kiese oder Steinkohle, eignet. Die Lagerkapazität wird durch die Höhe der Lagerplatzeinfassung, die Schüttdichte und den Schüttwinkel des Gutes bestimmt.

Gebäudelager Werden die Schüttgüter zum Schutz vor witterungsbedingten Einflüssen in geschlossenen Räumen gelagert, so spricht man von einem Gebäudelager. Der Einsatz von Klimaanlagen dient dem Schutz bestimmter Lagergüter.

Silos (Bunker)[45] Empfindliche Schüttgüter werden aufgrund ihrer Stoffeigenschaften in Silos oder Bunkern gelagert. Dabei handelt es sich um Speicher, die aus senkrecht stehenden Metall- oder Betonhohlkörpern mit verschiedenen Querschnitten bestehen. Die Gutzufuhr erfolgt von oben, die Entnahme am unteren Auslauf durch einen konischen oder keilförmigen, geneigten Auslauftrichter mit entsprechendem Verschluss und Austragstechnik, was ein Nachrutschen des Gutes aufgrund der Schwerkraft voraussetzt. Das Lagergut muss sich durch gute Fließeigenschaften und hoher Druckbeständigkeit auszeichnen. Das Fließverhalten wird durch Korngröße, Schüttdichte, Temperatur und Feuchtigkeit des Gutes bestimmt. Darüber hinaus ist die Bauform des Silos (z. B. Höhe im Verhältnis zum Durchmesser, Querschnittsform, Größe und Form des Auslaufs, Neigung des Entnahmetrichters) von großer Bedeutung.

Die Entnahme bei kohäsionlosen, d. h. freifließenden Schüttgütern ist vergleichsweise einfach über z. B. eine Zellenradschleuse oder einen Schieber möglich. Bei kohäsive, d. h. zusammenhaltenden Schüttgütern ist die Entnahme schwieriger und kann über eine spezielle Fördertechnik, z. B. Förderschnecke, realisiert werden.

Abbildung 2.14 zeigt ein Beispiel für ein Silolager.

---

[45] Die Begriffe Bunker und Silo werden häufig synonym verwendet, vornehmlich im bergmännischen Kontext findet man den Begriff „Bunker" für die Lagerung unter Tage.

Abb. 2.14 Schematische
Darstellung eines Silolagers

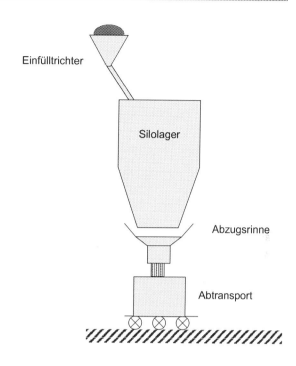

2.2.2.7 Kommissionierung

> Kommissionieren ist das Zusammenstellen von bestimmten Teilmengen (Artikeln) aus einer
> bereitgestellten Gesamtmenge (Sortiment) aufgrund von Bedarfsinformationen (Auftrag).
> (Schulte (2009, S. 252))

Die Kommissionierung gehört zu den wichtigsten Aufgaben im Lagerbereich.

Dabei kann es sich um interne Aufträge (= produktionsorientierte Aufträge) oder
externe Aufträge, d. h. Kundenaufträge (= absatzorientierte Aufträge) handeln.

In Abb. 2.15 wird die Kommissionierung im innerbetrieblichen Materialfluss dargestellt.

Begriffsrelationen in der Kommissioniertechnik Die Beziehung zwischen den Begriffen Sortiment, Auftrag, Bereitstelleinheit, Artikel, Position und Auftrag wird in veranschaulicht
(Abb. 2.16).

Durch den Auftrag (= Bedarfsinformation, Order) wird dem Kommissionierer mitgeteilt, welche Artikel in welcher Menge er aus dem Lager zu entnehmen hat. Das Sortiment
(= Gesamtsortiment, Waren, Güter) bezeichnet die Summe aller eingelagerten Artikel eines
Unternehmens.

Als Position (= Auftragszeile, Kommissioniereinheit) wird eine Zeile im Kommissionierauftrag bezeichnet. Die Bereitstelleinheit (= Lagereinheit) gibt an, wie der Artikel im
Kommissionierlager gelagert wird, z. B. eine Palette mit 200 Kartons. Die Entnahmeeinheit
(= Greifeinheit, Pickeinheit) gibt die kleinste Einheit an, die kommissioniert werden kann,
z. B. ein Karton mit 20 Stück Seife.

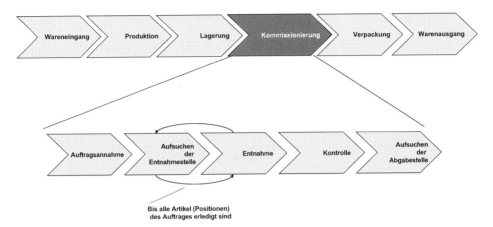

Abb. 2.15 Prozesskette der Kommissionierung. (In Anlehnung an Schulte (2009, S. 252))

Abb. 2.16 Begriffsrelationen in der Kommissioniertechnik

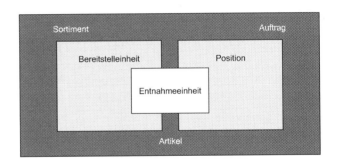

Ein Kommissioniervorgang setzt sich aus folgenden Schritten zusammen:[46]

1. Transportinformationen vorgeben (für Güter und/oder Kommissionierer)
2. Gütertransport zum Bereitstellort
3. Bewegung des Kommissionierers zum Bereitstellort
4. Entnahmeinformationen vorgeben
5. Entnahmeeinheit wird durch den Kommissionierer entnommen
6. Entnahmeeinheiten abgeben
7. Entnahmevorgänge quittieren
8. Sammeleinheitentransport zur Abgabe
9. Vorgabe der Transportinformationen für die angebrochenen Bereitstelleinheiten
10. Die angebrochenen Bereitstelleinheiten werden transportiert.

---

[46] Vgl. Schulte (2009, S. 256).

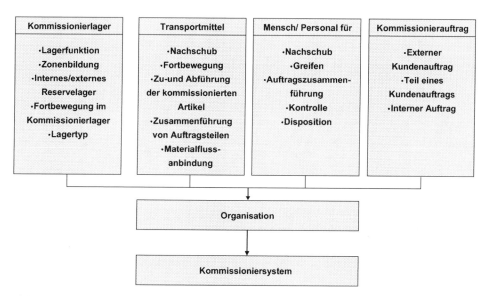

Abb. 2.17 Entscheidungsalternativen und Elemente von Kommissioniersystemen. (In Anlehnung an Schulte (2009, S. 253))

Die Entscheidungsalternativen in Kommissioniersystemen betreffen die Elemente

- Kommissionierlager
- Transportmittel
- Mensch
- Kommissionierauftrag

In Abb. 2.17 werden die Entscheidungsalternativen in Kommissioniersystemen dargestellt.

Bereitstellung der Waren für die Kommissionierung Die Bereitstellung kann entweder statisch nach dem Prinzip „Person-zur-Ware" oder dynamisch „Ware-zur-Person" erfolgen.[47]
   Bei der Bereitstellung „Person zur Ware" bewegt sich der Kommissionierer eindimensional, d. h. entweder zu Fuß oder mittels Fahrzeug ohne Hub, in einer vorher festgelegten Reihenfolge durch das Kommissionierlager. Zu den Kommissionierlagern gehören alle „klassischen" Regalsysteme wie Fachbodenregale, Kragarmregale, Palettenregale sowie Durchlaufregale als ein- oder mehrgeschossige Ausführungen. Nutzt der Kommissionierer Hilfsmittel wie Kommissionierstapler oder Regalbediengeräte spricht man von einer zweidimensionalen Fortbewegung.

---

[47] Vgl. Ehrmann (2008, S. 352).

Einsatzfälle

- Mittlere Entnahmemengen pro Position sind ein kleiner Teil der bereitgestellten Menge
- Entnahmen sind ohne Hilfsmittel möglich
- Hohe Anzahl an Positionen je Auftrag
- Abwicklung von Eilaufträgen
- Kurzfristige Kapazitätserhöhung durch zusätzlichen Personaleinsatz

Vorteile

- Alle Artikel im Zugriff
- Flexibel gegenüber stark schwankenden Anforderungen
- Kürzere mittlere Auftragsdurchlaufzeiten
- Geringer Investitionsaufwand

Nachteile

- Geringere Kommissionierleistungen pro Kommissionierer bei Aufträgen mit weniger Zeilen wegen großer Wegezeitanteile
- Keine optimale Arbeitsplatzgestaltung
- Nachschubsteuerung aufwändiger

Die Kommissionierung wird durch folgende Hilfsmittel unterstützt:

- Laufkarte (= Kommissionierliste)
- Barcode-Label (Als Strichcode, Balkencode oder Barcode (engl. bar für Balken) wird eine optoelektronisch lesbare Schrift bezeichnet, die aus verschieden breiten, parallelen Strichen und Lücken besteht. Der Begriff Code steht hierbei für die Abbildung von Daten in binären Symbolen. Die Daten in einem Strichcode werden mit optischen Lesegeräten, wie z. B. Barcodelesegeräten (Scanner) oder Kameras, maschinell eingelesen und elektronisch weiterverarbeitet).
- RFID-Tags: (RFID = Radio-frequency identification) ermöglicht die automatische Identifizierung und Lokalisierung von Gegenständen. Ein RFID-System besteht aus einem Transponder, der sich an der Ware befindet und diese kennzeichnet, sowie einem Lesegerät zum Auslesen der Transponder-Kennung. Das Lesegerät enthält eine Software (ein Mikroprogramm), das den eigentlichen Leseprozess steuert, und eine RFID-Middleware mit Schnittstellen zu weiteren EDV-Systemen und Datenbanken. In der Regel erzeugt das Lesegerät ein elektromagnetisches Hochfrequenzfeld geringer Reichweite. Damit werden nicht nur Daten übertragen, sondern auch der Transponder mit Energie versorgt. Vorteile dieser Technik ergeben sich aus der Kombination von Kleinheit der Transponder, der Auslesemöglichkeiten mehrerer Einheiten in einem Arbeitsschritt (Bulkerfassung) und

dem mittlerweile geringem Preis der Transponder (teilweise im Cent-Bereich). Diese neue Technik verdrängt zunehmend den heute noch weit verbreiteten Barcode.[48]

- Handheld-Datenerfassungsgeräte (Laserscanner) dienen dem Auslesen von Daten aus Datenträgern, z. B. Barcode oder RFID-Transponder. Handheldgeräte verfügen über eine eigene Stromversorgung und ein breites Anwendungsspektrum mit einer Vielzahl von Funktionen.
- Pick-by-voice: Bei der Kommissionierung nach „Pick-by-Voice" werden dem Kommissionierer über Headset die einzelnen Positionen akustisch mitgeteilt. Der Vorteil dieser Methode ist, dass der Kommissionierer die Hände frei hat.
- Pick-to-light: Bei Pick-to-Light-Systemen erfolgt die Steuerung des Kommissionierers über ein optisches Signal. Jedes Lagerfach ist mit einer Signallampe, einem Display und einer Quittierungstaste ausgestattet. Über die Signallampe wird dem Kommissionierer das Lagerfach angezeigt, aus dem die Ware zu entnehmen ist, das Display gibt die entsprechende Anzahl an. Nach Entnahme quittiert der Kommissionierer die Entnahme und wird zum nächsten Fach geleitet.

In der letzten Zeit werden zunehmend Kommissionierautomaten und Kommissionierroboter eingesetzt.[49]

Die Verwendung von Kommissionierautomaten bereitet in der Praxis noch Schwierigkeiten, da die sehr schnell arbeitenden Maschinen nicht breit eingesetzt werden können. Sie eignen sich nur für die Kommissionierung von Waren mit bestimmten Abmessungen und Verpackungen sowie Ladehilfsmitteln.

Auch Kommissionierroboter bereiten in der praktischen Anwendung noch Schwierigkeiten. Sie müssen mit universell einsetzbaren Greifeinrichtungen und aufwändigen Bildverarbeitungssystemen ausgestattet sein, um die komplexen Kommissioniertätigkeiten ausführen zu können.

Bei der Bereitstellung Ware zur Person werden die Waren aus einem in der Regel automatisierten Lager meist mit automatischen Geräten zum ortsfesten Arbeitsplatz des Kommissionierers transportiert. Als Regale können horizontale und vertikale Umlaufregale, automatische Behälterlager sowie Palettenlager eingesetzt werden.

Einsatzfälle

- Mittlere Entnahmemengen pro Position sind ein großer Teil der bereitgestellten Menge
- Entnahmen nur mit Hilfsmittel möglich
- Geringe Anzahl an Positionen je Auftrag
- Gleichmäßig hohe Auslastung

---

[48] Ausführliche Informationen z. B. bei Finkenzeller (2008).
[49] Vgl. Ehrmann (2008, S. 354).

Vorteile

- Hohe Kommissionierleistung, da Wegezeiten entfallen
- Optimale Gestaltung der Entnahmearbeitsplätze
- Einsatz von Entnahmehilfsmitteln (z. B. Kränen bei sehr schweren Teilen) möglich
- Bearbeitung, wie Schneiden, Wiegen, Abmessen etc. möglich

Nachteile

- Nur wenige Artikel im Zugriff
- Wenig flexibel gegenüber stark schwankenden Anforderungen
- Längere mittlere Auftragsdurchlaufzeiten
- Keine Eilaufträge
- Hoher Investitionsaufwand

Kommissionierzonen Bei der Organisation des Kommissioniervorganges ist grundsätzlich zu entscheiden, ob einzonig oder mehrzonig gearbeitet werden soll. Bei dem einzonigen Verfahren sammelt jeder Kommissionierer die Ware aus dem gesamten Lagerbereich.

Bei dem mehrzonigen System ist jedem Kommissionierer ein Lagerteilbereich zugeordnet.

Kommissionierstrategien[50]

a. Einstufige oder auftragsbezogene Kommissionierung

Hierbei erfolgt die Zusammenstellung des Auftrages in einem Arbeitsprozess, d. h. der Kommissionierer entnimmt nur für einen Auftrag Position für Position die verschiedenen Artikelmengen, übergibt den kompletten Auftrag an der Sammelstelle und beginnt dann mit der Kommissionierung des folgenden Auftrages.

Eine Variante dieser Strategie ist das gleichzeitige Kommissionieren von zwei oder mehreren Aufträgen, wobei die Artikel am Entnahmeort in die verschiedenen, dem jeweiligen Auftrag zugeordneten Kommissionierbehälter sortiert werden. Dieses Verfahren erspart Wegzeiten.

Eine andere Variante ist das einstufige, mehrzonige Kommissionieren; der Auftrag wandert mit dem Kommissionierbehälter von Lagerzone zu Lagerzone und wird von verschiedenen Kommissionierern komplettiert, bevor die Übergabe zur Sammelstelle erfolgt. Vorteile dieser Variante können darin bestehen, dass durch den Einsatz geeigneter Fördermittel Wegzeiten gespart werden und die Kommissionierleistung durch verbesserte

---

[50] Vgl. z. B. Schönsleben (2007, S. 798).

Kenntnisse des „Teilsortiments" steigt. Der Vorteil dieser einstufigen oder auftragsbezogenen Kommissionierung liegt darin, dass die gesammelten Artikel nicht mehr umsortiert werden müssen.

b. Zweistufige oder artikelbezogene Kommissionierung

Diese Kommissionierstrategie wird dann eingesetzt, wenn aus einem sehr umfangreichen Sortiment viele Aufträge mit wenigen Einzelpositionen kommissioniert werden müssen.

Als erste Stufe wird im Lager nicht mehr auftragsbezogen, sondern artikelbezogen kommissioniert. Das bedeutet, dass der Kommissionierer nach Listen entnimmt, auf welchen die Artikel aus einer Vielzahl von Aufträgen komprimiert und ausgedruckt sind.

In der zweiten Stufe werden die so vorkommissionierten Artikel auftragsbezogen umsortiert, bevor die Übergabe an die Weiterbearbeitung erfolgt. Das Sortieren kann manuell oder durch leistungsfähige Sorteranlagen erfolgen.

Bei dieser Strategie ist es oftmals sinnvoll, das Lager in unterschiedliche Kommissionierzonen aufzuteilen, also mehrzonig zu arbeiten.

2.2.2.8 Leittechnik im Lager

Bei Warehouse Management Systemen handelt es sich um Software, die der effizienten Steuerung, Verwaltung und Überwachung aller Prozesse in einem Lagersystem dient. In dem System werden Kundenaufträge erfasst und bearbeitet, der innerbetriebliche Transport und das Hofmanagement abgebildet sowie die Fördertechnik gesteuert und verwaltet. Darüber hinaus unterstützt das Warehouse Management System die Mengen- und Platzverwaltung und Steuerung des Nachschubes. Ferner können in dem System der Transporteinheiten gebildet und das Tourenmanagement abgewickelt werden.

Mobile Datenterminals dienen der Informationsübermittlung.

Ein Stapler-Leitsystem führt die Stapler in einem Logistiksystem unter Berücksichtigung verschiedener Kriterien optimiert durchs Lager. Kriterien für die Optimierung sind u. a. kürzeste Anschlussfahrt, Auftragsprioritäten, Fahrauftragstypen, Fahrzeugfunktionen, Kapazitäten für Anhänger, Ladungsträgertypen und Fahrzeugtypen. Wartezeiten und Leerfahrten der Fahrzeuge werden reduziert.

Das Datenterminal dient der Beauftragung von Staplern, der Auftragsannahme und -quittierung, sowie der Auftragsvisualisierung.

2.2.3 Transport

2.2.3.1 Begriffsabgrenzung und Definitionen

Für die Begriffe „Transport" und „Verkehr" findet sich in der Literatur keine einheitliche Abgrenzung, oft findet eine synonyme Verwendung statt.

Abb. 2.18 Hierarchie der
Untersuchungsbereiche
Transport, Verkehr und
Logistik. (Vgl. Ihde (2001,
S. 15))

Nach Ihde besteht zwischen den Begriffen „Transport", „Verkehr" und „Logistik" eine hierarchische Beziehung.[51] Unter Transport wird der Begriff mit dem engsten Bedeutungsumfang verstanden, nämlich den reinen Beförderungsvorgang von A nach B mit Hilfe eines Transportmittels. Als Verkehr bezeichnet Ihde die Organisation des Transportes. Nach Oelfke[52] hat der Verkehr die Aufgabe, „der Wirtschaft und damit auch dem Verbraucher bei der Überwindung des Raumes zu dienen". Objekte des Verkehrs sind Güter, Personen und Informationen. In Abgrenzung zum Transport, der sowohl Orts- als auch Orts- und Zeittransformation sein kann, zählen zum Verkehr zusätzlich die organisatorischen, kaufmännischen und infrastrukturellen Einrichtungen, die eine Orts- und Zeittransformation erst ermöglichen. Transport umfasst damit eher die einzelwirtschaftliche Raumüberbrückung, wohingegen der Verkehr die Gesamtheit aller Transporte und deren Rahmenbedingungen aus gesamtwirtschaftlicher Sicht bezeichnet.

Der Begriff Logistik steht in der Hierarchie über den Begriffen Transport und Verkehr und umfasst die Optimierung aller Vorgänge, die in der gesamten Wertschöpfungskette von der Entstehung eines Gutes bis hin zur Entsorgung anfallen.[53]

Abbildung 2.18 zeigt die Hierarchie der drei Begriffe.

Für die folgenden Ausführungen werden die Begriffe Transport und Güterverkehr synonym verwendet und die Definition nach Pfohl zugrunde gelegt.

> Unter Transport versteht man die Raumüberbrückung oder Ortsveränderung von Transportgütern mit Hilfe von Transportmitteln. Jedes Transportsystem besteht aus einem Transportgut, dem Transportmittel und dem Transportprozess. (Pfohl (2010, S. 149))

Man unterscheidet zwischen innerbetrieblichem und außerbetrieblichem Transport. Innerbetriebliche Transporte finden innerhalb eines Werkes (vom Wareneingang zum Lager, vom Lager zur Produktion oder innerhalb der Produktion) oder innerhalb eines Lagers statt. Außerbetriebliche Transporte finden zwischen dem Unternehmen und seinen Kunden, zwischen den Werken und zu den Lagern des Unternehmens, sowie zwischen einzelnen Lagerstandorten eines Unternehmens (Lager-Lager-Transporte) statt.

Das Transportproblem in einem logistischen Netzwerk ist gekennzeichnet durch das Transportgut, die Struktur und Beschaffenheit des Liefergebietes, den Standort der Liefer- und Empfangspunkte, sowie durch die Art des Angebotes und der Nachfrage nach Transportleistungen.

---

[51] Vgl. Ihde (1991, S. XI).
[52] Vgl. Oelfke (2000, S. 16).
[53] Vgl. Ihde (1991, S. 1–15).

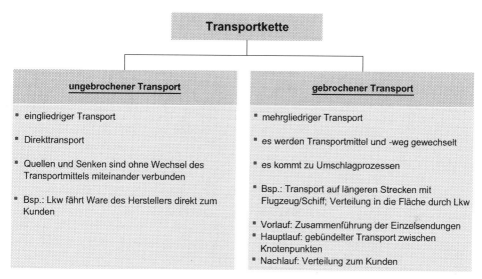

Abb. 2.19 Möglichkeiten zum Aufbau von Transportketten. (Vgl. Pfohl (2010, S. 159))

Für die Lösung des Transportproblems sind die beiden folgenden Fragen zu beantworten:

• Welches ist das günstigste Transportmittel?
• Welches ist der günstigste Transportprozess?

Die Lösung dieser Fragen besteht im Aufbau einer Transportkette. Darunter ist nach DIN 30781 eine „Folge von technisch und organisatorisch miteinander verknüpften Vorgängen, bei denen Personen oder Güter von einer Quelle zu einem Ziel bewegt werden" zu verstehen.

Transportketten können eingliedrig (= ungebrochen) oder mehrgliedrig (= gebrochen) sein. Eingliedrige Transportketten zeichnen sich dadurch aus, dass Liefer- und Empfangspunkt (Quelle und Ziel) ohne Wechsel des Transportmittels durchgeführt werden. Bei einem mehrgliedrigen Transport kommt es zu einem Wechsel des Transportmittels und damit zu Umschlagprozessen.

Dieser Zusammengang ist in Abb. 2.19 dargestellt.

Das Verkehrssystem setzt sich aus den verfügbaren Verkehrsträgern, der Verkehrsinfrastruktur und den Verkehrsmitteln zusammen.

„Der Begriff Verkehrsträger fasst diejenigen Verkehrsunternehmen zusammen, die mit gleichartigen Verkehrsmitteln auf gleichen Verkehrswegen technisch gleichartige Güterbeförderungen durchführen"[54], d. h. die Unternehmen bieten Verkehrsleistungen an und bedienen sich einer Verkehrsinfrastruktur. Verkehrsleistungen werden von Verkehrsmitteln erbracht, die technische Einrichtungen (insbesondere Fahrzeuge) zur Beförderung

---

[54] Korf (2008, S. 35).

Tab. 2.2 Güterverkehrsaufkommen der Landverkehrsträger (in Mio. t). (Vgl. Kraftfahrtbundesamt, Statistisches Bundesamt)

	2006	2007	2008	2009
Straßengüterverkehr	3.257,0	3.393,9	3.472,9	3.397,3
Davon auf inländischen LKW	2.898,8	2.999,2	3.065,5	3.007,5
Davon auf ausländischen LKW	358,2	394,7	407,4	389,8
*Davon Kabotage**	15,2	16,8	17,9	18,1
Eisenbahnverkehr	346,1	361,1	379,0	360,1
Binnenschifffahrt	243,5	249,0	245,6	234,1
Davon auf deutschen Schiffen	82,0	84,1	–	–
Rohrfernleitungen (nur Rohöl)	94,2	90,9	91,0	90,9
Alle Landverkehrsträger	3.940,9	4.094,9	4.188,3	4.082,4
Seeverkehr	299,2	310,9	316,6	259,5
Luftverkehr	3,3	3,5	3,6	3,4

*Als Kabotage bezeichnet man das Recht auf Erbringen von Transportdienstleistungen innerhalb eines Landes durch ein ausländisches Verkehrsunternehmen. Kabotage war bis zum 30. Juni 1998 verboten bzw. durch die Ausgabe eines begrenzten Kontingents beschränkt. Seit dem 1. Juli 1998 ist die Kabotage innerhalb der gesamten Europäischen Union freigegeben. Es gibt jedoch Übergangsregelungen mit den neuen EU-Ost Mitgliedsstaaten. Weitere Informationen siehe z. B. Bundesamt für Güterverkehr (BAG auf www.bag.bund.de)

von Gütern zu Lande, zu Wasser und in der Luft darstellen. Die Verkehrsmittel dienen zur Aufnahme des Transportgutes. Die Verkehrsinfrastruktur umfasst die ortsfesten Anlagen der einzelnen Verkehrszweige, z. B. Schienen- und Straßennetze, Binnenwasserstraßen, Flughäfen sowie Rohrleitungssysteme.

Man unterscheidet sechs Verkehrsträger, die für den Güterverkehr von Bedeutung sind. Das sind der Straßengüterverkehr, der Eisenbahngüterverkehr, der Luftfrachtverkehr, die Binnenschifffahrt, die Seeschifffahrt und der Transport über Rohrfernleitungen. Tabelle 2.2 zeigt die Aufteilung der insgesamt transportierten Gütermengen in Deutschland für die Jahre 2006–2009 bezogen auf die einzelnen Verkehrsträger, den so genannten „Modal Split".

Als Modal Split werden in der Verkehrswissenschaft die Anteile der einzelnen Verkehrsmittel bzw. die Aufteilung des Gesamtverkehrs auf die einzelnen Verkehrsträger bezeichnet. Eine andere gebräuchliche Bezeichnung im Personenverkehr für Modal Split ist „Verkehrsmittelwahl". Der Modal Split ist die Folge des Mobilitätsverhaltens der Menschen und der wirtschaftlichen Entscheidungen von Unternehmen einerseits und des Verkehrsangebots andererseits.

Tabelle 2.2 zeigt die Anteile des Güterverkehrs der Landverkehrsträger zwischen 2006– 2009. Neben der Angabe der transportierten Tonnage wird die Beförderungsleistung im Güterverkehr zu Lande, zu Wasser und in der Luft (Verkehrsleistung) oft in sogenannten Tonnenkilometern (tkm) gemessen. Diese statistische Kennzahl errechnet sich als Produkt aus dem Gewicht der beförderten Güter und der Versandentfernung:

1 Tonnenkilometer (tkm) = Beförderung von Gütern im Gewicht von 1 t über 1 km

Tabelle 2.2 zeigt, dass bereits im Jahr 2006 mehr als 80 % der über Land transportierten Güter auf der Straße befördert wurden. Der Anteil des Straßenverkehrs hat sich in den darauffolgenden Jahren zunächst weiter vergrößert und ging erst gegen Ende der Wirtschaftskrise 2009 zurück. Studien zufolge ist für die nächsten Jahre wieder mit einer Steigerung zu rechnen. Ursachen dafür liegen in den Kundenanforderungen nach immer schnelleren und flexibleren Transportlösungen. Außerdem herrscht unter Unternehmen im Straßengüterverkehr ein harter Wettbewerb, was zu einem beachtlichen Preisverfall für Transportdienstleistungen in den letzten Jahren geführt hat. Der Straßenverkehr hat auf dieser Weise seine Marktposition gegenüber den konkurrierenden Verkehrsträgern weiter ausgebaut.

Anmerkungen zur Tab. 2.2

LKW: Bis 1990 ohne Lkw im Werkfernverkehr bis 4 t Nutzlast und Zugmaschinen
            bis 40 kW; ohne grenzüberschreitenden und freigestellten Nahverkehr; ab
            1991 ohne deutsche Lkw bis 6 t zGG oder 3,5 t Nutzlast; ab 2003 neue Datenbasis für ausländische Lkw; deutsche Lkw, ab 1999 mit zuvor nicht erfassten
            Transporten wie z. B. Abfälle, Lebende Tiere oder Luftfracht-Trucking; bis
            2002 ohne Kabotage
Eisenbahn: Bis 1990 ohne, ab 1991 mit Dienstgutverkehr; bis 1975 nur Stückgutversand
            im Bundesgebiet; ab 1999 mit Behältergewichten im kombinierten Verkehr
Binnenschiff: Bis 1999 incl. Seeverkehr der Binnenhäfen mit Häfen außerhalb des
            Bundesgebietes
Pipeline: Rohöl- und Mineralölproduktenleitungen über 40 km; ab 1996 nur Rohöl
Flugzeug: Luftfracht und Luftpost; ab 1998 neue Kilometrierung (Abb. 2.20)

Betriebswirtschaftliche Entscheidungen für einen geeigneten Verkehrsträger erfolgen anhand der Kriterien Transportkapazität, Transportzeit, Transportsicherheit und Transportkosten sowie Netzdichte, Bedienungshäufigkeit (Frequenz), Pünktlichkeit (zeitliche Zuverlässigkeit) und Image des Verkehrsmittels/Verkehrsträgers. Zunehmend spielt auch die Beeinträchtigung der Umwelt eine immer größere Rolle.[55]

2.2.3.2 Straßengüterverkehr

Unter Straßengüterverkehr versteht man Ortsveränderungsprozesse von Gütern durch kraftmaschinengetriebene Fahrzeuge. Dabei wird zwischen dem so genannten Werkverkehr, also den innerbetrieblichen Transport, der zumeist ein Bestandteil eines innerbetrieblichen Produktionsprozesses ist, und dem gewerblichen Verkehr, bei dem der Transport zwischen der Produktion einer Ware und dem Handel oder den Kunden, unterschieden.

Der Großteil der Güterbeförderung findet auf der Straße statt. Aus einer vom Bundesumweltministerium in Auftrag gegebenen Prognose geht hervor, dass der Straßengüterverkehr bis 2025 um 84 % wachsen wird.[56]

---

[55] Vgl. Hessenberger und Krcal (1997, S. 39).
[56] Vgl. Ickert et al. (2007).

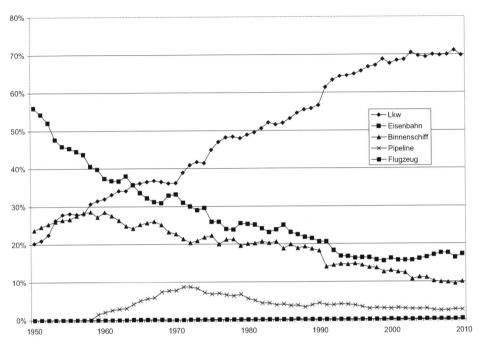

Abb. 2.20 Modal-Split im Güterverkehr 1950–2010 nach Tonnenkilometern. (Vgl. Bundesverband Güterkraftverkehr Logistik und Entsorgung (BGL) e. V. (2011))

Dafür gibt es mehrere Gründe. Der Straßenverkehr zeichnet sich durch eine sehr gute Netzbildungsfähigkeit aus.

Die Netzbildungsfähigkeit wird dabei definiert, durch

- die Möglichkeit, Transporte zu allen relevanten Raumpunkten durchführen zu können,
- den Vernetzungsgrad der Infrastruktur
- den Grad der Raumerschließung durch den jeweiligen Verkehrsträger.[57]

Der größte Vorteil des Straßengüterverkehrs ist die flächendeckende Infrastruktur, die ungebrochene Transporte[58] ohne jegliche Umladevorgänge möglich macht. Damit ist es möglich, schnelle Direkttransporte zeitkritischer und hochwertiger Güter umzusetzen. Darüber hinaus bleibt das Material während des Transportes in der Nähe des Fahrers, der damit eine gewisse Aufsichtsfunktion erfüllt.[59]

Von der im Straßengüterverkehr beförderten Menge wird der überwiegende Teil im so genannten Nah- und Regionalbereich bis zu einer Entfernung von 150 km befördert.

---

[57] Vgl. z. B. Arnold et al. (2004, S. 3–43).
[58] Vgl. Abb. 34: Möglichkeiten Zum Aufbau Von Transportketten
[59] Vgl. May (1992, S. 141).

Nur etwa 12 % werden über längere Strecken transportiert. Darüber hinaus ist schon seit längerem im Nah- und Regionalbereich bei der Häufigkeit der Transporte eine Verlagerung vom Werkverkehr hin zum gewerblichen Verkehr festzustellen.

Der Straßenverkehr ist sehr gut an die unterschiedlichen Anforderungen sowohl der zu transportierenden Güter als auch der zur Verfügung stehenden Infrastruktur angepasst. Es existiert eine Vielzahl an Fahrzeugen, die sich nach unterschiedlichen Nutzlastklassen und Volumenmaßen unterscheiden und somit nahezu jede Güterart passend transportieren können. Die eingesetzten Fahrzeuge reichen von Kleintransportern über Lastkraftwagen (LKW) bis zum Sattelzug (Zugmaschine und Auflieger).

Eine gängige Einteilung der Transportmittel erfolgt nach der möglichen Zuladung. Man unterscheidet SWeber mit bis zu 3,5 t Zuladung, LKW mit Ladefläche und bis 12 t Zuladung, Gliederzüge mit bis zu 22 t Zuladung und Sattelzüge mit einer Zuladung von bis zu 24 t Für den Transport höherer Gewichte gibt es Tieflader für Schwertransporte. Gase und Flüssigkeiten werden in Tankwagen und Schüttgüter in Kippfahrzeugen transportiert.[60]

Ein Lastkraftwagen besteht in der Regel aus einem tragenden Chassis, meistens ein Leiterrahmen, einem geeigneten Antrieb, einer Fahrerkabine und einem zum Tragen der Ladung bestimmten Aufbau. Sie sind geeignet, selbst die Transportgüter aufzunehmen und als sogenannter Gliederzug zusätzlich Anhänger zu ziehen. Sattelschlepper verfügen über keinen eigenen Aufbau zum Gütertransport. Sie sind mit einem aufgesattelten Anhänger (dem sogenannten Auflieger) verbunden und bilden mit diesem zusammen einen Sattelzug. Davon zu unterscheiden sind Zugmaschinen, die zum Ziehen konventioneller Anhänger bestimmt sind. Letztere hatten bis in die 60er Jahre eine größere Bedeutung, sind heute aber im Bereich der Güterbeförderung praktisch nicht mehr zu finden (abgesehen von Schausteller-Fahrzeugen und Schwertransportern).

LKW können nach ihrer zulässigen Gesamtmasse (ZGM), der Anzahl ihrer Achsen sowie nach ihrer Zweckbestimmung unterteilt werden:

- Kleinlaster bis 3,5 Tonnen (t) ZGM
- Leichte LKW bis 7,5 t
- Mittelschwere LKW bis 12 t
- Schwere LKW (abgekürzt: SKW) in Schweden und Dänemark bis 60 t in Deutschland als Hänger- oder Sattelzüge bis 40 t(im Kombiverkehr bis 44 t wobei eine Last von 8 t pro Achse nicht überschritten werden darf); in Österreich Solo-LKW bis 32 t mit Anhänger bis 40 t in der Schweiz seit 1. Januar 2005 bis 40 t in den Niederlanden bis 50 t Versuche mit größeren Einheiten, den sogenannten Euro-Combis (in den Medien oft als Gigaliner bezeichnet) – werden in verschiedenen europäischen Staaten durchgeführt.

Inzwischen haben im Fernverkehr so genannte Euro-Sattelzüge (zweiachsige Sattelzugmaschine mit dreiachsigem Sattelauflieger (Trailer)) die klassischen Gliederzüge in den Zulassungszahlen überholt. Der so genannte „Euro-Lastzug" ist in seiner Größe, Aus-

---

[60] Geißner und Femerling (2008, S. 71).

stattung und seinem Gewicht von der EU definiert und ist in jedem EU-Mitgliedsland zugelassen. Der Euro- bzw. EU-Lastzug (LKW) darf als Gliederzug 18,75 m, als Sattelzug 16,50 m lang sein, bis zu 4,0 m hoch und ohne die Außenspiegel 2,55 m breit (Kühlzüge bis 2,60 m).

Die Vielzahl der Nutzungsmöglichkeiten wird durch die Ladehilfsmittel weiter erhöht. Als Ladehilfsmittel stehen Aufbauten und Koffer zur Verfügung, die eine höhere Sicherheit bei der Beförderung bieten als beispielsweise Planen oder Spriegel.[61]

Je nach Einsatzzweck, besonders im Hinblick auf die speziellen Transportanforderungen der Güter, wurden verschiedene Aufbauarten entwickelt. Die Nutzungsmöglichkeiten sind dabei nur durch die maximalen Außenabmessungen und Gesamtgewichte beschränkt. Die Aufbauten lassen sich grob in weitgehend universell einsetzbare Standardaufbauten und nach Sonderaufbauten für spezielle Güterarten unterscheiden.

Mit Sonderaufbauten können beispielsweise Kühl- oder Gefahrguttransporte durchgeführt werden. Pulverförmige und rieselfähige Schüttgüter, sowie flüssige Güter werden mit sogenannten Siloaufbauten transportiert, oft kombiniert mit einer Aufstellvorrichtung zum Kippen des Behälters für die Entleerung.

Seit Ende der 60er Jahre hat sich (ursprünglich aus den USA kommend) die Verwendung von Fahrzeugen mit austauschbaren Aufbauten verbreitet. Dafür wird das LKW-Chassis mit genormten Aufnahmevorrichtungen versehen, die ihre Gegenstücke in ebenfalls genormten, austauschbaren Behältern finden, z. B.:

- Containerchassis: Diese Konstruktion dient zum Transport von weltweit genormten sogenannten ISO-Containern, die auch für den Bahntransport und speziell den Transport mit Seeschiffen geeignet sind.
- Wechselbrücken-Systeme mit überwiegendem Einsatz in Deutschland und teilweise in Westeuropa: Dabei handelt es sich um genormte Systeme von Träger-Fahrgestellen (LKW-Chassis oder Eisenbahnwagen) und aufsetzbaren, auswechselbaren Behältern. Im Unterschied zu den genormten Standard-Containern haben diese Wechselbehälter oder Wechselbrücken eigene, ein- und ausklappbare Stützen, weshalb sie im LKW-Verkehr auch ohne Hilfe von Containerkränen an beliebigen Orten auf- und abgesetzt werden können. Durch den Einsatz von Wechselbrücken ist ein Be- und Entladen unabhängig vom Transportfahrzeug möglich. Zur Lastaufnahme unterfährt der LKW die Stützen und der Transport kann durchgeführt werden.
- Wechselladerfahrzeug: Eingesetzt zum Transport in der Entsorgungslogistik, z. B. Sperrmüll oder Bauschutt.

Zu den wichtigen Vorteilen des Straßengüterverkehrs gehört seine Anpassungsfähigkeit an den Produktionsrhythmus und an Annahme- und Anlieferungszeiten. Der LKW-Verkehr ist an keine Fahrpläne gebunden und kann flexibel auf individuelle Transportbedürfnisse

---

[61] Als Spriegel werden die Unterkonstruktionen von Planen als Abdeckungen der Ladung von LKWs, bezeichnet. Sie ermöglichen insbesondere das Ablaufen von Regenwasser.

reagieren. Auch kommt es im Straßengüterverkehr in der Regel zu weniger Stillstands- und Wartezeiten als bei anderen Verkehrsträgern. Im Vergleich zur Eisenbahn ist der Straßenverkehr bei mittleren Distanzen kostengünstiger. Der Transport von Gütern mit dem LKW kostet statistisch 0,14 € pro Kilometer. Derselbe Transport mit dem Zug schlägt mit 0,11 € zu Buche.[62] Der Kostenvorteil der Bahn neutralisiert sich auf kurzen Strecken, da zusätzlich Kosten für Umschlagvorgänge anfallen. Zudem ist der Straßenverkehr bei Haus-Haus-Lieferungen viel flexibler und sehr schnell im Entfernungsbereich bis zu 400 km[63], da zeitraubende Umschlagvorgänge vermieden werden.

Allerdings hat der LKW im Vergleich zur Eisenbahn oder dem Schiff nur eine begrenzte Ladefähigkeit von, je nach Bauart, maximal ca. 25 Tonnen. Die Flexibilität des Straßengüterverkehrs wird durch Sonntags- und Feiertagsfahrverbote sowie durch den Ausschluss bestimmter Gefahrgüter (z. B. Ammoniakwasser) eingeschränkt. Darüber hinaus ist der Straßengüterverkehr von der Witterung und möglichen Verkehrsstörungen abhängig.

Für den Straßengüterverkehr hat die Bundesregierung zum 1.1.2005 eine fahrleistungsabhängige Schwerverkehrsabgabe (LKW-Maut) eingeführt, welche die Umweltwirkungen des Schwerlastverkehrs beeinflussen wird.

Exkurs LKW Maut

Laut einer Untersuchung des Umweltbundesamtes von 2009 ist die Belastung der Straßen durch einen schweren Lastkraftwagen (LKW) mit 40 Tonnen Achslast etwa 60.000-mal größer als durch einen PKW. Damit verursachen diese schweren LKW in besonderem Maße Kosten für den Bau, die Erhaltung und den Betrieb von Autobahnen. Die Bundesregierung verfolgte daher das Ziel, durch eine verursachergerechte Anlastung dieser Wegekosten den LKW stärker an der Finanzierung der Infrastruktur zu beteiligen. Vor Einführung der LKW-Maut kamen diese Mittel allein aus Steuern und zu einem geringen Anteil durch die sogenannte Eurovignette. Durch die Einführung einer streckenbezogenen Gebühr („Maut") wurde erstmals eine Nutzerfinanzierung geschaffen.[64]

Durch die Einführung der LKW-Maut sollten die Wettbewerbsbedingungen der verschiedenen Verkehrsträger gerechter gestaltet werden. Darüber hinaus erhoffte man sich einen Anreiz zu schaffen, mehr Güterverkehr von der Straße auf die umweltfreundlicheren Verkehrsträger Schiene und Wasserstraße zu verlagern.

Da die Mautsätze differenziert nach Achszahl und Schadstoffemissionen der Fahrzeuge gestaltet sind, werden insbesondere auch die umweltpolitischen Ziele der Bundesregierung unterstützt, indem Anreize zum Einsatz schadstoffärmerer LKW gesetzt werden. Vor Einführung der LKW-Maut war der Straßengüterverkehr nur in

---

[62] Vgl. Prosieben Sat1 Digital GmbH (PSD) (2009).

[63] Vgl. Aberle (2003, S. 537).

[64] Vgl. Bundesministerium für Umwelt, Naturschutz und Reaktorsicherheit (Hrsg.) (2009a).

geringem Umfang an den von ihm verursachten Wegekosten beteiligt und musste seine externen Kosten (u. a. Umwelt- und Unfallkosten) nicht tragen. Im Ergebnis spiegelten die Transportpreise im Straßengüterverkehr nicht die wahren Kosten wieder, so dass die Allgemeinheit für einen erheblichen Anteil der Kosten aufkommen musste. Als Folge dieser niedrigen Transportkosten werden Rohmaterialien, halbfertige Produkte und Endprodukte kreuz und quer per LKW durch Europa transportiert, bevor sie den Endverbraucher erreichen. Dieser Teil des Verkehrs könnte bei realistischeren Transportkosten teilweise vermieden werden. Diese realistischen Transportkosten ergeben sich, wenn ein größerer Anteil der tatsächlich durch den LKW-Verkehr entstandenen Kosten diesem Verkehrsträger auch direkt angelastet wird. In Deutschland wird seit dem 01.01.2005 eine fahrleistungsabhängige Lkw-Maut für Fahrzeuge des gewerblichen Güterverkehrs mit einem zulässigen Gesamtgewicht (zGG) von über 12 t erhoben. Sie erfasst sowohl in- als auch ausländische LKW, so dass auch ausländische Nutzer von Autobahnen einen substantiellen Wegekostenbeitrag leisten und Wettbewerbsverzerrungen reduziert werden[65].

Schon vor Beginn der Mauterhebung auf bundesdeutschen Autobahnen bestand die Befürchtung, dass verstärkt Bundesstraßen vom LKW-Güterverkehr genutzt werden könnten, um die Mautpflicht zu umgehen.

Diese Befürchtung wies die Bundesregierung am 13. Dezember 2005 in ihren Bericht an den Deutschen Bundestag über die Verlagerungen von schwerem LKW-Verkehr auf das nachgeordnete Straßennetz infolge der Einführung der LKW-Maut zurück. In diesem Bericht wurde festgestellt, dass Mautausweichverkehre kein Flächenproblem darstellten. Es ließen sich aber dennoch regionale Schwerpunkte von Verkehrsverlagerungen identifizieren[66].

2.2.3.3 Schienengüterverkehr

Als Schienengüterverkehr wird der Transport von Gütern über Eisenbahnschienen mit Hilfe von Güterzügen bezeichnet. Güterzüge werden aus speziellen, für Transporte vorgesehenen Güterwagen und zumeist zwei Lokomotiven gebildet. Neben universell einsetzbaren Güterwagen gibt es Spezialwagen für z. B. Container, PKW's, Kühlgut, Kohle oder Holz sowie Kesselwagen für den Transport pastöser, flüssiger oder gasförmiger Güter. Die Gesamtlänge eines Güterzuges ist in Deutschland aufgrund der unterschiedlichen bremstechnischen Gegebenheiten auf 700 m begrenzt. Der Schienengüterverkehr ist an einen Fahrplan gebunden, jedoch können bei Bedarf zusätzlich so genannte „Ad-hoc-Züge" eingesetzt werden, die

---

[65] Vgl. Bundesministerium für Umwelt, Naturschutz und Reaktorsicherheit (Hrsg.) (2009a).
[66] Vgl. Bundesministerium für Umwelt, Naturschutz und Reaktorsicherheit (Hrsg.) (2009).

nach einem speziellen, noch freie Kapazitäten ausnutzenden, Bedarfsfahrplan verkehren. Dadurch erlangt der Schienentransport eine relativ hohe Pünktlichkeit und Zuverlässigkeit.

Spezielle Züge, die sowohl zur Güterbeförderung als auch zur Personenbeförderung dienen, werden als Reisezüge bezeichnet. Die Transportgeschwindigkeit der Güterzüge beträgt zwischen 90 und 120 km/h. Der Gütertransport wird zu einem großen Teil nachts abgewickelt, um die Güter nach der Produktion am Tag verladen und transportieren zu können. Darüber hinaus können dadurch die Bahnstrecken auch in der Nacht gut ausgelastet und der Personenverkehr nicht behindert werden. In den vergangenen Jahrzehnten hat der Schienengüterverkehr in Deutschland stark an Bedeutung verloren. Vor allem Zugtransporte im Stückgut-, Expressgut- und Eilgutverkehr wurden immer häufiger als zu unflexibel und unrentabel angesehen und zugunsten des LKW-Transportes aufgegeben. Hinzu kamen der umfangreiche Streckenabbau im Schienennetz und die Einstellung von Gleisanschlüssen. Lediglich im Bereich der Massengutbeförderung [Montan (z. B. Kohle, Stahl), Land- und Forstwirtschaftsprodukte (z. B. Lebensmittel, Holz), chemische Produkte (z. B. Kunststoffe, Mineralöl, Gefahrgüter), Baustoffe/Entsorgung (z. B. Steine und Erden, Müll) und zunehmend auch Industriegüter (z. B. Fertig- und Halbfertigprodukte)] ist die Bedeutung des Schienentransportes ungebrochen. Da die Bahn aus umweltschutzpolitischer Sicht gegenüber den LKW-Transporten deutliche Vorteile besitzt, wird von Seiten des Bundes auch wieder verstärkt über Förderungen zugunsten des Schienenverkehrs nachgedacht.

Besonders auf langen Strecken hat die Bahn Zeit- und Kostenvorteile gegenüber dem Straßenverkehr. Ein weiterer Vorteil liegt in der Transportmöglichkeit an Sonn- und Feiertagen. Außerdem entfallen die zeitraubenden Staus, die für den Straßenverkehr typisch sind. Andererseits ist die Flexibilität, bei kurzfristigen Änderungen der Transportbedürfnisse, durch die Bindung an Fahrpläne eingeschränkt. Ein weiterer Nachteil des Schienenverkehrs ist die, im Vergleich zum Straßengüterverkehr, weniger flächendeckend ausgebaute Infrastruktur. Um eine umfangreiche Verlagerung des zu erwartenden Gütervolumens von der Straße auf die Schiene durchzuführen, müssten Investitionen in der Schieneninfrastruktur durchgeführt werden.

Darüber hinaus wirkt sich die geographische Struktur in Europa auch auf die Transportentfernungen der Bahnen im Schienengüterverkehr aus. Die fünfzehn nationalen europäischen Bahnen erreichten unter Berücksichtigung der mehrfach erfassten internationalen Transporte im Jahre 1997 im Mittel nur eine Transportweite von ca. 290 km (DB Cargo: 250 km), d. h. lediglich gut ein Fünftel der US-amerikanischen bzw. gut ein Viertel der russischen Eisenbahnen. Mit zunehmender internationaler Zusammenarbeit und Verflechtung der Produktion werden künftig die Transportentfernungen in Europa zwar steigen, Transportentfernungen von Bahnen auf anderen Kontinenten sind aufgrund der geografischen Situation dennoch nicht zu erreichen. Damit gelten in Europa für die Bahnen andere Kostenstrukturen. Die Verteilung von Gütern in der Fläche sowie die Einsammlung von Gütern aus unterschiedlichen Produktionsstandorten fallen stärker ins Gewicht.

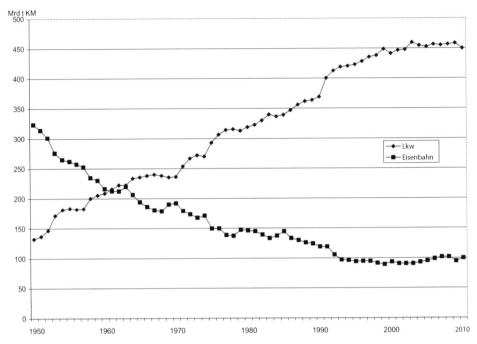

Abb. 2.21 Entwicklung der Güterverkehrsleistung SGV/LKW in Deutschland. (SCI (Hrsg.) (2009, S. 3))

Für eine wesentlich verstärkte Nutzung der Bahn ist eine Anbindung an die Hauptstrecken (Intercargo) erforderlich.[67] Auch wenn die Eisenbahn allgemein als umweltverträglich angesehen wird, kann sie nur selten bei Haus-Haus-Verkehren eingesetzt werden. Für die Nachläufe werden weiterhin LKW benötigt, da nur die wenigsten Versender/Empfänger über eigene Gleisanschlüsse verfügen. Außerdem darf man nicht außer Acht lassen, dass Terminals benötigt werden, von denen Lärm- und Lichtemissionen ausgehen. Ein weiterer Nachteil der Eisenbahn ist die, unter Berücksichtigung der Umschlag- und Rangierzeiten, häufig sehr niedrige Beförderungsgeschwindigkeit und die daraus folgende hohe Transportdauer. Der Schienengüterverkehr muss dem Personenverkehr Vorfahrt gewähren, was den Transport verlangsamen kann. In der Praxis können zudem Störungen auf einzelnen Gleisabschnitten nur sehr schlecht oder gar nicht umfahren werden.

Die Eisenbahn kann den Straßengüterverkehr streckenweise entlasten, ist jedoch noch weit davon entfernt ihn ersetzen zu können (s. Abb. 2.21). Ursächlich hierfür sind begrenzte Ladekapazitäten, längere Transportzeiten, ein eingeschränktes Streckennetz, über das viele Zielorte nicht direkt erreichbar sind und eine weniger zuverlässige Sendeverfolgung von Frachtgut. Dazu kommen höhere Kosten auf kürzeren Strecken und mangelnde Flexibilität, verglichen mit dem Transport auf der Straße.

---

[67] Vgl. Hessenberger und Krcal (1997, S. 39).

Die bedeutendsten Quell- und Zielländer im deutschen internationalen Schienengüterverkehr sind in der Reihenfolge: Italien, Polen, Österreich und Tschechien. Dabei sind die Verkehre in der Regel nicht paarig, d. h. in beiden Richtungen gibt es unterschiedlich hohe Transportmengen.

Im nationalen Verkehr beträgt der Anteil des regionalen Verkehrs zwischen 40 % in den Seehafenregionen und 70 % im Ruhrgebiet und in Sachsen. Es gelangt also nur maximal … der Transportmenge des Schienengüterverkehrs in den Fernbereich zwischen den Wirtschaftszentren. Die stärksten Transportströme im Schienengüterfernverkehr Deutschlands laufen auf dem sogenannten großen „C", von den Seehäfen über das Ruhrgebiet bis nach Mannheim/Stuttgart bzw. Nürnberg. Eine recht hohe Nachfrage konzentriert sich auch auf der Nord-Süd-Verbindung Hamburg – Fulda, wobei diese aus der Addition vieler Einzelrelationen resultiert. Im grenzüberschreitenden Verkehr weist der Grenzübergang bei Basel die höchsten Transportmengen auf.

Neben den nationalen Bahngesellschaften transportieren auch andere Eisenbahnen – im Wesentlichen auf ihren eigenen Netzen – große Gütermengen. Die meisten und größten dieser Bahnen sind jedoch nicht öffentlich, sondern reine Privatbahnen, die Dritten keine Transporte anbieten dürfen und auch nicht die europäischen Schienennetze befahren können.

Produktionsarten im Schienengüterverkehr

Ganzzugverkehr Diese Einheiten verkehren ohne Rangieraufenthalte von Versender zum Empfänger als geschlossene Zugeinheit und sind daher leicht zu organisieren. Das Angebot ist auf große Transportmengen (Massengutverkehr) beschränkt. Das Marktpotential für den Gesamtzugverkehr wächst in Europa zurzeit nicht.

Einzelwagenverkehr Darunter versteht man den Transport von Wagen oder Wagengruppen. Aufgrund der geringeren Mengen werden die Wagen nicht direkt vom Versender zum Empfänger transportiert, sondern über Produktionssysteme mit verschiedenen Zugbildungen (Knotenpunktsystem). Je weiter Güter zu transportieren sind, desto geringer werden die Transportmengen je Aufkommensrelation, der europäische Güterverkehr ist daher weitgehend Einzelwagenverkehr.

Kombinierter Verkehr im Schienengüterverkehr Unter Kombiniertem Verkehr (KV) versteht man einen Gütertransport, bei denen Ladeeinheiten (Wechselbehälter, Container, Sattelanhänger oder komplette LKW) auf der Gesamtstrecke von mindestens zwei verschiedenen Verkehrsträgern befördert werden. Der Kombinierte Verkehr ist im Vor- und Nachlauf auf den LKW angewiesen, insofern steht er noch stärker im Wettbewerb zur Straße als der übrige Schienengüterverkehr. Umschlagkosten, Zuführung und Abholung verteuern darüber hinaus den Kombinierten Verkehr. Weit weniger als die Hälfte des Kombinierten Verkehrs kann als Ganzzug direkt zwischen den Umschlagterminals befördert werden, der überwiegende Teil ist auf das Produktionssystem des Einzelwagenverkehrs angewiesen.

Exkurs Begriffe im Bereich Bahnhofsanlagen[68]

Gleisanschlüsse: Sie schließen Be- und Entladestellen sowie Logistikcenter u.a. Güterverkehrsanlagen an das Gleisnetz an. In Deutschland gab es 1998 rd. 9.300 Gleisanschlüsse, davon rd. 7.000 in der Verantwortung von DB Cargo. Sie wurden von rd. 11 500 Unternehmen, davon bediente DB Cargo rd. 8 500, genutzt.

Güterverkehrsstellen (z. B. Güter- und Satellitenbahnhöfe): Sie sind mit den Güterverkehrsanlagen räumlich verbunden. In der Regel können in den Güterverkehrsstellen Züge gebildet werden und auf das Streckennetz übergehen. Im Streckennetz der DB werden zurzeit rd. 2.300 Güterverkehrsstellen betrieben.

Umschlagbahnhöfe (Terminals): Diese werden für den Umschlag von Ladeeinheiten des Kombinierten Verkehrs eingerichtet. Die Leistungsfähigkeit der Anlagen hängt von der baulichen Anlage, der Ablauforganisation und von den Umschlaggeräten ab. Mit Abstand bedeutendster Umschlagbahnhof in Deutschland ist der Ubf Köln-Eifeltor.

Als Umschlaggeräte kommen in den Terminals Portalkräne und mobile Umschlaggeräte zum Einsatz. Portalkräne erreichen Umschlagleistungen von 20 bis 30 Containern bzw. Wechselbehältern je Stunde. Mobile Umschlaggeräte sind meist langsamer als Portalkräne, aber billiger und flexibler einsetzbar, sie können auch Flächen außerhalb der Reichweite von Portalkränen oder des eigentlichen Umschlagbereiches, z. B. Lager, bedienen und leicht zwischen Terminalstandorten umgesetzt werden.

Mittlere und große Zugbildungsbahnhöfe (Rangier- und Knotenpunktbahnhöfe): Sie werden für die Umstellung von Güterwagen und -gruppen sowie für die Sortierung der Wagen nach Richtungen und Zuggattungen genutzt. Ihre Anzahl wurde in den vergangenen Jahrzehnten deutlich reduziert, von ca. 730 im Fahrplanjahr 1975/1976 allein bei der Deutschen Bundesbahn auf ca. 210 bei der Gründung der Deutschen Bahn AG im Jahr 1994.

Ganzzüge: Sie verkehren ohne Rangieraufenthalte von Versender zum Empfänger als geschlossene Zugeinheit. Der Ganzzugverkehr ist leicht zu organisieren, allerdings ist das Transportangebot auf große Transportmengen vor allem Massengüter beschränkt.

Einzelwagenladungsverkehr: Hierbei handelt es sich um eine Form der Zugbildung, bei der einzelne Wagen oder Wagengruppen in verschiedenen Kundengleisanschlüssen regional gesammelt und in sogenannten Zugbildungsbahnhöfen (umgangssprachlich: Rangierbahnhöfen) zu ganzen, richtungsreinen Zügen zusammengestellt werden. In zielnahen Zugbildungsbahnhöfen werden die Züge wieder zerlegt und die einzelnen Wagen wieder mit regionalen Bedienfahrten an die Empfangspunkte zugestellt. Ein Einzelwagen oder eine Wagengruppe wird dabei bis zu viermal in einen neuen Zug umgestellt – das bedeutet relativ hohen Rangier-, Infrastruktur- und Zeitaufwand.

---

[68] Vgl. Sci (Hrsg.) (2009, S. 30).

Im Schienengüterverkehr steht eine Vielzahl unterschiedlicher Wagen für den Transport verschiedenster Güter zur Verfügung. Die Güterwagen wurden immer wieder an die Bedürfnisse des Marktes und der Industrie angepasst, um die Produkte bestmöglich zu den Empfängern zu transportieren. Entsprechend dem Verwendungszweck und der Bauart können die Wagen grob eingeteilt werden in:

- Universalwagen für viele mögliche Transportaufgaben (gedeckten Wagen, offene Hochbordwagen und Flachwagen)
- Spezialwagen für bestimmte Ladegüter und Verkehre, z. B. Silowagen und Kesselwagen.

2.2.3.4 Binnenschiffsverkehr

Binnenschiffsverkehr findet auf den so genannten natürlichen und künstlichen Binnengewässern, wie Flüsse, Kanäle oder Seen statt. Die Gesamtlänge der Binnenwasserstraßen in Deutschland beträgt knapp 7.400 km[69], davon sind ein Drittel freifließende Flüsse, ein Drittel stauregelte Flüsse und ein Drittel Kanäle. Wasserstraßen unterliegen einer Wasserstraßenklassifikation der Europäischen Verkehrsministerkonferenz (CEMT). Der Rhein ist die verkehrsreichste Wasserstraße Europas auf 623 km. Die jährliche Verkehrsmenge auf dem Niederrhein beträgt ca. 200.000 Schiffe, das entspricht rd. 500 Schiffen pro Tag. Das Wasserstraßennetz umfasst das Rheinstromgebiet mit dem Rhein und seinen Nebenflüssen Mosel, Main und Neckar, sowie die Weser, Elbe, Oder und Donau und die Kanäle zur Verbindung der Flüsse. Zu den wichtigsten Netzergänzungen gehören die Vollendung des Main-Donau-Kanals und eine durchgehende Wasserstraße von der Nordsee bis zum Schwarzen Meer.

Die Binnenschifffahrt befördert hauptsächlich schwere und überdimensionale Waren oder zeitunkritische Massengüter.

Tabelle 2.3 zeigt die Haupttransportgüter in der Binnenschifffahrt.

Die Flüsse Rhein und Main werden für eine große Zahl von Container- und Fahrzeugtransporten zwischen den Binnenhäfen im Hinterland und den Seehäfen Antwerpen, Rotterdam, Amsterdam und Seebrügge genutzt.

Der Container ist das „moderne" Transportgut in der See- und Binnenschifffahrt. Man beobachtet eine Abnahme der Massengüter und Zunahme der mit Containern gehandelten Waren aufgrund einer sich ändernden Wirtschaftsstruktur. Führende Logistikforschungsinstitute prognostizieren eine Zunahme des Containerumschlages bis 2015 auf über 600 Mio. TEU.[70]

Abbildung 2.22 zeigt eine mögliche Transportkette unter Einbeziehung des Binnenschiffs.

Besonders beim Transport von Schwergütern bietet der Binnenschifftransport einige Vorteile im Vergleich zum Straßengütertransport.

Für einen Binnenschifftransport von Schwergütern sind im Normalfall keine Transportgenehmigungen erforderlich. Bei Genehmigungszeiten von oft mehreren Wochen

---

[69] Wasser- und Schifffahrtsverwaltung des Bundes (2012).
[70] Vgl. ISl (2010, S. 36).

Tab. 2.3 Güterverkehrsleistung der Binnenschifffahrt nach Güterbereichen (in Mrd. tkm). (Vgl. Bundesverband der deutschen Binnenschifffahrt (Hrsg.) (2010/2011, S. 6))

	2006	2007	2008	2009	6–7 %	7–8 %	8–9 %
Landwirtschaftliche Erzeugnisse	5,2	5,0	4,9	4,6	−3,7	−2,5	−5,9
Nahrungs- und Futtermittel	5,2	5,6	5,7	5,4	7,3	0,8	−4,5
Feste mineralische Brennstoffe	8,7	8,5	7,9	7,4	−1,6	−6,8	−6,3
Erdöl, Mineralölerzeugnisse	10,6	9,2	9,4	9,0	−13,1	1,9	−4,5
Erze, Metallabfälle	6,2	6,5	6,3	6,0	4,9	−3,2	−4,9
Eisen/Stahl/NE-Metalle	4,0	4,7	4,6	4,3	16,7	−3,3	−5,4
Steine/Erden/Baustoffe	11,3	11,7	12,0	11,5	3,7	2,3	−4,2
Düngemittel	2,4	2,4	2,3	2,2	0,0	−3,9	−4,9
Chemische Erzeugnisse	5,2	5,6	5,6	5,3	7,3	−0,4	−5,4
Halb- und Fertigwaren	5,2	5,5	5,5	5,2	6,0	−0,6	−5,3
Alle Güterbereiche	64,0	64,7	64,0	60,8	1,2	−1,1	−5,0

ergibt sich hierdurch ein enormer Zeitvorteil gegenüber dem Straßentransport. Aufwendige Berechnungen für Brückenstatiken sowie so genannte verkehrslenkende Maßnahmen entfallen in der Regel komplett. Bei gewöhnlichen Transporten ist das Binnenschiff im Vergleich zu den anderen Verkehrsmitteln sehr langsam. Trotzdem sind in Deutschland fast alle Regionen in drei Tagen per Binnenschiff erreichbar. „Vorteil der Binnenschifffahrt sind niedrige Transportkosten und große Transporteinheiten (bis 1.500 t pro Schiff; große Laderäume). Nachteil die langen Transportzeiten (die jedoch kalkulierbar sind) sowie eine Abhängigkeit von Wasserstand, Eisgang und Nebel."[71] Das gesamte Binnenschifffahrtsnetz ist erst durch eine Vielzahl von Schleusen möglich geworden. Allerdings verhindert die Schließung einiger Schleusen bei Nacht einen 24-Stunden-Betrieb der Binnenschifffahrt. Obwohl der Binnenschiffstransport im Vergleich zu den anderen Verkehrsträgern einen sehr geringen Energieaufwand benötigt und umweltverträglich ist, wird er eher selten von Unternehmen für den Gütertransport benutzt.

Abbildung 2.23 zeigt, dass Binnenschiffe für den Transport einer Tonne Ladung über eine Entfernung von einhundert Kilometern den geringsten Energieeinsatz (in Liter Treibstoff je 100 tkm) nach der Schiene benötigen. Vergleicht man den Energieverbrauch in Megajoule/tkm so ist das Binnenschiff am günstigsten (Abb. 2.24) Der Auftrieb des Wassers und die Strömung der Flüsse tragen dazu bei, dass die Transporte der Schifffahrt mit einem minimalen Energieeinsatz durchgeführt werden können.

Die Umweltverträglichkeit zeigt sich auch in der geringen Lärmbelästigung durch Binnenschiffe durch Abstand der Wasserstraßen von der Wohnbebauung, der hohen Energieausnutzung und der geringeren CO_2-Emission (Abb. 2.25 und 2.26).

Trotzdem werden laut Tab. 2.2 nur 6 % der Güter mit dem Binnenschiff befördert. Ein Grund hierfür ist das stark eingeschränkte Streckennetz, das nur selten Haus-Haus-Lieferungen erlaubt. Ohne eigene Anlegestelle erhöhen sich die Transportkosten und die

---

[71] Koether (2008, S. 318–319).

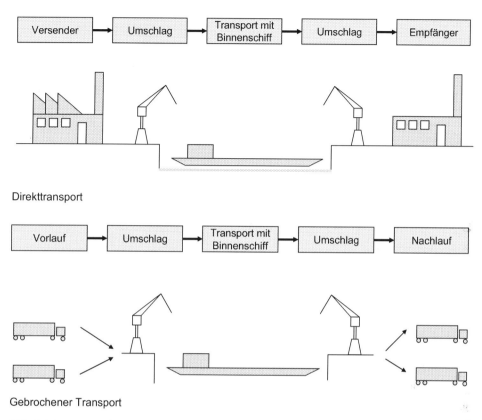

Direkttransport

Gebrochener Transport

Abb. 2.22 Transportketten unter Berücksichtigung des Binnenschiffs. (In Anlehnung an Bundesverband öffentlicher Binnenhäfen (o. J., S. 14 f))

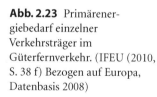
Abb. 2.23 Primärenergiebedarf einzelner Verkehrsträger im Güterfernverkehr. (IFEU (2010, S. 38 f) Bezogen auf Europa, Datenbasis 2008)

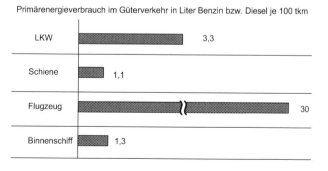
Primärenergieverbrauch im Güterverkehr in Liter Benzin bzw. Diesel je 100 tkm

LKW	3,3
Schiene	1,1
Flugzeug	30
Binnenschiff	1,3

Transportzeit durch den gebrochenen Verkehr. In der Regel werden für die Vor- bzw. Nachläufe weiterhin LKW bzw. die Bahn benötigt. Um die Kapazitäten der Wasserstraße mittel- bis langfristig ausschöpfen zu können, muss die Anbindung der Häfen an das Hinterland verbessert werden.

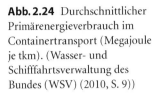

Abb. 2.24 Durchschnittlicher Primärenergieverbrauch im Containertransport (Megajoule je tkm). (Wasser- und Schifffahrtsverwaltung des Bundes (WSV) (2010, S. 9))

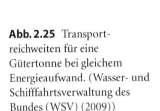

Abb. 2.25 Transportreichweiten für eine Gütertonne bei gleichem Energieaufwand. (Wasser- und Schifffahrtsverwaltung des Bundes (WSV) (2009))

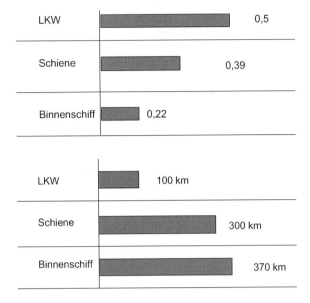

Bei sinkenden Transportpreisen, wie z. B. während der Wirtschaftskrise zwischen 2007 und 2009, ist es für die Binnenschifffahrt noch schwerer sich gegenüber der Konkurrenz durch den LKW zu behaupten. Wenn Unternehmen ihre Produktion drosseln, nimmt die zu transportierende Gütermenge ab. Die Wirtschaftskrise war ein Auslöser für einen erbitterten Preiskampf unter den Dienstleistungsunternehmen im Straßenverkehr. Angesichts eines dramatischen Preisverfalls auf der Straße war es für die Binnenschifffahrt äußerst schwer, im Wettbewerb zu bestehen (Tab. 2.4).[72]

Schiffstypen

Motortankschiff[73] Motortankschiffe dienen dem Transport flüssiger und gasförmiger Produkte, z. B. Mineralöl, Benzin, Säure, Laugen, Flüssiggas, aber auch Speiseöl oder Wein. Es gibt spezielle Tankschiffe für unterschiedliche Anforderungen der Transportgüter, z. B. Edelstahltanks und Tanks mit speziellen Beschichtungen. Ein hoher Sicherheitsstandard wird beispielsweise durch die „Knautschzone" der Doppelhüllenschiffe zum Schutz bei Kollisionen gewährleistet (Tab. 2.5).

Motorgüterschiff[74] Motorgüterschiffe sind flexibel einsetzbar und dienen dem Transport fester Stoffe, wie schütt- und greiferfähige Massengüter (Baustoffe, Kohle, Schrott, Erz und Getreide) und palettierter Waren, sowie Großraum- und Schwergüter, z. B. Braureikessel oder Brückenbauteile. In der Entsorgungslogistik übernehmen sie den Transport

---

[72] Vgl. DVZ Nr. 79 (02.07.2009, S. 6).

[73] Vgl. Lorch (2012, o.S.).

[74] Vgl. Lorch (2012, o.S.).

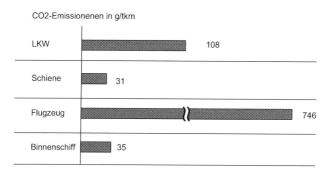

Abb. 2.26 Kohlendioxidemissionen des Güterverkehrs. (Anmerkung: Berechnungen mit TREMOD; Emissionen im Inland, beim Flugverkehr abgehender Verkehr bis zur ersten Zwischenlandung; inkl. Energiebereitstellungskette, Quelle: TREMOD 5.1 vom 26.03.2010, ifeu -Institut für Energie- und Umweltforschung, Heidelberg GmbH)

Tab. 2.4 Technische Daten des Motortankschiffs

Technische Daten	
Länge	50,0–135,0 m
Breite	6,6–17,0 m
Tiefgang	2,2–4,0 m
Tragfähigkeit	400–6.000 t
Leistung	250–3.000 PS

Tab. 2.5 Technische Daten des Motorgüterschiffs

Technische Daten	
Länge	38,5–135,0 m
Breite	5,0–17,0 m
Tiefgang	2,0–4,0 m
Tragfähigkeit	220–5.000 t
Leistung	100–3.000 PS

von Altglas, Müllverbrennungsschlacke oder kontaminiertem Erdreich für die Wieder-aufarbeitung. Der Transport von Containern vor allem zwischen den Seehäfen und den entsprechenden Terminals im Binnenland hat bis zur Wirtschaftskrise zwischen 2007 und 2009 stetig zugenommen (Tab. 2.6).

Schubschiffe[75] Bei Schubschiffen werden Antriebskraft und Laderaum der Schiffe vonein-ander getrennt. Das Schieben von bis zu 6 so genannten Schubleichtern erfolgt durch ein Schubboot, das auch während der Be- und Entladezeiten der Leichter ständig produktiv im Einsatz ist. Damit reduzieren sich die unproduktiven Wartezeiten auf ein Minimum,

---

[75] Vgl. Lorch (2012, o.S.).

Tab. 2.6 Technische
Daten des Schubs-
chiffes

Technische Daten	Schubboot	Schubschleicher	Koppelverband
Länge	10–40 m	70–76,5 m	150–186,5 m
Breite	7,6–15 m	9,5–11,4 m	9,5–11,4 m
Tiefgang	1,4–2,2 m	2,5–4 m	2,5–3,5 m
Tragfähigkeit	–	1.240–2.800 t	2.530–5.000 t
Leistung	500–6.000 PS	–	800–3.000 PS

so dass der Einsatz von Schubschiffen die effizienteste Betriebsform bei Verladung entsprechend großer Gütermengen, z. B. Versorgung des Stahlstandortes Duisburg mit Rohstoffen,
darstellt. Beim Koppelverband werden Motorgüterschiff und Schubleichter miteinander
kombiniert, so dass ein Koppelverband zwei Motorgüterschiffe ersetzt.

Spezialschiffe[76] Zu den Spezialschiffen gehören z. B. Schiffe für die Verladung von Neuwa-
gen direkt ab Werk. Großraum- und Schwergüter werden per Kran in den Laderaum von
Schwerlastschiffen oder auf Schwimmpontons verbracht. Beim Transport mit „eigenen"
Rädern auf das Schiff spricht man von Roll-on-/Roll-off-Schiffen. Darüber hinaus gibt es
Siloschiffe für den Transport von pulver- oder staubförmigen Gütern.

Durch die in den letzten Jahren verstärkte „Conternisierung" im Transportwesen gibt
es mittlerweile auch Containerschiffe in der Binnenschifffahrt mit einer Länge von bis zu
135 m.[77] Der Einbau sogenannter „Zellgerüste" vereinfacht die Be- und Entladung der
Container. Containerschiffe erreichen eine Beförderungsleistung von ca. 500 Container
(TEU). Das entspricht 250 großen Sattelzügen mit einer Länge von insgesamt ca. 6 km

2.2.3.5 Seefrachtverkehr

Der Seegütertransport ist die wichtigste Transportart im interkontinentalen Handel. Der
Transport über den Seeweg ist zentral für die globale Vernetzung, da auf ihn – ausgehend
vom Warengewicht der transportierten Güter – mehr als 80 % des grenzüberschreitenden
Warenhandels entfallen. Rund 62 % des europäischen und mehr als 90 % des Welthan-
dels werden über den Seetransport abgewickelt. Der Seetransport ist ein Massentransport,
der auf viele Zubringer- und Verteiltransporte angewiesen ist. Die Verknüpfung und Zusammenführung der einzelnen Transporte für den Seeverkehr übernehmen die Seehäfen.
Die Planung, Organisation und Steuerung dieses Gesamtsystems – bestehend aus Schiffen,
anschließenden Landtransporten und Häfen wird als maritime Logistik bezeichnet.[78]

Das Seeschiff wird für zeitunempfindliche Massengüter benutzt, da die Transporte mehrere Wochen oder gar Monate dauern können. Auf interkontinentalen Strecken stellt
das Flugzeug die einzige Alternative zum Seeschiff bei zeitkritischen Sendungen dar. Im

---

[76] Vgl. Lorch (2012, o.S.).

[77] Vgl. Lorch (2012, o.S.).

[78] Vgl. Pawellek und Schönknecht (2007, S. 87).

Vergleich zum Flugzeug ist der Seetransport mit seinen hohen Kapazitäten deutlich günstiger. Außerdem eignen sich Frachtschiffe für sehr große und schwere Güter, zum Beispiel Komponenten für Kraftwerke und Umspannanlagen.

Tabelle 2.7 zeigt Entwicklung der wichtigsten Transportgüter im Seegüterverkehr.

Ein Nachteil des Seeschifftransports ist seine Abhängigkeit von festen Terminals und Hafenanlagen. Wie auch die Eisenbahn und das Binnenschiff ist das Seeschiff meistens nicht für Haus-Haus-Lieferungen geeignet. Unternehmen, die über einen eigenen Anleger für Seeschiffe verfügen (wie z. B. die Stahlwerke Bremen) sind eher die Ausnahme. Es werden Terminals für den Umschlag benötigt, die durch Lärm- sowie Lichtemissionen die Umwelt und den Menschen belasten. Obwohl der Seetransport als eine der umweltverträglicheren Güterbeförderungsarten gilt, bleibt er ein großer Luftverschmutzer. Da in der Schifffahrt keine international verbindlichen Emissionsstandards gelten, benutzen Seeschiffe billigstes Schweröl, den so genannten „Bunker". Es setzt sich aus Rückstandsölen zusammen, die bei der Raffination nicht weiter verarbeitet werden können.

Das Seeschiff wird auch in den nächsten Jahren aufgrund fehlender Alternativen ein wichtiges Transportmittel für große und zeitunkritische Sendungen im interkontinentalen Verkehr bleiben. Die immer schärfer werdenden Regelungen und das anstehende Einbeziehen des Schifftransports in den Emissionshandel werden dieses Verkehrsmittel voraussichtlich umweltschonender machen.

Die Bedeutung des Seehandels ist vor allem aufgrund der relativ geringen Frachtkosten gestiegen. So kostet etwa der Transport eines TEU-Containers mit mehr als 20 Tonnen Fracht von Asien nach Europa nicht mehr als ein Flug in der Economy-Class für einen einzigen Flugpassagier auf derselben Strecke. Dementsprechend ist der Anteil der Seefrachtkosten an den Gesamtkosten der Produkte gering.

Zwei wichtige Gründe für die relativ niedrigen Transportkosten sind die Verbreitung der standardisierenden Containerschifffahrt seit den 60er-Jahren und die steigende Tragfähigkeit der Schiffe. ISO-Container sind weltweit genormte Großraumbehälter, durch die das Verladen, Befördern, Lagern und Entladen von Gütern vereinfacht und beschleunigt wird. Die gängigen ISO-Container haben eine Breite von 8 Fuß (2,44 m) und sind entweder 20 Fuß (6,10 m) oder 40 Fuß (12,19 m) lang. Daraus ergeben sich auch die Abkürzungen TEU (Twenty-foot Equivalent Unit) und FEU (Fourty-foot Equivalent Unit). Als Maßeinheit für Ladefähigkeit und Umschlagsmengen hat sich TEU durchgesetzt. Es gibt jedoch auch im ISO-System eine Vielzahl von Sondermaßen.

Während das größte Containerschiff 1968 752 TEU-Container laden konnte, war zwei Jahrzehnte später bereits die viertausender Marke überschritten. Mitte 2009 waren die Schiffe der so genannten ‚Emma-Maersk-Klasse' mit einer Ladefähigkeit von 11.000 TEU-Containern die größten der Welt. Mit mehr als 550 Containerschiffen bzw. einer Gesamtkapazität von mehr als 2 Mio. TEU ist die dänische Reederei Maersk zudem die weltweit größte Containerschiff-Reederei.

Damit nimmt die Containerschifffahrt eine zentrale Rolle in der Seeschifffahrt ein und hat insbesondere die zum Einsatz kommenden Umschlagstechnologien in den Seehäfen stark beeinflusst. Leistungsfähige Containerbrücken mit Umschlagskapazitäten von bis zu

Tab. 2.7 Seegüterumschlag nach Güterarten. (Die Veränderung in % wurde anhand der Zahlen in 1.000 t berechnet, vgl. Winter (2010, S. 728))

	Gesamtumschlag			Empfang			Versand		
	2009 Mio. t	2008	Veränderung %	2009 Mio. t	2008	Veränderung %	2009 Mio. t	2008	Veränderung %
Landwirtschaftliche und verwandte Erzeugnisse	20,2	20,8	-3,1-	9,0	9,5	-5,4	11,2	11,3	-1,0
Darunter									
Getreide	9,3	9,4	-0,4	1,6	2,6	-35,9	7,7	6,8	+12,9
Holz und Kork	4,8	5,5	-11,7	3,0	3,0	+1,5	1,8	2,5	-27,6
Andere Nahrungs- und Futtermittel	22,5	25	-10,2	14,1	15,4	-8,9	8,4	9,6	-12,3
Darunter									
Futtermittel	4,7	4,5	+4,5	3,0	2,9	+0,8	1,8	1,6	+11,3
Ölsaaten, Ölfrüchte, pflanzliche und tierische Fette	5,5	5,2	+4,5	4,4	4,4	+0,8	1,0	0,8	+23,6
Feste mineralische Brennstoffe	14	14,7	-4,7	13,9	14,6	-4,5	0,1	0,1	-16,6
Dar.: Steinkohle und Steinkohlenbriketts	13,2	13,1	-0,9	13,1	13,3	-0,9	0,0	0,0	+2,3
Erdöl, Mineralölerzeugnisse, Gase	50,9	62,1	-18,0	42,2	50,0	-15,6	8,7	12,1	-28,3
Darunter									
Rohes Erdöl	33,0	39,1	-15,7	33,0	38,8	-15,0	0,0	0,3	-91,0
Kraftstoffe und Heizöl . . .	16,2	20,6	-21,2	8,4	9,5	11,6	7,8	11,1	29,3
Erze und Metallabfälle	15,4	23,3	-34,1	13,5	21,5	-37,0	1,8	1,8	+0,8

Tab. 2.7 (Fortsetzung)

	Gesamtumschlag			Empfang			Versand		
	2009 Mio. t	2008	Veränderung %	2009 Mio. t	2008	Veränderung %	2009 Mio. t	2008	Veränderung %
Darunter									
Eisenerze	9,2	14,1	−34,9	9,1	14,1	−35,4	0,1	0,0	–
NE-Metallerze, -abfälle und -schrott	4,5	7,4	−39,6	3,8	6,5	41,4	0,6	0,9	−26
Eisen, Stahl und NE-Metalle	9,3	14,5	−35,7	3,5	5,8	−40,5	5,9	8,7	−32,5
Dar.: Stahlbleche, Bandstahl, Weißblech	2,2	4,0	−46,4	0,6	1,0	−34,7	1,5	3,1	−50,1
Steine und Erden	14,3	16,9	−15,5	9,5	11,6	−17,6	4,7	5,3	−11,1
Düngemittel	4,2	5,2	−18,6	1,6	1,8	−8,9	2,6	3,4	−23,6
Dar.: Chemische Düngemittel	4,1	5,0	−17,6	1,5	1,6	−6,5	2,6	3,4	−23,0
Chemische Erzeugnisse	20,6	23,7	−13,0	8,2	10,4	−21,0	12,5	13,3	−6,7
Dar.: Chemische Grundstoffe	10,3	11,5	−10,5	4,0	4,4	−10,1	6,3	7,1	−10,7
Andere Halb- und Fertigwaren	91,5	14,4	−20,0	45,1	56,2	−19,8	46,3	58,1	−20,3
Darunter									
Besondere Transportgüter	45,3	53,7	−15,6	22,0	24,7	−10,9	23,3	29,0	−19,6
Elektrotechnische Erzeugnisse	10,2	13,2	−22,3	3,9	5,3	−27,6	6,4	7,8	−18,8

55 Containern pro Stunde ermöglichen eine schnelle Be- und Entladung der Schiffe. Auch die größten Containerschiffe können damit in maximal zwei Tagen entladen (gelöscht) werden, so dass geringstmögliche Hafenliegegebühren anfallen und ein zügiger Weitertransport der Waren möglich wird.

Die Entwicklung hin zu immer größeren Containerschiffen führt dazu, dass nur noch speziell auf die Bedürfnisse der großen Schiffe ausgerichtete Häfen (Main Ports) angelaufen werden können. Die Ver- und Entsorgung dieser Häfen mit den entsprechenden Gütermengen erfolgt über sogenannte Feederdienste. Dabei handelt es sich um kleinere, meist auch kanalgängige Containerschiffe, die von und zu den großen Überseehäfen alle kleineren Seehäfen und küstenschifftauglichen Binnenhäfen bedienen.

Die wesentlichen Bewertungskriterien einer Hafeninfrastruktur sind unter anderem:

· Fahrrinnenbreite und – tiefe
· Kaianlagen, Frei- und Lagerflächen
· Umschlagseinrichtungen, Containerbrücken
· Verfügbare Informations- und Kommunikationssysteme.

Neben der Infrastruktur ist der Hafenstandort von zentraler Bedeutung. Als wesentliche Standortfaktoren eines Seehafens kommen folgende Aspekte in Betracht:

· Meereslage: geographische Lage in Bezug auf die Hauptschifffahrtslinien
· Küstenlage: Nähe zum offenen Fahrwasser
· Hinterlandanbindung: Anbindung an den Wirtschaftsraum, der seinen Gütertransport über diesen Hafen abwickelt.

Bei der Organisation der Seeschifffahrtstransporte und seiner Marktteilnehmer können folgende Leistungsarten voneinander unterschieden werden:

· Linienverkehre, die fahrplanmäßige Routen bedienen,
· Charterverkehre, bei denen einmalig ein komplettes Schiff für eine bestimmte Relation gebucht wird,
· Gelegenheitsverkehre (Trampschifffahrt), wobei eine bestimmte Menge an Fracht auf einem Schiff im Bedarfsfall (analog dem Sammelladungsverkehr beim Straßentransport) gebucht wird.

Im Zusammenhang mit dem Seehandel wird häufig kritisiert, dass alle Seefrachtnationen große Teile ihrer Flotte nicht im eigenen Land registrieren. Durch das so genannte ‚Ausflaggen‘ verringern die Reedereien ihre Kosten – beispielsweise durch geringere Löhne oder niedrigere Sicherheitsstandards. Aus diesem Grund wird rund ein Drittel des weltweiten Seefrachtaufkommens unter den Flaggen Panamas und Liberias transportiert.[79]

---

[79] Vgl. Fearnleys Review (2008).

2.2.3.6 Luftverkehr

Die Luftverkehrswirtschaft als Oberbegriff umfasst die Komponenten Luftverkehr, Luftfahrt, Luftfahrtindustrie und Luftfahrtorganisation.

Luftverkehr bezeichnet alle Vorgänge, die der Ortsveränderung von Personen, Fracht und Post auf dem Luftweg dienen. Zur Luftfahrt zählen neben dem Luftverkehr alle Sachleistungsbetriebe, wie z. B. die Hersteller von Flugzeugen. Die Luftfahrtindustrie beinhaltet alle Einrichtungen zur Produktion und Bereitstellung von Luftfahrzeugen und Infrastruktureinrichtungen, wie Flughäfen oder die Flugsicherung. Unter Luftfahrtorganisation versteht man alle Institutionen, die die rechtlichen Rahmenbedingungen für die Durchführung des Luftverkehrs gestalten.

Der kommerzielle Luftfrachtverkehr begann, als das US-Postministerium 1918 Flugzeuge zur Postbeförderung einsetzte.[80] Später wurde das Flugzeug vorwiegend für den Transport von Militärgütern und Militäreinheiten eingesetzt. Heute werden jedes Jahr Millionen Tonnen Transportgüter an internationalen Flughäfen umgeschlagen und per Luftfracht rund um den Globus verteilt.

Als Luftfracht bezeichnet man alle Güter, die auf Linien- und Charterflügen als Fracht, Expressgut oder Post transportiert werden. Im engeren Sinn bezeichnet man als Luftfracht nur die Fracht, die nach IATA[81]-Beförderungsbestimmungen für Frachtgut abgefertigt und transportiert wird.[82] Begleitet wird dieser physische Transportprozess von dokumentarischen Prozessen wie zum Beispiel dem AirWay Bill (AWB) für den geflogenen Abschnitt oder dem Truck- Manifest für den An- bzw. Abtransport zum oder vom Flughafen.

Betrachtet man den prozentualen Anteil, der mittels Luftfracht transportierten Güter, so ist er im Vergleich zur Schiene oder der Schifffahrt eher gering (weniger als 1 % in 2009). Bezieht man aber den tatsächlichen Warenwert in die Berechnungen mit ein, so steigt der Anteil auf 40 %.[83] Denn im Gegensatz zur Seefracht konzentriert sich der Luftfrachtverkehr hauptsächlich auf hochwertige, d. h. kapitalintensive, sowie kurzlebige und verderbliche Güter oder Güter mit einem sehr kurzen Produktzyklus, wie beispielsweise Produkte aus dem Kommunikations- und EDV-Bereich oder der Textil- und Modebranche. Parallel zur Zunahme des grenzüberschreitenden Warenhandels erhöhte sich auch die grenzüberschreitend beförderte Luftfrachtmenge. Nach Auswertungen der International Civil Aviation Organization (ICAO) stieg die Luftfrachtmenge von 5,1 Mio. Tonnen im Jahr 1986, über 12,5 Mio. Tonnen im Jahr 1995 bis auf 25,2 Mio. Tonnen im Jahr 2007. Dies entspricht für den Zeitraum 1986–2007 einer durchschnittlichen Steigerung um knapp 8 % pro Jahr. Durch die Weltwirtschaftskrise reduzierte sich von 2007 auf 2008 die grenzüberschreitend beförderte Luftfrachtmenge leicht auf 25,0 Mio. Tonnen, was einem minus von 0,8 %

---

[80] Vgl. Simons und Withington (2007, S. 185).

[81] Die IATA (= International Air Transport Association) bemüht sich um die Vereinheitlichung und Vereinfachung der Prozesse in der Luftfahrt. Weitere Informationen unter iata.org.

[82] Vgl. Sterzenbach und Conradi (2003, S. 77 f).

[83] Vgl. Dürr (2007).

entspricht. Von Juni 2008 bis Juni 2009 reduzierte sich diese Menge dann weiter um 16,5 %. Im Jahr 2008 wurden etwa 68.000 Tonnen Luftfracht pro Tag grenzüberschreitend transportiert.

Die durchschnittliche Transportstrecke im grenzüberschreitenden Luftverkehr betrug im Jahr 2008 nach Angaben der ICAO etwa 5.200 Kilometer. Nach Berechnungen von MergeGlobal lag das Luftfrachtaufkommen sogar noch höher: Für das Jahr 2008 ermittelte das Unternehmen allein das Luftfrachtaufkommen zwischen den Regionen (interregionale Luftfracht) auf rund 150 Mrd. Tonnen-Kilometer. Hier sind die Mengen der Binnen-Luftfracht und der Luftfracht innerhalb einer Region noch nicht berücksichtigt. Laut MergeGlobal lag in der Region Asien-Pazifik das Luftfrachtaufkommen im Jahr 2008 mit knapp 19 Mrd. Tonnen-Kilometern am höchsten.

Betrachtet man die Beteiligten im grenzüberschreitenden Luftfrachtaufkommen, so ist festzustellen, dass 38,3 % von asiatisch-pazifischen Fluggesellschaften abgewickelt ist. Darauf folgten Fluggesellschaften aus Europa mit 30,6 %, Nordamerika mit 18,0 % und dem Mittleren Osten mit 8,4 %. Fluggesellschaften aus Lateinamerika und der Karibik mit 3,2 % sowie Afrika mit 1,6 % sind von untergeordneter Bedeutung. Nordamerikanische Fluggesellschaften hatten den mit Abstand größten Anteil an der Binnen-Luftfracht mit rund zwei Drittel.

Berücksichtigt man zusätzlich zu den Auswertungen der ICAO auch die Angaben der International Air Transport Association (IATA), entfällt mehr als die Hälfte des gesamten grenzüberschreitenden Luftfrachtaufkommens auf nur zehn Fluggesellschaften. Dieser Konzentrationsgrad war bei der Binnen-Luftfracht im Jahr 2008 noch höher: Ungefähr 75 % des Luftfrachtaufkommens wurden von nur zehn Fluggesellschaften transportiert.

Diese Konzentration zeigt sich nach Angaben von ACI (Airports Council International) auch bei den Flughäfen, denn 56 % der weltweit transportierten Luftfrachtmenge (bezogen auf das Gewicht) werden auf nur 30 Flughäfen umgeschlagen. Auf diesen 30 Flughäfen mit dem weltweit höchsten Flugverkehrsaufkommen starten und landen rund 20 % aller Flugzeuge.[84]

Unternehmen benutzen den Luftfrachtverkehr um ihre Produkte überall auf der Welt zu jeder Zeit verfügbar zu machen, ohne jedoch hohe Bestände vor Ort halten zu müssen. „Das Flugzeug zeichnet sich durch Schnelligkeit, Zuverlässigkeit und eine hohe Frequenzdichte aus. Weltweit stehen ihm eine Vielzahl von Luftstraßen und über 4.000 größere und kleinere Flughäfen zur Verfügung. Insofern ist der Luftfrachtverkehr hinsichtlich der Schnelligkeit, Beförderungszeit und Sicherheit gegenüber alternativen Verkehrsträgern konkurrenzlos."[85]

Es gibt Frachtflugzeuge, die nur für die Beförderung von Gütern gebaut und genutzt werden. Das größte in höherer Stückzahl gebaute Frachtflugzeug ist derzeit die Antonow

---

[84] Bundeszentrale für politische Bildung (Hrsg.) (2010).

[85] Korf (2008, S. 500).

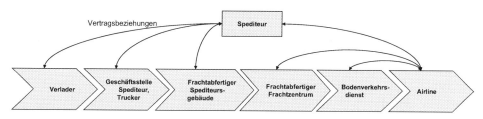

Abb. 2.27 Prozessfolge der Luftfrachttransportkette

An-124. Bei der An-124 erfolgen Be- und Entladung durch eine Frontladetür. Am 26. Juli 1985 hat die An-124 einen Weltrekord aufgestellt, dabei stieg das Flugzeug mit 171.219 kg Nutzlast auf eine Höhe von 10.750 m.[86]

Ein weiteres bekanntes Frachtflugzeug ist die Boeing 747 F, die von vielen Fluggesellschaften eingesetzt wird.

Das größte jemals gebaute Frachtflugzeug ist die Antonow An-225, von der es auch 2010 nur ein fliegendes Exemplar gibt. Die An-225 wurde für das sowjetische Raumfahrtprogramm als Trägerflugzeug für die Raumfähre Buran entworfen. Mit einer Nutzlast von 247 Tonnen hält die An-225 den Weltrekord für die schwerste jemals beförderte Luftfracht.[87]

Man kann auch Passagierflugzeuge für die Beförderung von Gütern benutzen. Auf Passagier-Linienflügen werden freie Kapazitäten für die Mitnahme von Fracht genutzt. Ferner werden nicht genutzte Passagiermaschinen häufig von Paketdienstleistern günstig gechartert. Die Postpakete und Briefe werden dann auf abgedeckten Sitzflächen transportiert.

Bei der Versendung von Gütern per Luftfracht zeigt sich, dass eine Vielzahl von Akteuren an diesem Prozess beteiligt ist (s. Abb. 2.27). Durch den weltweit immer größer werdenden Konkurrenzdruck sind Unternehmen dazu gezwungen ihre Waren kostengünstig zu produzieren und anzubieten. Dabei spielt neben einer Reduzierung der Materialkosten die Verringerung der Lagerkapazitäten durch den Just-in-Time Ansatz eine große Rolle. Um diese Anforderung umsetzen zu können und somit einen sicheren, zuverlässigen und schnellen Versand zu gewährleisten, ist folglich eine reibungslose Absprache und Abwicklung zwischen den Akteuren notwendig.

Der Luftfrachtverkehr transportiert hochwertige, eilige Güter über große Distanzen in sehr kurzer Zeit und stellt einen wichtigen Wirtschaftsmotor dar. Ebenso charakteristisch wie die positiven Merkmale, sind die Nachteile des Flugverkehrs. Das Flugzeug ist gekennzeichnet durch einen hohen Energieverbrauch für Fortbewegung und Antrieb. Am größten ist der Kerosinverbrauch in der Startphase. Dieser sehr große Energieverbrauch des Luftverkehrs ist mit einer enormen Belastung für das Klima verbunden. Neben dem CO_2

---

[86] Vgl. Simons und Withington (2007, S. 217).
[87] Vgl. Berkstein (2011, S. 102).

verursacht der Flugverkehr noch zahlreiche weitere umweltbeeinträchtigende Emissionen. Experten kritisieren zusätzlich, dass die Schadstoffe direkt in den empfindlichen Schichten der Atmosphäre ausgestoßen werden. Dazu kommen der Lärm in der Nähe der Flughäfen, sowie die Beanspruchung großer Landschaftsgebiete. Für die betroffenen Unternehmen der Luftfahrtbranche stellen Nachtflugverbote, die an vielen Flughäfen herrschen um nächtliche Lärmemissionen zu vermeiden, ein nicht unerhebliches wirtschaftliches Problem dar. Die Nachtflugverbote waren zum Beispiel ein Grund für den Umzug des DHL-Hubs von Brüssel/Zaventem nach Leipzig/Halle. Dort dürfen Frachtflugzeuge ohne Einschränkung 24 Stunden am Tag starten und landen.

2.2.3.7 Rohrleitungs-(fern)transport

Im Unterschied zu anderen Verkehrsträgern besteht der wesentliche Unterschied darin, dass beim Rohrleitungstransport Verkehrsweg, Transportgefäß und Transportmittel eine Einheit bilden. Damit kommen Rohrleitungstransporte mit unpaarigen Verkehren besonders gut zurecht, da hier keine Transportmittelumläufe erforderlich sind. Zum Transport der Güter wird die Schwerkraft oder stationäre Maschinen (Pumpen) genutzt. Rohleistungsverkehr ist ein Beispiel für den kontinuierlichen Transport. Eingesetzt werden kann diese Transportmöglichkeit für alle pumpfähigen Güter, also insbesondere Wasser, Erdöl, Erdölprodukte und Erdgas, sowie Suspensionen. Die bestimmenden Kosten beim Rohrleistungstransport sind die Kosten für den Bau der Rohrleitungen, den Kosten für die Errichtung der Pumpstationen und die Energiekosten für den Betrieb. Die beiden erstgenannten Kosten verhalten sich degressiv, die Energiekosten progressiv zur transportierten Menge. Durch diese Gegenläufigkeit der Kostenfunktionen kann ein Kostenminimum bezogen auf die transportierte Menge ermittelt werden. Rohrleitungstransporte lassen sich nur in geringem Umfang auf kurzfristige Nachfrageschwankungen anpassen, so dass diese Transportmöglichkeit nur für längerfristige konstante Transportmengen optimal eingesetzt werden kann.[88]

Die Leistungsfähigkeit der Rohleitungstransporte ergibt sich aus dem Rohrquerschnitt und der Fördergeschwindigkeit. Die Vorteile liegen in der hohen Zuverlässigkeit des Transportes, der wetter-, diebstahl- und zollbruchsicheren Unterbringung des Transportgutes sowie der sehr geringen Lärmemissionen. Bei der unterirdischen Verlegung wird der Landschaftsverbrauch auf ein Minimum begrenzt.

Aufgrund der hohen Fixkostenintensität des Rohleitungsverkehrs und der geringen Flexibilität werden diese Transportsysteme (Pipelines) meist von den Benutzern selbst errichtet, wenn ein langfristiger Bedarf abzusehen ist.[89]

---

[88] Vgl. Kummer (2006, S. 97).
[89] Vgl. Schulte (2009, S. 181).

2.2.3.8 Zusammenfassender Vergleich der Verkehrsträger

Verkehrsträger im Vergleich

Transportart	Vorteile	Nachteile
Straßengütertransport	Zeit- und Kostenersparnis im Nah- und Flächenverkehr	Keine zeitgenauen Fahrpläne
	U.U. Zeitersparnis im Fernverkehr	Witterungsabhängigkeit
	Flexible Fahrplangestaltung	Abhängigkeit von Verkehrsstörungen
	Eignung für spezifische Ladegüter	Begrenzte Ladefähigkeit
	Anpassungsfähigkeit bei Annahmezeiten	Ausschluss gewisser Gefahrgüter (z. B. Ammoniakwasser)
Schienengüterverkehr	Größere Einzelladegewichte als beim LKW	Schienennetz/Gleisanschlüsse oder Einsatz sog. Straßenroller erforderlich
	Exakte Fahrpläne	Zusatzkosten bei Anmietung von Spezialwagen
	Weitgehend störungsfrei	Für geringe Transportmengen ungeeignet
	Gefahrgüter zulässig	
Luftfrachttransport	Hohe Transportgeschwindigkeit	Hohe Transportkosten
	Unabhängigkeit von Infrastruktur am Boden	Ausschluss gewisser Gefahrgüter
		Flughafen erforderlich
		Ungebrochener Transport meist nicht zu realisieren
		Besondere Verpackung notwendig
Seeschifffahrtsgütertransport	Große Einzelladegewichte	Zugang zu Seehäfen erforderlich
	Große Laderäume	Abhängig von Sturm, Eisgang und Nebel
		Im Linienverkehr Abhängigkeit von festen Routen (anders als bei Charterung von Schiffen)
	Angebot von Spezialschiffen	Besondere Verpackung notwendig
		Ungeeignet für verderbliche Güter
		Ungebrochener Transport meist nicht zu realisieren

Transportart	Vorteile	Nachteile
Binnenschifffahrtsgütertransport	Große Einzelladegewichte	Eingeschränktes Streckennetz
	Große Laderäume	Ohne eigene Anlegestelle erhöhte Kosten durch sog. gebrochenen Verkehr
	Angebot von Spezialschiffen	Abhängigkeit vom
	Günstige Beförderungskosten	Wasserstand sowie von Eisgang und Nebel
Rohrleitungstransport	Kostengünstig bei kontinuierlichem Bezug von Gasen, Flüssigkeiten und Feststoffen (als Aufschwemmungen)	Hohe Investitionen, daher nur rentabel bei langfristiger Absicherung des Absatzes bzw. des Bezuges
	Hohe Zuverlässigkeit	
	Umweltfreundlich	

2.2.3.9   Kombinierter Verkehr

Die Kombination verschiedener Verkehrsträger (Straße, Schiene, Luft, Wasser) innerhalb einer Transportkette wird als Kombinierter Verkehr bezeichnet. Beim kombinierten Containerverkehr werden Container nacheinander von unterschiedlichen Verkehrsmitteln befördert.

Dabei werden Kombinierter Containerverkehr, Huckepackverkehr, Roll-on/Roll-off-Verkehr (Ro/Ro-Verkehr) und Lash-Verkehr unterschieden.

Beim Huckepackverkehr werden Straßen- und Schienentransport in der Weise miteinander verbunden, dass Sammel- und Verteilverkehre im Nahbereich mit dem LKW vorgenommen werden, während der Ferntransport zwischen Versand und Zielregion auf der Schiene erfolgt. Der Transport eines kompletten LKW auf einem Eisenbahnwaggon wird als rollende Landstraße bezeichnet. Fährt der Fahrer im Liegewagen mit, spricht man von begleitetem Kombinierten Verkehr, ansonsten von unbegleitetem Kombinierten Verkehr. Um ein günstiges Verhältnis zwischen Nutzlast und Gesamtgewicht zu erzielen, werden häufig jedoch nur Sattelanhänger oder Wechselbehälter verladen.

Beim Ro/Ro-Verkehr werden LKWs einen Teil der zurückzulegenden Gesamtstrecke auf einem Binnen- oder Seeschiff befördert (schwimmende Landstraße).

Lash-Verkehre stellen schließlich eine Verbindung von Binnen- und Seeschiffverkehr dar. Dabei nehmen Seeschiffe in der Binnenschifffahrt verwendete schwimmende Leichter auf. Mit Hilfe des kombinierten Verkehrs können die Vorteile verschiedener Verkehrsträger miteinander verbunden werden. Da die Gesamttransportzeit aufgrund der notwendigen Umschlagsvorgänge und der damit verbundenen Warte- und Abfertigungszeiten in der Regel länger ist als bei ausschließlichem Einsatz eines Verkehrsträgers, ist der kombinierte Verkehr nur auf langen Distanzen sinnvoll.

Kombinierter Verkehr ist die Beförderung verkehrsmittelneutraler genormter Ladeeinheiten als Verkehrsobjekte in mehrgliedrigen integrierten Transportketten. Die ökonomische

Bedeutung des Kombinierter Verkehr beruht darauf, dass bei ihm arbeitsintensive Güterent-leerungen und -befüllungen der Transport und Lagerungsgefäße bei Übergängen zwischen den Transportkettengliedern durch automatisiertes und teilweise selbsttätiges Umsetzen von Ladeeinheiten ersetzt werden. (Witherton (Hrsg.) (o. J.))

2.2.3.10 Innerbetrieblicher Transport[90]

Gegenstand des innerbetrieblichen Transports ist die Beförderung von Gütern innerhalb des Betriebes, z. B. vom Wareneingang zum Lager, vom Lager über die einzelnen Fertigungskostenstellen zur Endmontage und von der Endmontage zum Versand. In den Ingenieurwissenschaften wird der innerbetriebliche Transport oft auch als „Fördern" bezeichnet. Dabei ist einerseits nach der Bewegungsrichtung zwischen Horizontal- und Vertikaltransport und andererseits nach der Stetigkeit der Bewegungen zwischen Stetig- und Unstetigförderern zu unterscheiden.

Der Horizontaltransport umfasst alle waagrechten und geneigten Bewegungen, während sich der Vertikaltransport auf das senkrechte Bewegen von Lasten bezieht. Stetigförderer sind Transportmittel zur Bewegung von Gütern über einen festgelegten Förderweg begrenzter Länge von einer Aufnahme- zu einer Abgabestelle, wobei die Bewegung kontinuierlich mit gleichbleibender Geschwindigkeit erfolgt. Aufnahme und Abnahme des Fördergutes erfolgen in der Regel während der Bewegung. Beispiele für Stetigförderer sind Bandförderer, Rollenbahnen (Horizontalförderer), Paternoster oder Fallrohre (Vertikalförderer). Stetig arbeitende Fördertechniken kommen vor allem bei hoher Transportfrequenz und gleichmäßigem Transportaufkommen zum Einsatz. Unstetigförderer arbeiten intermittierend bei im Allgemeinen frei wählbarer Bewegungsrichtung und variabler Förderstrecke. Aufgrund des unregelmäßigen Transportaufkommens entstehen neben Lastfahrten auch Leerfahrten und Stillstandszeiten in unterschiedlicher Länge und unregelmäßigen Abständen. Beispiele für Unstetigförderer sind Schlepper (Horizontaltransport), Aufzüge (Vertikaltransport) oder Gabelstapler (Horizontal und Vertikaltransport).

Bei der Planung des innerbetrieblichen Transportsystems sind folgende Zielgrößen zu verfolgen[91]:

- Optimale Nutzung
  - minimale Transportkosten
  - minimale Leerwege
  - hohe funktionale und zeitliche Auslastung
- Hoher Servicegrad
  - kurze Auftragswartezeiten
  - niedrige Transportzeiten
- Hohe Flexibilität
  - breites Spektrum an Transportgütern
  - leichte Anpassung an betriebliche Umstellungen

---

[90] Vgl. Ehrmann (2008, S. 217 ff).
[91] Vgl. Ehrmann (2008, S. 217).

Tab. 2.8 Kenngrößen bei	Kornbeschaffenheit	Korngröße
Schüttgütern. (Tabelle zusammengestellt nach Hoffmann et al. (2005, S. 13))	–	Verhältnis zwischen kleinster und größter Kornabmessung
	–	Kornform
	Zusammenhalt (Kohäsion)	Zusammenhalt und Fließverhalten des Schüttgutes
	Weitere Eigenschaften	Z. B. abrasiv, zerbrechlich, explosiv, brennbar

- Hohe Transparenz
  - Information über die aktuelle Situation
  - verursachungsgerechte Kostenverrechnung
  - Erzeugung von Kennzahlen

Die Bestimmungsgrößen des innerbetrieblichen Transportes sind zum einen das Fördergut und zum anderen die Förderintensität, die sich aus dem Bedarf des zu bewegenden Gutes in Mengen pro Zeiteinheit ergibt.

Nach Art und Eigenschaften des Fördergutes wird zwischen Stückgütern (Einzelgüter) und Schüttgütern (Massengüter) unterschieden.[92]

Bei Stückgütern handelt es sich um Gegenstände, die während des Transportes, des Umschlages oder des Lagerns als Einheit behandelt werden können.[93] Sie sind formbeständig und bei Umgebungstemperatur fest. Meist weisen sie in allen drei Dimensionen etwa gleiche Abmessungen auf. Stückgut kann in quaderähnlicher Form, z. B. Kisten oder Schachteln, in rollenähnlicher Form, z. B. Flaschen oder Fässer, oder in sonstigen Formen, z. B. Säcke, vorliegen. Weitere wichtige Eigenschaften sind werkstoffspezifische Größen, wie thermisches Verhalten, elektrische Eigenschaften oder spezifische Festigkeitseigenschaften.[94]

Schüttgüter sind Massengüter, wie z. B. Sand, Kohle, Getreide, Steine, Erze, Mehl usw. Sie werden differenziert in stückige (z. B. Kohle), körnige (z. B. Getreide) und staubförmige (z. B. Mehl) Schüttgüter.[95] Tabelle 2.8 zeigt die wichtigsten Kenngrößen bei Schüttgütern zur Auswahl eines Fördermittels:

Darüber hinaus sind die zu überwindende Förderstrecke, d. h. die Entfernung zwischen Start und Endpunkt eines durchzuführenden Gütertransports einschließlich der zu überwindenden Niveauunterschiede und gesetzliche Bestimmungen z. B. für feuer- und explosionsgefährdete Transporte, zu beachten.

Zu den Aufgaben des innerbetrieblichen Transportes aus logistischer Sicht gehört die Planung, d. h. die langfristige Planung von Transportmitteln und -abläufen und die Entwicklung von Dispositionsstrategien, die Disposition und Steuerung, d. h. die kurzfristige Transportmitteldisposition, die Zuordnung und Übermittlung der Transportaufträge

---

[92] Vgl. Hoffmann et al. (2005, S. 11).

[93] Vgl. Pfohl (2010, S. 124).

[94] Vgl. Bleisch et al. (2011, S. 165).

[95] Vgl. z. B. Pfohl (2010, S. 124), Martin et al. (2008, S. 4).

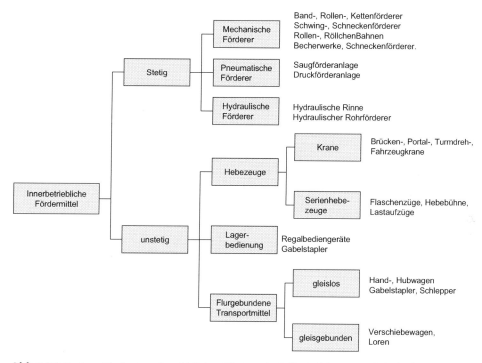

Abb. 2.28 Systematik der innerbetrieblichen Fördermittel. (In Anlehnung an Schulte (2009, S. 156) und Günthner (2009, S. 421))

zu einzelnen Förderzeugen und die Einleitung von Maßnahmen bei Ablaufstörungen und die Durchführung, d. h. die Operative Abwicklung der Transportaufträge sowie die Rückmeldung der Istdaten an die dispositive Ebene.

Abbildung 2.28 gibt einen Überblick über die innerbetrieblichen Fördermittel.

Die Klassifizierung der Fördermittel kann nach konstruktiven, leistungsspezifischen und einsatzbezogenen Kriterien wie z. B. dem Einsatzgebiet, dem Arbeitsprinzip und dem Automatisierungsgrad erfolgen.

Bei der Differenzierung nach dem Arbeitsprinzip können die Fördermittel in stetig und intermittierend arbeitende Techniken unterschieden werden.[96] (s. Abb. 2.28)

Stetigförderer arbeiten kontinuierlich, über einen längeren Zeitraum. Sie sind Transportmittel zur Bewegung von Gütern über einen festgelegten Förderweg begrenzter Länge von einer Aufnahme- zu einer Abgabestelle, wobei die Bewegung kontinuierlich mit gleichbleibender Geschwindigkeit erfolgt. Aufnahme und Abnahme des Fördergutes erfolgen in der Regel während der Bewegung. Beispiele für Stetigförderer sind Bandförderer, Rollenbahnen (Horizontalförderer), Paternoster oder Fallrohre (Vertikalförderer). Stetig arbeitende Fördertechniken kommen vor allem bei hoher Transportfrequenz und gleichmäßigem Transportaufkommen zum Einsatz. Stetigförderer eignen sich für Schütt- und Stückgüter.[97]

---

[96] Vgl. Arnold (2008, S. 3–50).

[97] Vgl. Ehrmann (2008, S. 217 ff), Martin et al. (2008, S. 2).

Bei Unstetigförderer n handelt es sich um diskontinuierlich arbeitende und den Umschlag in Arbeitsspielen realisierende Fördergeräte. Hierbei folgt meistens einem Lastspiel ein Leerspiel.[98] Unstetigförderer arbeiten intermittierend bei – im Allgemeinen – frei wählbarer Bewegungsrichtung und variabler Förderstrecke. Aufgrund des unregelmäßigen Transportaufkommens entstehen neben Lastfahrten auch Leerfahrten und Stillstandszeiten in unterschiedlicher Länge und unregelmäßigen Abständen. Beispiele für Unstetigförderer sind Schlepper (Horizontaltransport), Aufzüge (Vertikaltransport) oder Gabelstapler (Horizontal und Vertikaltransport).[99]

Im Allgemeinen arbeiten Stetigförderer ökonomischer. Folglich befördern sie bei gleichem Eigengewicht größere Fördermengen und brauchen hierfür geringere Antriebsleistungen als Unstetigförderer. Dieses ergibt sich aus den kleineren Totlasten, seltenerem Schalten der Antriebe und geringeren Massenkräften beim Anfahren und Bremsen. Unstetigförderer werden häufig für wenige Güter pro Zeiteinheit und für schwere Einzellasten benutzt.[100]

Dimensionierung Die Leistungsfähigkeit bei stetiger bzw. intermittierender Förderung wird anhand des Fördergutstroms charakterisiert. Dieser gibt die je Zeiteinheit bewegte Gutmenge (Gutdurchsatz) an und wird je nach Fördergut und -verfahren als Stückgutstrom, Massenstrom oder Volumenstrom bezeichnet.[101]

Als Stückgutstrom (= Durchsatz D) bezeichnet man die möglichen Transporteinheiten pro Zeiteinheit[102]:

$$D = \text{Stück/Zeiteinheit}$$

Unter Massenstrom M versteht man die je Zeiteinheit transportierte Menge m:

$$M = m/\text{Zeiteinheit}^{103}$$

Der Volumenstrom (= Volumendurchfluss V) gibt das je Zeiteinheit transportierte Volumen an:

$$V = m \geq /\text{Zeiteinheit}^{104}$$

Bei Hebezeugen hingegen wird die Leistungsfähigkeit durch die Traglast (Tragfähigkeit) bzw. Nutzlast angegeben. Die Tragfähigkeit gibt die vom Hersteller angegebene maximal zulässige Belastung eines Hebezeuges oder lastaufnehmenden Elements an, ohne die Berücksichtigung dynamischer Kräfte.[105]

---

[98] Vgl. Martin et al. (2008, S. 2).

[99] Vgl. Ehrmann (2008, S. 217 ff).

[100] Vgl. Martin et al. (2008, S. 2).

[101] Vgl. Martin et al. (2008, S. 5).

[102] Vgl. z. B. Ten Hompe/Heidenblut (2008, S. 66).

[103] Vgl. z. B. Böge/Eichler (2005, S. 73).

[104] Vgl. z. B. Böge/Eichler (2005, S. 73).

[105] Vgl. z. B. Böttcher (1906, S. 479).

Unter Nutzlast versteht man die Last, die ein Hebezeug aufnehmen kann, bis das maximal zulässige Gesamtgewicht erreicht ist.

Stetigförderer   Bei Stetigförderern handelt es sich um mechanische, pneumatische oder hydraulische Förderanlagen, bei denen das Gut auf festgelegtem Förderweg von der Aufgabestelle zur Abgabestelle kontinuierlich, mit wechselnder Geschwindigkeit oder im Takt, bewegt wird. Sie eignen sich für den Transport von Schüttgut oder Stückgut und können ortsfest, fahrbar, tragbar oder rückbar ausgeführt sein.[106]

Die Klassifikation der Stetigförderer erfolgt nach zwei Aspekten:

- Konstruktive und funktionale Aspekte

Bei der Klassifikation nach konstruktiven bzw. funktionalen Aspekten wird nach Art der Kraftübertragung und dem Funktionsprinzip differenziert.

Die Förderanlagen werden nach DIN 15201 wie nachfolgend gegliedert:

- Mechanische Förderer
  Mechanische Förderer sind Förderanlagen, die auf mechanische Weise Stück- oder Schüttgut transportieren.
- Hydraulische Förderer
  Bei der hydraulischen Förderung werden Flüssigkeiten (in der Regel Wasser) als Strömungsmittel eingesetzt. Diese Form der Förderung ist für kleine bis mittlere Körnungen geeignet, wobei das Fördergut unempfindlich gegen Wasserbenetzung und Abrieb sein muss. Die hydraulische Förderung zeichnet sich durch hohe Baukosten und den Einsatz einer Trägerflüssigkeit aus. Diese muss nach dem Transport wieder vom Fördergut abgeschieden werden, so dass diese Förderart meist dann eingesetzt wird, wenn mit der Förderung technologische Prozesse verbunden sind, die den Einsatz einer Trägerflüssigkeit bedingen. Bei der pneumatischen Förderung unterscheidet man Spül- und Pumpenförderung.
  Bei der Spülförderung wird das Fördergut durch geneigte Rinnen mit der Trägerflüssigkeit transportiert. Diese Förderer werden auch als hydraulische Rinne bezeichnet.
  Die Pumpenförderung transportiert das Gut und die Trägerflüssigkeit in Rohren unter Druck (= hydraulische Rohrförderung). Mit der Pumpenförderung können weite Strecken überwunden werden. Gängige Rohrdurchmesser sind 150–1.000 mm, Fördermengen 100–500 t/h und Förderstrecken bis 400 km.[107]
- Pneumatische Förderer
  Als pneumatische Förderer bezeichnet man Anlagen, bei denen das Fördergut in Rohrleitungen durch einen Luft- oder Gasstrom transportiert wird. Diese Förderung ist geeignet für staub- bis mittelkörniges Gut, aber auch für größere Transportgüter, z. B.

---

[106] Vgl. Martin (2009, S. 131 ff).
[107] Martin et al. (2008, S. 274).

Tab. 2.9 Stetigförderer für Stückgut. (Vgl. Schulte (2009, S. 156))

Mechanische Förderer	Flurgebunden	Ohne Zugorgan	
		Mit Zugorgan	Bandförderer
			Kettenförderer
	Flurfrei	Mit Zugorgan	Hängeförderer (Kreisförderer)
	Stationär	Mit Zugorgan	Vertikalförderer (Becherwerke, Schneckenförderer)
Schwerkraftförderer			Rutschen
Strömungsförderer			Rohrpost

Rohrpost. Pneumatische Förderer werden z. B. bei der Be- und Entladung von Schüttgütern in Häfen und in der Zementindustrie eingesetzt. Ein Vorteil dieser Förderung liegt in der einfachen Verzweigung des Förderstroms, so dass das Fördergut in verschiedene Bunker oder zu verschiedenen Verarbeitungsstellen geleitet werden kann.[108]

• Art des Transportgutes

Bei der Klassifizierung nach Art des Transportgutes wird unterschieden in Stetigförderer für Schüttgut, z. B. Bandförderer, Becherwerke, Kettenförderer, pneumatische und hydraulische Förderer sowie Fallrohre und Rutschen und Stetigförderer für Stückgut, z. B. Bandförderer, Kettenförderer, Rollen- und Kugelbahnen sowie Hängeförderer.

Stetigförderer für Stückgüter[109] In Tab. 2.9 sind einige Förderer für Stückgüter dargestellt.

Flurgebundene Stetigförderer
Bandförderer
• Gurtbandförderer
Gurtförderer dienen dem Transport von fast allen Stück- und Schüttgütern. Aufgrund der glatten Oberfläche der Anlage ist diese für verschiedene Stückgutgrößen und für labile Packstücke geeignet. Hier sind waagrechte bis leicht geneigte Förderrichtungen und in Spezialfällen auch Steigungswinkel bis 50 im Einsatz realisierbar. Folgende Attribute sind kennzeichnend für Gutförderer (Abb. 2.29):

• Gurtbandförderer

– ruhiger und geräuscharmer Lauf
– schonender Transport empfindlicher Güter

---

[108] Vgl. Böge (2011, S. K-63).
[109] Böger (2011, S. K-64 ff).

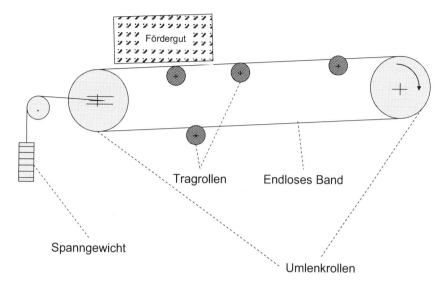

Abb. 2.29 Gurtbandförderer. (Eigene Darstellung in Anlehnung an Schulungsunterlagen Saarberg-werke AG)

– große Bandbreite bezüglich der zu fördernden Güter
– große Anzahl von Zusatzeinrichtungen anbaubar, wie z. B. Abweiser, Signatureinrichtungen

• Kurvengurtförderer

Kurvengurtförderer werden vorzugsweise für schonende Richtungsänderungen im kontinuierlichen Materialfluss eingesetzt, wie z. B. Versandhandel, Lebensmittelindustrie, Speditionen usw. Hierbei sind auch horizontale oder wendelförmige Kurvenförderungen möglich. Nachfolgend werden Kennzeichen von Kurvengutförderern aufgelistet:

– analog zu geradem Gutförderer
– stetige Stückgut-Richtungsänderung ohne Laufrichtungsänderung
– Gurt läuft spannungsarm über nicht angetriebene, kegelförmige Trommeln
– Antrieb erfolgt durch eine entlang dem Gurtaußenrand geführten Rollenkette die der Kurvengurtführung dient

Kettenförderer

• Plattenbandförderer

Plattenbandförderer verwenden als Tragelemente Platten aus Stahl, seltener aus Holz oder Kunststoff. Sie bieten aufgrund ihrer Bauweise die Möglichkeit, unterschiedliches Stückgut, wie z. B. Kisten, Fässer, Ballen und Säcke, zu transportieren. Der Plattenbandförderer wird nicht nur zum Transport der Stückgüter genutzt, sondern kann auch als Fließband in der Produktion eingesetzt werden. Hierzu werden Arbeitsflächen für mitfahrendes Personal auf den Stahlplatten befestigt.[110] Daher werden Plattenbandförderer in fast allen Industriezweigen, wie z. B. in Montagebereichen oder der Automobilindustrie, eingesetzt. Durch ihre stabile Bauweise sind sie z. B. in Bereichen mit hoher Verschmutzung, im Nassbereich oder bei hohen Temperaturen nutzbar.

- Schuppenförderer

Schuppenförderer werden meistens als Sortier- bzw. Verteilförderer für Gepäck z. B. auf Flughäfen oder Bahnhöfen mit automatischer Funktion und manueller Abnahme des Stückgutes eingesetzt. Ein hoher Durchsatz ist möglich, wenn eine stetige gleichmäßige Auf- und Abnahme erfolgt. Relevante Eigenschaften der Schuppenförderer sind die generelle Unempfindlichkeit gegen Umgebungseinflüsse, die Möglichkeit, eine Vielzahl von Stückgutformen fördern zu können, und die gute Zugänglichkeit der Transportfläche.

Flurfreie Stetigförderer (Hängeförderer) Bei Hängeförderern erfolgt die Lastaufnahme unterhalb einer oder mehrerer Laufschienen. Hängeförderer werden häufig in Fertigungs- und Montageprozesse eingebunden, da hierbei die Bodenfläche frei und ohne Einbauten bleibt. Dies ermöglicht den Mitarbeitern eine größtmögliche Bewegungsfreiheit. Das Fördergut wird von Gehängen getragen, die von umlaufenden Zugorganen oder Zugkatzen gezogen oder durch Schwerkraft bzw. manuell transportiert werden. Die Fahrwerke der Gehänge laufen auf einem Schienenstrang. Der hängende Transport ermöglicht einen ungehinderten Zugang für automatisierte und manuelle Fertigungsprozesse. Auch sehr empfindliche Fördergüter, wie z. B. Karosserieteile oder frisch lackierte Bauteile können unverpackt an einfachen Lastaufnahmemitteln, wie z. B. Haken transportiert werden.[111]

Vertikalförderer Einige Förderer, wie z. B. Bandförderer oder Hängebahnen können bis zu einem bestimmten Grad Höhenunterschiede überwinden. Bei größeren Höhen kommen diese Fördertechniken jedoch an ihre Grenzen, so dass spezielle Vertikalförderer (= Heber) eingesetzt werden. Vertikalförderer dienen also dazu, ein Stückgut von einem Anlagenniveau auf ein anderes anzuheben oder abzusenken. Die Aufnahme des Stückgutes erfolgt entweder durch ein aktives (z. B. Gurtband) oder passives (z. B. Tragarme) Lastaufnahmemittel. Im Unterschied zu Aufzügen dürfen in Vertikalförderern keine Personen transportiert werden.[112]

---

[110] Vgl. Böge (2011, S. K-54).

[111] Vgl. Arnold (2008, S. 629).

[112] Vgl. Arnold (2008, S. 633).

Stetigförderer für Schüttgüter[113]

Becherwerke Becherwerke werden eingesetzt, wenn Schüttgut von tieferen auf höhere Ebenen gehoben werden muss. Sie sind ausgestattet mit Bechern als Tragorgan. Diese schöpfen das Gut oder bedienen durch Zuteiler die Becher, die gefüllt und an bestimmten Abwurfstellen entleert werden. Ketten und Gurte dienen als Zugorgane. Sie werden zur Förderung von Zement, Kalk, Kohle, Düngemittel usw. eingesetzt.

Becherwerke werden nach der Becherfolge in Teil-Becherwerke (Becheranordnung im Abstand) und Voll-Becherwerke (Becher-an-Becher Anordnung) sowie nach dem Becherweg in Senkrecht-, Schräg- und Pendel-Becherwerke unterteilt (Abb. 2.30).

Ein Becherwerk bietet folgende Vorteile:

- kann trotz kleiner Grundfläche große Gutströme fördern
- große Achsabstände
- geeignet für fast alle Schüttgüter
- die Förderung erfolgt staubfrei in geschlossenen Schächten
- einfache und raumsparende Konstruktion
- kleine Deckendurchbrüche
- geringe Wartungs-, Unterhalts-, und Bedienkosten
- robust und zuverlässig

Ein Becherwerk beinhaltet folgende Nachteile:

- Mahlwirkung beim Becherschöpfen
- Gefahr der Verstopfung
- Stoßbelastung beim Becherschöpfen bzw. -füllen
- Lautstärke

Schneckenförderer Schneckenförderer werden eingesetzt, wenn Güter waagrecht, steil und senkrecht gefördert werden sollen. Die Vorteile bestehen in dem einfachen, gedrängten Aufbau, der Robustheit, dem geringem Raumbedarf, der Staub- und Geruchsfreiheit sowie in den geringen Anlagen- und Wartungskosten. Die Gefahr der Gutbeschädigung, die hohe Antriebsleistung, die Verstopfungsgefahr und dass Schneckenförderer nur für kleine Förderlängen/- höhen geeignet sind, bilden die Nachteile.

Unstetigförderer Bei Unstetigförderern handelt es sich um diskontinuierlich arbeitende und den Umschlag in Arbeitsspielen realisierende Fördergeräte. Diese inkonstante Arbeitsweise erfolgt meistens in Arbeitsspielen. Ferner ist der Arbeitsablauf durch den Wechsel von Last- und Leerfahrten, durch Stillstandszeiten für das Be- und Entladen sowie durch Anschlussfahrten gekennzeichnet. Folglich können die Antriebe für Aussetz- oder Kurzzeitbetriebe ausgelegt werden. Unstetigförderer sind flurgebundene oder flurfreie, schienengebundene oder schienenfreie Transportmittel. Ihre Bedienung erfolgt auf

---

[113] Vgl. z. B. Martin (2009, S. 168 ff).

Abb. 2.30 Prinzipielle
Darstellung eines Becherwerkes

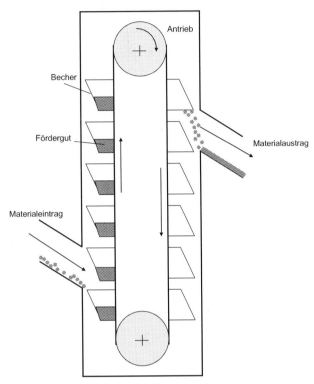

manuelle Art, daher sind die Betriebskosten, aber auch ihre Einsatzflexibilität höher als bei Stetigförderern.

Krane Ein Kran ist eine manuelle oder durch Motoren betriebene Einrichtung zum vertikalen und horizontalen Transport von Gütern. Dabei arbeitet der Kran flurfrei und kann eine Last in mehr als zwei Bewegungsrichtungen (auf/ab – links/rechts) bewegen, d. h. sie an unterschiedlichen Orten aufnehmen und absetzen.

Krane werden gemäß DIN 15001 nach ihrer Bauart und Verwendung eingeteilt, s. Abb. 2.31.[114]

• Brückenkrane

Brückenkrane sind auch unter der Bezeichnung Laufkrane bekannt. Diese sind auf hochgelegenen Kranbahnen fahrbare Krane in Brückenkonstruktion. Folglich wird die gesamte Bodenfläche nutzbar. Brückenkrane eignen sich für Fertigungs- und Montagehallen, da stets Maschinen und Anlagen umgestellt und anders genutzt werden können.

---

[114] Vgl. Hiersig (1995, S. 654 f).

Abb. 2.31 Einteilung: Krane. (Tabelle erstellt nach Hiersig (1995, S. 654 f))	Bauart	Einsatzbereich
	z.B.	z.B.
	Laufkatzen	Werkstattkrane
	Ausleger- und Drehkrane	Lagerkrane
	Brückenkrane	Hüttenwerkskrane
	Portalkrane	Baukrane
	Wandlaufkrane	Montagekrane
	Turmdrehkrane	Hafenkrane
	Fahrzeugkrane	LKW-Krane
	Schwimmkrane	Bergungskrane
	Kabelkrane	Containerkrane

• Portalkrane

Portalkrane sind Krane mit portalartigem Traggerüst. Sie werden unterteilt in Voll- und Halbportalkrane. Bei Vollportalkranen sitzt die Kranbrücke auf zwei Portalstützen. Beim Halbportalkran hingegen sitzt die Kranbrücke auf einer Portalstütze. Die andere Seite wird auf einer hochgelegten Kranbahn am Gebäude abgestützt. Die Brückenbauweise erfolgt auf zwei Weisen, der Vollwand- und der Fachwerkausführung. Sie werden meistens im Freien wie beispielsweise auf Lagerplätzen, Bahnhöfen, Umschlagplätzen usw. eingesetzt. Folglich müssen sie mit Sturmsicherungen ausgestattet sein.[115]

• Turmdrehkrane

Kennzeichnend für den Turmdrehkran ist der hohe, turmartige Standmast mit hoch angelegtem Ausleger. Dies ermöglicht eine große Reichweite. Der Turmdrehkran wird hauptsächlich im Bauwesen eingesetzt. Zu seinen Vorteilen zählen die kleine Standfläche, die große Hubhöhe und die weite Ausladung. Die gängigsten Auslegerformen sind Nadel-, Katz-, Teleskop- und Knickausleger. Der Turm und der Ausleger werden aus Gewichtsgründen fast nur in Fachwerksbauweise gefertigt. Je nach Anordnung des Drehwerks differenziert man zwischen Untendreher (drehbarer Turm) und Obendreher (fester Turm).[116]

− Kletterkrane

---

[115] Vgl. Jünemann und Schmidt (2000, S. 172).
[116] Vgl. Jünemann und Schmidt (2000, S. 171).

Bei den Kletterkranen steht der Turm fest und adäquat dem Fortschreiten des Baues „mitwächst". Beim Turmkletterkran bleibt der Turm am Boden stehen und wird durch das Einsetzen von Zwischenstücken verlängert. Beim Stockwerkskletterkran hingegen wird der Turm in den Etagen verankert und mit dem Bau hochgeschoben.

– Schnelleinsatzkrane
  Die Schnelleinsatzkrane sind als komplette, aufstellfertige Anhängereinheit auf der Straße verfahrbar. Diese stellen sich durch ihre spezielle Aufstellkinematik zumeist selbständig auf. Folglich sind sie insbesondere aus ökonomischen Gründen für den kurzfristigen Einsatz auf wechselnden Baustellen geeignet.

– Fahrzeugkrane
  Bei Fahrzeugkranen handelt es sich um Auslegerkrane mit eigenem Fahrwerk, Fahrgestell oder Fahrzeug. Daher sind sie schnell und universal einsetzbar. Folgende Bauarten existieren:

  – Autokrane
  – Schiffskrane
  – Mobilkrane
  – Raupenkrane
  – Schienen- und Anhängerkrane

• Serienhebezeuge

Serienhebezeuge werden in verschiedene Gruppen, wie z. B. Flaschenzüge, Elektrozüge, Zahnstangenwinden, Spindelhebeböcke und Hebebühnen eingeteilt[117] Hebezeuge dienen der Überbrückung von Höhenunterschieden. Diese können am Arbeitsplatz, zur Beladung eines LKWs oder zur Stockwerksüberbrückung eingesetzt werden.

Hebebühnen werden in Lasten- und Arbeitshebebühnen unterteilt. Einsatz finden sie überall, wo ein Niveauausgleich erforderlich ist, wie z. B. an einer Verladerampe. Lastenhebebühnen bestehen aus Grundrahmen, Scherensystem, Oberrahmen mit Abdeckplatte, Elektrohydraulikantrieb sowie den nötigen Steuer- und Schaltelementen. Arbeitshebebühnen hingegen können durch ein Mehrfach-Scherensystem Höhen bis 6,5 m, mittels Teleskopzylinder bis 25 m, erreichen. Diese werden als Montagebühnen im Großgerätebau oder zur Wartung von Hallen, Kranen und dergleichen verwendet. Sie können starr, schwenkbar, verschiebbar oder ausfahrbar aufgebaut sein. Die Arbeitsbühne wird als verfahrbares oder selbstfahrendes Gerät hergestellt (Abb. 2.32 und 2.33).[118]

---

[117] Vgl. Martin et al. (2008, S. 97 ff).
[118] Vgl. Martin (2009, S. 80 f).

Abb. 2.32 Arbeitsweise einer
Hebebühne

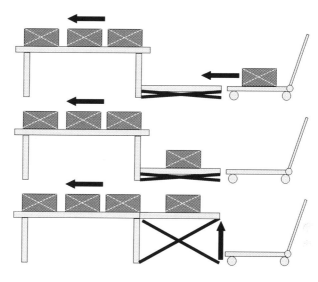

Abb. 2.33 Schematische
Darstellung eines
Flaschenzuges

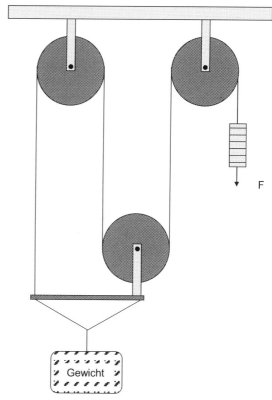

Tab. 2.10 Klassifizierung der flurgebundenen Förderer. (In Anlehnung an Schulte (2009, S. 156))

		z. B.
Gleislos	Manuell	Handkarren
		Handgabelhubwagen
		Elektrogabelhubwagen
	Mechanisiert	Elektrokarren
		Schlepper
		Straßenkrane
	Automatisiert	Fahrerlose Transportsysteme
		Fahrerlose Stapler
Gleisgebunden	Mechanisiert	Regalbediengeräte
		Schienenkrane
	Automatisiert	Regalbediengeräte
		Verteilfahrzeuge
		Elektroflurförderbahn

Flurfördermittel Flurfördermittel sind schienenfreie Transportmittel die für den horizontalen- und vertikalen Transport geeignet sind. Sie werden hauptsächlich für den innerbetrieblichen Transportprozess eingesetzt.

Ihrer Vorteile sind:

– freizügige Verwendung in allen Betriebsbereichen
– große Beweglichkeit und Wendigkeit
– Fahrt in schmalen Gängen und kleinen Kurven möglich
– niedrige Betriebskosten
– Geringe Anlagekosten
– Durch Stapler optimale Ausnutzung hoher Räume

Ihre Nachteile sind:

– Begrenzte Lade- bzw. Tragfähigkeit
– eigens ausgebildetes Personal ist notwendig
– Einsatz ist abhängig von der Beschaffenheit des Bodens und dessen Tragfähigkeit

In Tab. 2.10 wird die Einteilung der Flurfördermittel dargestellt.[119]

Die vielfältige Verwendungsweise von Gabelstapler n wird erhöht durch den Einsatz unterschiedlichster Anbaugeräte, z. B. Dornen für das Bewegen großer Rollen, Klammern für das Bewegen von Ballenmaterial oder Ladeschaufeln für das Ausnehmen von Schüttgut.

Zur Abwicklung des innerbetrieblichen Materialflusses werden in der Regel Förderhilfsmittel (= Transport, Lade- oder Lagerhilfsmittel) eingesetzt. Sie dienen der Aufnahme

---

[119] Martin (2009, S. 226).

und Zusammenfassung der zu transportierenden Materialien sowie dem Schutz vor Beschädigung und Diebstahl. Transporthilfsmittel können den Transport und Umschlag der Waren beschleunigen und in bestimmten Fällen die Lagerfähigkeit erst erstellen. Im innerbetrieblichen Materialfluss können sie als Informationsträger dienen und die Basis für Automatisierung des Transportes bilden.

Abbildung 2.34 zeigt eine Übersicht der unterschiedlichen Förderhilfsmittel.

Obwohl das Bilden von Ladeeinheiten einen zusätzlichen Prozessschritt in der Materialflusskette darstellt, sind die damit verbundenen Vorteile offensichtlich. Die Packstücke können rationeller umgeschlagen und transportiert werden. Daraus ergibt sich ein effizienterer und damit kostengünstiger Materialfluss. Sie bilden die Grundlage für die Mechanisierung und Automatisierung im Material- und Güterfluss.[120]

Zu dem am weitesten verbreiteten Ladehilfsmittel zählen Behälter und Paletten.

Behälter stellen umschließende Ladehilfsmittel dar. Sie werden oft in Form von Kunststoffbehältern oder Lagersichtkästen entwickelt. Die Behälterklassen sind modular aufgebaut.

Die Europalette ist nach DIN EN 13698 Teil 1 eine genormte, mehrwegfähige Transportpalette mit einer Grundfläche von 0,96 Quadratmetern und den Maßen 1200 × 800 × 144 mm (Länge × Breite × Höhe) sowie einem Eigengewicht von 20–24 kg (je nach Holzfeuchte). Sie wird von 78 Spezialnägeln zusammengehalten.

Bei der Europalette handelt es sich um eine sogenannte Vierwegpalette, d. h., sie kann von allen vier Seiten mit einem automatischen Flurfördergerät, einem Gabelstapler oder Hubwagen aufgenommen und befördert werden.

Paletten werden genutzt, um Güter zu bündeln sowie, um Ladeeinheiten zum Umschlag, Transport und Lagern zu bilden. In Abb. 2.35 ist eine Europalette dargestellt.

Beim Ladehilfsmittel im Palettenformat handelt es sich um ein umschließendes Ladehilfsmittel. Seine Abmessungen gleichen denen der Europalette. Es eignet sich zur Lagerung nicht stapelbarer Kleingüter. Abbildung 2.36 zeigt eine Gitterbox als Beispiel eines umschließenden Ladehilfsmittels.

2.2.4 Beschaffungslogistik

2.2.4.1 Einleitung

Überkapazitäten, Globalisierung des Wettbewerbs sowie immer kürzere Innovations- und Produktlebenszyklen erfordern von Unternehmen schnelle und flexible Reaktionen, um der Wettbewerbsintensität standzuhalten. Im Zuge dessen reduzieren die Unternehmen ihre Fertigungstiefe und konzentrieren sich auf ihre Kernkompetenzfelder.[121] Dies führt zu einem starken Anstieg der Anforderungen an die Lieferantenstruktur, da die Entwicklung und Lieferung von qualitativ hochwertigen und innovativen Produkten zu kostengünstigen

---

[120] Vgl. ten Hompel et al. (2007, S. 23).
[121] Vgl. Janker (2004, S. 1).

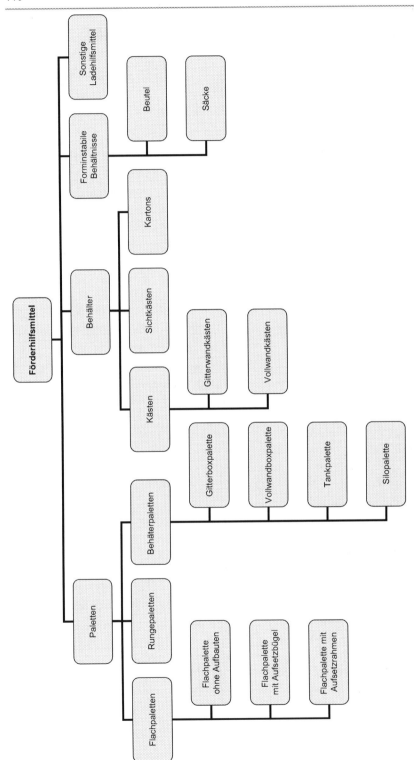

Abb. 2.34 Systematik der Förderhilfsmittel. (Vgl. Schulte (2009, S. 151))

Abb. 2.35 Europalette

Abb. 2.36 Gitterbox.
(Bildnachweis: A&A
Logistik-Equipment GmbH &
Co. KG)

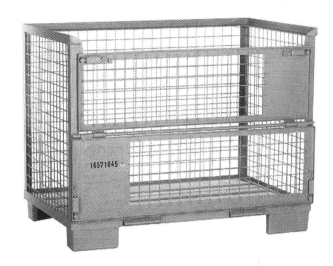

Preisen immer mehr in den Verantwortungsbereich des Lieferanten übertragen werden. Die veränderte Lieferantenbasis erfordert den Aufbau von Schlüssellieferanten.[122] Der verschärfte Fokus auf die Kernkompetenzen steigert somit den Wert des Einkaufs in seiner Funktion als Beschaffer. Nicht von ungefähr kommt die alte Kaufmannsweisheit zum Tragen, dass „Im Einkauf der Gewinn liegt".[123] Früher ist der Einkauf als „Beschaffer von Teilen" bekannt gewesen, der überwiegend Preis- und Mengenverhandlungen durchführte sowie Verträge mit Lieferanten abschloss. Jetzt wird er als der „Beschaffer komplexer Lösungen" anerkannt, der dafür zu sorgen hat, dass die Innovationen aus den Beschaffungsmärkten in das Unternehmen übertragen werden.[124] Somit verschiebt sich der Schwerpunkt von einer reinen Kostenorientierung zu einer höheren Gewichtung des Wertbeitrags aller Einkaufsaktivitäten. Selbstverständlich darf der Faktor Preis nicht komplett vernachlässigt werden, vielmehr ist ihm im Verhältnis zum Wert eine andere Gewichtung beizumessen.[125] Im 21. Jahrhundert befindet sich der Einkauf schließlich zwischen allen Stühlen. Insofern

---

[122] Vgl. Beckmann (2008, S. 51).

[123] Vgl. Drebinger (2000, S. 52).

[124] Vgl. TCW (o. J., S. 8).

[125] Vgl. Schumacher et al. (2008, S. 46).

Tab. 2.11 Rückrufaktionen durch fehlerhafte Zulieferteile. (Schmidt (o. J., S. 2))

Jahr	Hersteller	Produkt	Rückrufgrund	Rückrufe
2009	Philips	Senseo Kaffeemaschine	Bersten des Boilers durch Kalkablagerungen und elektrischen Defekt	30 Mio.
2007	Nokia	Handy Akku	Überhitzen und Brand des Akkus beim Aufladen	40 Mio.
2007	Ford	PKW zwischen 1992 und 2003	Geschwindigkeitsregler, die Brände auslösen können	3,6 Mio.
2005	Daimler Chrysler	Spannungsregler der Lichtmaschinen	Spannungsregler defekt	1,3

müssen nicht nur die Einstandskosten reduziert werden, sondern auch stabile und funktionierende Liefernetzwerke aufgebaut werden. Dies garantiert einerseits Liefersicherheit und Qualität, andererseits werden gemeinsame Innovationen ermöglicht. Um diese Ziele zu verwirklichen, bemüht sich der wertorientierte Einkauf zunehmend, Systempartner bzw. Schlüssellieferanten langfristig zu binden und ihr spezifisches Know-how zu nutzen.[126] Der Lieferant als Akteur auf den Beschaffungsmärkten versorgt das Unternehmen mit Gütern, indem er letztlich auch einen Einfluss auf die Wettbewerbsfähigkeit und Wertschöpfung des Unternehmens nimmt.[127] Insofern wird der Erfolg eines Unternehmens stark durch die Fähigkeiten seiner Lieferanten beeinflusst. Aus diesem Grunde sind die Auswahl der richtigen Partner und somit auch der Zugang zu Spitzentechnologien für die eigene Leistungsfähigkeit von sehr großer Bedeutung. Im Fall eines „falschen" Lieferanten entstehen hohe Zusatzkosten und es wirkt sich langfristig negativ auf den Unternehmenserfolg aus.

Tabelle 2.11 zeigt eine Zusammenstellung von Rückrufaktionen der letzten Jahre aufgrund fehlerhafter Zulieferteile.

2.2.4.2 Definition und Abgrenzung der Begriffe

Die Beschaffungslogistik ist ein marktverbundenes Logistiksystem und stellt die Verbindung zwischen der Distributionslogistik der Lieferanten und der Produktionslogistik des beschaffenden Unternehmens dar. Zur Beschaffungslogistik gehören alle Aktivitäten, die einer bedarfsgemäßen, d. h. nach Art, Menge, Qualität, Raum, Zeit und Kosten abgestimmten Bereitstellung der für die betriebliche Leistungserstellung benötigten Materialien dienen. Die Beschaffungslogistik ist von Beschaffung und Einkauf abzugrenzen.

Unter Beschaffung im weiteren Sinn versteht man alle Maßnahmen zur Versorgung des Unternehmens mit jenen Produktionsfaktoren, die nicht selbst erstellt werden.[128]

---

[126] Vgl. Eisenhut (o. J., S. 3).
[127] Vgl. Beckmann (2008, S. 51).
[128] Vgl. Kummer (2009, S. 90).

Objekte der Beschaffung sind das Material (Roh-, Hilfs- und Betriebsstoffe, Zuliefer- teile, Handelswaren und Ersatzteile), Dienstleistungen, Betriebsmittel (Anlagen), Personal, Informationen und das erforderliche Kapital.

Für die Betrachtung der Beschaffungslogistik kann der Beschaffungsbegriff enger gefasst werden:

Die Beschaffung im engeren Sinn umfasst alle Maßnahmen zur Versorgung des Un- ternehmens mit Material (Roh- Hilfs- und Betriebsstoffe, Zulieferteile), Handelswaren, Ersatzteilen und Dienstleistungen.

Der Begriff Beschaffung wird häufig als Oberbegriff für Einkauf und Beschaffungs- logistik verwandt, wobei der Einkauf die Sicherstellung der rechtlichen Verfügbarkeit (Erschließung, Pflege und Entwicklung der auf dem Beschaffungsmarkt vorhandenen Be- zugsquellen) und die Beschaffungslogistik die Sicherstellung der körperlichen Verfügbarkeit beinhaltet. Zum Teil werden die Begriffe „Einkauf" und „Beschaffung" aber auch synonym verwandt.

Ziel aller Aktivitäten innerhalb der Beschaffungslogistik ist die Maximierung der Versor- gungssicherheit bei minimalen Beschaffungs- und Kapitalbindungskosten, sowie möglichst kurzen Wiederbeschaffungszeiten.

Zur Erreichung der allgemeinen Zielstellung sind im Rahmen der Beschaffungslogistik strategische und operative Aufgaben wahrzunehmen.

2.2.4.3 Klassifizierung der Sortimente

Die Vielzahl der zu beschaffenden Materialien und deren Bedeutung im Produktionspro- zess macht eine Teileklassifikation notwendig. So können aus Zeit- und Kostengründen nicht für alle Materialien die gleichen Verfahren angewendet bzw. exakte Ausgangsdaten ermittelt werden. Die Beschaffungslogistik stellt für die Einordnung der Materialien in Klassifikationen entsprechende Verfahren zur Verfügung.

ABC-Analyse Die ABC-Analyse ist ein Hilfsmittel zur Bildung von Artikelklassen auf Basis der Verteilung einer Merkmalsausprägung in Abhängigkeit von einem anderen Merkmal (hier: Anteil eines Artikels am Gesamtumsatz).[129] Aufgabe der ABC-Analyse ist die Er- mittlung der wirtschaftlichen Bedeutung der Artikel in Form einer Rangordnung und die Zuordnung zu den unterschiedlichen Wertgruppen A, B oder C.

Dazu muss zunächst der Materialverbrauch erfasst und in abnehmender Reihenfolge sortiert werden. Danach erfolgt die Ermittlung der prozentualen Verbrauchswertanteile und -mengenanteile. Anschließend werden die prozentualen Verbrauchswert- und Ver- brauchsmengenanteile kumuliert dargestellt.

Die Einteilung der Artikel in die unterschiedlichen Klassen A-, B- oder C hängt vom vor- liegenden Sortiment ab und ist willkürlich festzulegen. Allerdings sollte jede Klassifizierung begründet werden.

Abbildung 2.37 zeigt die schematische Darstellung einer ABC-Kurve.

---

[129] Vgl. Höchst und Stausberg (1993, S. 18).

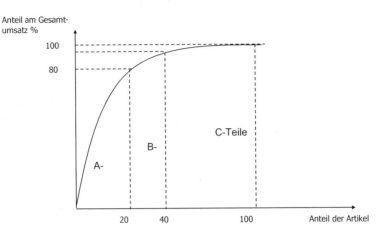

Abb. 2.37 Schematische Darstellung einer ABC-Kurve. (Vgl. z. B. Pfohl (2010, S. 108))

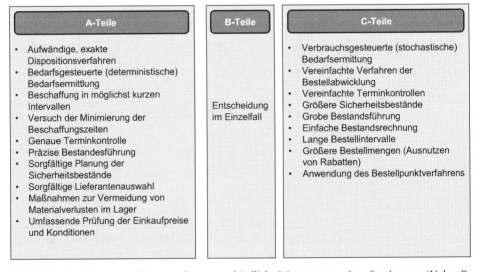

Abb. 2.38 Handlungsempfehlungen für unterschiedliche Wertgruppen eines Sortiments. (Vgl. z. B. Ehrmann (2008, S. 138))

Die mit Hilfe einer solchen Analyse durchgeführte Strukturierung des Sortiments ermöglicht die Konzentration von Aktivitäten und Rationalisierungsbemühungen auf Bereiche großer wirtschaftlicher Bedeutung. Für die einzelnen Wertgruppen lassen sich unterschiedliche Handlungsanweisungen ableiten (Abb. 2.38).

XYZ-Analyse[130] Die alleinige Analyse der zu beschaffenden Materialien nach ihrem Anteil am Gesamtumsatz reicht zur optimalen Gestaltung des Beschaffungsprozesses i. d. R. nicht aus. Neben dem Wert der zu beschaffenden Güter ist auch die Regelmäßigkeit

---

[130] Vgl. Ehrmann (2008, S. 139).

Abb. 2.39 Kombinierte ABC-/XYZ-Analyse. (Vgl. Ehrmann (2008, S. 140))

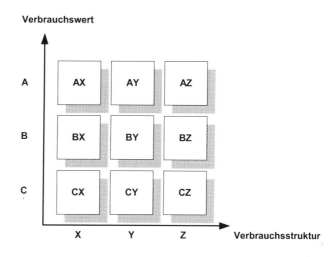

des Verbrauchs relevant. Dieses Kriterium dient in der XYZ-Analyse zur Einordnung der Materialien in folgende Gruppen:

X-Materialien

- Konstanter Verbrauch bei nur gelegentlichen Schwankungen
- Hohe Prognosegenauigkeit

Y-Materialien

- Stärkere Schwankungen des Verbrauchs (trendförmige oder saisonale Verbrauchsverläufe)
- Mittlere Prognosegenauigkeit

Z-Materialien

- Sporadischer Bedarfsverlauf, stark zufällige Bedarfsschwankungen
- Geringe Prognosegenauigkeit

Auch bei dieser Analyse lassen sich anhand der ermittelten Teilegruppen Handlungsanweisungen definieren.

Eine Kombination von ABC- und XYZ-Analyse erlaubt eine umfangreiche Erstellung von Handlungsanweisungen in der Beschaffungslogistik (Abb. 2.39).

Portfolio-Analyse Bei der Portfolio-Analyse werden Materialien nach ihrer strategischen Bedeutung für das Unternehmen klassifiziert. Dazu werden die Materialien anhand der beiden Kriterien Ergebniseinfluss (Erfolgsbeitrag), d. h. wert- und mengenmäßiger Anteil am Einkaufsbudget, sowie Bedeutung für Qualität und Wachstumspotenzial,

Abb. 2.40 Klassifizierung der Materialien nach dem Portfolio-Ansatz. (Vgl. Inderfurth (1998, S. 199))

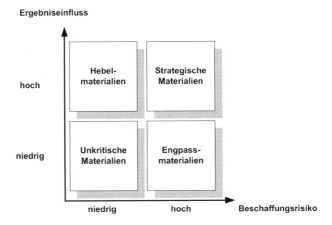

und Beschaffungsrisiko, d. h. Beschaffungsmarktkapazität, Lieferanten- und Nachfragerzahl, Marktstabilität und Möglichkeiten der Substitution oder Eigenfertigung eingeordnet (Abb. 2.40).

Auch bei diesem Verfahren werden für jede der ermittelten Gruppen Handlungsanweisungen abgeleitet, wie in Tab. 2.12 dargestellt.

2.2.4.4 Analyse des Beschaffungsmarktes

Die Beschaffungsmarktforschung ist ein Teilgebiet der Marktforschung und beschäftigt sich mit der systematischen Sammlung und Aufbereitung von Informationen über aktuelle und potenzielle Beschaffungsmärkte zur Erhöhung ihrer Transparenz (Marktanalyse) und zum Erkennen beschaffungsrelevanter Entwicklungen (Marktbeobachtung).

Zentrale *Untersuchungsobjekte* der Beschaffungsmarktforschung sind die zu beschaffenden Einsatzgüter (Materialqualitäten, Werkstoffinnovationen, eingesetzte Produktionsverfahren) und deren mögliche Substitute, die Angebotsstruktur auf den Beschaffungsmärkten (geographische Streuung der Zulieferer, Konkurrenzintensität, relative Wettbewerbspositionen, Angebotsvolumen, -elastizität, Entwicklungen auf Vormärkten), die wirtschaftliche und technische Leistungsfähigkeit aktueller und potenzieller Lieferanten (Umsatz, Maschinenausstattung, Fertigungsverfahren, Gewinn, Liquidität, Mitarbeiterqualifikation, Produktqualität, Lieferservice, Konditionen, Konkurrenzbelieferung) und der Preis (Preisstrukturanalyse, -beobachtung, -vergleich). Darüber hinaus werden allgemeine Informationen über die entsprechenden Branchen und die Gesamtwirtschaft (Wirtschaftswachstum, Beschäftigung, Konjunktur) erhoben. Bei Beschaffungen aus dem Ausland sind Informationen über die rechtliche Situationen und Rahmenbedingungen oder politische Stabilität von Interesse.

Informationen über Lieferanten und zusätzliche Daten über die Angebots- und Nachfragestruktur sowie Dynamik und Entwicklungstendenzen der Beschaffungsmärkte sorgen bei dem Unternehmen für Transparenz. Dabei entsteht nicht nur ein guter Überblick über die eigenen, sondern auch über die Beschaffungsmärkte der Lieferanten und die Märkte

Tab. 2.12 Handlungsanweisungen in Abhängigkeit der strategischen Bedeutung der Materialien. (Vgl. Schulte (2009, S. 278))

Beschaffungsschwerpunkt	Hauptaufgaben	Erforderliche Informationen	Entscheidungsebene
Strategische Artikel	Präzise Bedarfsprognose, genaue Marktforschung, Aufbau langfristiger Beziehungen zu den Lieferanten, Entscheidung über Eigenfertigung oder Fremdbezug, Staffelverträge, Risikoanalyse, Notfallplanung bi Lieferausfall, umfassende Kontrolle des gesamten Materialflusses	Umfangreiche und detaillierte Marktdaten, Informationen über langfristige Angebots- und Bedarfsentwicklung, gute Wettbewerbs-kenntnisse, Nachvollziehen der Rohstoff- und Herstellkosten sowie der Logistikkosten	Oberste Führungsebene im Unternehme für den Bereich Einkauf und Beschaffung
Engpassartikel	Gewährleisten der erforderlichen Bestände, ggf. erhöhen des Sicherheitsbestandes, Lieferantenkontrolle, Ausweichpläne bei Lieferantenausfall	Prognose über die mittelfristige Entwicklung von Angebot und Nachfrage, umfassende Marktdaten, Überwachung der Bestandskosten	Hohe Führungsebene im Bereich Einkauf und Beschaffung
Hebelprodukte	Ausnutzen der Einkaufsmacht, Umfassende Lieferantenauswahl, Ermittlung möglicher Substitutionsprodukte, gezielte Preis- und Verhandlungsstrategien, optimales Verhältnis zwischen Einkäufen aus Rahmenverträgen und Beschaffungen am Markt, Optimierung der Auftragsmengen	Umfassende Marktdaten für eine kurz- bis mittelfristige Bedarfsplanung, Nachvollziehen der Rohstoff- und Herstellkosten sowie der Logistikkosten	Mittlere Führungsebene im Bereich Einkauf und Beschaffung
Unkritische Artikel	Produktstandardisierung, Optimierung der Auftragsmenge, effiziente Bearbeitung und Verwaltung der Bestände	Umfassende Marktdaten für eine kurzfristige Bedarfsplanung, optimale Bestandshöhe für wirtschaftliche Auftragsgrößen	Untere Ebene im Bereich Einkauf und Beschaffung

für Substitutionsgüter.[131] Aufgrund dieser Markt- und Lieferanteninformationen können Zeit-, Innovations-, Kosten- und Wettbewerbsvorteile in Unternehmenserfolge umgemünzt werden.[132] Dennoch sollte sich eine permanente Beschaffungsmarktforschung aus Kostengründen nur auf Lieferanten von A- und hochwertigen B-Teilen beschränken.[133] Bei den Lieferanten von so genannten C-Teilen reicht in der Regel der „schlichte" Nachweis der Zertifizierung nach EN/ISO 9000 ff aus.[134]

Exkurs ISO 9000:2000

Die DIN EN ISO 9000:2000 entstand aus der Intension, global unterschiedliche Normen und Regelungen zu harmonisieren. Im Jahre 1987 gelang dies der International Organization for Standardization ISO, mit der einheitlichen Norm 9000.[135]

Der Grundgedanke der ISO Normreihe liegt in der Gestaltung eines umfassenden und branchenneutralen betrieblichen Qualitätssystems, das alle betrieblichen Teilsystems beinhaltet. Das Normenwerk setzt sich aus mehreren Teilnormen zusammen.[136]

Unternehmen, die Qualitätsmanagement-Systeme gemäß der Normreihe ISO 9000 einführen, können sich zertifizieren lassen. Die Zertifizierung erfolgt durch eine neutrale Zertifizierungsstelle und weist die Wirksamkeit und Funktionsfähigkeit des Managementsystems nach. Bei der Erfüllung der Anforderungen erhält das untersuchte Unternehmen ein entsprechendes Zertifikat. Der Nachweis einer Zertifizierung gehört bei der Auswahl von Zulieferern zu den Standardanforderungen.[137]

Die DIN ISO 9000:2000 kann auf alle Branchen und Unternehmen angewendet werden und eignet sich auch für kleine und mittlere Unternehmen. Diese verfügten von der Einführung von DIN ISO 9000:2000 über kein dokumentiertes und transparentes Führungssystem.[138]

Für Deutschland sind die Normungsorganisation International Organization for Standardization (ISO), das Komitee für Normung (CEN) und das Deutsche Institut für Normung von Relevanz. Die für Deutschland relevante Bezeichnung DIN EN ISO weist auf die Einheitlichkeit der deutschen (DIN) mit der europäischen (EN) und der internationalen (ISO) Norm hin.[139]

---

[131] Vgl. Janker und Lasch (2008, S. 1003).

[132] Vgl. Hirschsteiner (2006, S. 461).

[133] Vgl. Janker und Lasch (2008, S. 1003).

[134] Vgl. ScharnWeber (2005, S. 19).

[135] Vgl. Kamiske und Umbreit (2008, S. 16).

[136] Vgl. Rothlauf (2010, S. 559).

[137] Vgl. Töpfer und Günther (2007, S. 336).

[138] Vgl. Seghezzi et al.(2007, S. 225).

[139] Vgl. Kamiske und Umbreit (2008, S. 397).

Die Normenreihe 9000 wurde seit ihrem Erscheinen dreimal novelliert. Gegenwärtig ist die Normversion ISO 9000:2005 nach einer grundlegenden Revision gültig und stammt aus dem Jahr 2005.[140] Diese Reform war erforderlich, da die alte Fassung den veränderten Anforderungen der Weltwirtschaft nicht mehr entsprach. Die wesentliche Veränderung liegt in der prozessorientierten Sicht der Unternehmensabläufe und der verstärkten Berücksichtigung der Kundenzufriedenheit.[141]

Als *Informationsquellen* der Beschaffungsmarktforschung sind traditionelle Quellen (Statistiken, Branchenhandbücher, Geschäftsberichte, Kataloge) Messebesuche, Betriebsbesichtigungen und Einkaufsreisen und internetbasierte Informationsquellen relevant. Neben der Objektivität und Vertrauenswürdigkeit der Informationsquellen ist deren permanente Pflege und Weiterentwicklung für eine entscheidungsvorbereitende Beschaffungsmarktforschung unerlässlich.[142] Die Quellen der Beschaffungsmarktforschung lassen sich auch in Primär- und Sekundärquellen unterscheiden (s. Tab. 2.13).

2.2.4.5 Lieferantenauswahl und Bewertung

Die Lieferantenbewertung als strategische Beschaffungsaufgabe hat zum Ziel, die Lieferantenauswahl durch Anwendung von Methoden zu objektivieren und damit zu optimieren. Nicht kurzfristige Kostenminimierung steht dabei im Mittelpunkt, sondern das Finden von leistungsfähigen und zuverlässigen Partnern. Der Stellenwert dieser Bewertung steigt mit wachsendem Engagement der Lieferanten in der Wertschöpfungskette.[143] Im Fall einer schlechten Qualität, ungenauer Liefertreue und insgesamt eines schlechten Lieferservice des Lieferanten können negative Folgen für das Unternehmen bis hin zu Auswirkungen auf die Kundenzufriedenheit entstehen. Abbildung 2.41 verdeutlicht die Schlüsselrolle der Lieferanten in der Wertschöpfungskette und zeigt gleichzeitig die möglichen Auswirkungen auf die Kundenzufriedenheit.

Die entstandenen Qualitätseinbußen und Zeitverluste, auch im Sinne der Kundenzufriedenheit, können mit Hilfe von Lieferantenbewertungen aufgedeckt und vermieden werden[144] (Abb. 2.41).

Grundsätzlich besteht Interesse an einer Lieferantenbewertung in allen Unternehmensbereichen, die mit den Lieferanten in Verbindung stehen. An erster Stelle ist jedoch der Einkauf zu nennen, da er die Ergebnisse der Bewertung als Entscheidungsgrundlage für

---

[140] Vgl. Rothlauf (2010, S. 560).

[141] Vgl. Rothlauf (2010, S. 560) und Kamiske und Umbreit (2008, S. 68).

[142] Vgl. Schulte, S. (2009, S. 270 f).

[143] Vgl. Dreyer (2000, S. 4).

[144] Vgl. Falzmann (2007, S. 52 f).

Tab. 2.13 Informationsquellen
der Beschaffungsmarktforschung. (Janker (2004, S. 35))

Primäre Quellen	Sekundäre Quellen
Lieferantenbefragung	Fachpublikationen
Selbstauskunft	Referenzen
Messen/Ausstellungen	Amtliche Statistiken
Fachtagungen	Firmenverzeichnisse
Marktforschungsinstitute	Börsen- und Marktberichte
Auskünfte	Internet
Kontakte mit Verkäufern	Branchenbezogene Datenbanken
Betriebsbesichtigung/Audit	Werbung
Erfahrungsaustausch	Publikationen der Lieferanten
Angebote	Tageszeitungen
Probelieferungen	
Innerbetriebliche Quellen	

die Lieferantenauswahl verwendet. Daneben wird aber auch das Interesse bei den Bedarfsträgern im Abnehmerunternehmen geweckt. Für sie als Endnutzer der Materialien sind
die Identifikation der tatsächlich bestmöglichen Beschaffungsalternative und die Kontrolle
während der Belieferung von großer Bedeutung.[145]

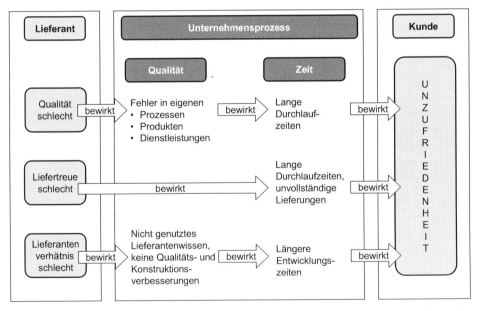

Abb. 2.41 Schlüsselrolle der Lieferanten in der Wertschöpfungskette. (Vgl. Falzmann (2007, S. 53))

---

[145] Vgl. Dreyer (2000, S. 4).

Lieferantenvorauswahl Die Lieferantenvorauswahl setzt sich aus der Lieferantenidentifikation und -eingrenzung zusammen. Dabei greift ein Unternehmen abhängig von der Kaufsituation entweder auf vorhandene Lieferanten zurück oder sucht neue Lieferanten auf dem Beschaffungsmarkt. Zusammen mit den Ergebnissen der vorausgegangenen Beschaffungsmarktforschung ist eine qualifizierte Identifikation und Eingrenzung potenzieller Lieferanten als Vorstufe der eigentlichen Bewertung zu nennen. Schließlich stellt die Lieferantenvorauswahl sicher, dass keiner der bewerteten Lieferanten vollkommen ungeeignet ist.[146] Insofern ist eine zuverlässige Informationsbeschaffung die Basis für jede Lieferantenbewertung.[147]

Lieferanteneingrenzung Bei der Lieferanteneingrenzung erfolgt die grobe Überprüfung potenzieller Lieferanten. Sie werden auf ihre grundsätzliche Eignung als Zulieferer für das beschaffende Unternehmen[148] bzw. ihr Leistungspotenzial – zukünftige Leistungsfähigkeit und Leistungsrisiken – beurteilt.[149] Damit wird die Lieferantenzahl so weit wie möglich eingeschränkt, da nur eine geringe Anzahl an potenziellen Partnern für den detaillierten Prozess der Lieferantenanalyse sinnvoll ist.[150]

Die Anzahl übrig gebliebener Lieferanten hängt nicht nur von ihrem Leistungsniveau, sondern vor allem auch vom Bedarf und den Ressourcen des Unternehmens ab. Für die Reduktion der Lieferantenmenge sind in der Lieferanteneingrenzung weitere Informationen über sie einzuholen.

Lieferantenbewertung Nach der Lieferantenvorauswahl erfolgt die eigentliche Lieferantenbewertung. Darunter versteht man die systematische, umfassende Beurteilung der Leistungsfähigkeit der bereits vorausgewählten Anbieter.[151] Die Transparenz über die Leistungsfähigkeit und die strategische Bedeutung der Lieferanten sind der Grundstein einer Bewertung. Dies ermöglicht nicht nur die Sicherung und Steigerung der Lieferantenperformance, sondern auch die Identifizierung von Verbesserungs- und Entwicklungspotenzialen für das Unternehmen.[152] Damit ist die Lieferantenbewertung als ein Instrument zur Sicherung und Steigerung des Leistungspotenzials des Lieferanten aufzufassen, das die Wettbewerbsposition des Unternehmens stärkt und gleichzeitig für Wettbewerbsvorteile auf dem Absatzmarkt sorgt.[153]

---

[146] Vgl. Janker (2004, S. 35 ff).

[147] Vgl. ScharnWeber (2005, S. 18).

[148] Vgl. Janker und Lasch (2008, S. 1004).

[149] Vgl. Heß (2008, S. 286).

[150] Vgl. Janker und Lasch (2008, S. 1004 f).

[151] Vgl. Kämpf (2007, S. 207).

[152] Vgl. Berr-Sorokin und Hermann (2006b, S. 43).

[153] Vgl. Glantschnig (1994, S. 1).

Für die Bewertung der Leistungsfähigkeit eines Lieferanten müssen die relevanten Bewertungskriterien Eingang in verlässliche Verfahren finden.[154] Dabei sollten sich die Bewertung von Lieferanten und die damit verbundenen Bewertungskriterien an den Unternehmenszielen orientieren. Vor allem sollten die Wettbewerbs- und Marktdifferenzierungsfaktoren wie Innovations- oder Qualitätsführerschaft bei der Erstellung des Kriterienkatalogs zur Lieferantenbewertung berücksichtigt werden.[155] Darüber hinaus sind die an der Bewertung teilnehmenden Unternehmenseinheiten festzulegen, da nur eine abteilungsübergreifende Bewertungssicht eine umfassende und realistische Beurteilung gewährleistet. Insofern sind die von der Zusammenarbeit mit dem Lieferanten betroffenen Organisationseinheiten, wie Logistik, Qualitätssicherung oder Forschung & Entwicklung, neben der Beschaffung in den Bewertungsprozess einzubeziehen.[156] Eine derartige Bewertung ist bei strategisch wichtigen und bei Lieferanten mit hohem Optimierungspotenzial mindestens einmal jährlich durchzuführen.[157] Zusätzlich ist dem Lieferanten die Vorgehensweise bei der Bewertung und anschließend auch das Ergebnis mitzuteilen. Nur so wird der Anbieter in die Lage versetzt, seine Lieferungen und Leistungen entsprechend anzupassen, um seinerseits wiederum Verbesserungspotenziale zu erzielen.[158]

Die Lieferantenbewertung geht allgemein in drei Schritten vor.

1. Definieren von entscheidungsrelevanten Kriterien,
2. Aufstellung einer Bewertungsskala und einer Gewichtung der Kriterien,
3. Zusammenfassen der Ergebnisse.

Tabelle 2.14 zeigt mögliche Kriterien zur Lieferantenbewertung in unterschiedlichen Unternehmensbereichen.

Für die Lieferantenbewertung ausgewählte quantitative und qualitative Kriterien sind im zweiten Schritt zu gewichten. Zwar beruht die Festlegung eines Bewertungsmaßstabs zunächst auf einer subjektiven Meinung, dennoch ist dabei ein möglichst nachvollziehbarer bzw. sachlogischer Maßstab anzulegen. Die Gewichtung der Kriterien hängt nicht nur von den angewendeten Bewertungsverfahren ab, sondern auch von den unternehmensspezifischen Gegebenheiten.

Zur Auswahl der richtigen Lieferanten steht eine Vielzahl von Lieferantenbewertungsverfahren zur Verfügung. Unabhängig vom Verfahren, den verwendeten Kriterien oder deren Gewichtung beinhaltet das Ergebnis jeder Beurteilung unternehmensspezifische, beschaffungsobjekt- und situationsspezifische Anforderungen. Dazu können Ein- oder Mehrfaktorenvergleiche durchgeführt werden. Beim Einfaktorenvergleich erfolgt die Bewertung anhand eines Kriteriums, meistens des Preises. Beim Mehrfaktorenvergleich – wie

---

[154] Vgl. Kämpf (2007, S. 208).
[155] Vgl. Garfamy (2003, S. 6).
[156] Vgl. Berr-Sorokin und Hermann (2006b, S. 43).
[157] Vgl. Kämpf (2007, S. 208).
[158] Vgl. Knapp et al. (2000, S. 46).

Tab. 2.14 Kriterien der Lieferantenbewertung. (In Anlehnung an Schumacher et al. (2008, S. 53))

	Einkauf	Qualität	Logistik	Technologie
Aktuelle Leistung	Gesamtkosten, Preise und Vertrag	Qualitätsleistung	Logistikleistung	Gegenwärtige Technologieposition
Erhaltung der Leistungsfähigkeit	Initiativen zur Kostensenkung	Qualitätssystem	Logistikstrategie und -system	Innovations- und Technologieplanung in der Zukunft
Zukünftige Anforderungen und Kooperationen	Key Accounting	Service und Support	Informationsverhalten	Flexibilität
Sicherheit und Umwelt	Risikomanagement	Qualitätsvereinbarungen	Umweltaspekte	Erfüllung spezifischer Anforderungen

der Name schon sagt – werden verschiedene Kriterien ausgedeutet.[159] Der Kriterienvergleich findet in Form von unterschiedlichen Verfahren statt. Sie sorgen weitgehend für den Ausschluss von subjektiven Einflüssen bei der Bewertung durch methodisches Vorgehen und damit Transparenz in der Beschaffung. Dabei wird nach neuesten Erkenntnissen zum einen eine Einteilung in die klassischen und zum anderen in die innovativen bzw. jüngeren Bewertungsverfahren vorgenommen. Die klassischen Verfahren unterteilen sich zusätzlich in quantitative, qualitative sowie in Mischverfahren.[160]

Die Zuteilung der jeweiligen Verfahren zu den entsprechenden Kategorien ist Tab. 2.15 zu entnehmen.

Auf die einzelnen Verfahren der Lieferantenbewertung wird nicht weiter eingegangen. Vertiefende Informationen finden sich z. B. bei Müssigmann (2007).

Lieferantenauswahl Die Lieferantenauswahl stellt den Endpunkt des Entscheidungsprozesses dar. Das Ergebnis einer Lieferantenbewertung dient als Auswahlbasis für oder gegen eine bestimmte Anzahl von Lieferanten, mit denen anschließend die Verhandlungen geführt und letztlich auch Verträge abgeschlossen werden.[161]

2.2.4.6 Konzepte der Materialbereitstellung

Die Aufgabe der Materialbereitstellung besteht darin, das richtige Material, in der richtigen Menge und Qualität rechtzeitig am Ort des Bedarfs zur Verfügung zu stellten, so dass es zu keiner Produktionsunterbrechung kommt.

Dabei lassen sich die entscheidungsrelevanten Kosten in Steuerungs- und Systemkosten für die Planung, Steuerung sowie Kontrolle der Materialbereitstellung, Bestandskosten

---

[159] Vgl. Wagner (2007, S. 556).

[160] Vgl. Müssigmann (2007, S. 61 f).

[161] Vgl. Glantschnig (1994, S. 14 ff).

Tab. 2.15 Kategorien und Verfahren zur Lieferantenbewertung. (in Anlehnung an Müssigmann (2007, S. 62))

Klassische Verfahren	Quantitative Verfahren	Preis-Entscheidungsanalyse
		Kostenentscheidungsanalyse
		Bilanzanalyse
		Optimierungsverfahren
		Kennzahlenverfahren
	Qualitative Verfahren	Checklisten-Verfahren
		Portfolioanalyse
	Mischverfahren	*Numerische Verfahren*
		Notensystemverfahren
		Punktbewertungsverfahren
		Matrix Approach
		Nutzwertanalyse
		Lieferantentypologie
		Graphische Verfahren
		Profilanalyse
		Lieferanten Gap-Analyse
Moderne innovative Ansätze		Balanced Scorecard
		Fuzy Logic Ansatz
		Ratingmatrix
		Faktorenanalyse
		Linear weighting models
		Mathematical programming models
		Activity Based Costing
		Lieferanten Quality Function Deployment

für das Vorhalten von Beständen und Lagerkosten unterscheiden. Hinzu kommen Kosten für das Vorhalten von Lagerkapazitäten, Ein- und Auslagerungs- sowie Transport- und Handlingkosten.

Folgende in Abb. 2.42 dargestellte sechs Materialbereitstellungskonzepte stehen zur Verfügung:

Die Entscheidung für ein Materialbereitstellungskonzept hat auch Auswirkungen auf die Funktion und den Ort der Lagerhaltung, sowie den Eigentumsübergang (Abb. 2.43).

Vorratsbeschaffung Durch eine Bevorratung der Materialien werden die beiden Prozesse Beschaffung und Produktion voneinander entkoppelt. Bei der Abnahme meist größerer Mengen können günstige Einkaufskonditionen (z. B. Preisrabatte) in Anspruch genommen werden. Die Lagerung stellt eine hohe Materialverfügbarkeit für den Produktionsprozess auch bei ungünstigen Witterungsverhältnissen oder instabilen politischen Bedingungen im Herkunftsland des Lieferanten sicher. Diesen Vorteilen stehen folgende Nachteile gegenüber:

- Kapitalbindungskosten durch hohe Bestände
- Hoher Bedarf an Lagerkapazitäten

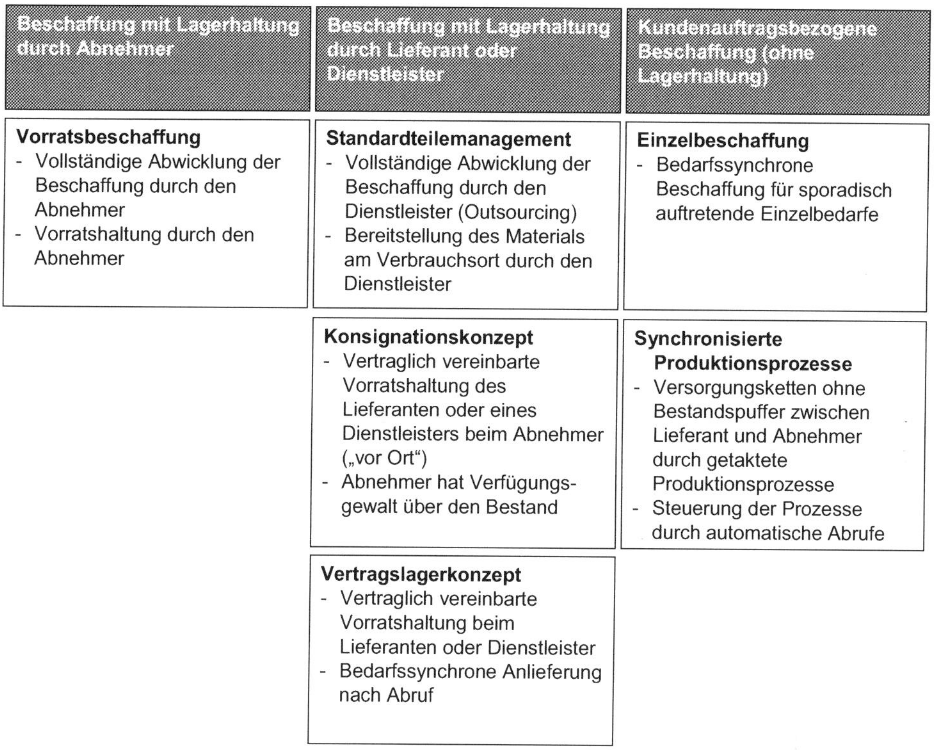

Beschaffung mit Lagerhaltung durch Abnehmer	Beschaffung mit Lagerhaltung durch Lieferant oder Dienstleister	Kundenauftragsbezogene Beschaffung (ohne Lagerhaltung)
Vorratsbeschaffung - Vollständige Abwicklung der Beschaffung durch den Abnehmer - Vorratshaltung durch den Abnehmer	**Standardteilemanagement** - Vollständige Abwicklung der Beschaffung durch den Dienstleister (Outsourcing) - Bereitstellung des Materials am Verbrauchsort durch den Dienstleister	**Einzelbeschaffung** - Bedarfssynchrone Beschaffung für sporadisch auftretende Einzelbedarfe
	Konsignationskonzept - Vertraglich vereinbarte Vorratshaltung des Lieferanten oder eines Dienstleisters beim Abnehmer („vor Ort") - Abnehmer hat Verfügungsgewalt über den Bestand	**Synchronisierte Produktionsprozesse** - Versorgungsketten ohne Bestandspuffer zwischen Lieferant und Abnehmer durch getaktete Produktionsprozesse - Steuerung der Prozesse durch automatische Abrufe
	Vertragslagerkonzept - Vertraglich vereinbarte Vorratshaltung beim Lieferanten oder Dienstleister - Bedarfssynchrone Anlieferung nach Abruf	

Abb. 2.42 Sechs Standard-Beschaffungsmodelle (Materialbereitstellungskonzepte). (Vgl. Nyhuis (2009, S. 7))

- Hoher Bedarf an Personalkapazitäten (Handling)
- Vermehrter Schwund von Materialien, Verderb, technische Überholung (High Tech-Märkte)
- Abhängigkeit von Prognosen über den Materialbedarf

Das Entscheidungsproblem der Vorratsergänzung besteht darin, für den festgestellten (prognostizierten) Materialbedarf zu bestimmen, wann und wie viel bestellt werden soll.

Ziel ist es, die Lagerhaltungs- und die Bestellkosten möglichst gering zu halten. Die Bestandssteuerung über Bestellmengen und Bestellrhythmen führt dazu, dass die heute üblichen Verfahren mit einer Kombination von zwei Parametern arbeiten.

Der Zeitpunkt einer Bestellung kann zeitlich durch den festen Bestellrhythmus oder bestandsabhängig durch einen Bestellpunkt angegeben werden. Die Höhe einer Bestellung ergibt sich entweder aus einer festen Bestellmenge q oder ist abhängig von einem durch die Lagerauffüllung zu erreichenden Zielbestand.

Damit können folgende Dispositionsverfahren unterschieden werden[162] (Abb. 2.44).

---

[162] Vgl. Naddor (1971, S. 71 ff).

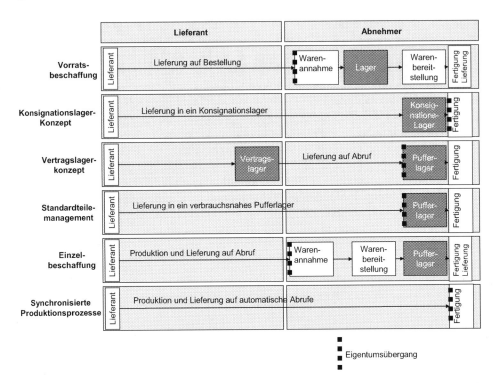

Abb. 2.43 Auswirkungen der Beschaffungsmodelle auf Funktion und Ort der Lagerhaltung. (Vgl. Nyhuis (2009, S. 8))

Abb. 2.44 Dispositionsverfahren. (Vgl. z. B. Naddor
(1971, S. 71 ff))

		Bestellrhythmus	
		konstant	*variabel*
Bestell-menge	*konstant*	nicht relevant	(r, q)
	variabel	(T, R)	(s, S)

Ein Dispositionsverfahren mit konstantem Bestellrhythmus und konstanter Bestellmenge kann keine Anpassung an sich ändernden Bedarf leisten und wird deshalb nicht weiter betrachtet. Bei der r, q-Disposition wird eine Nachbestellung der festen Menge q dann ausgelöst, wenn der verfügbare Bestand den Bestellpunkt r erreicht. Die Menge q steht dann nach Ablauf der Wiederbeschaffungszeit zur Verfügung. Im Unterschied dazu ergibt sich die Bestellmenge im Fall der T, R- bzw. s, S-Disposition aus der Differenz zwischen dem Sollbestand R bzw. S und dem im Bestellzeitpunkt vorhandenen disponiblen Bestand. Der disponible Bestand wird beim s, S-Verfahren in gleichen Zeitabständen Δt erhoben.

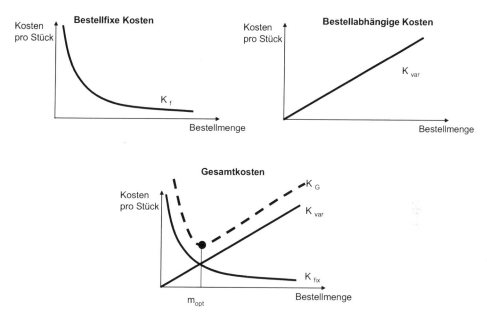

Abb. 2.45 Gesamtkosten der Beschaffung. (Vgl. z. B. Oeldorf und Olfert (2004, S. 259 f))

Das s, S-Verfahren zeichnet sich durch eine hohe Flexibilität aus, denn alle Δt Zeiteinheiten kann eine dem aktuellen Bedarf angepasste Menge nachdisponiert werden, bei kontinuierlicher Überwachung ($\Delta t = 0$) sogar jederzeit.

Zur Ermittlung der optimalen Bestellmenge kann die sog. Andlersche Losgrößenformel herangezogen werden.[163]

Dabei gilt folgender Zusammenhang:

Die Gesamtkosten für die Beschaffung setzen sich zusammen aus:

* Unmittelbaren Beschaffungskosten (Menge × Einkaufspreis)
* Mittelbaren Beschaffungskosten (Bestellfixe Kosten, Kosten eines Bestellvorganges)
* Lagerkosten (Raum-, Versicherungs-, Zinskosten etc.)

Mit steigender Bestellmenge sinkt die Zahl der Beschaffungsvorgänge pro Jahr und damit die bestellfixen Kosten, allerdings steigt der durchschnittliche Lagerbestand und damit die Lagerkosten. Somit haben Lager- und Bestellkosten eine gegenläufige Tendenz. Die

---

[163] Vgl. z. B. Oeldorf und Olfert (2004, S. 258 f).

optimale Bestellmenge ist die Menge, bei der die Kostenfunktion ein Minimum aufweist (Abb. 2.45).

Es gilt:

Gesamtkosten der Beschaffung pro Jahr   K
Jahresbedarf   B
Preis je Mengeneinheit   p
Bestellfixe Kosten pro Bestellung K_f
Bestellmenge   m
Zinskostensatz pro Jahr in % d. Materialwertes   i
Lagerkostensatz pro Jahr in % d. Materialwertes   l
Zusammengefasster Zins- und Lagerkostensatz   q $(=i+l)$
Optimale Bestellmenge m_{opt}

Gesamtkosten p.a.	=	Unmittelbare Beschaffungskosten p.a.	+	Mittelbare Beschaffungskosten p.a.	+	Lagerkosten p.a.

$$K = B \cdot p + \frac{K_f}{m} \cdot B + \frac{m \cdot p}{2} \cdot q$$

Das Minimum ergibt sich aus der ersten Ableitung der Gesamtkostenfunktion K nach m.

$$\frac{dK}{dm} = -\frac{B \cdot K_f}{m^2} + \frac{p \cdot q}{2} = 0$$

Löst man die Gleichung nach m auf, so erhält man die optimale Bestellmenge

$$m_{opt} = \sqrt{\frac{2 \cdot B \cdot K_f}{p \cdot q}}$$

Zur Anwendung der Andlerschen Losgrößenformel müssen folgende Voraussetzungen eingehalten sein:

- Die Planungsperiode beträgt 1 Jahr, der Jahresbedarf ist bekannt
- Es gibt keinen Ausschuss, Schwund oder Verderb
- Der Preis pro Stück ist konstant, keine Preisrabatte etc.
- Keine finanziellen Restriktionen (beliebig hohe Kreditaufnahmen), Zinssatz bleibt gleich
- Es gibt keine Lagerraumbeschränkungen
- Es gibt keine fixen Lagerkosten, Lagerkosten fallen proportional zum Wert der Lagermenge an

- Bestellfixe Kosten sind unabhängig von der Höhe der Bestellmenge
- Es gibt keine Abnahmevorschriften des Lieferanten (keine Mindestabnahmemengen)

Beispiel Wie lautet die Optimale Bestellmenge für:

- Jahresbedarf = 10.000 Stück
- Preis je Stück = 100 €
- Bestellfixe Kosten = 500 €
- Lagerkosten = 3 %
- Zinskosten = 7 %

Die Annahme einer zeitabhängigen Bedarfsrate macht die Vorhaltung eines Sicherheitsbestandes erforderlich, dessen Bemessung durch einen Zielkonflikt gekennzeichnet ist. Je höher der Sicherheitsbestand gewählt wird, desto höher sind die durch ihn verursachten Kosten, aber desto niedriger ist die Wahrscheinlichkeit für das Auftreten von Fehlmengen. Von den unterschiedlichen Möglichkeiten zur Ermittlung des optimalen Sicherheitsbestandes ist in die Praxis diejenige am weitesten verbreitet, die den Sicherheitsbestand durch die Vorgabe eines Lieferbereitschaftsgrades determiniert und damit die Wahrscheinlichkeit für das Auftreten von Fehlmengen begrenzt.

Obwohl dieses Verfahren häufig eingesetzt wird und der optimale Sicherheitsbestand mit Hilfe einer vorgegebenen Lieferbereitschaft leicht bestimmt werden kann, liegt die Schwierigkeit darin, wie diese Lieferbereitschaft festzulegen ist. Der Lieferbereitschaftsgrad kann sehr unterschiedlich gemessen werden. Von der Art der Definition hängt jedoch der Zusammenhang zwischen Lieferbereitschaftsgrad und Sicherheitsbestand ab.

Folgende Definitionen werden häufig verwendet[164]:

- Die Lieferbereitschaft wird gemessen als der prozentuale Anteil der Anzahl von Wiederbeschaffungszeiträumen, in denen der Lagerbestand zur Befriedigung der Nachfrage ausreicht, an der Anzahl aller Wiederbeschaffungszeiträume. Man misst also den Prozentsatz der Wiederbeschaffungszeiträume, in denen keine Fehlmengen auftreten. Die Größe der Fehlmengen spielt keine Rolle. In diesem Fall kann der Sicherheitsbestand direkt aus der Verteilung der Prognosefehler und einem Sicherheitsfaktor bestimmt werden.
- Die Lieferbereitschaft wird gemessen als Prozentsatz der Nachfrage während der Wiederbeschaffungszeit, der vom Lagerbestand befriedigt werden kann. Diese Definition zielt also nicht auf die Häufigkeit des Auftretens von Fehlmengen, sondern auf die Größe der Fehlmengen ab.

---

[164] Vgl. Pfohl (2010, S. 36 f).

Untersucht man den Einfluss verschiedener Lieferbereitschaftsgrade auf die Lagerhaltungskosten, so zeigt sich, dass eine geringfügige Verbesserung einer schon hohen Lieferbereitschaft mit einer starken Erhöhung des Sicherheitsbestandes und damit der Lagerhaltungskosten verbunden ist. Eine 100 %-ige Lieferbereitschaft ist theoretisch nur mit einem unendlich hohen Sicherheitsbestand zu erreichen.

Neben der Lieferbereitschaft beeinflusst auch die Länge der Wiederbeschaffungszeit die Höhe des Sicherheitsbestandes. Sind durchschnittliche Nachfrage in der Wiederbeschaffungszeit, sowie die maximal zu erwartende Nachfrage bekannt, muss der Sicherheitsbestand so hoch sein, dass er die Differenz zwischen der durchschnittlichen und maximalen Nachfrage abdecken kann. Je kürzer also die Wiederbeschaffungszeit ist, um so niedriger kann der Sicherheitsbestand sein, aus dem die Nachfrage befriedigt wird.

Konsignationslager-Konzept[165] Ein Konsignationslager ist ein Lager, das der Lieferant beim Abnehmer für eigene Rechnung unterhält. Die Zusammensetzung des Konsignationslagerbestandes ist, ebenso wie die vom Hersteller zu gewährleistende Verfügbarkeit, vertraglich zu regeln.

Der Abnehmer stellt die für das zu lagernde Gut geeignete Lagerfläche (bezüglich Materialeigenschaften, Kapazität, Schutz vor Verderb, Vernichtung, Zugang etc.[166]) kostenfrei zur Verfügung und übernimmt auch deren Verwaltung. Der Lieferant tritt das alleinige uneingeschränkte körperliche Verfügungsrecht an den Abnehmer ab. Hierdurch wird dieser ermächtigt, im Bedarfsfall jederzeit in beliebiger Menge die benötigten Materialien zu entnehmen, wobei die Bezahlung der Teile erst mit der Entnahme fällig wird. In vereinbarten Intervallen (z. B. monatlich) ist der Lieferant über Art und Menge der entnommenen Materialien in Kenntnis zu setzen.

Die Vorteile für den Abnehmer liegen in der vereinfachten Beschaffung. Die benötigten Materialien müssen nur aus dem Konsignationslager entnommen und der Lieferant darüber informiert werden. Da die Bezahlung der Materialien erst im Bedarfsfall erforderlich wird, entstehen dem Abnehmer minimale Bestell-und Kapitalbindungskosten.

Der Lieferant erzielt Vorteile durch die Förderung des Absatzes von Primärprodukten und der Kundenbindung durch den Konsignationsvertrag. Damit wird verhindert, dass der Abnehmer Materialien von anderen Lieferanten bezieht. Oft sind nur durch das Angebot eines Konsignationslagers bestimmte Materialien an einen geographisch weit entfernten Kunden zu verkaufen, wenn Wettbewerb unter den Anbietern herrscht.

Aus Sicht des Lieferanten wird durch die vertragliche Regelung der stochastische Bedarf in einen nahezu deterministischen umgewandelt. Der Lieferant kann die Materialien in fertigungsoptimalen Losen produzieren und Frachtvorteile durch Sammelladungen ausnutzen. Darüber hinaus werden Ersparnisse in der Auftragsabwicklung, im Versand und in der Fakturierung erzielt. Demgegenüber stehen Kapitalbindungskosten für die Bevorratung noch nicht benötigter Produkte. Weiter besteht für den Lieferant die Gefahr, dass auch

---

[165] Vgl. Koch (2004, S. 107).
[166] Vgl. Meurer (1994, S. 33).

Teile des Sortimentes im Konsignationslager bevorratet werden, die nicht nachgefragt und ggf. verschrottet werden müssen.

Konsignationslager sind häufig Gegenstand von Outsourcing-Überlegungen. Wenn der Lagerbetrieb einem Dienstleister übergeben wird, kann dieser durch Bündelung der Leistungen für mehrere Lieferanten und Abnehmer Einsparpotenziale realisieren. Bei der „Make or Buy"-Entscheidung müssen die durch den Konsignationsvertrag entstehenden Transaktionskosten für Planung, Vereinbarung und Kontrolle berücksichtigt werden. Nur wenn diese Kosten geringer sind als die des herkömmlichen Prozesses, kann die Partnerschaft längerfristig Bestand haben.

Vertragslager[167] Von einem Vertragslager spricht man, wenn der Lieferant im eigenen oder in einem Lager eines Dienstleisters vertraglich vereinbarte Bestände unterhält, die bis zum Zeitpunkt der Lieferung unberechnet bleiben. Die Vorteile für den Abnehmer liegen in den geringen Kapitalbindungskosten bei gleichzeitig hoher Versorgungssicherheit. Der Abwicklungsaufwand ist gering und Materialflüsse können konsolidiert werden. Im Unterschied zum Konsignationslager kann es beim Vertragslager zu Einschränkungen der kurzfristigen Verfügbarkeit kommen. Für den Logistikdienstleister ist das Angebot eines Vertragslagers aufgrund der stabilen Preise, Termine und Transportvolumen interessant. Auch kann er durch den engen Kontakt zwischen Abnehmer und Zulieferer möglicherweise zusätzliche Aufgaben übernehmen. Die Vorteile für den Zulieferer ergeben sich aus der verbesserten Termineinhaltung, der Verlagerung des Transportrisikos und der Kostenersparnis durch Produktion einer optimalen Fertigungslosgröße.

Standardteilemanagement[168] Beim Standardteilemanagement liegt die Bestandsverantwortung beim Lieferanten. Er führt die Bestandsprüfung vor Ort durch eine Sichtkontrolle durch und liefert die benötigten Teile direkt an den Verbrauchsort in der Produktion. Man spricht beim Standardteilemanagement auch von einem Outsourcing der Beschaffung und bezeichnet in diesem Zusammenhang den Lieferanten auch als Dienstleister. Dies lässt sich darauf zurückführen, dass der Lieferant die Teile nicht selbst herstellt, sondern als Händler ein großes Spektrum an Materialien ohne explizite Einzelbeauftragung bereitstellt. Durch diese Form der Beschaffung werden geringwertige Standardgüter wie Schrauben, Nägel, Muttern, Federn und Unterlegscheiben bereitgestellt. Abbildung 2.46 stellt den Prozess des Standardteilemanagements dar.

Der Dienstleister fährt den Kunden periodisch an und überprüft die Bestände vor Ort. Meist wird nach dem Kanban-Prinzip gearbeitet, d. h. die Materialien werden in jeweils zwei Standardbehältern gelagert. Ist einer der Behälter leer, so wird dieser durch den Lieferanten entweder direkt gegen einen vollen Behälter ausgetauscht oder beim nächsten Anlieferzyklus. In jedem Fall müssen der Anlieferzyklus bzw. die Behältergröße so ausgelegt sein, dass in der Produktion kein Engpass entsteht. Eine Bestandsführung erfolgt für

---

[167] Vgl. Appenfäller und Buchholz (2005, S. 175).
[168] Vgl. Appenfäller und Buchholz (2005, S. 179).

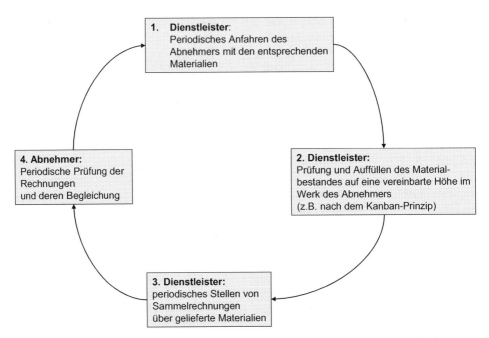

Abb. 2.46 Prozessablauf im Standardteilemanagement. (Vgl. Appenfäller und Buchholz (2005, S. 176))

diese Materialien meist auf Ebene der Behälter. Die Rechnungsstellung wird in periodischer Form als Sammelrechnungen realisiert.

Einzelbeschaffung im Bedarfsfall[169] Das Prinzip der Einzelbeschaffung im Bedarfsfall besagt, dass ein Beschaffungsvorgang erst dann ausgelöst wird, wenn ein mit einem konkreten Fertigungsauftrag verbundener Bedarf vorliegt. Dieses Bereitstellungsprinzip kann bei Auftragsfertigung (Einzel oder Kleinserienfertigung) mitvorhersehbarem Materialbedarf angewendet werden. Durch die Einzelbeschaffung im Bedarfsfall verringern sich Kapitalbindungs- und Lagerungskosten; Lagerrisiken treten nicht auf. Diesen Vorteilen stehen allerdings mehrere Nachteile entgegen: Verzögerungen bei der Materialanlieferung oder qualitative/quantitative Fehllieferungen führen zu einer Unterbrechung des Fertigungsprozesses. Weiterhin muss beachtet werden, dass sich die bestellfixen Kosten auf eine relativ geringe Menge beziehen und aufgrund der kleinen Abnahmemengen ungünstige Konditionen in Kauf genommen werden müssen.

Synchronisierte Produktionsprozesse (Just-in-Time)[170] Das Just-in-Time-Prinzip bezeichnet eine fertigungssynchrone Anlieferung der benötigten Materialien sowie eine

---

[169] Vgl. z. B. Konrad (2005, S. 135).

[170] Vgl. Kummer (2009, S. 310 f).

Tab. 2.16 Einsatzvoraussetzungen für Just-in-Time-Belieferung. (Vgl. Rothlauf (2003, S. 325))

Merkmal	Beschreibung
Produktionsprogramm	Kontinuierlicher Bedarf
Layout/Flächen	Bereitstellflächen ausreichend vorhanden
Prozess	Kurze Rüstzeiten, hohe Verfügbarkeit der Betriebsmittel
Kapazität	Flexible Kapazitätsreserven
Qualifikation	Prozessbegleitende Qualitätssicherung
Dispositionsverfahren	Verbrauchsgesteuert, dezentral
Lieferant	Einbindung ausgewählter Zulieferer, längerfristige Verträge

lagerlose Fertigung und Auslieferung. Die Ziele des Just-in-Time-Prinzips bestehen in einer Verkürzung der Durchlaufzeiten und einer Verringerung der Bestände des Materials. Darüber hinaus wollen die Unternehmen eine Vereinfachung und Rationalisierung des unternehmensinternen und –externen Material- und Informationsflusses erreichen, um möglichst nachfragegenau zu produzieren und das benötigte Material produktionssynchron zu beschaffen. Das Just-in-Time-Prinzip setzt eine enge Abstimmung zwischen Lieferant, Transportdienstleister und Abnehmer voraus. Durch die Anwendung des Just-in-Time-Prinzips wird die gegenseitige Abhängigkeit zwischen den beteiligten Unternehmungen immer stärker.

Um Just-in-Time erfolgreich umsetzen zu können ist der Abschluss längerfristiger Verträge mit Lieferanten über die benötigten Materialien und Liefertermine notwendig. Neben reiner Bestandsreduzierung umfasst Just-in-Time auch Methoden der Qualitätssicherung, Fabrik- und Materialflussplanung, Transportmittelauswahl, Standortwahl und Lieferantenbeziehungen.

Tabelle 2.16 fasst die Voraussetzungen einer Just in Time-Einführung zusammen.

Die Vor- und Nachteile für den Lieferanten und den Abnehmer sind in Tab. 2.17 abschließend zusammengefasst.

Bei der Just-in-Time-Beschaffung können die Grundkonzepte „Direktabruf", „Lieferantenansiedlung in Werksnähe" und „Gemeinsame Bestandsführung" unterschieden werden. (s. Abb. 2.47).

Der Direktabruf basiert auf einer Rahmenvereinbarung mit einer Laufzeit von ca. 12 Monaten und definierten Qualitätsanforderungen. Die Kapazitäts- und Bedarfsprognose erfolgt nach Artikelgruppen auf Quartalsbasis. Diese Prognose wird durch eine rollierende Planung ständig aktualisiert.

Rahmenverträge werden quartalsweise erstellt mit einer monatlichen Aktualisierung und führen zur Freigabe der für Beschaffung benötigten Materialien beim Lieferanten. Der Direktabruf resultiert auf den im Rahmenauftrag vereinbarten Mengen, verbindlichen Angaben bzgl. Menge je Variante, Anliefertermin und -ort.

Tab. 2.17 Zusammenfassung der Vor- und Nachteile der Just-in-Time Belieferung. (Vgl. Ehrmann (2008, S. 296 f))

	Vorteile	Nachteile
Abnehmer	Minderung der Lagerkosten	Abhängigkeit vom Auftragnehmer
	– Weniger gebundenes Kapital	Krisenanfälligkeit
	– Geringere Personalkosten	– Produktionsausfall bei Versagen der Lieferketten
	– Weniger Kosten für Lagergebäude	Keine –Qualitätskontrolle beim Abnehmer, Gefahr von Rückrufaktionen
	– Kein Bestandsrisiko	
	Einsparung von Prüfkosten	
	Minderung der Durchlaufzeit	
Zulieferer	Langfristige Verträge	Abhängigkeit vom Auftraggeber
	Absatzsicherheit	Konventionalstrafen bei Verletzung des Liefertermins
	Planungssicherheit	Kosten der Qualitätskontrolle
	Bindung an den Produzenten	Krisenanfälligkeit durch Spezialisierung auf Vertragsprodukt
	Rationalisierung der Produktion durch Spezialisierung auf Vertragsprodukte	Meist Ansiedlung in der Nähe des Produzenten erforderlich
		u. U. eigene Lager erforderlich, Lagerkosten werden umgewälzt

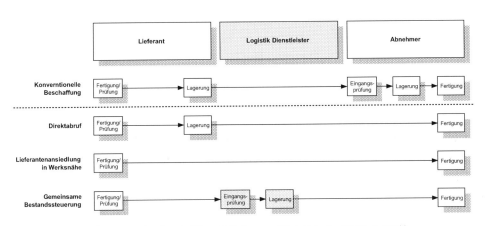

Abb. 2.47 Grundkonzepte der Just in Time Belieferung. (Vgl. Schulte (2009, S. 297))

Bei der Lieferantenansiedlung in Werksnähe gilt eine uneingeschränkte Zuverlässigkeit der Belieferung und Vermeidung umfangreicher Lagerhaltung (insbesondere bei einer hohen Zahl von Varianten) für den Abnehmer. Darüber hinaus können langfristig wettbewerbsfähige Preise des Lieferanten gesichert werden. Der Lieferant muss zur Sicherstellung der hohen Verfügbarkeit ggf. zusätzliche Kapazitäten aufbauen oder die Materialien zwischenlagern. Aufgrund der kleinen Liefermengen ist eine hohe Anzahl von Transporten erforderlich.

Die gemeinsame Bestandsteuerung wird in der Regel durch einen Logistikdienstleister realisiert. Dieser übernimmt die Warenannahme und ggf. die Abwicklung der Importformalitäten. Beim Dienstleister werden die Waren gelagert und kommissioniert bevor sie produktionssynchron dem Abnehmer bereitgestellt werden.

2.2.5 Produktionslogistik

2.2.5.1 Definition

Unternehmen sind organisatorische Einheiten, deren Ziel die Herstellung (Produktion) von Gütern und Dienstleistungen zur Befriedigung der Nachfrage am Markt ist. Die Produktion ist damit ein Wertsteigerungsprozess, bei dem aus Eingangsmaterialen (Input) durch Nutzung von Ressourcen und Stammdaten Güter und Dienstleistungen (Output) erzeugt werden.[171] Diesen Prozess bezeichnet man auch als betrieblichen Transformationsprozess (Abb. 2.48). Zu den Ressourcen gehören die erforderlichen Betriebsmittel, wie Maschinen und Anlagen sowie die eingesetzten Mitarbeiter. Die Stammdaten stellen Informationen dar, die für den Ablauf des Produktionsprozesses erforderlich sind, z. B. Stücklisten, Rezepturen, Ablaufpläne oder Kapazitätszahlen.[172]

Aus den im Rahmen der Beschaffung von verschiedenen Lieferanten bereitgestellten Roh-, Hilfs- und Betriebsstoffen werden in der Produktion verkaufsfähige Produkte hergestellt. Dabei die Produktionslogistik alle Aktivitäten, die im Zusammenhang mit der Versorgung des Produktionsprozesses mit Einsatzgütern und Abgabe der Halbfertig- und Fertigprodukte an das Absatzlager stehen. Dazu gehören auch Planung, Steuerung und Kontrolle der innerbetrieblichen Transport-, Umschlag- und Lagerprozesse.[173]

Die Produktionslogistik kann definiert werden als „. . . abgestützt auf die übergeordnete Unternehmenslogistik, die Gesamtheit der Aufgaben und deren abgeleiteten Maßnahmen zur Sicherstellung eines optimalen Informations-, Material- und Wertflusses im Transformationsprozess der Produktion."[174]

Die beiden Begriffe Produktion und Produktionslogistik lassen sich dahingehend voneinander abgrenzen, dass die Produktion die Bereitstellung der erforderlichen Produktionskapazitäten einschließlich deren Pflege umfasst, während die Logistik die Nutzung dieser Kapazitäten beinhaltet, um die von der Distributionslogistik benötigten Güter herzustellen.[175]

Der Produktionsprozess und damit die Produktionslogistik werden durch eine Vielzahl von Faktoren beeinflusst, die in Abb. 2.49 zusammengefasst sind.

---

[171] Vgl. Kummer (2009, S. 174).

[172] Vgl. Kummer (2009 S. 183).

[173] Vgl. Pfohl (2010, S. 180).

[174] Vgl. Becker und Rosemann (1993, S. 91).

[175] Vgl. Pfohl H. C. (2010, S. 180).

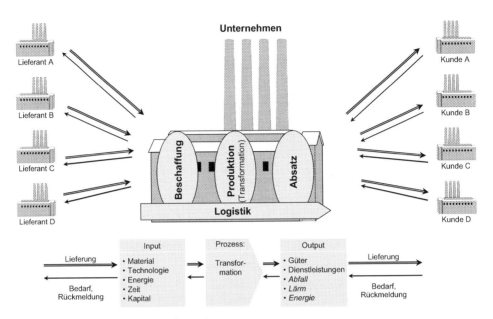

Abb. 2.48 Der betriebliche Transformationsprozess

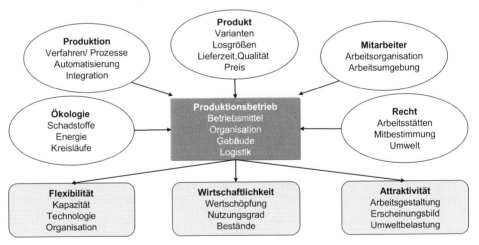

Abb. 2.49 Einflussfaktoren und Ziele eines Produktionsunternehmens. (Vgl. Wiendahl (1997))

Klassifikationen von Produktionssystemen Die Klassifikation der Produktionssysteme kann nach unterschiedlichen Kriterien erfolgen. Hier wird eine Einteilung nach dem Input, der Art des Transformationsprozesses und dem Output vorgestellt.

Input- oder ressourcenbezogene Produktionstypen Die Input- oder ressourcenbezogene Produktionstypen können nach folgenden Aspekten unterschieden werden[176]:

---

[176] Vgl. Kummer (2009, S. 204).

- **Einteilige/mehrteilige Produktion:** Bei der einteiligen Produktion wird das Endprodukt nicht aus verschiedenen Teilen und Baugruppen zusammengefügt, z. B. Nägel, Schrauben, Unterlegscheiben. Dagegen wird bei der mehrteiligen Produktion das Endprodukt aus mehreren Teilen und Baugruppen zusammensetzt, z. B. elektrische Kleingeräte für private Haushalte und Maschinen.
- **Anteil der Herstellkosten:** Nach dem relativen Anteil des Inputs oder der Ressourcen an den gesamten Herstellkosten wird zwischen materialintensiver Produktion (z. B. Flugzeugbau), anlagenintensiver (ressourcenbezogener) Produktion (z. B. Raffinerien) und die arbeitsintensive Produktion (z. B. Goldschmieden) unterschieden.
- **Qualität des Inputs:** Die Qualität des Inputs hat einen erheblichen Einfluss auf die Qualität des Endproduktes. Kann aufgrund gleichbleibender Qualität der eingesetzten Roh-, Hilfs- und Betriebsstoffe eine konstante Qualität des Endproduktes sichergestellt werden, ohne dass externe Faktoren (z. B. Wetter) berücksichtigt werden müssen, spricht man von einer werkstoffbedingt wiederholbaren Produktion. Im Unterschied dazu haben bei der Partieproduktion externe, nicht beeinflussbare Faktoren Auswirkungen auf die Qualität des Endproduktes. Die unbeständige Qualität des Inputs führt zu einer nicht wiederholbaren Produktion. Partieproduktion findet sich vornehmlich bei der Herstellung von Naturprodukten und Lebensmitteln wie z. B. Wein, Leder, Obst.

Outputbezogene Produktionstypen Outputbezogene Produktionstypen beziehen sich auf Eigenschaften der Endprodukte und des Produktionsprogramms. Sie lassen sich nach der Gestalt der Endprodukte, der Anzahl unterschiedlicher Erzeugnisse, der Auflagengröße und der Beziehung der Produktion zum Absatzmarkt unterscheiden.[177]

- **Gestalt der Güter:** Bei dieser Klassifikation werden die Abmessungen der hergestellten Güter berücksichtigt. Man unterscheidet
  - **Ungeformte Fließgüter** sind weder in Länge, noch in Breite oder Höhe begrenzt, z. B. Flüssigkeiten (Milch, Benzin) und Gase
  - **Geformte Fließgüter** haben eine definierte Höhe und Breite, sind aber nicht in der Länge festgelegt, z. B. Stahldraht, Papierrollen
  - **Stückgüter** sind in Länge, Breite und Höhe genau festgelegt, z. B. Pralinen, Schuhe, CDs.
- **Anzahl unterschiedlicher Erzeugnisse:** Wird in einem Unternehmen nur ein einziges Produkt hergestellt, so spricht man von einer Einprodukt-Produktion, z. B. Kraftwerke erzeugen ausschließlich Strom. Bei der Mehrproduktproduktion werden unterschiedliche Erzeugnisse hergestellt, z. B. Automobilhersteller produzieren verschiedene Fahrzeugmodelle in unterschiedlichen Ausführungen.

---

[177] Vgl. Kummer (2009, S. 90 f).

- **Auflagengröße:** Die Anzahl der nach Vorbereitung der Produktionsanlage ohne Unterbrechung hergestellten Produkte wird als Auflagengröße bezeichnet. Man unterscheidet Einzel-, Serien-, Sorten- und Massenproduktion (-fertigung).[178]

  – Die **Einzelfertigung** ist die Fertigungsart, bei der in der Regel nur eine Einheit eines Produktes gleichzeitig hergestellt wird. Meist handelt es sich um eine Auftragsfertigung, d.h. es wird nicht für einen anonymen Markt mit verschiedenen potentiellen Abnehmern, sondern für einen konkret vorliegenden Auftrag von einem Kunden gefertigt. Einzelfertigung tritt auf im Großmaschinenbau, z.B. Schiffbau, häufig im Werkzeugmaschinenbau, im Anlagenbau, in der Bauwirtschaft (Wohnungsbau, Brückenbau). In Fällen von völligen Neukonstruktionen, bei denen nur wenig auf vorhandene Zeichnungen, Stücklisten und Arbeitspläne zurückgegriffen werden kann, spricht man auch von Sondereinzelfertigung.

  – Die **Serienfertigung** ist die geregelte Herstellung industrieller Produkte gleicher Art in begrenzter Stückzahl. Bevor es zu einer Serien-Fertigung eines Produkts kommt, wird dieses zunächst als Prototyp (handwerkliches Einzelstücke) gefertigt. Anhand dieser ersten Muster wird das Aussehen, die Beschaffenheit, die Zusammensetzung und am Schluss der Ablauf der Herstellung festgelegt. Durch die Festlegung dieser Punkte ist ein Serienprodukt definiert. Beispiele sind Autos, Fahrräder und Staubsauger. Die Vorteile der Serienfertigung liegen in der Perfektionierung des Produktes. Das Produkt wird billiger, da die erforderlichen Maschinen optimiert und besser ausgelastet werden können; außerdem ist die Beschaffung der erforderlichen Materialien in größeren Stückzahlen deutlich kostengünstiger. Nachteilig ist, dass die die Individualität verloren geht.

  – Die **Sortenfertigung** ist eine besondere Form der Massenfertigung. Dabei werden verschiedene Varianten eines Grundproduktes auf den gleichen Produktionsanlagen gefertigt. Die erzeugten Produkte unterscheiden sich nur in geringem Umfang hinsichtlich der Farbe, der äußeren Gestaltung oder der Qualität. Beispiele hierfür sind Gummibärchen unterschiedlicher Farbe und verschiedene Sorten von Joghurt.

  – Der Ausdruck „**Massenproduktion**" bezeichnet die Herstellung großer Mengen gleicher Produkte unter Verwendung von austauschbaren, standardisierten Einzelteilen und Baugruppen. Diese Produktion ist vorrangig auf gestaltlose Erzeugnisse und große Mengen gerichtet, z.B. Zementproduktion und Kunststoffbecher.

- **Beziehung der Produktion zum Absatzmarkt:** Bei der unmittelbar kundenorientierten Produktion löst der eingehende Kundenauftrag den Produktionsprozess aus. Der Produktionsprozess wird gleichzeitig zum Auftragsabwicklungsprozess durchgeführt. Beispiele hierfür sind maßgefertigte Bekleidung oder Schiffsbau. Die Vorteile der unmittelbar kundenorientierten Produktion liegen in der guten Planbarkeit der zu

---

[178] Die Übergänge zwischen den einzelnen Fertigungstypen sind fließend, so kann beispielsweise die Herstellung von bestimmten Fahrzeugen als Serien – oder Sortenfertigung bezeichnet werden. Wichtig ist, dass diese Einteilung Fragen der Ausgestaltung der Produktionsanlagen und Produktionsplanung und Steuerung beantwortet, die in Abschn. 2.2.5.3 beschrieben werden.

beschaffenden Einsatzmaterialien und der geringen Lagerkosten. Im Unterschied dazu basiert bei der mittelbar kundenorientierten Produktion die Art, Menge und zeitliche Verteilung der zu produzierenden Güter auf Absatzprognosen. Da keine konkreten Kundenaufträge vorliegen, spricht man auch von einer Produktion auf Lager. Der Vorteil hierbei liegt in der kontinuierlichen Auslastung der Produktionskapazitäten und der schnellen Verfügbarkeit der bestellten Waren. Die auftragsbezogene Montage verbindet die Vorteile der kundenbezogenen Produktion mit den Vorteilen der Produktion auf Lager. Nach Eingang des Kundenauftrages werden die Endprodukte kundenspezifisch montiert. Die dazu erforderlichen Einzelteile und Baugruppen wurden jedoch vorher auf Lager produziert.

Art des Transformationsprozesses Transformationsbezogene Produktionstypen beziehen sich auf die Organisation der Produktion, d. h. die Anordnung der Betriebsmittel und die Struktur des Produktionsprozesses. Nach der Struktur des Produktionsprozesses können kontinuierliche Prozesse (z. B. Kraftwerke) und diskontinuierliche Prozesse (z. B. Batchproduktion) unterschieden werden. Die Batchproduktion oder Chargenfertigung ist eine Sonderform der Sorten- oder Serienfertigung, insbesondere in der Stahl-, Chemie- und Lebensmittelindustrie. Das Charakteristikum ist die Charge, d. h. das Fertigungslos, dessen Größe durch die Kapazität eines Betriebsmittels begrenzt ist.[179]

Nach Anordnung der Betriebsmittel kann z. B. zwischen Werkstattfertigung, Fließfertigung, Gruppenfertigung und Baustellenfertigung unterschieden werden.

Werkstattfertigung[180] Bei der Werkstattfertigung erfolgt die Strukturierung der Bereiche nach der dort durchgeführten Tätigkeit (Verrichtungsprinzip). Es besteht keine Abhängigkeit zum Produktentstehungsprozess, Beispiele sind „Schweißerei", „Stanzerei" und „Dreherei" (Abb. 2.50).

Die Vorteile der Werkstattfertigung liegen in einer hohe Flexibilität, dem Angebot eines vielfältigen Produktangebotes, da auch kleine Losgrößen hergestellt werden können und einem großen Handlungs- und Entscheidungsspielraum der Mitarbeiter, was sich meist motivations- und damit produktionssteigernd auswirkt.

Die Nachteile ergeben sich durch vergleichsweise lange Durchlaufzeiten, hohen Transportkosten zwischen den Arbeitsplätzen, Zwischenlagerbildung und Wartezeiten. Damit verbunden sind erhebliche Zins- und Lagerkosten, sowie Maschinenleerkosten. Negativ zu bewerten ist auch die ungleichmäßige Kapazitätsauslastung der Bearbeitungsplätze (geringe Produktivität) und die schwierige Fertigungsplanung und -steuerung. Damit ist die Werkstattfertigung geeignet für Einzelfertigung bis Kleinserie und Produkte mit einer hohen Variantenzahl. Dieser Produktionstyp ist typisch für handwerkliche Betriebe z. B. im Werkzeugmaschinenbau oder im Kunsthandwerk.

---

[179] Vgl. Blohm (2008, S. 279).
[180] Vgl. Ehrmann (2008, S. 387).

Abb. 2.50 Schematische
Darstellung der Werkstattfertigung. (Vgl. z. B. Wäscher
(1994, S. 256))

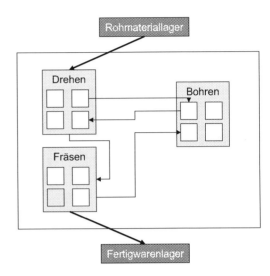

Fließfertigung[181] Bei der Fließfertigung erfolgt die Aufstellung der Betriebsmittel nach dem Produktionsablauf. Dabei wird der Produktionsprozess in einzelne Arbeitsschritte zerlegt und die Maschinen und Arbeitsplätze gemäß der technologischen Abfolge der Arbeitsgänge für die Produktion angeordnet. Die Fertigung geschieht möglichst ohne Unterbrechung und mit wenigen Zwischentransporten. Der Fließprozess kann produktionstechnisch bedingt sein (z. B. Rohölverarbeitung in Raffinerien oder der Stahlerzeugung) oder ist das Ergebnis organisatorischer Überlegungen. Wie das Wort bereits andeutet bleibt das Gut bei der Fließfertigung stets in Bewegung (Abb. 2.51).

Die Vorteile der Fließfertigung bestehen in der weitgehenden Vermeidung von Zwischenlagern, den kurzen Transportwegen und damit geringe Transportkosten, den (Kosten-)Vorteilen durch Arbeitsteilung und Spezialisierung, den niedrigen Durchlaufzeiten, der Integration der Prüfung der Erzeugnisse in den Arbeitsgang und der Möglichkeit zur Automatisierung einzelner Arbeitsschritte durch den Einsatz von Fertigungsautomaten.

Als Nachteile gelten:

- die geringe Flexibilität bei Beschäftigungsschwankungen,
- die geringe Anpassungsfähigkeit,
- die hohe Störanfälligkeit der gesamten Produktion bei Maschinen- oder Arbeitsausfällen,
- der hohen Kapitalbedarf und die damit verbundene hohe Kapitalbindung,
- die hohen Anlagenintensität,
- die hohen Fixkosten,
- den geringen Handlungsspielräumen der Arbeitskräfte und der damit verbundenen Entfremdung, Abstumpfung und Motivationsprobleme durch die monotone Arbeit.

---

[181] Vgl. Ehrmann (2008, S. 388).

Abb. 2.51 Schematische
Darstellung der Fließfertigung.
(Vgl. z. B. Kummer (2009,
S. 317))

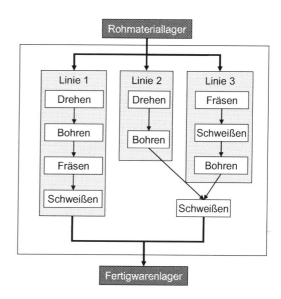

Gruppenfertigung[182] Die Vorteile der Werkstattfertigung und die Vorteile der Fließfertigung versucht man bei der Gruppenfertigung miteinander zu verbinden. Dazu werden verschiedene Fertigungsverfahren miteinander kombiniert, bei denen einer Gruppe von Mitarbeitern die Verantwortung für die Produktion einer Produkt-, Baugruppen- oder Teilefamilie übergeben wird. Es erfolgt eine Zusammenfassung aller für die Produktion erforderlichen Arbeitsplätze und Maschinen zu einer Fertigungsgruppe. Die Steuerung und Organisation der Produktion obliegt den Mitarbeitern in Eigenverantwortung ("Fließinsel").

Die Vorteile der Fließfertigung wie z. B. Reduktion der Transportwege und damit geringere innerbetriebliche Transportkosten sowie Senkung der Lagerkosten durch die geringere Lagerung von Zwischenbeständen werden mit den Vorteilen der Werkstattfertigung wie z. B. höhere Flexibilität und höhere Motivation der Mitarbeiter verbunden.

Nachteilig ist hierbei die verringerte Anpassungsfähigkeit an veränderte Betriebs- und Marktsituationen, die jedoch trotzdem noch flexibler als bei der Fließfertigung ist und der Bedarf eines neuen Mitarbeitertyps "Generalist", der nicht auf ein bestimmtes Gebiet spezialisiert ist (Abb. 2.52).

Baustellenfertigung[183] Ein Sonderfall der Produktionstypen ist die Baustellenfertigung. Dabei müssen Arbeitskräfte und Produktionsmittel zum Platz des ortsgebundenen Arbeitsgegenstandes, der Baustelle, gebracht werden (ortsgebundener Fertigungstyp).

---

[182] Vgl. Ehrmann (2008, S. 389).
[183] Vgl. Ehrmann (2008, S. 388).

Abb. 2.52 Schematische
Darstellung der Gruppen-
fertigung. (Vgl. z. B. Wäscher
(1994, S. 259))

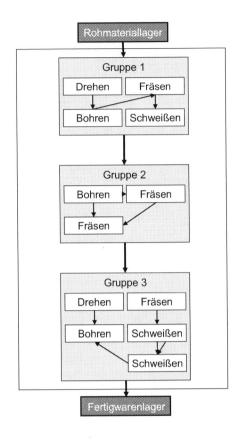

Die benötigten Betriebsmittel sind entsprechend den Arbeitsvorgängen an den Ort der Leistungserstellung zu befördern, wobei die Hauptschwierigkeiten der Baustellenfertigung in der Planung und Disposition dieser Betriebsmittel liegt.

Die Vorteile werden in der geringen Beanspruchung der Produktionsfläche des Auftragnehmers gesehen, denn diese wird vom Auftraggeber gestellt.

Nachteilig sind die detaillierte Planung der Baustelleneinrichtung, die genaue Planung der Transportkette und die ausführliche Planung der technologischen Reihenfolge der Fertigung. Planungsfehler haben gravierende Auswirkungen auf das Projektergebnis.

2.2.5.2 Arbeitsorganisation in der Produktion: Das Prinzip des Taylorismus[184]

Zentrale Grundsätze des Taylorismus sind die personelle Trennung von geistiger und ausführender Arbeit, die Zerlegung der ausführenden Arbeit in möglichst kleine Einheiten und die räumliche Ausgliederung aller konzeptionellen, steuernden und überwachen-

---

[184] Vgl. z. B. Nicolai (2009, S. 70).

Tab. 2.18 Vor- und Nachteile der Tayloristischen Arbeitsorganisation. (Vgl. z. B. Nicolai (2009, S. 70))

Vorteile	Nachteile
Einsatz von Arbeitskräften nach speziellen Fähigkeiten und Begabungen	Trennung von dispositiver und ausführender Arbeit führt bei qualifizierten Arbeitskräften zur Unterforderung
Einsatzmöglichkeiten auf für niedrig qualifizierte Arbeitskräfte	Schnelle physische und psychische Ermüdung durch hohe Monotonie der Arbeit
Schnelle Lern- und Übungseffekte durch häufige Wiederholungen	Durch die Zergliederung der Arbeit geht die Beziehung zur Gesamtaufgabe verloren (Sinnentleerung der Arbeit)
Geringe Anlern- und Einarbeitungszeiten	Langfristige gesundheitliche Schäden durch einseitige Belastungen
Leichte Ersetzbarkeit von Arbeitskräften	Sinkende Lern- und Anpassungsfähigkeit aufgrund verengter und einseitiger Arbeitserfahrung
Gute Voraussetzung für den Einsatz von Planung-, Steuerungs- und Kontrollinstrumenten durch eine hohe Transparenz des Produktionsprozesses	Verschwendung des Innovations- und Wissenspotenzials der Mitarbeiter
Einsatzmöglichkeiten von Spezialmaschinen und -werkzeugen zur Automatisierung mit hohen Kostendegressionseffekten	

den Arbeitsinhalte aus der Werkstatt. Dieses in der Massenproduktion eingesetzte Organisationsprinzip ist mit einer Vielzahl von Vor- und Nachteilen verbunden.

Insbesondere die Nachteile aus der Sinnentleerung der Arbeit und der damit verbundenen geringen Motivation der Mitarbeiter hat zu Strategien zur Überwindung dieses „strengen" Taylorismus geführt.

- Job Rotation (=Arbeitswechsel): Bei gleich bleibender Struktur der Arbeitsteilung tauschen Mitarbeiter regelmäßig den Arbeitsplatz.
- Job Enlargement (=Arbeitserweiterung): Dem einzelnen Mitarbeiter werden zusätzliche Aufgaben übertragen, wodurch die bisherige Arbeitsteilung reduziert und der

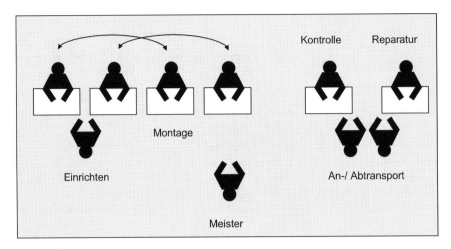

Abb. 2.53 Job Rotation

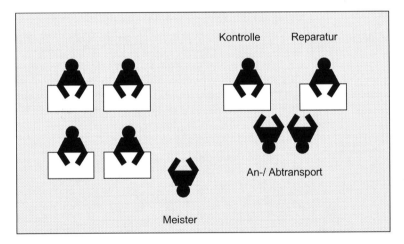

Abb. 2.54 Job Enlargement

Arbeitsumfang ausgeweitet wird (umfangreicher aber i, der Regel nicht inhaltlich anspruchsvoller).

• Job Enrichment (=Arbeitsbereicherung): Quantitative und qualitative Ausweitung der Arbeit (umfangreicher und anspruchsvoller) mit dem Ziel: Teilautonome Arbeitsgruppen, in denen die Mitarbeiter z. T. planende, steuernde und kontrollierende Funktionen in Eigenverantwortung übernehmen (Abb. 2.55).

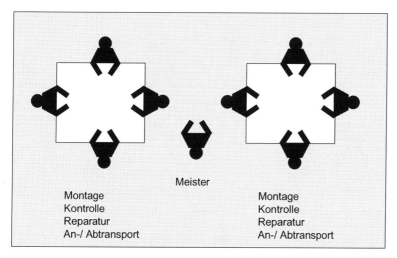

Abb. 2.55 Job Enrichment

Exkurs Frederick Winslow Taylor[185]

Frederick Winslow Taylor (1856–1915) sollte als Sohn einer Rechtsanwaltsfamilie aus Philadelphia gemäß der Familientradition auch Anwalt werden. Obwohl er die Aufnahmeprüfung für Harvard bestanden hatte, konnte er aufgrund eines Augenleidens sein Studium nicht antreten. Stattdessen beginnt der 18 jährige Taylor 1873 eine Lehre als Modellmacher und Maschinenbauer in einer kleinen Pumpenwerkstatt. Infolge der Wirtschaftskrise wurde er nach der Lehre nicht übernommen, und war ab 1878 bei der Midvale Steel Company als Hilfskraft tätig. Dort arbeitete er sich bis zum Techniker hoch. In dieser Zeit (1881) entstanden seine ersten arbeitswissenschaftlichen Studien. Während dieser Zeit absolvierte Taylor ein Abendstudium zum Diplom-Ingenieur am Stevens Institute of Technology in New Jersey, das er 1883 erfolgreich beendete. 1890 wurde er Generaldirektor einer großen Papierfabrik in Philadelphia, 3 Jahre später freiberuflich arbeitender Unternehmensberater. Der bedeutendste Kunde war ab 1898 die Bethlehem Iron Company, bei der er das System seines „Scientific Management" einführen konnte. Nach Unstimmigkeiten mit dem Management des Unternehmens zog Taylor sich 1901 aus dem Beratungsgeschäft zurück, und veröffentlichte seine Rationalisierungsmethoden und -erfahrungen.

---

[185] Vgl. Copley (1923)

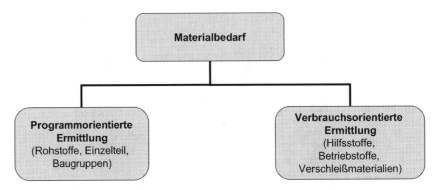

Abb. 2.56 Ermittlung des erforderlichen Materialbedarfs. (Vgl. Oeldorf und Olfert (2004, S. 123))

2.2.5.3 Planung und Steuerung der Produktion[186]

Die Produktionsplanung und -steuerung bedeutet die Planung, Veranlassung und Überwachung der Fertigungsdurchführung in mengen- und terminmäßiger Hinsicht. Dabei
bezieht sie sich nicht nur auf die Fertigung im engeren Sinne, sondern erstreckt sich auch
auf die ihr vor- und nachgelagerten Bereiche. Von besonderer Bedeutung dabei ist die Materialwirtschaft bzw. die Beschaffungslogistik. In der Produktion hat sich in den letzten Jahren
eine logistische Denkweise durchgesetzt, die zu Verschiebungen in den Zielsetzungen geführt hat. Die Ausrichtung auf den Markt, die absolute Termintreue, kurze Durchlaufzeiten,
die Vermeidung von Zwischenlägern und Fertigungslägern haben frühere Ziele der Produktionsplanung, wie die permanente Kapazitätsauslastung und größere Vorratshaltung
abgelöst.

Zu den wichtigsten Aufgaben der Produktionsplanung gehört die Beschaffung des für
die Produktion benötigten Materials zu möglichst geringen Kosten, in der richtigen Menge,
zum richtigen Zeitpunkt und in der benötigten Qualität. Fehler bei der Materialdisposition
für die Produktion führen einerseits zu Produktionsunterbrechungen und damit Liefer-
schwierigkeiten, Kundenbeschwerden, Umsatzausfällen und Auftragsverlusten. Ist eine zu
große Materialmenge beschafft worden, steigen andererseits die Kapitalbindung, sowie die
Zins- & Lagerhaltungskosten.

Bei der Materialbedarfsplanung unterscheidet man zwischen der Ableitung des Bedarf
aus vorliegenden Kundenaufträgen und dem geplanten Produktions- und Absatzprogramm
eines Erzeugnisses (= programmorientierte Ermittlung) sowie einer Ermittlung auf Basis
von Vergangenheitswerten (= verbrauchsorientierte Ermittlung) (Abb. 2.56).

Das Produktionsprogramm wird auf Basis des Absatzprogramms erstellt und legt fest,
welche Aufträge von der Fertigung in bestimmten Perioden durchzuführen sind. Damit ist
das Produktionsprogramm Ausgangspunkt für die Ermittlung des Materialbedarfs für die
zu fertigenden Erzeugnisse. Er setzt sich in der Regel aus selbst erstellten Materialien und
Kaufteilen zusammen.

---

[186] Vgl. Ehrmann (2008, S. 403 ff).

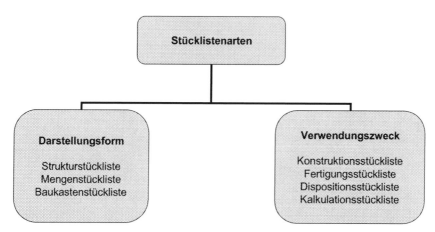

Abb. 2.57 Unterscheidungsmöglichkeiten für Stücklisten. (Vgl. Ehrmann (2008, S. 260))

Abb. 2.58 Metallspitzer

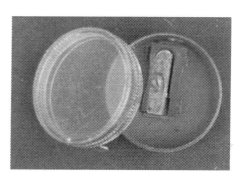

Zur Ermittlung des Materialbedarfs ist nun festzustellen, woraus die herzustellenden Erzeugnisse bestehen.

Definition: Eine Stückliste ist eine mengenmäßige Auflistung von Materialien, Teilen, oder Baugruppen, die zur Herstellung eines anderen Teiles benötigt werden (= Erzeugnisstruktur).[187]

Stücklisteninformationen gehören zu den wichtigsten Datenstrukturen, die Fertigungsunternehmen vorhalten müssen. Sie dienen letztlich dazu, die richtigen Materialien zu bestellen und/oder dem Lager zu entnehmen, wenn ein bestimmtes Produkt gefertigt werden soll.

Stücklisten können nach Darstellungsform und Verwendungszweck unterschieden warden (Abb. 2.57– 2.61).

Die folgenden Abbildungen zeigen Beispiele für Stücklisten eines Metallspitzer:

---

[187] Vgl. Oeldorf und Olfert (2004, S. 126).

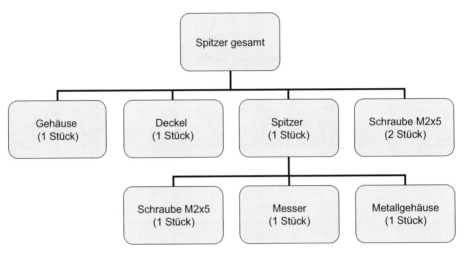

Abb. 2.59 Strukturstückliste für einen Spitzer

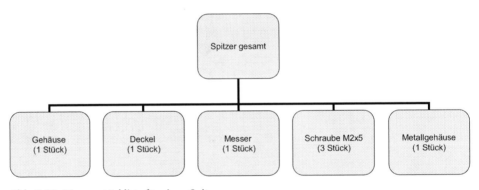

Abb. 2.60 Mengenstückliste für einen Spitzer

Der Materialbedarf der Produktion lässt sich nach seinem Ursprung und der Erzeugnisebene in Primär-, Sekundär- und Tertiärbedarf klassifizieren (s. Tab. 2.19).[188]

Als Primärbedarf bezeichnet man den Marktbedarf, also den Bedarf an verkaufsfähigen Gütern (Fertigwaren, Ersatzteile, Handelsware). Für Handelsunternehmen ist der Primärbedarf die Ausgangsinformation für die Lagerbestandsdisposition und die Distribution.

In Industrieunternehmen mit einer mehrteiligen Produktion ist der Primärbedarf für die beschaffungs- und produktionslogistischen Aufgaben in einen Sekundärbedarf an Rohstoffen, Zukaufteilen und Baugruppen zu zerlegen. Als Tertiärbedarf bezeichnet man den Bedarf an Hilfs- und Betriebsstoffen sowie Verschleißwerkzeugen für die Produktion.

---

[188] Vgl. Pfohl (2010, S. 92 f).

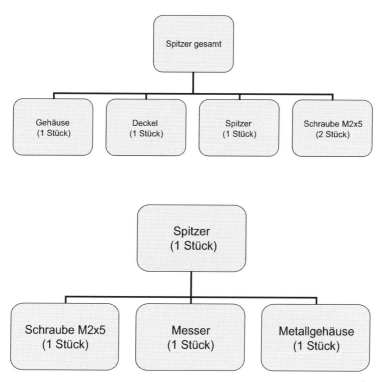

Abb. 2.61 Baukastenstückliste für einen Spitzer

Berücksichtigt man die bereits im Unternehmen vorhandenen Lagerbestände, so kann der Materialbedarf in Brutto- und Nettobedarf unterschieden werden (s. Tab. 2.20).

Unter Bruttobedarf versteht man den in einer Periode auftretenden Bedarf an Primär-, Sekundär- und Tertiärbedarf ohne Berücksichtigung der Lagerbestände. Aus dem Bruttobedarf ergibt sich der Nettobedarf indem die verfügbaren Lagerbestände abgezogen werden.

Die Planung der Produktion läuft nach folgendem Grundkonzept ab (Abb. 2.62).

Aus dem prognostizierten Bedarf, als Ergebnis der Prognoserechnung, und den bereits erteilten Kundenaufträgen aus der Kundenauftragsverwaltung wird der Bruttoprimärbedarf für den aktuellen Planungshorizont ermittelt. Der Primärbedarf umfasst, wie in Tab. 2.19 bereits erläutert, den zu produzierende Bedarf an Endprodukten, verkaufsfähigen Baugruppen und Einzelteilen sowie Handelswaren und Ersatzteilen.

Berücksichtigt man den bereits verfügbaren Bestand an Endprodukten im Lager, so erhält man den Netto-Primärbedarf aus dem Brutto-Primärbedarf abzüglich des verfügbaren Bestands. Der verfügbare Bestand ergibt sich aus dem vorhandenen Lagerbestand abzüglich der bereits vorgemerkten Bestände und ergänzt um die schon bestellten Bestände.

Das Produktionsprogramm ist das Ergebnis der Programmplanung und umfasst den für den Planungshorizont termin- und mengenmäßig festgelegten Netto-Primärbedarf.

Tab. 2.19 Materialbedarfsarten nach Ursprung und Erzeugnisebene. (In Anlehnung an Pfohl (2010, S. 92))

Primärbedarf	Sekundärbedarf	Tertiärbedarf
Umfasst	*Umfasst*	*Umfasst*
Verkaufsfertige Erzeugnisse	Baugruppen	Hilfsstoffe (z. B. Leim)
Ersatzteile	Einzelteile	Betriebsstoffe (z. B. Schmieröl für Werkzeugmaschinen)
Handelswaren	Rohstoffe	Verschleißmaterialien (z. B. Schleifscheiben)
Wird ermittelt aus	*Wird ermittelt aus*	*Wird ermittelt aus*
Kundenaufträgen	Bei der bedarfsorientierten Ermittlung aus der Multiplikation des Primärbedarfs mit den Mengenangaben der Erzeugnisbestandteile gemäß den Stücklisten	Dem Verbrauch in der Vergangenheit (verbrauchsorientiert)
Absatzprognosen	Bei der verbrauchsorientierten Ermittlung durch Berechnung aus den Vergangenheitsverbräuchen (z. B. durch Zeitreihenverfahren)	
Expertenschätzungen		

Tab. 2.20 Materialbedarfsarten unter Berücksichtigung der Lagerbestände. (In Anlehnung an Pfohl (2010, S. 92))

Bruttobedarf	Nettobedarf
Berechnung	*Berechnung*
Sekundärbedarf	Sekundärbedarf
+ Zusatzbedarf	*+ Zusatzbedarf*
= Bruttobedarf	= Bruttobedarf
	−Lagerbestände
	−Bestellbestände
	+ Vormerkbestände
	= Nettobedarf
Mögliche Zusatzbedarfe sind z. B. Ausschuss und Schwund sowie Sonderbedarfe für Versuche und Qualitätssicherung	Bestellbestände sind die Bestände, die bereits bestellt wurden und in Kürze im Lager verfügbar sein werden.
	Vormerkbestände sind die Bestände, die bereits für andere Aufträge reserviert sind

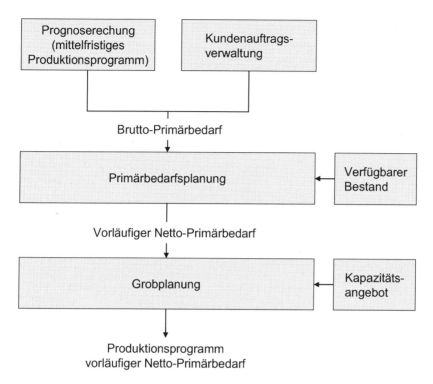

Abb. 2.62 Grundkonzept der Programmplanung. (Vgl. Adelsberger (2006, S. 16))

Aus der Programmplanung ergibt sich die Mengenplanung, wie in Abb. 2.63 dargestellt.

Aus dem festgelegten Netto-Primärbedarf wird in der Mengenplanung zunächst der Brutto-Sekundärbedarf ermittelt. Der Sekundärbedarf beschreibt die Mengen an untergeordneten Baugruppen, Einzelteilen, Rohmaterialien sowie Hilfs- und Betriebsstoffen, die zur Herstellung des Primärbedarfs nötig sind. Dazu wird der Zusatzbedarf addiert. Der Zusatzbedarf enthält die zusätzlichen Mengen um Schwund oder Ausschuss auszugleichen oder den Bedarf an Teilen für die Qualitätssicherung zu decken. Der Sekundärbedarf leitet sich aus dem Primärbedarf durch die Stücklistenauflösung ab, indem die aus der Stückliste ersichtlichen Mengen pro Einheit mit den Netto-Bedarfsmengen des übergeordneten Teils multipliziert werden. Unter der Vorlaufverschiebung versteht man eine grobe Schätzung des Termins an dem untergeordnete Bauteile gebraucht werden. Der Produktionstermin dieser Sekundärbedarfe wird so vorgeschoben, dass eine termingerechte Bereitstellung zur Produktion des Endproduktes gewährleistet wird.

Sind die Mengen der zu fertigenden und der zuzukaufenden Teile bekannt, so kann daraus eine grobe Terminplanung abgeleitet werden (Abb. 2.64).

Aus den geplanten Fertigungsaufträgen wird mit Hilfe der bekannten Fertigungszeiten je Arbeitsplatz (= Arbeitsplatzdurchlaufzeiten) eine Durchlaufterminierung errechnet. Bei dieser Planung wird die Belastungssituation der beteiligten Arbeitsplätze mit Fertigungs-

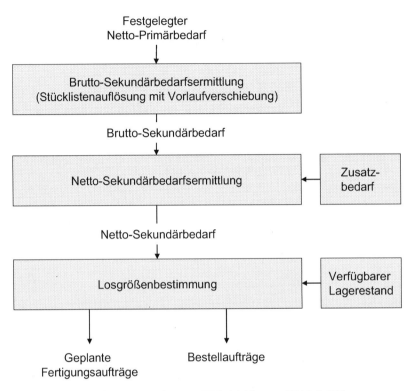

Abb. 2.63 Grundkonzept der Mengenplanung. (Vgl. Adelsberger (2006, S. 18))

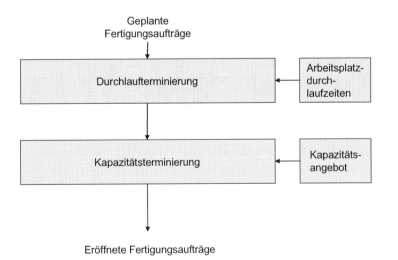

Abb. 2.64 Grundkonzept der Terminplanung. (Vgl. Adelsberger (2006, S. 20))

aufträgen nicht berücksichtigt. Dies erfolgt in der Kapazitätsterminierung. Hier werden die Vorgänge unter Berücksichtigung der aktuellen Kapazitätsbelastungen an den Arbeitsplätzen geplant. Dazu wird zunächst geprüft, ob für jeden zu terminierenden Vorgang zu dem berechneten Termin ausreichend freie Kapazität zur Verfügung steht. Wenn ausreichend freie Kapazität vorhanden ist, wird der Vorgang eingeplant. Ist keine ausreichende Kapazität vorhanden, wird der Vorgang auf einen Termin verschoben, zu dem er ohne Kapazitätsprobleme bearbeitet werden kann. Das Ergebnis der Terminplanung sind eröffnete Fertigungsaufträge.

Nach Abschluss der Programm-, Mengen- und Terminplanung liegt ein mengenmäßig und zeitlich definierter Grobplan vor. Während die Produktionsplanung die Grobplanung der Produktionsabläufe abbildet, umfasst die Produktionssteuerung deren Feinplanung bzw. kurzfristige Disposition.

Da die Grobplanung durch unvorhergesehene Ereignisse gestört werden kann, liefert sie keine verbindliche Vorgabe für die Produktion. Um auf Störereignisse reagieren und diese in der Planung berücksichtigen zu können, ist der Planungshorizont auf einen überschaubaren Zeitraum von ca. 1–2 Wochen zu verkürzen. Die Fertigungsaufträge, deren festgelegter Starttermin in diesen Planungshorizont fällt, werden zur Fertigung freigegeben und im Rahmen der sich an die Auftragsfreigabe anschließenden Ablauf- und Maschinenbelegungsplanung mit exakten Bearbeitungsterminen auf den einzelnen Bearbeitungsstationen versehen.

Die Auftragsüberwachung kontrolliert den Fertigungsablauf im Hinblick auf die Planeinhaltung. Bei Störungen des planmäßigen Fertigungsablaufs (z. B. aufgrund von Personal-, Maschinen- oder Lieferausfällen) sind geeignete gegensteuernde Maßnahmen vorzusehen.

Die Steuerung der Fertigungsaufträge kann schematisch wie folgt dargestellt warden (Abb. 2.65).

Ein neu angelegter Fertigungsauftrag erhält zunächst den Initialstatus „eröffnet“, d. h. Rückmeldungen für den Auftrag können noch nicht durchgeführt, Auftragspapiere nicht gedruckt und Lagerbewegungen für den Auftrag nicht durchgeführt werden. Damit ein Fertigungsauftrag bearbeitet werden kann, muss er freigegeben werden. Die Freigabe des Auftrags hebt die genannten Einschränkungen auf. Die Zeitspanne zwischen Eröffnung eines Fertigungsauftrages und dessen Freigabe kann für betriebliche Prüfungen und Vorbereitungen genutzt werden.

Bei der Produktionssteuerung werden die Schritte der Auftragsveranlassung, der Maschinenbelegungsplanung und Reihenfolgeplanung sowie der nachfolgenden Überwachung der Produktionsläufe durchlaufen. Mit der Freigabe des Fertigungsplans durch die Produktionsplanung ermittelt die Produktionssteuerung die genauen Starttermine der einzelnen Aufträge und legt die Reihenfolge der Abarbeitung fest. Anschließend wird nach dem Beginn der Bearbeitung der Auftragsfortschritt überwacht.

Die Auftragsveranlassung stellt die Schnittstelle zwischen der Planungs- und der Steuerungs- (= Realisierungs)phase dar. Durch die Auftragsveranlassung werden die Aufträge freigegeben, für die die benötigten Ressourcen (Material, Betriebsmittel, Personal)

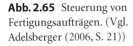

Abb. 2.65 Steuerung von
Fertigungsaufträgen. (Vgl.
Adelsberger (2006, S. 21))

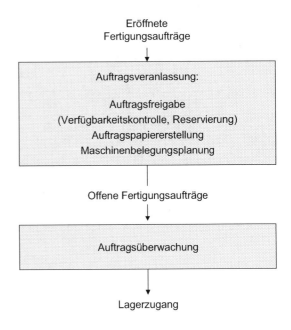

zur Verfügung stehen (Verfügbarkeitskontrolle). Die freigegebenen Aufträge sind nun auf die einzelnen Bearbeitungsstationen verteilt.

Nach der Freigabe der Aufträge wird die Reihenfolge festgelegt, in der die Aufträge die Bearbeitungsstationen durchlaufen. Zur Festlegung der Reihenfolge können verschiedene Prioritätsregeln verwendet werden. Prioritätsregeln ordnen den einzelnen Aufträgen unterschiedliche Prioritäten zu und ermöglichen eine Ordnung der Aufträge nach ihrer jeweiligen Bedeutung.

Mit Hilfe der Betriebsdatenerfassung (BDE) werden Informationen über den Stand und den Fortschritt der Fertigungsaufträge bereitgestellt. Auf Basis der eingehenden aktuellen Betriebsdaten insbesondere aus dem Bereich der Auftragsveranlassung, der Reihenfolgeplanung und der Fertigungssteuerung lassen sich Soll-Daten mit Ist-Daten vergleichen. Zu hohe Abweichungen führen ggf. zu Neuplanungen.

Für die Steuerung der Bestellaufträge ergibt sich folgende Darstellung (Abb. 2.66).

Der Zusammenhang zwischen Produktionsplanung und -steuerung wird in Abb. 2.67 deutlich.

Durch die Leistungssteigerung in der Informations- und Kommunikationstechnologie werden nahezu alle Prozesse der Leistungserstellung in Unternehmen durch EDV-Systeme unterstützt. Die Anwendung von EDV-Systemen reicht von der Beschaffung über die Produktion bis in den Vertrieb. Die vielfältigen Aufgaben der Produktionsplanung und -steuerung sowie -überwachung werden durch rechnergestützte Systeme (PPS-Systeme) wahrgenommen. PPS-Systeme lassen sich in die Teilgebiete der Produktionsplanung und Produktionssteuerung aufteilen. Die Produktionsplanung generiert Produktionsaufträge und schafft für die Produktion den mengenbezogenen, zeitlichen und kapazitativen

Abb. 2.66 Steuerung von
Bestellaufträgen. (Vgl.
Adelsberger (2006, S. 22))

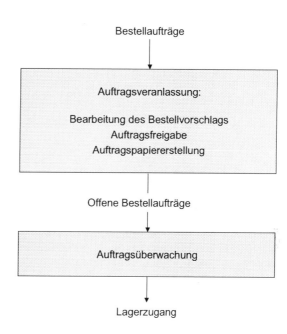

Rahmen. Die Produktionssteuerung veranlasst den Auftrag, führt die Reihenfolgeplanung durch und überwacht den Auftragsfortschritt.

Von der Produktionsplanung zur Produktionssteuerung nimmt der Detaillierungsgrad der Planung zu, während sich der Planungszeitraum verringert. Darüber hinaus beinhaltet ein PPS-System die Grunddatenverwaltung (z. B. Material-, Lieferanten-, Kunden- und Maschinenstammdaten) und nimmt materialwirtschaftliche Aufgaben, wie Ermittlung optimaler Bestellmengen und Lagerbestandssteuerung wahr.

Dabei sollen PPS-Systeme die Fertigung und alle damit verbundenen logistischen Teilaktivitäten unterstützen. Entscheidungsalternativen sind in verschiedenen Bereichen (Grobplanung, Feinplanung, Steuerung) durch eine Simulation abzuklären. PPS-Systeme nutzen elektronische Leitstandtechnik für die Werkstattsteuerung mit Grafikunterstützung und setzen Datenfernverarbeitungs-Standards zur Kommunikation mit Kunden und Lieferanten (EDI) ein. Die Sekundärbedarfsermittlung erfolgt über Stücklistengeneratoren mit flexibler Variantensteuerung. Darüber hinaus stehen Auswertetools für die für die Anbindung zahlreicher Controllingaufgaben (Kostenträgererfolgsrechnung, Unternehmenssimulation, Logistikcontrolling etc.) zur Verfügung. Mittlerweile sind PPS-Systeme häufig in umfassende Unternehmenssoftwaresysteme eingebunden.

2.2.5.4 Layoutplanung[189]

Die Layoutplanung umfasst die räumliche Anordnung der Produktionssegmente und die sie verbindenden Materialflussbeziehungen und Informationsflüsse auf einer abgegrenzten Fläche. Das Ziel der Layoutgestaltung ist die Minimierung der Transportleistung.

---

[189] Vgl. z. B. Wäscher (1994, S. 249–263) oder Blohm et al. (2008, S. 553–563).

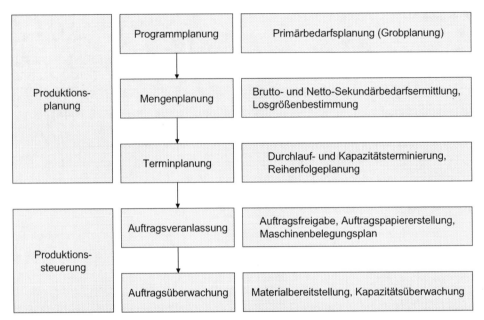

Abb. 2.67 Zusammenhang zwischen Produktionsplanung und -steuerung. (Vgl. Adelsberger (2006, S. 15))

Dabei sind unterschiedliche Bestimmungsfaktoren zu berücksichtigen. Standortanforderungen ergeben sich aus den erzeugten Produkten durch ihr Volumen, ihr Gewicht, den Flächenbedarf für Transportmittel und Lagerung, ihren Einfluss auf die Materialflussrichtung und die Arbeitsgangfolge. Auch die Betriebsmittel haben einen Einfluss auf den Flächenbedarf, die Flächenform, die Raumhöhe, die Bodentragfähigkeit, die Versorgung und Entsorgung und die erforderlichen Lichtverhältnisse. Die Mitarbeiter haben Anspruch auf humane und arbeitswissenschaftlich gesicherte Arbeitsplätze. Auch die Produktionsorganisation, die den Arbeitsablauf in dem innerbetrieblichen Transport beeinflusst, bestimmt das Layout der Fertigung.

Neben diesen Anforderungen sind Standortgegebenheiten, wie Betriebsgrundstücke, Gebäude, rechtlichen Vorschriften (z. B. Bauvorschriften, Gesundheitsvorschriften, Arbeitsschutzvorschriften, Umweltvorschriften) zu berücksichtigen.

Die Fragen der Layoutplanung ergeben sich bei der Neugestaltung, der Umstellung und der Erweiterung von Produktionsstätten.

Bei Errichtung einer Produktionsstätte sind in einer leeren Fabrikhalle Standorte für alle Produktionssegmente erstmalig zu bestimmen. Dies gilt auch für eine neu eingerichtete Werkstattproduktion (oder auch ein Produktionszentrum), um die Standorte für die einzelnen Arbeitssysteme (Werkstätten, Ressourcen) festzulegen.

Umstellungen sind erforderlich, wenn aufgrund einer Veränderung der Struktur des Materialflusses zwischen einzelnen Ressourcengruppen deren Standorte überprüft werden müssen. Es kommt zu Standortveränderungen infolge eines geänderten Produktionsprogramms.

Ist ein zusätzliches Produktionssegment in einer bereits zum Teil durch andere Segmente belegten Fabrikhalle zu platzieren, ist eine Erweiterung erforderlich.

Zur Unterstützung der Layoutplanung stehen zahlreiche Werkzeuge und IT-Systeme zur Verfügung, auf die im Rahmen dieses Moduls nicht weiter eingegangen wird.

2.2.5.5 Ausgewählte Themen zur Produktionslogistik

Das Ford-Produktionssystem[190] Die Ford Motor Company wurde am 17. Juni 1903 gegründet und steht für ein Großunternehmen, das die industrielle Arbeitsorganisation bei einem Produkt, das bis dahin überhaupt noch keinen Markt kannte, und in kleinen Werkstätten in Einzelfertigung hergestellt wurde, weltweit durchgesetzt hat.

Henry Fords Vision lautete: „Ich werde ein Automobil für jedermann bauen. Es wird groß genug für eine Familie sein, aber auch klein genug, dass es ein einzelner fahren und warten kann. Es wird aus den besten Materialien gebaut, von den besten Leuten nach einfachsten Plänen, die moderne Ingenieurtechnik entwickeln kann. Und bei all dem wird der Preis so niedrig sein, dass es sich jeder, der ein regelmäßiges Einkommen hat, leisten kann – um mit seiner Familie die Freuden vergnüglicher Stunden in Gottes freier Natur genießen kann."

Und weiter „Unsere Taktik zielt auf Preisabbau, Produktionserhöhung und Vervollkommnung der Ware. Man bemerke, dass Preisabbau an erster Stelle steht. Niemals haben wir unsere Unkosten als festen Faktor betrachtet. Daher reduzieren wir vor allem die Preise erst einmal so weit, dass wir hoffen dürfen, einen möglichst großen Absatz erzielen zu können. Dann legen wir uns ins Zeug und versuchen die Ware für diesen Preis herzustellen. Nach den Kosten wird dabei nicht gefragt. Der neue Preis schraubt die Kosten von selbst herab. Der übliche Brauch ist sonst, die Kosten und danach den Preis zu berechnen; das mag von einem engeren Standpunkt aus die korrektere Methode sein, von breiterem Gesichtspunkte aus betrachtet ist es aber dennoch falsch, denn was in aller Welt nützt es, die Kosten genau zu wissen, wenn man aus ihnen nur erfährt, dass man nicht zu einem Preis produzieren kann, zu dem der Artikel verkäuflich ist?".[191] Diese Sichtweise findet viele Jahre später unter dem Begriff „Target Costing[192]" Einzug in die Betriebswirtschaftslehre.

Um seine Vision zu verwirklichen, hat er die Organisationsmethoden entwickelt, die die Produktion von einfachen Autos zu einem günstigen Preis möglich machten.

Zwischen 1903 und 1910 war die Automobilproduktion durch eine handwerkliche Fertigung geprägt. Jeder Monteur montierte einen großen Teil des Autos, bevor er zum nächsten ging. Der Arbeitszyklus eines Monteurs betrug im Durchschnitt 514 min (entspricht 8,5 h). Aufgrund des hohen Arbeitsumfangs war ein hoher Ausbildungsgrad der

---

[190] Vgl. Ford (1951).
[191] Ford (1926) zit. n.: Crainer (1997, S. 119).
[192] Vgl. z. B. Blohm et al. (2008, S. 56 f).

Abb. 2.68 Handwerkliche
Automobilfertigung
(Bildnachweis: Ford)

Mitarbeiter erforderlich. Diese Mitarbeiter waren nicht uneingeschränkt verfügbar. Das
Fertigungssystem ließ keine einheitlichen Qualitätsstandards zu. Aufgrund des hohen Arbeitsumfangs je Mitarbeiter war die Produktivität bei niedrigen Wiederholungszahlen jedes
einzelnen Arbeitsschritts relativ niedrig (Abb. 2.68).

Zwischen 1910 und 1913 fand in den Fordwerken die sogenannte erste organisatorische
Revolution statt, nämlich die Einführung der Arbeitsteilung.

> An unseren Produktionsmethoden haben wir die größten Änderungen vorgenommen. Diese
> stehen niemals still. Ich glaube, keine einzige Verrichtung bei der Herstellung unserer Wagen
> ist die gleiche geblieben wie damals, als wir den ersten Wagen nach unserem gegenwärtigen
> Modell konstruierten. Das ist der Grund, weshalb wir so billig produzieren. (Ford 1926, zit.
> n.: Rudolph (1994, S. 130))

Jeder Monteur führte nur noch einen Arbeitsschritt aus und ging dabei von Fahrzeug zu
Fahrzeug durch die gesamte Montagehalle und wieder zurück. Der Arbeitszyklus eines
Monteurs betrug nun im Durchschnitt nur noch 2,3 min. Da der Arbeitsumfang verringert
wurde, sanken die Anforderungen an die Ausbildung der Mitarbeiter. Mit dieser neuen
Produktionsorganisation konnten einheitliche Qualitätsstandards gewährleistet werden,
verbunden mit einer höheren Produktivität aufgrund höherer Wiederholungszahlen je-
des einzelnen Arbeitsschritts. Nachteil dieser Organisationsform waren die umfangreichen
Bewegungen der Arbeiter ohne Wertschöpfung.

> Das Hauptelement der Massenproduktion war nicht – wie meist angenommen – das Fließ-
> band. Es war vielmehr die vollständige und passgenaue Austauschbarkeit der Bauteile und die
> Einfachheit ihres Zusammenbaus. (Womack et al. (1997, S. 34 f))(Abb. 2.69)

In der zweiten organisatorischen Revolution ab 1913 wurde das Fließband eingeführt.
Jeder Monteur führte nur noch einen Arbeitsschritt aus. Die Fahrzeuge wurden an den Ar-
beitsstationen vorbei gezogen. Der Arbeitszyklus eines Monteurs betrug im Durchschnitt

Abb. 2.69 Stationäre Montage (Bildnachweis: Ford)

1,2 min. Die Anforderungen an die Ausbildung der Mitarbeiter wurden noch geringer, da der Arbeitsumfang verringert wurde. Einheitliche Qualitätsstandards konnten einfach gewährleistet werden bei einer hohen Produktivität aufgrund höherer Wiederholungszahlen eines jeden einzelnen Arbeitsschritts. Hierbei konnte nun auch die Verschwendung durch Bewegung der Arbeiter ohne Wertschöpfung beseitigt werden.

Die Einführung des Fließbandes veränderte auch die betrieblichen Kontrollfunktionen. Wie die Arbeit selbst, ist auch die Kontrolle objektiviert – durch den Maschinenpark, bzw. durch den als technische Leistungsvorgabe geplanten Takt: „Stets ist es unser Ziel, ... die Arbeitsmethoden so zu vereinfachen, dass Befehle überhaupt kaum noch notwendig sind. Wenn die Leitung nicht schon auf dem Zeichenbrett beginnt, wird sie sich auch nicht in der Werkstatt durchsetzen"[193] (Abb. 2.70).

Die folgende Zusammenfassung der **Rationalisierungsschritte** verdeutlicht noch einmal die Veränderung der Arbeitsorganisation (s. Tab. 2.21).

Die Umsetzung dieser Aspekte war bei Henry Ford noch etwas einfacher: ihm wurde für sein Geschäft anfangs noch kein durchgesetzter Marktpreis vorgegeben, nach dem er sich in seiner Geschäftskalkulation zu richten hätte. Es ging bei der Firmengründung erst einmal darum, überhaupt einen Markt für das neue Produkt Auto zu eröffnen.[194] Marktänderungen hatte Ford zunächst nicht zu beachten: er hat den Automarkt überhaupt erst ins Leben gerufen. Die Marktführerschaft wurde mit dem Modell T nicht für alle Zeiten sichergestellt, es wurde aber ein großes Firmenvermögen erwirtschaftet, mit dem die neuen Rationalisierungsmaßnahmen für ein diversifiziertes Produktprogramm umgesetzt werden konnten.

---

[193] Ford 1926, zit. Rudolph (1994, S. 131).
[194] Vgl. Ford 1926, zit. Rudolph (1994, S. 127).

Abb. 2.70 Mobiles Montageband (Bildnachweis: Ford)

Henry Ford hatte selbst erkannt, dass sein Produktionssystem für eine hohe Produkt-
vielfalt nicht geeignet ist. Sein Ziel war es, ein Auto für den Massenmarkt zu bauen.
Nicht erkannt hatte er, dass sich die Kundenanforderungen in gesättigten Märkten ändern und in diesem Märkten Marktanteile nur mit neuen Modellen (Innovationen) und
kundenspezifischen Lösungen zu erzielen sind.

Tab. 2.21 Veränderung der Produktion durch die Rationalisierungsmaßnahmen. (Vgl. Womack et al.
(1997, S. 34 ff; Kaiser (1994))

Jahr	Durchschnittlicher Arbeitszyklus	Arbeitszuordnung	Rationalisierungsmaßnahme
1903	Mehrere Wochen	1 Arbeiter → 1 Auto	Einfacher handwerksmäßiger Werkstattmontagestand
1908	8,56 Stunden	1 Arbeiter → 1 größeres Teil	Teilung der Arbeit im Sinne einer Werkstattfertigung, ein Arbeiter baute z. B. alle mechanischen Teile an und wechselte dabei zwischen den stationären Montagestationen
1913	2,3 Min	1 Arbeiter → 1 einziger Arbeitsschritt	Durch umfassende Austauschbarkeit der Teile entfielen nachträgliche mechanische Anpassungen. Die Monteure führten nur noch einen einzigen Arbeitsschritt aus und gingen dabei von Fahrzeug zu Fahrzeug durch die Montagehalle
1914	1,19 Min	1 Arbeiter → 1 kleine Teilfunktion	Einführung des Fließbands

Das Toyota-Produktionssystem Ein auch heute noch aktuelles Produktionssystem wurde nach Ende des zweiten Weltkrieges bei der Toyota Motor Company entwickelt.

Exkurs Entwicklungsgeschichte des Toyota-Produktionssystems

Die Firma Toyota begann ursprünglich als Textilmaschinenhersteller (Toyoda Spinning and Weaving). Der Einstieg ins Autogeschäft geschah auf Drängen der japanischen Regierung Ende der 30er Jahre aufgrund des kriegswirtschaftlichen Bedarfs an Lastwagen für das Militär. Nach dem Krieg gab Toyoda Kiichiro, der erste Präsident der Toyota Motor Company, die Parole aus: „Wir müssen Amerika innerhalb von drei Jahren einholen. Sonst wird die Autoindustrie Japans nicht überleben"[195]. Die Firma Toyota war also mit einem ehrgeizigen Wiederaufbauprogramm nach dem zweiten Weltkrieg verbunden – ein Wiederaufbauprogramm, das auf den gesamten Weltmarkt zielte. Das MITI (Ministry for International Trade and Industry) hatte sogar vor, die damals existierenden 12 japanischen Autoproduzenten für diesen Zweck zu drei großen Konzernen zusammenzuschließen – als Konkurrenz zu den „Big Three of Detroit" (Ford, General Motors und Chrysler). Die amerikanischen Besatzer des Kriegsverlierers Japan sorgten aber als erstes dafür, dass alle großen Industrien der Vorkriegszeit, insbesondere die Rüstungsindustrie, zerschlagen wurden.

Der Neubeginn des Autogeschäfts in Japan entstand zu einer Zeit, als der Weltmarkt bereits durch Massenproduktionssysteme – insbesondere am Standort USA – gekennzeichnet war. Der Aufbau einer für den Weltmarkt wettbewerbsfähigen Automobilindustrie begann daher auf dem japanischen Binnenmarkt: „Der Binnenmarkt war sehr klein und verlangte eine breite Fahrzeugpalette – luxuriöse Wagen für die Regierung, LKWs für den Gütertransport, kleine LKWs und Pickups für Japans Kleinbauern und kleine PKWs für Japans übervölkerte Städte und hohe Energiepreise"[196].

Dass die japanischen Autobauer nicht gleich der Weltmarktkonkurrenz ausgesetzt waren, hieß keineswegs, dass das in Japan wieder neu gestartete Autogeschäft sich eine niedrigere Produktivität „leisten" konnte. Im Gegenteil: schließlich ging es um die Herstellung weltmarkttauglicher Produktionsbedingungen im japanischen Binnenmarkt. Und so war der oberste Ingenieur der Toyota Motor Company, Taiichi Ohno, in der Nachkriegszeit auch gleich damit konfrontiert, „Produktivität um jeden Preis" in den damaligen Fabriken zu verankern: „Ich erinnere mich noch, wie überrascht ich war zu erfahren, dass neun Japaner erforderlich waren, um die Arbeit eines Amerikaners durchzuführen... Es würde bedeuten, dass eine Arbeit, die jetzt von 100 Arbeitern verrichtet würde, dann von zehn Arbeitern getan werden müsste...

---

[195] Zit. nach Ohno (1993, S. 29).
[196] Vgl. Womack et al. (1997, S. 65).

> Nähmen wir die Autoindustrie, eine der fortschrittlichsten Branchen Amerikas, zum Vergleich, würde sich das Verhältnis (noch) erheblich verschieben"[197].

Unter den Voraussetzungen der japanischen Nachkriegszeit entwickelte Taiichi Ohno, Projektingenieur bei Toyota ein Produktionsmodell, das durch die Vermeidung von Ressourcenverschwendung eine kontinuierliche Kostensenkung zum Ziel hatte.

> Verschwendung entsteht, wenn wir versuchen, das gleiche Produkt in großen Stückzahlen herzustellen. Am Ende steigen nämlich die Kosten. Es ist tatsächlich viel wirtschaftlicher, von einem Artikel nur einen auf einmal herzustellen. Die erste Methode ist das Ford-Produktionssystem, die letztere das Toyota-Produktionssystem. (Ohno (1993, S. 20))

Auch im Toyota Produktionssystem werden die Konzepte der Massenproduktion angewendet. Diese werden aber dahingehend angepasst, dass das Prinzip der Fließfertigung mit dem Just-in-time-Prinzip zur Reduzierung der Zwischenpuffer in der Produktion verbunden wird. Der Produktenstehungsprozess ist dadurch noch immer durch einen hohen Grad an Arbeitsteilung gekennzeichnet. Einheitliche Prozessstandards dienen als verbindliche Vorgaben zur Sicherstellung einer hohen Qualität.

„Das Toyota-Produktionssystem entstand aus einer Notwendigkeit heraus. Bestimmte Restriktionen im Markt verlangten die Fertigung kleiner Stückzahlen vieler Modelle bei niedriger Nachfrage – ein Schicksal, dem die japanische Autoindustrie in der Nachkriegszeit oft ausgeliefert war. Diese Restriktionen dienten als Prüfstein dafür, ob sich die japanischen Autohersteller behaupten und im Wettbewerb mit dem Massenproduktions- und -absatzsystem einer Industrie überleben konnten, die bereits in Europa und den USA etabliert war"[198].

Auf dem Automobilmarkt hatten sich zum Ende des 20. Jahrhunderts die japanischen Automobilhersteller zu einer wichtigen Konkurrenz gegenüber amerikanischen und europäischen Herstellern entwickelt. Hinsichtlich Kosten und Qualität übernahmen japanische Hersteller die Führung gegenüber amerikanischen und europäischen Automobilproduzenten[199].

Dies belegen auch beispielhaft folgende Unternehmenskennzahlen aus dem Jahr 1991 (s. Tab. 2.22).

Spätestens seit Veröffentlichung der MIT-Studie „The machine that changed the world" im Jahre 1990[200] sind die „Geheimnisse" des japanischen Produktivitätsvorsprungs zu einem der wichtigsten Themen westeuropäischer Unternehmen geworden: „Einfach, aber

---

[197] Vgl. Ohno (1993, S. 29 f).
[198] Vgl. Ohno (1993, S. 19).
[199] Vgl. Vahrenkamp (2008, S. 25).
[200] Vgl. Womack et al. (1991/1997)

Tab. 2.22 Vergleich der
Unternehmenskennzahlen von
Toyota und Volkswagen. (Ohno
(1993, S. 7 f))

Kennzahlen 1991	Toyota	VW
Anzahl Beschäftigte	70.000	260.000
Produktionsvolumen Autos	4,5 Mio.	3,5 Mio.
Jahresumsatz	78 Mrd. $	76 Mrd. $
Reingewinn	3 Mrd. $	1 Mrd. $

überzeugend ... Dort, wo wir im Westen sofort nach einem großen technischen Wunder suchen, wie der Computerintegrierten Fertigung (CIM), Robotern oder hochkomplizierten Fertigungsverfahren, schaffen die Japaner einfach die Verschwendung ab"[201].

Eine Verbesserung der Produktivität ist nur möglich durch die ständige „Beseitigung von Verschwendung". Die Erfolge dieser Philosophie zeigen sich im Vergleich der Unternehmenskennzahlen japanischer, US-amerikanischer und europäischer Montagewerke von Großserienherstellern aus dem Jahr 1989, als die europäischen und amerikanischen Unternehmen erst anfingen, die japanischen Konzepte in ihren Produktionshallen umzusetzen (s. Tab. 2.23).

Abbildung 2.71 zeigt die Elemente des Toyota-Produktionssystems. Das übergeordnete Ziel ist die Produktion im Kundentakt. Um dieses Ziel zu erreichen, müssen alle Formen der Verschwendung beseitigt werden (Strategie des Toyota-Produktionssystems). Diese Strategie wird durch folgende Methoden umgesetzt („Säulen des Toyota-Produktionssystems"):

Tab. 2.23 Vergleich der der Unternehmenskennzahlen japanischer, US-amerikanischer und europäischer Montagewerke von Großserienherstellern 1989. (Womack et al. (1997, S. 117))

Kennzahlen	Japan	USA	Europa
Produktivität (Std./Auto)	16,8	25,1	36,2
Qualität (Montagefehler/100 Autos)	60	82,3	97
Fläche (qm/Auto/Jahr)	0,5	0,7	0,7
Größe des Reparaturbereichs			
(% der Montagefläche)	4,1	12,9	14,4
Lagerbestand (Tage für 8 ausgewählte Teile)	0,2	2,9	2
% der Arbeitskräfte in Teams	69,3	17,3	0,6
Job Rotation (0 = keine; 4 = häufig)	3	0,9	1,9
Vorschläge/Beschäftigte	61,6	0,4	0,4
Anzahl der Lohngruppen	11,9	67,1	14,8
Ausbildung neuer Produktionsarbeiter (Std.)	380,3	46,4	173,3
Abwesenheit (%)	5	11,7	12,1
Automation Schweißen (% der Arbeitsgänge)	86,2	76,2	76,6
Automation Lackieren (% der Arbeitsgänge)	54,6	33,6	38,2
Automation Montage (% der Arbeitsgänge)	1,7	1,2	3,1

---

[201] Vgl. Vorwort zu Ohno (1993, S. 16).

Abb. 2.71 Elemente des
Toyota Produktionssystems. (In
Anlehnung an Kanban Consult
2008: http://www.
kanbanconsult.de/strategie.htm
Kanban Consult GmbH –
Karlsruhe)

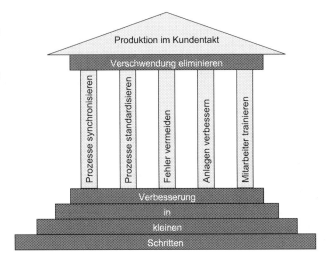

- Synchronisierung der Prozesse
- Standardisierung der Prozesse
- Vermeidung von Fehlern
- Verbesserung der Produktionsanlagen
- Qualifizierung und Training der Mitarbeiter

Als Basis zur Anwendung der Methoden ist die kontinuierliche Weiterverbesserung der Prozesse (KVP).

Ziel des Toyota Produktionssystems: Produktion im Kundentakt Angesprochen auf das zentrale ökonomische Prinzip des Toyota-Produktionssystems, antwortete Taiichi Ohno: „Alles, was wir tun, ist, den Zeithorizont nicht aus den Augen zu verlieren. Von dem Augenblick an, in dem wir einen Kundenauftrag erhalten, bis zu dem Moment, in dem wir das Geld kassieren. Und wir verkürzen diesen Zeithorizont, indem wir alles Überflüssige beseitigen".[202]

„Es gibt keine schrecklichere Verschwendung in Unternehmen als die der Überproduktion".[203] Damit die Beseitigung der Überproduktion die Kosten senkt, muss die Produktionsmenge mit der benötigten Stückzahl übereinstimmen. Fertigt die Endmontage des Lieferanten mehr Produkte, als der Kunde in der gleichen Zeit abnimmt, dann bauen sich beim Lieferanten Bestände an Fertigteilen auf. Produziert die Endmontage des

---

[202] Vgl. Ohno (1993, S. 15).
[203] Vgl. Ohno (1993, S. 15).

Lieferanten weniger als der Kunde in der Periode verbraucht, so ist irgendwann sein Fertigteilelager leer und er ist nicht mehr lieferfähig. Nur wenn die Endmontage des Lieferanten im gleichen Takt produziert wie der Kunde die Produkte abnimmt, lässt sich ein Aufbau an Fertigteilbeständen, oder ein Lieferabriss vermeiden. Was für die Synchronisierung des Lieferanten mit dem externen Kunden gilt, gilt auch für die Synchronisierung von internen Kunden und internen Lieferanten. Wenn die Endmontage im gleichen Takt produziert wie der externe Kunde und, ausgehend von der Endmontage, alle vorgelagerten Bereiche nur das nachproduzieren, was gerade verbraucht wurde, spricht man von einem ziehenden System (engl. pull system), das synchron zum Kundentakt produziert, also Just-in-time (JIT) oder Just-in-sequence (JIS).

Just-in-time heißt: produktionssynchrone Beschaffung. Dies bedeutet, dass die Produktion direkt mit den jeweils nötigen Anlieferungen versorgt wird. Im Lager werden nur kleine Sicherheitspuffer gehalten. Mit Just-In-Sequence wird die sequenzgenaue Anlieferung der für die Fertigung einer Produktvariante benötigten Teile an das Montageband bezeichnet, d. h. die Teile werden exakt zu dem Zeitpunkt und in der Reihenfolge angeliefert, in der sie benötigt werden.

Strategie im Toyota Produktionssystem: Vermeiden der Verschwendung Ohno definierte die „Sieben Arten der Verschwendung" folgendermaßen[204]:

1. **Überproduktion**: Wenn mehr produziert wird als geplant ist, spricht man von Überproduktion. Gründe dafür können sein: zu viele Mitarbeiter in einer Schicht wegen schlechter Freischichtplanung, Aufbau von Lagerbeständen als Sicherheit gegen Maschinenstörungen bzw. gegen schlechte Produktionsqualität.
2. **Überflüssige Bewegungen** (des Bedieners und/oder der Maschine): Ungünstige nicht ergonomische Anordnung von Werkzeugen oder Werkstücken führen zu unnötigen Bewegungen des Werkers. Lange Anfahrwege von Werkzeugen bei kleinen Werkstücken, die auf zu großen Maschinen bearbeitet werden führen zu unnötigen Bewegungen der Maschinen und damit unter Umständen zu Wartezeiten des Bedieners.
3. **Wartezeiten** (des Bedieners und/oder der Maschine): Wartezeiten des Bedieners bzw. der Maschine entstehen durch fehlendes Material, durch Stillstandszeiten von Maschinen infolge von Störungen, durch ungünstige Prozesszeiten: Maschine arbeitet – Werker wartet bis er das nächste Werkstück einlegen kann.
4. **Transporte**: Transporte jeder Art, ob mit Stapler, Fahrrad, Handhubwagen usw. sind Verschwendung, da sie das Werkstück durch diese Aktionen nicht dem Endzustand näher bringen, sondern nur seine Position in der Fabrik verändern.

---

[204] Vgl. Ohno (1993, S. 46).

5. **Überbearbeitung** (zu aufwendige und/oder überflüssige Arbeitsgänge): Ist eine Bohrung tiefer als notwendig, hat man das Bauteil überbearbeitet. Vor allem beim Thema Prüfen kann oftmals optimiert werden. Sehr häufig werden Bauteile einfach „überprüft". Die Schwierigkeit besteht darin, herauszufinden, dass man wirklich überbearbeitet!

6. **Hohe Materialbestände** (in der Produktion und/oder in den Rohstoff- bzw. Fertigteillagern): Lagerbestand verursacht Kapitalkosten. Dieser Lagerbestand folgt unmittelbar aus Überproduktion und einer „Nicht-In-Takt-Produktion".

7. **Nacharbeit und Ausschuss:** Teile, die nicht in Ordnung sind, können im nachfolgenden Prozess nicht weiterbearbeitet bzw. an den Kunden ausgeliefert werden. Sie müssen nachgearbeitet werden, was zu höheren Herstellkosten führt.

Methoden im Toyota Produktionssystem

Synchronisierung der Prozesse Im herkömmlichen Produktionssystem ermittelt ein zentrales PPS-System auf der Basis von Rüstzeiten optimale Losgrößen für unabhängig voneinander agierende Fertigungsbereiche, die nach dem Werkstattprinzip organisiert sind. Dabei schiebt jeder Bereich seine Teile in einen Puffer für den nachfolgenden Prozess (Schiebendes System). Bei Bearbeitungszeiten von weniger als einer Stunde, liegt die Produktionsdurchlaufzeit oft bei mehreren Wochen.

Im Toyota-Produktionssystem wird nur das produziert, was gerade verbraucht wurde. Mit schnellen Werkzeugwechseln wird die Produktion kleiner Losgrößen wirtschaftlich. Die Durchlaufzeit (lead time) ist fast identisch mit der reinen Bearbeitungszeit (cycle time). Das Material ist permanent im Fluss. Die Durchlaufzeit reduziert sich gegenüber dem schiebenden System um über 90 %. Dies wird im Wesentlichen durch die Umstellung von der Losgrößenfertigung im Werkstattprinzip auf die Einzelstückfertigung im Fließprinzip (One-Piece-Flow) erreicht.

Die vom PPS-System ermittelte optimale Losgröße ist in erster Linie von der Rüstzeit abhängig. Dabei stellt sich die Frage, ob die ermittelte Losgröße tatsächlich optimal ist, wenn ein Wettbewerber die gleiche Anlage in einem Fünftel der Zeit umrüsten und eine um 80 % kleinere Losgröße wirtschaftlicher produzieren kann als sein Konkurrent. Die optimale Losgröße ist Eins. Um sie zu erreichen, benötigt man kein PPS-System, sondern eine Rüststrategie, die es ermöglicht, kleine Losgrößen wirtschaftlich zu fertigen. Ist es wirklich sinnvoll, Millionen in den Bau von Hochregallagern zu stecken, die wiederum laufende Kosten verursachen, statt mit einem Bruchteil dieser Summe die Mitarbeiter entsprechend zu qualifizieren und die Anlagen umrüstfreundlich zu modifizieren (Rüstzeitreduzierung). Die Methode hierfür wird SMED genannt. SMED steht für „Single Minute Exchange of Die", also Werkzeugwechsel im Minutentakt.

Standardisierung der Prozesse In einer gut organisierten Fabrik ist eindeutig geregelt, welches Material in welcher Menge auf welcher Fläche steht und wie und womit an den verschiedenen Arbeitsplätzen gearbeitet wird. Diese Spielregeln sind dokumentiert und nur ein Verbesserungsvorschlag führt zu einer Änderung der Spielregeln. Standards müssen für jeden sichtbar in der Fabrik visualisiert werden. Die Veröffentlichung von Standards ist aber nur dann sinnvoll, wenn man auf einen Blick erkennen kann, ob sie eingehalten werden. Sowohl die Mitarbeiter wie auch die verantwortlichen Führungskräfte müssen sofort erkennen können, ob der Prozessstandard eingehalten wird oder nicht. Hier verwendet Toyota das Prinzip der Visualisierung. Standardabweichungen müssen direkt ins Auge stechen. Beispielsweise werden Ablageplätze für Instandhaltungswerkzeug mit dessen Umriss gekennzeichnet. Liegt das Werkzeug nicht am Platz, ist aufgrund dessen Umriss sofort klar, welches Werkzeug hier liegen sollte.

Um die dauerhafte Einhaltung der Standards sicherzustellen, müssen diese in regelmäßigen Abständen überprüft (auditiert) werden. An der Auditierung beteiligen sich die Führungskräfte aller Hierarchieebenen. Toyota baut auf Standards, welche aber ständig durch die Mitarbeiter verbessert werden müssen (kaizen).

Vermeidung von Fehlern Bei minimalen Materialbeständen im Prozess dürfen nur Gut-Teile an den nachgelagerten Bereich weitergegeben werden. Dies setzt voraus, dass die Produktqualität ständig, und nicht nur durch Stichproben überwacht wird. Dazu müssen alle Mitarbeiter von Produktion und Logistik entsprechend geschult und für diese Problematik sensibilisiert sein. Die Methode hierfür wird als Total-Quality-Management (TQM) bezeichnet.

Abbildung 2.72 zeigt die Entwicklungsstufen des Total Quality Managements.

Betrachtet man die begrifflichen Bestandteile von Total Quality Management, so steht das „Total" (allumfassend, ganzheitlich) für die Einbeziehung aller Mitglieder des Unternehmens sowie der Kunden und Lieferanten in den Qualitätsverbesserungsprozess. Alle Beteiligten sollen partnerschaftlich Handeln. Das klassische Bereichs- und Abteilungsdenken wird durch ein übergreifendes Denken ersetzt. Im Vordergrund steht die Steigerung des Nutzens für alle Beteiligten. „Quality" steht für die ganzheitliche Betrachtung der Qualität, die über die Produktqualität hinaus geht. Unterschieden wird in das kleine „q" und das große „Q". Die ursprüngliche Zielsetzung von Qualitätssicherungssystemen zielte auf die Produktqualität ab („q"). Das große „Q" steht für allumfassende Qualität also Prozessqualität, Führungs- und Personalqualität, Qualität der Mitwelt- und Außenbeziehungen, um so die Produktqualität langfristig zu verbessern. „Management" bedeutet die Verantwortung aller Führungskräfte zur Schaffung eines umfassenden Qualitätsmanagements. Dabei sind alle anstehenden Aufgaben unter Beachtung der Anforderungen an Zeit, Kosten und Funktionen im Sinne eines durchgehenden Qualitätsmanagement zu koordinieren.[205]

Total Quality Management stellt nicht nur einen umfassenden Denk- und Handlungsansatz dar, sondern ist gleichzeitig eine Unternehmensphilosophie, deren Führungskonzept

---

[205] Vgl. Hahn und Laßmann (1999, S. 144).

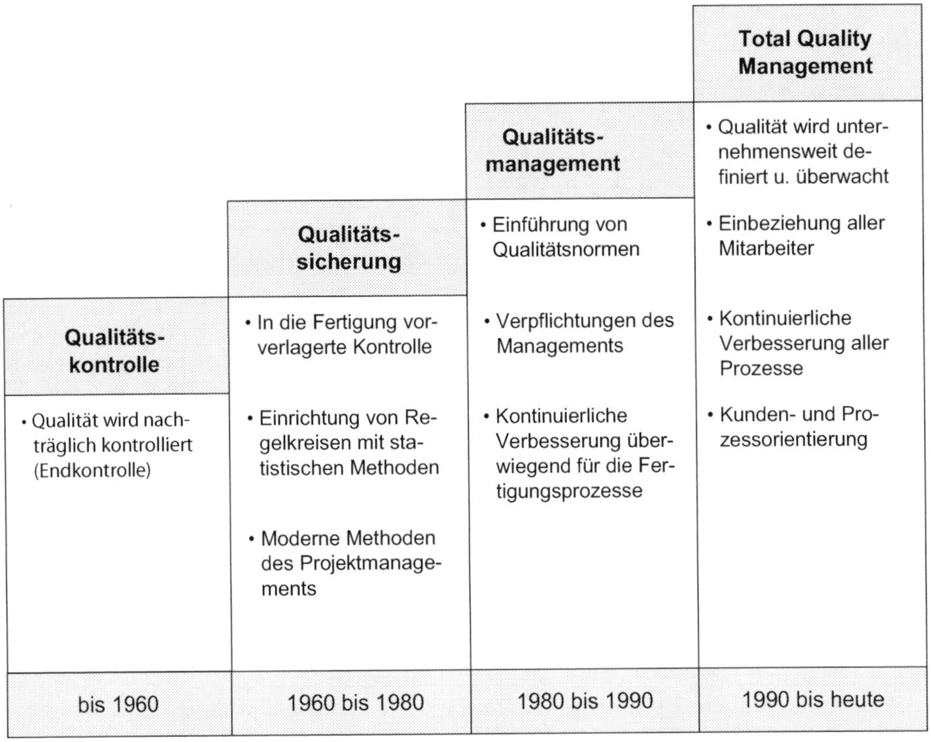

Qualitäts-kontrolle	Qualitäts-sicherung	Qualitäts-management	Total Quality Management
			• Qualität wird unternehmensweit definiert u. überwacht
		• Einführung von Qualitätsnormen	• Einbeziehung aller Mitarbeiter
	• In die Fertigung vorverlagerte Kontrolle	• Verpflichtungen des Managements	• Kontinuierliche Verbesserung aller Prozesse
• Qualität wird nachträglich kontrolliert (Endkontrolle)	• Einrichtung von Regelkreisen mit statistischen Methoden	• Kontinuierliche Verbesserung überwiegend für die Fertigungsprozesse	• Kunden- und Prozessorientierung
	• Moderne Methoden des Projektmanagements		
bis 1960	1960 bis 1980	1980 bis 1990	1990 bis heute

Abb. 2.72 Die Entstehung des Total Quality Managements. (In Anlehnung an REFA Bundesverband e. V)

auf das gesamte Unternehmen wirkt. Dabei steht die Schaffung eines Qualitätsbewusstseins und einer Qualitätssicherung im gesamten Unternehmen und seiner Lieferanten und Kunden im Mittelpunkt der Bemühungen. Um dies zu erreichen orientiert sich das Total Quality Management an folgenden Prinzipien:

* Qualität orientiert sich am Kunden,
* Qualität wird mit Mitarbeitern aller Bereiche und Ebenen erzielt,
* Qualität umfasst mehrere Dimensionen, die durch Kriterien operationalisiert werden müssen,
* Qualität ist kein Ziel, sondern ein Prozess, der nie zu Ende ist,
* Qualität bezieht sich nicht nur auf Produkte, sondern auch auf Dienstleistungen,
* Qualität setzt aktives Handeln voraus und muss erarbeitet werden.

Häufig spricht man von sogenannten Bausteinen, die zum Erfolg des Total Quality Managements im Unternehmen beitragen. Diese Bausteine sind in Abb. 2.73 dargestellt.

Der Mitarbeiter ist der wichtigste Erfolgsfaktor bei der Umsetzung der Total Quality Management-Philosophie im Unternehmen. Jeder Mitarbeiter kann Fehler machen, daher

Abb. 2.73 Bausteine des Total Quality Management. (In Anlehnung an IMQ Consulting 2010)

müssen Prozesse so entwickelt werden, dass die möglichen Fehler nahezu null sind oder zumindest so früh wie möglich gefunden und behoben werden können. Am Beispiel einer Werkstückprüfung wird deutlich, wie dieser Ansatz im Produktionsprozess umgesetzt werden kann. Je mehr Punkte ein Mitarbeiter prüfen muss, desto größer ist die Wahrscheinlichkeit, dass er einen Fehler übersieht. Deshalb muss die Zahl seiner Prüfpunkte auf ein Minimum reduziert werden. Automatisches Prüfen (im japanischen Jidoka genannt), d. h. die Selbstkontrolle der Maschine, wird erreicht durch einfache Sensoren oder Führungen, wobei die eingesetzten Hilfsmittel nicht zu einem zusätzlichen Prozessrisiko werden dürfen. Durch ein automatisches Prüfen wird die Maschine in die Lage versetzt, selbst zu erkennen, ob die Toleranzen eingehalten werden. Ist dies nicht der Fall, hält sie automatisch an. In Japan nennt man diese Methoden Poka Yoke, was soviel bedeutet, wie „Vermeidung unbeabsichtigter Fehler". Erkennt ein Mitarbeiter einen Fehler, der nicht schnell behebbar ist, zieht er an einer speziellen Stopp-Leine (Andon-Leine) und kann die gesamte Produktionsstraße anhalten. Mit dieser Methode werden Fehler schnell erkannt und können behoben werden, bevor weitere Arbeitsschritte erfolgen.

Alle Aktivitäten müssen sich an den Wünschen der Kunden orientieren. Nur so werden Produkte hergestellt, die auch abgesetzt werden können. Die Wünsche des Kunden lassen sich nur durch eine ständige aber dabei effiziente Marktbeobachtung ermitteln. Die unternehmensweise Qualitätsstrategie muss in den Unternehmenszielen und –Visionen abgebildet werden, um ihre Durchsetzung sicherzustellen. Die Beteiligung der Mitarbeiter an dem ständigen Verbesserungsprozess ist zu organisieren, so sind zunächst alle Mitarbeiter bezüglich der neuen Methoden zu schulen. Darüber hinaus sind feste Zeiten während der Arbeitszeit einzuplanen (sinnvoll ist eine halbe bis eine Stunden pro Woche), zu denen sich die Mitarbeiter in überschaubaren Teams (am besten mit fünf bis sieben Teilnehmern) mit den Verbesserungsmaßnahmen beschäftigen. Die Erfolge zur Verbesserung der Qualität von Produkten, Prozessen und Führungsmaßnahmen sind nicht die Erfolge einzelner sondern des Teams. Sind diese Bausteine im Rahmen einer Total Quality Management-Einführung erfolgreich umgesetzt, hat sich auch ein neuer Qualitätsbegriff im Unternehmen etabliert.

Verbesserung der Produktionsanlagen Die Mitarbeiter der Produktion werden wartungs-technisch geschult und können Störungen bis zu einem gewissen Grad selbst beheben. Erst wenn ihnen die Reparatur innerhalb eines definierten Zeitraums nicht gelingt, tritt die zentrale Instandhaltungstruppe in Aktion (autonome Instandhaltung). Ziel ist es, bei einer auftretenden Störung die tatsächliche Ursache hierfür zu finden und diese dann nachhaltig zu beseitigen.

Mit der Dezentralisierung der Instandhaltung werden die Werker in die Verantwortung für die Funktionsfähigkeit ihrer Maschinen eingebunden. Da sie bei Maschinenstörungen nicht automatisch Pause haben, ist ihre Motivation, solche Situationen zu vermeiden, sehr hoch. Konkret heißt dies, dass Prüfpunkte, die ohne Demontage von Maschinenteilen zugänglich sind und oft unregelmäßig oder gar nicht von der zentralen Wartung gecheckt wurden, nun täglich überprüft werden (vorbeugende Instandhaltung). Diese Methode wird auch als Total Productive Maintenance (TPM) bezeichnet.

Durch den kontinuierlichen Verbesserungsprozess sowie eine regelmäßige Wartung und Kontrolle bestimmter Vorgänge kann die Fehler- und Ausfallquote der Produktionsanlagen verringert werden. Durch die vorbeugende Kontrolle und Durchführung der Maßnahmen werden Probleme frühzeitig erkannt oder sogar vermieden. Durch die vorbeugende In-standhaltung kommt es fast nicht mehr zu ungeplanten Ausfällen von Produktionsanlagen. Wird bei einer Kontrolle festgestellt, dass ein Teil ausgetauscht werden muss, so können die erforderlichen Ersatzteile und Werkzeuge rechtzeitig beschafft werden. Durch die zeit-lich und inhaltlich genau definierten Instandhaltungsmaßnahmen können die dadurch entstehenden Ausfallzeiten gut in die Planung integriert werden.[206] Das Konzept der To-tal Productive Maintenance basiert auf mehreren Grundsätzen (Säulen). Dazu gehört die autonome Instandhaltung, d. h. der Anlagenbediener soll Inspektions-, Reinigungs- und Schmierarbeiten, sowie kleinere Wartungsarbeiten selbstständig durchführen. Die vorbeu-gende Instandhaltung sichert eine nahezu 100 %ige Verfügbarkeit der Produktionsanlagen. Training und Ausbildung dienen dazu, Mitarbeiter bedarfsgerecht hinsichtlich Verbesse-rung der Bedienung und Instandhaltung zu qualifizieren. Eine Anlaufüberwachung sorgt dafür, dass neue Maschinen schnellstmöglich die erforderlichen Durchsatzzahlen erreichen. Das Ziel des Qualitätsmanagements liegt darin, die Fehlerquote bei Produkten und Anla-gen so gering wie möglich zu halten („Null–Qualitätsdefekte"-Ziel). Dies gilt auch für die Arbeitssicherheit und den Gesundheitsschutz durch die Forderung nach „Null–Unfällen" im Unternehmen. Total Productive Maintenance in administrativen Bereichen soll Verluste und Verschwendungen in nicht direkt produzierenden Abteilungen eliminieren.

Zur Messung der Erfolge der Total Productive Maintenance-Aktivitäten können folgende Kennzahlen herangezogen werden:

---

[206] Vgl. May und Schimek (2009)

- OEE (Overall Equipment Effectiveness, Gesamtanlagen-Effektivität). Sie ist ein Maß für die Verluste, welche an einer Anlage entstehen.
- Produktivität, z. B. Arbeitsproduktivität, Wertschöpfung pro Person, Störungsreduzierung,
- Qualität, z. B. Anzahl Prozessfehler, Anzahl Defekte, Anzahl Kundenreklamationen,
- Kosten, z. B. Arbeitskräftereduzierung, Instandhaltungskosten, Energiekosten,
- Belieferung, z. B. Bestandsmenge, Lagerumschlag,
- Sicherheit, z. B. Anzahl der Unfälle, Krankheitsstand, Kennzahlen bzgl. Verschmutzung,
- Arbeitsmoral, z. B. Anzahl der Verbesserungsvorschläge, Anzahl Kleingruppentreffen für die Ausarbeitung von Verbesserungsvorschlägen.

Qualifizierung und Training der Mitarbeiter Wer eine Steigerung der Produktqualität fordert, muss zunächst für eine Verbesserung der Prozessqualität sorgen. Nur wenn Mitarbeiter feststellten, dass sich das Management für ihre täglichen Probleme im Prozess interessiert und sie bei der Lösung dieser Probleme aktiv unterstützt, realisieren sie, dass die kontinuierliche Prozessverbesserung tatsächlich gewollt ist.

Eine reine Ergebnisorientierung führt zur Demotivierung der Mitarbeiter.[207] Prozessorientiertes Management ist unterstützendes Management.

In den Toyota-Fabriken sind die Werker der wichtigste Faktor im Prozess. Man hat verstanden, dass die Investition in die Qualifizierung der Mitarbeiter der entscheidende Wettbewerbsvorteil ist, im Bemühen um Qualität und Kosten. Kontinuierliche Prozessverbesserung heißt daher auch kontinuierliche Qualifizierung der Mitarbeiter.

Toyota schult z. B. Bandmitarbeiter in eigens dafür vorgesehenen Trainingszentren, bevor sie im Echtbetrieb eingesetzt werden. Beispielsweise werden Lackierer mit speziellen Wassertrainingsanlagen geschult. An diesen wird das Lackieren eines Autos eingeübt. Das verbrauchte Wasser wird aufgefangen und mit der Zielmenge verglichen. Darüber hinaus zertifiziert Toyota sogenannte Mastertrainer, die Toyotas Trainer ausbilden und beraten.

Basis des Toyota Produktionssystems: Kontinuierlicher Verbesserungsprozess (KVP)[208] Kaizen ist eine Führungsphilosophie, die Mitarbeiter motiviert und in die Lage versetzt, ständig ihren Arbeitsprozess zu verbessern. Das japanische Wort Kaizen bedeutet wörtlich übersetzt „Veränderung bzw. Wandel zum Besseren" und steht für eine geordnete und kontinuierliche Verbesserung in kleinen Schritten.[209] Die Botschaft von Kaizen lautet: Es darf kein Tag ohne eine Verbesserung im Unternehmen vergehen. Die dauernde Veränderung zum Besseren wird mit einer konkreten Zielrichtung sowie Transparenz und Flexibilität verfolgt, um auf die Änderungen der Umwelt zu reagieren.[210]

---

[207] Wenn der Trainer dem Hochspringer die Latte permanent auf 2,30 m legt und ihm nicht verrät, wie er diese Höhe überwinden kann, verliert der Springer den Spaß an seinem Sport – er resigniert.

[208] Vgl. z. B. Groth und Kammel (1994, S. 143).

[209] Vgl. Schmelzer und Sesselmann (2008, S. 386).

[210] Vgl. Kostka und Kostka (2008, S. 12).

Abb. 2.74 Bedeutung des
Begriffs KAIZEN in Japan und
der deutschen Übertragung.
(KAIZEN (nach
KAIZEN-Institue of Europe))

Kaizen wird nicht nur im Bedarfsfall eingesetzt. Das Kernelement dieser prozessorientierten Denkart ist als Zielorientierung und grundlegende Verhaltensweise im Unternehmen zu verstehen. Im Unternehmensalltag bedeutet Kaizen, dass alle Mitarbeiter ständig einen Beitrag zur Verbesserung der Geschäftsabläufe leisten.[211]

Kaizen wird in der deutschen Übersetzung als Kontinuierlicher Verbesserungsprozess (KVP) bezeichnet. KVP baut auf den Grundlagen von Kaizen auf (Abb. 2.74).

Vielfach ist es aber auch so, dass westliche Industrien den Kaizen-Ansatz übernommen und nach ihren Belangen weiterentwickelt haben.[212] Die Werkzeuge, die im Rahmen von Kaizen zusammengestellt wurden, werden somit auch in westlichen Industrien angewandt. Entscheidend für den Erfolg des Verbesserungsansatzes ist die ganzheitliche Orientierung, die nicht nur einzelne Elemente (wie Methoden und Werkzeuge), sondern alle Elemente in einem Wirkungszusammenhang konsequent miteinander kombiniert.

Das Kaizen Prinzip besteht aus den Schritten

- GEMBA   gehe vor Ort
- GEMBUTSU   beobachte die realen Dinge
- MUDA   suche Verluste und Verschwendung
- KAIZEN   mache ständige Verbesserung

Gibt man einem (jedem) Mitarbeiter die Gelegenheit, die Bedingungen an seinem eigenen Arbeitsplatz zu verbessern, wird ein erhebliches Kreativpotential freigesetzt. An seinem Arbeitsplatz ist er der Experte – nicht der Ingenieur, der diesen Arbeitsplatz vor Monaten oder vor Jahren geplant hat. Die Mitarbeiter analysieren ihren Arbeitsbereich in KVP-Gruppen und erarbeiten konkrete Verbesserungsvorschläge. Hierzu dient zum Beispiel die 5 S-Methode (s. Abb. 2.75). Ziel ist es, über Einarbeitungsprogramme, Gruppengespräche und Kaizen-Workshops die Mitarbeiter dazu zu motivieren, Vorschläge zur Verbesserung ihrer Arbeitsplätze oder -abläufe zu machen.

---

[211] Vgl. Brunner (2008, S. 11).

[212] Vgl. Ebenda, S. 37

Abb. 2.75 Die 5-S-Methode zur Eliminierung von Verschwendungen. (Leischner (2007, S. 15))

Die „5 –S" – Methode umfasst folgende Schritte:[213]

1. **S**trukturieren/Selektieren/Aufräumen, Aussortieren
2. **S**ystematisieren/Sortieren/Aussortieren/Ordnung schaffen
3. **S**auberkeit/Arbeitsplatz sauber halten/Reinigung
4. **S**tandardisierung/allgemeine Standards erarbeiten, Disziplin halten
5. **S**elbstdisziplin (halten)/Abmachungen einhalten

Werden diese fünf Schritte konsequent eingehalten tritt die Gewöhnung an die nun optimierten Abläufe und Prozesse ein. Darüber hinaus werden Selbstorganisation, Zusammenarbeit im Team und Kommunikation verbessert.

Abschlussbetrachtung Das Toyota-Produktionssystem setzt ein erhebliches Maß an Disziplin bei den Mitarbeitern und ein hohes Maß an Führungsqualität und Führungswillen bei den Vorgesetzten voraus. Im Unterschied zu den europäischen und amerikanischen Automobilherstellern in den 1980er und 1990er Jahren stellte Toyota den Mitarbeiter und nicht der Roboter in den Mittelpunkt. Die Fertigung muss effizient sein, aber die Werker, die die Produkte erzeugen, verdienen Respekt und haben ein Anrecht auf eine sinnvolle Aufgabe. Die Werker sind aufgefordert, alles zu beanstanden, was an ihrem Arbeitsablauf nicht optimal ist und Vorschläge zu machen, wie man die Abläufe verbessern kann.

Dies ist ein bedeutender Unterschied zu Henry Fords Produktionsphilosophie. Dort waren die Arbeitsumfänge so minimalisiert, dass der Werker nicht mehr denken musste.

---

[213] Vgl. Leischner (2007, S. 15).

Hier gab es nur eine Devise und die hieß „Bewegt das Blech!" Toyota dagegen hat seinen Werkern die Möglichkeit gegeben, das Fließband anzuhalten, wenn es ein Problem gibt und das Problem an Ort und Stelle nachhaltig zu lösen. Somit wird dem Werker am Band ein erhebliches Maß an Verantwortung übertragen.

Durch das Prinzip der ständigen Verbesserung war Toyota weltweit zum Vorbild der Branche und als Benchmark[214] für hocheffiziente Produktion in den verschiedensten Industriezweigen geworden. „Toyota ist das Synonym für Konsequenz", sagte Porsche Ex-Chef Dr. Wendelin Wiedeking. Die aktuelle Krise des Autobauers Anfang 2010, die durch mangelhafte Bremsen bei dem Hybridauto Prius ausgelöst wurde, hat das über Jahrzehnte aufgebaute Image schwer beschädigt. Toyota sei zu schnell gewachsen und die Qualität sei auf der Strecke geblieben, ist in internen Kreisen zu hören. Die ständig wachsende Zahl von Mitarbeitern ließ sich nicht so schnell in der Denkweise der kontinuierlichen Verbesserung schulen, wie dies wünschenswert und erforderlich gewesen wäre.[215]

2.2.6   Distributionslogistik

2.2.6.1   Abgrenzung und Begriffsdefinition

Die Distributionslogistik verbindet die Produktionslogistik eines Unternehmens mit der Beschaffungslogistik der Kunden und umfasst somit alle Transport-, Lager- und Umschlagaktivitäten einschließlich der damit verbundenen Informations-, Steuerungs- und Kontrolltätigkeiten. Dies beinhaltet die art- und mengenmäßig, räumlich und zeitlich abgestimmte Bereitstellung der produzierten Güter derart, dass entweder bei Auftragsfertigung vorgegebene Lieferzusagen eingehalten oder erwartete Nachfrage bei der Produktion für den anonymen Markt möglichst erfolgswirksam befriedigt werden können.[216]

Die Distributionslogistik kann damit nach Ehrmann definiert werden als „Planung und Durchführung von Maßnahmen zur optimalen Gestaltung des Leistungsprozesses der Übernahme der Produkte aus der Produktion und deren Weiterleitung und Übergabe an die Käufer."[217]

Eine Darstellung der Teilprozesse in der Distribution zeigt Abb. 2.76.

Als Distributionssystem im weiteren Sinn wird die Gesamtheit aller an der Distribution von Real- und Nominalgütern, sowie Informationsflüssen beteiligten Wirtschafteinheiten bezeichnet (Abb. 2.77).

Das Distributionssystem besteht aus der akquisitorischen und der physischen Distribution. Die akquisitorische Distribution umfasst das Management der Nominalgüter und

---

[214] Unter Benchmarking versteht man „den kontinuierlichen Prozess Produkte", Dienstleistungen und Praktiken [. . .] gegen den stärksten Mitbewerber oder die Firmen [zu messen], die als Industrieführer anzusehen sind. Vgl. Camp (1994, S. 13).

[215] Vgl. Fritz (2010, S. 14).

[216] Vgl. Domschke und Schildt (1994, S. 181).

[217] Vgl. Ehrmann (1995, S. 28).

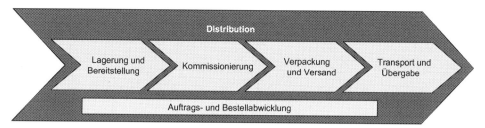

Abb. 2.76 Distributionsprozesse. (Schindler (2008))

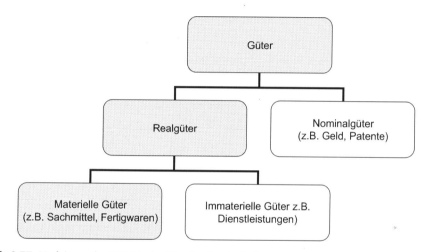

Abb. 2.77 Herleitung der Objekte der Distributionslogistik

Informationsströme, also die Gestaltung der rechtlichen, ökonomischen, informatorischen und sozialen Beziehungen aller an der Distribution beteiligten Unternehmen. Dieser Bereich der Distribution wird hier nicht weiter betrachtet. Gegenstand der folgenden Ausführungen ist die physische Distribution, d. h. die Gestaltung der Warenströme. Dazu gehören alle betrieblichen Aktivitäten, die der Überbrückung der räumlichen, mengenmäßigen und zeitlichen Differenzen in Angebot und Nachfrage bezüglich der produzierten Produkte von ihrer Fertigstellung am Ende des Produktionsprozesses zu den Endkunden dienen. Ihr Tätigkeitsbereich erstreckt sich auf die Standortwahl der Distributionslager, die Lagerhaltung, die Auftragsabwicklung, die Kommissionierung und die Verpackung sowie den Warenausgang, die Ladungssicherheit und den Transport.

Das Ziel der Distributionslogistik besteht in der Lieferung der richtigen Waren zum richtigen Zeitpunkt, an den richtigen Ort, mit der richtigen Qualität bei optimalem Verhältnis zwischen Lieferservice und anfallenden Kosten.[218]

Zunehmend setzen Unternehmen die Warenverteilung als Teil des absatzpolitischen Instrumentariums (Marketing-Mix) ein, um sich von ihren Wettbewerbern durch einen

---

[218] Vgl. Schulte (2009, S. 455) und s. auch Kap. 1.

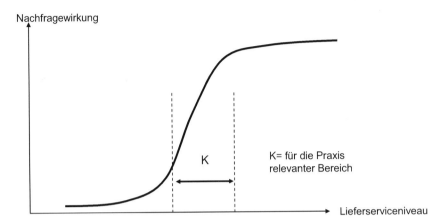

Abb. 2.78 Nachfragereaktionen bei Lieferserviceveränderungen (Vgl. Ihde (1991, S. 229))

verbesserten Lieferservice zu differenzieren. Eine Abweichung des Lieferservice von marktüblichen Standards nach unten oder oben hat zunächst starke, dann zunehmend schwache Nachfrageeffekte. Dieser Zusammenhang ist in Abb. 2.78 dargestellt.[219]

Unter dem Marketing-Mix (4 P's) versteht man die von einem Unternehmen in einer bestimmten Zeitperiode eingesetzte Kombination seiner absatzpolitischen Instrumente:

- **Product (Produktpolitik):** Die angebotenen Produkte eines Unternehmens stehen im Mittelpunkt der Unternehmensaktivitäten und bilden die Basis des unternehmerischen Erfolgs. Die Produktpolitik umfasst alle Entscheidungen, die in unmittelbarem Zusammenhang mit den Eigenschaften des Produktes stehen. Hierzu zählen die Sortimentsplanung (breites Sortiment mit einer Vielzahl unterschiedlicher Artikel oder schmales Sortiment mit wenigen unterschiedlichen Artikeln) und die Qualität, sowie die Produktgestaltung, die Verpackung und produktbegleitende Dienstleistungen, z. B. Finanzierung des Produktes oder Instandhaltung.
- **Price (Preis- und Kontrahierungspolitik):** Die Preispolitik ist ein Teil der Kontrahierungspolitik eines Unternehmens. Darunter fallen alle vertraglichen Konditionen (Bedingungen), die in Zusammenhang mit einem Angebot stehen, z. B. Gewährung von Rabatten, Boni, Kredite sowie Lieferungs- und Zahlungsbedingungen. Die Preispolitik umfasst alle Entscheidungen, die Einfluss auf die Preishöhe sowie die Art und Weise der Preisfestlegung und -durchsetzung haben.
- **Promotion (Kommunikationspolitik):** Unter der Kommunikationspolitik versteht man alle Maßnahmen zur einheitlichen Gestaltung aller das Produkt betreffenden Informationen. Die wesentlichen Instrumente der Kommunikationspolitik sind Werbung,

---

[219] Vgl. Ihde (1991, S. 228).

Verkaufsförderung, persönlicher Verkauf, „Sponsoring", Messen, Veranstaltungen und Öffentlichkeitsarbeit (einschließlich der Corporate Identity).

- **Place (Distributionspolitik):** Unter der Distributionspolitik werden alle Entscheidungen des Unternehmens im Zusammenhang mit der Bereitstellung der Produkte vom Hersteller bis zum Endverbraucher zusammengefasst. Dazu gehört die Festlegung der Vertriebswege, Vertriebsstufen und Vertriebskanäle, sowie Anzahl der unterschiedlichen Lagerstufen und deren Standort einschließlich der Auswahl der geeigneten Transportprozesse. Die verschiedenen Möglichkeiten der Distribution schließen sich nicht gegenseitig aus. Meist bieten Unternehmen mehrere Möglichkeiten und deren Kombinationen an.

Diese vier Marketing-Instrumente beeinflussen sich gegenseitig und haben Auswirkungen auf die Gestaltung der Distribution.

Die Distributionslogistik ist vom Absatz- oder Vertriebsbereich eines Unternehmens abzugrenzen. Während die Aufgabe des Vertriebs in der Erschließung, Pflege und Entwicklung von Kundenkapazitäten besteht, nutzt die Distributionslogistik die vorhandenen Kundenkapazitäten und erzeugt die notwendigen Güterflüsse, um die vom Kunden gewünschten Güter bereitzustellen.

2.2.6.2 Gestaltung des Distributionssystems

Unter einem Distributionssystem oder -netz versteht man die räumliche Struktur, die der physischen Distribution zugrunde liegt. Dazu gehört die geographische Anordnung der Fertigungsstätten und ggf. der Zulieferbetriebe, die Standorte der Zentral- und Regionallager, eine bestehende geographische Verteilung der Nachfrager sowie eine diese verbindende Verkehrsinfrastruktur (s. Abb. 2.79).

Zu den distributionsrelevanten Produkteigenschaften gehören physikalische Eigenschaften – wie Gewicht, Größe, Volumen – und Handhabungseigenschaften – wie Form, Empfindlichkeit, Verpackung und Kompatibilität. Weiter beeinflusst die Verderblichkeit der Waren das Distributionssystem. Darüber hinaus sind Häufigkeit der Marktentnahme und übliche Marktentnahmemenge zu berücksichtigen.

Bei der Gestaltung und Steuerung der physischen Distribution sind eine Reihe interdependenter Teilprobleme zu lösen, z. B. geographischer Standort, Anzahl der benötigten Lagerstufen und jeweilige Kapazität der Lager, die sich u. a. in der zeitlichen Reichweite und dem erforderlichen Investitionsvolumen unterscheiden.

Die Gestaltung des Distributionsnetzes stellt eine strategische Entscheidung dar, in der langfristig die Rahmenbedingungen für die Aktivitäten innerhalb der Distribution geschaffen werden. Die Wahl des Standortes erfolgt nach unterschiedlichen Kriterien[220], z. B.

---

[220] Vgl. Wannenwetsch (2009, S. 380).

Produktions-   Zentrallager   Regionallager   Kunde
stätten

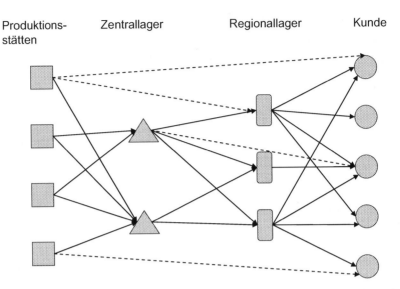

Abb. 2.79 Netzwerkdarstellung der Struktur des Distributionssystems. (Vgl. Domschke und Schildt (1994, S. 181))

- Räumliche Nähe zu (potenziellen) Kunden
- Geschäftsklima
- Gesamtkosten des Standortes (Grundstückkosten, Kosten für die infrastrukturelle Anbindung etc.)
- Verfügbare Infrastruktur
- Angebot und Qualität von Arbeitskräften
- Zugang zu Lieferanten
- Standorte weiterer Produktionsanlagen
- Freihandelszonen
- Politische Risiken
- Staatliche Barrieren
- Umweltrichtlinien
- Interessen von Kreis/Gemeinde

Darüber hinaus spielen die Kundenanforderungen eine wichtige Rolle bei der Wahl des Lagerstandorts:

- Forderung nach termin- und tageszeitgenauer Lieferung in einem vorgegebenen Zeitfenster
- Forderung nach sofortiger Lieferung innerhalb 24 Stunden nach Bestellung
- Kurzfristige Befriedigung von Bedarfsspitzen
- Senkung der Bestände beim Abnehmer

- Forderung nach Komplettlieferungen, d. h. alle Artikel einer Bestellung werden in einer Sendung ausgeliefert.
- Anpassung an unterschiedliche Distributionskonzepte der Abnehmer
- Übernahme zusätzlicher Dienstleistungen (Konfektionierung, Preisauszeichnung, Etikettierung, Regalpflege, Rücknahme von Verpackungen)

2.2.6.3 Distributionsstruktur

Die Distributionsstruktur legt die Anzahl der unterschiedlichen Lagerstufen, die Zahl der Lager je Stufe und die räumliche Zuordnung zu den Absatzgebieten fest.[221]

Dabei wird zwischen vertikaler und horizontaler Distributionsstruktur unterschieden.

Die vertikale Distributionsstruktur definiert, wie viele verschiedene Lagerstufen verfügbar sind. Die unterschiedlichen Stufen können bestehen aus:

- Werkslager: Diese stehen direkt bei den Produktionsstätten. Ein Werkslager dient nur der kurzfristigen Lagerung der fertig produzierten Ware. Deshalb wird es auch als Fertigwarenlager bezeichnet.
- Zentrallager: Diese enthalten in der Regel die vollständige Sortimentsbreite. Seine Aufgabe ist es, die nachfolgenden Lagerstufen mit Ware zu versorgen und aufzufüllen.
- Regionallager: Diese enthalten meist nur einen Teil des Sortiments. Sie können je nach Region mit unterschiedlicher Ware bestückt sein. Seine Aufgabe ist es, die nachfolgenden Lagerstufen innerhalb einer Region zu entlasten. Die Umschlagshäufigkeit[222] ist in einem Regionallager größer als in einem Zentrallager.
- Auslieferungslager: Dies ist die letzte Lagerstufe. Auch hier befindet sich in erster Linie nur Ware, die in der Region am absatzstärksten ist.

Die Entscheidungen in der vertikalen Distributionsstruktur sind davon abhängig, welche Anforderungen der Kunde an das Unternehmen stellt und welche Kosten sich durch die jeweilige Stufe ergeben. Zu den Kostenaspekten gehören Anzahl und Größe der Lager einschließlich der vorzuhaltenden Lagerbestände, die erforderlichen Umschlagkosten, die Kosten für Transporte zwischen Lagern und die Auslieferungskosten zu den Endkunden.

Die Einrichtung einer Stufe ist immer dann wirtschaftlich sinnvoll, wenn die dabei zusätzlich entstehenden Lager-, Umschlags- und Handlingkosten durch Einsparungen bei den Transportkosten (z. B. durch Bündelungen) überkompensiert werden.

Große Bedeutung hat die Frage nach dem räumlichen Zentralisierungsgrad der Lagerbestände. Sind die Transportwege zu den potentiellen Kunden zu weit, so dass eine zeitgerechte Lieferung nicht sichergestellt werden kann, müssen zusätzliche Lager in Kundennähe eingerichtet werden. Oft ist das Versorgungsgebiet für ein Zentrallager durch die Forderung

---

[221] Vgl. Martin (2008, S. 6 ff).

[222] Die Umschlagshäufigkeit ist eine Logistikkennzahl für Materialbewertung im Lager und berechnet sich aus dem Lagerabsatz eines Jahres in Stück dividiert durch den Durchschnittsbestand eines Jahres.

Tab. 2.24 Zentrale versus dezentrale Lagerung. (Schulte (2009, S. 463))

	Zentralisierung	Dezentralisierung
Sortiment	Breit	Schmal
Lieferzeitanforderungen	Gering	Hoch
Produktwert	Hoch	Niedrig
Anzahl der Produktionsstätten	Eine	Mehrere
Kundenstruktur	Wenige Großkunden	Viele kleine räumlich stark verteilte Kunden
Spezifische Lageranforderungen (z. B. Kühlung)	Ja	Nein
Zu berücksichtigende nationale Eigenheiten	Wenige	Viele

begrenzt, dass alle darin enthaltenen Bedarfspunkte vom Lager aus in 24 Stunden mit einem LKW erreichbar sein müssen.

Bei der vertikalen Lagerstruktur sind die Vorteile einer Zentralisierung gegenüber den Vorteilen einer dezentralen Lagerhaltung im Einzelfall abzuwägen. Die Vorteile der Zentralisierung ergeben sich durch die Volumenvorteile, d. h. es besteht ein geringerer Grundstücksbedarf. Da weniger Standorte bestehen, sind die Gebäudekosten geringer. Die Lagereinrichtungen (z. B. Hochregale) und Transportmittel, sowie das Personal können besser ausgelastet und damit effizienter eingesetzt werden. Bei einer Zentralisation der Lagerbestände ist der Ausgleich von Nachfrageschwankungen möglich. Die Zentralisierungsstrategie kommt mit geringeren Sicherheitsbeständen aus und damit sinkenden Kapitalkosten. Nachteile entstehen durch die längeren Transportwege vom Zentrallager zu den Bedarfsträgern, der Schwierigkeit, Transporte zu konsolidieren und dem hohen Risiko bei Ausfall des Lagers.

Bei einer dezentralen Lagerhaltung fallen für die Belieferung des Endkunden nur kurze Lieferwege und damit kurze Lieferzeiten an.

Tabelle 2.24 gibt eine Tendenz dafür, in welchen Märkten und für welche Sortimente eher eine zentrale und für welche Sortimente eher eine dezentrale Lagerung sinnvoll ist.

Man unterscheidet bei der vertikalen Struktur einstufige (direkte) Distributionssysteme bei denen die Belieferung des Kunden ab Werkslager oder Zentrallager erfolgt von mehrstufigen (indirekten) Distributionssystemen mit einer oder mehreren Zwischenlagerstufen.

In Abb. 2.80 sind verschiedene vertikale Distributionssysteme dargestellt.

Für alle Lager muss der Umfang des zu bevorratenden Sortimentes festgelegt werden. Oft werden alle Teile eines Sortimentes nur in einem oder, bei weltweit tätigen Unternehmen, wenigen Zentrallagern bevorratet, während die Regionallager Teilmengen dieses

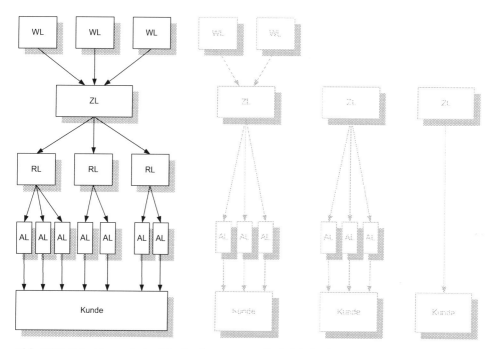

Abb. 2.80 Beispiele vertikaler Distributionssysteme. (Vgl. Schulte (2009, S. 460))

Sortimentes umfassen, z. B. nur Lagerung der A-Teile oder der in dem zu versorgenden Gebiet speziell benötigten Teile.

Die horizontale Distributionsstruktur legt die Anzahl der Lager pro Stufe und ihre unterschiedliche Standortbestimmung (Infrastruktur) fest.

Darüber hinaus erfolgt eine Zuordnung der Lager zu den Absatzgebieten. Diese Distributionsstruktur ist abhängig von der Anzahl der Kunden und deren geographischer Verteilung, den jeweiligen Bestellmengen und der erforderlichen Anlieferfrequenz. Die Produktpalette und die Produktionsstandorte, die Lager- und Bestandskosten, sowie die Transportkosten zwischen Produktionsstätten und Lagern bzw. Endkunden machen eine kombinierte Standort- und Transportplanung erforderlich.[223]

2.2.6.4 Kostenstruktur der Distributionslogistik[224]

Die Kostenstruktur in der Distributionslogistik wird durch zahlreiche Faktoren beeinflusst. Dazu gehören:

Anzahl und Größe der Lager Die Transportkosten verlaufen meist entgegengesetzt zu den Lagerhaltungskosten, d. h. je mehr Auslieferungslager zur Versorgung der Kunden bereit stehen, umso geringer sind die Transportkosten. Allerdings steigen mit zunehmender Zahl der

---

[223] Vgl. Wannenwetsch (2009, S. 380 ff).

[224] Vgl. Pfohl (1994, S. 245 ff).

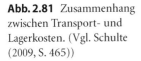

Abb. 2.81 Zusammenhang zwischen Transport- und Lagerkosten. (Vgl. Schulte (2009, S. 465))

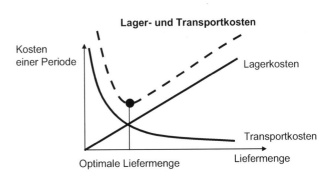

Lager (und Lagerstufen) die Fixkosten für die Lagergebäude und die Kapitalbindungskosten für die Bestände.

Dieser Zusammenhang ist in Abb. 2.81 dargestellt:

Höhe der Bestände Die Bestands- und Lagerkosten steigen mit zunehmender Lageranzahl. Eine Bestandssenkung kann ggf. durch einen schnellen Transport ausgeglichen werden. Eine produktionssynchrone Anlieferung ist jedoch nur dann sinnvoll, wenn die eingesparten Lager- und Kapitalbindungskosten die zusätzlich anfallenden Transportkosten übersteigen.

Auslieferungskosten zum Kunden Die entstehenden Auslieferungskosten sind nicht nur abhängig von der Entfernung zum Kunden, sondern auch von deren Anzahl und geographischer Verteilung. Wenige Großkunden verursachen geringere Auslieferungskosten als viele Einzelkunden.

Transportkosten zwischen den Lagern Wie bereits erwähnt ist bei geringer Kundenzahl und großer Warenmenge je Kunde eine zentrale Lagerhaltung günstig. Sind dagegen viele Kunden mit einer nur geringen Menge zu beliefern, so ist eine dezentrale Lagerhaltung sinnvoll. Die Transporte zwischen den Lagerstandorten können zusammengefasst und damit kostengünstiger abgewickelt werden. Die Belieferung vieler kleiner Kunden aus einem Zentrallager kann aufgrund der geringeren Auslastung der Transportmittel zu einem Kostenanstieg führen.

2.2.6.5 Belieferungsstrategien

Die Vervielfachung der Güteraustauschprozesse als Ergebnis der zunehmend verteilten Produktionsstätten und globalen Kunden hat zu einem deutlichen Anstieg der Logistikkosten und insbesondere der Transportkosten in der Distribution geführt.[225]

Die unterschiedlichen Belieferungskonzepte dienen dazu, die Logistikkosten und damit die Transportkosten bei gleichzeitig hohem Lieferserviceniveau positiv zu beeinflussen.

---

[225] Vgl. Ihde (1991, S. 106).

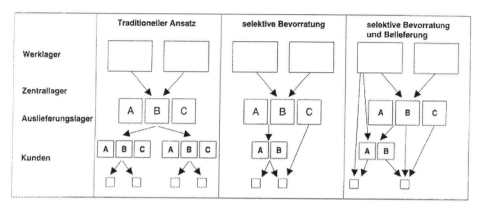

Abb. 2.82 Alternative Belieferungsstrategien. (Vgl. Ihde (1991, S. 244))

Bevor ein Unternehmen mögliche Belieferungsstrategien analysiert, ist zunächst die Frage zu klären, ob der Kunde eine Anlieferung der Waren wünscht oder ob die Waren abgeholt werden. Im ersten Fall spricht man von einer aktiven Distribution („Bringprinzip"), d. h. die Waren werden dem Kunden angeliefert. Die Serviceerwartung betrifft hier vornehmlich Lieferzeit und Liefertreue. Im zweiten Fall handelt es sich um eine passiven Distribution („Holprinzip"). Hier holt der Kunde für eigene Rechnung und Gefahr die Waren am Übergabeort ab. Die Serviceerwartung des Kunden betrifft die Verfügbarkeit binnen marktgerechter Frist.

Die Belieferungsstrategie legt der Art und des Umfangs der Warenströme zwischen einzelnen Lagern sowie zwischen Lagern und Kunden fest. Dabei ist zwischen einheitlicher und selektiver Belieferung, direkter und indirekter Warenverteilung, sowie Routine- und Eilbelieferung zu unterscheiden.

Bei der selektiven Belieferung werden je nach

- der Größe des Kunden,
- der Entfernung des Kunden vom Produktionsstandort,
- der Lagerstruktur,
- der Dringlichkeit des Bedarfs,
- der durch den Markt tolerierten Lieferzeit,
- den Transportmengen zur Lagerbelieferung,
- der Umschlagshäufigkeit der Produkte,
- und dem Transportkostenniveau

bestimmte Produkte direkt und andere über Zwischenlager ausgeliefert. Bei der einheitlichen Belieferung werden alle Kunden entweder vom Zentrallager aus versorgt oder über Zwischenlager. Diese unterschiedlichen Belieferungsstrategien sind in Abb. 2.82 graphisch dargestellt.

Tab. 2.25 Einflussfaktoren auf die Leistungsfähigkeit des Distributionsnetzes. (Vgl. Koch (2004, S. 60))

Lagermanagement	Lagerorganisation	Lagerinfrastruktur	Verfügbarkeit, Lagerbestände
EDV	Lagerverwaltung	Lagereinrichtung	Sortiment
Software	Kommissionierung	Regalkörper	Bestandshöhe
Personalführung	Etikettieren	Internes Transportsystem	Aufteilung der Bestände auf verschiedene Lager
Schnittstellen	Verpackung	Kommissioniertechnik	
↓	↓	↓	↓
	Versandfertige Aufträge pro Tag		

Werden die Kunden direkt aus dem Zentrallager beliefert, spricht man auch von einer „direkten Belieferung", während bei der indirekten Belieferung Zwischenlager eingesetzt sind.

Bei der Belieferung eines Regionallagers aus dem Zentrallager ist zwischen Routinebelieferung und Eilbelieferung zu unterscheiden. Bei der Routinebelieferung (Lagerergänzungsaufträge) kann die Nachversorgung vom Regionallager im Rahmen der Bestandsdisposition veranlasst werden (= „pull-Prinzip", da die Aktivität vom Regionallager ausgeht). Gibt es dagegen eine zentrale Bestandsverantwortung im Distributionsnetz, so werden vom Zentrallager Lagerergänzungsaufträge zusammengestellt (= „push-prinzip", da hier die Teile vom Zentrallager in die Regionallager „geschoben" werden). Bei der Eilbelieferung handelt es sich um eine Beschaffung im Bedarfsfall. Die Optimierungsaufgabe der Bestellentscheidung im Distributionssystem liegt in dem kostengünstigsten Verhältnis zwischen Lagerergänzungs- und Eilaufträgen, denn bei Eilaufträgen sind zwar die Transportkosten höher als bei Lagerergänzungsaufträgen, die Kapitalbindungskosten jedoch niedriger.

2.2.6.6 Leistungskontrolle in der Distributionslogistik

Im Rahmen der Leistungskontrolle erfolgt eine Beurteilung und effiziente Steuerung der Distribution durch spezifische Zielgrößen. Diese Vorgaben sind abgeleitet aus der Unternehmenspolitik und dem Serviceniveau anderer Hersteller. Eine zentrale Größe zur Messung der Leistungsfähigkeit des Distributionsnetzes ist der Lieferbereitschaftsgrad, der sich aus der Verfügbarkeit der Produkte in den einzelnen Lagern und dem sie verbindenden Transportsystem zusammensetzt. Für den Kunden ist entscheidend, ob er das bestellte Teil tatsächlich erhält, daher müssen bei der Leistungsmessung des Distributionssystems alle Teilaspekte des Lieferbereitschaftsgrades berücksichtigt werden (s. Tab. 2.25).

Zur Ermittlung der gesamten Verfügbarkeit im Distributionsnetz müssen neben den in Tab. 2.25 aufgeführten Einflussfaktoren auch die Leistungen des Transportsystems berücksichtigt werden.

Die Verfügbarkeit der Produkte am Bedarfsort setzt sich aus der Verfügbarkeit jeder einzelnen Stufe des Lager- und Transportsystems zusammen (s. Abb. 2.83).

Abb. 2.83 Zweistufiges Logistiksystem. (Vgl. Koch (2004, S. 61))

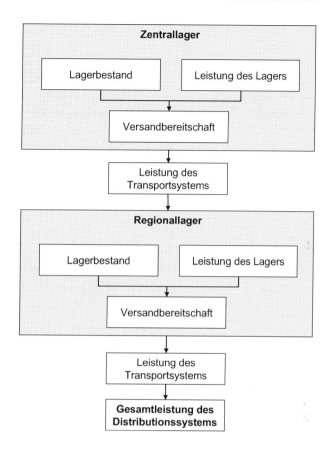

Die Leistungsfähigkeit des Transportsystems gibt an, wie groß die Wahrscheinlichkeit dafür ist, dass eine zugesagte Transportzeit auch eingehalten wird.

Dem Lieferanten stehen damit Kennzahlen zur Verfügung mit denen er die Leistungsfähigkeit der Distributionslogistik messen und steuern kann. Die Messung der auf einen bestimmten Kunden bezogenen Leistungsfähigkeit ist dann besonders wichtig, wenn dieser Kunde einen hohen Erlösbeitrag liefert (A-Kunden) und damit vom Lieferanten ein großes Interesse an dessen Zufriedenheit und einer längerfristigen Bindung besteht.

2.2.6.7 Eigenerstellung und Fremdvergabe der Distributionslogistik[226]

Die physische Distribution kann entweder direkt durch die eigene Absatzorganisation oder indirekt über Absatzmittler erfolgen. Für ein ökonomisches Distributionssystem ist allein der Umstand entscheidend, dass der Kunde die Qualität der Bereitstellung dem anbieten-

---

[226] Vgl. Koch (2004, S. 63 f).

den Unternehmen zuordnen kann.[227] Damit ist es unerheblich, in wessen Eigentum die Distributionskapazitäten sind, so dass hier verschiedene Alternativen zur Verfügung stehen.

Das Verhältnis zwischen Eigenerstellung und Fremdvergabe der Distributionsleistungen ist durch einen umfassenden Kosten- und Leistungsvergleich zu bestimmen, in den neben Qualitätsaspekten auch finanzwirtschaftliche und steuerliche Kriterien einfließen.

Aufgrund des ständigen Wandels der betroffenen Märkte sind insbesondere bei langfristigen Entscheidungen, Risikoabwägungen und Flexibilitätsaspekte zu berücksichtigen.[228] So wird prognostiziert, dass sich durch weiter zunehmende Globalisierung und Liberalisierung der Wettbewerbsbedingungen die Verkehrsmärkte verändern werden. Bei jeder Entscheidung für oder gegen die Fremdvergabe (make-or-buy-Entscheidung) sind eine Vielzahl von Einflüssen zu beachten, die häufig nicht oder nur sehr schwer zu quantifizieren sind. Dazu gehören z. B. Verfügbarkeit, Flexibilität und Werbewirkung des Transportpotenzials und deren terminliche Zuverlässigkeit.[229]

Bei der Eigenerstellung der Distributionsleistung entstehen durch die Vorhaltung der erforderlichen Kapazitäten (Fuhrpark, Lagerhäuser, Personal) hohe Fixkosten.

Bei der Fremdvergabe kann ein unabhängiger Dienstleister die Transport- und Lagermengen bündeln und damit mengenabhängige Kostendegressionseffekte realisieren.[230] Logistikdienstleister verfügen über ein engmaschiges Netz an Umschlagstandorten und können so die vom Lieferanten beauftragten Lieferzeiten einhalten. Neben der Fremdvergabe der Transport- und Umschlagleistungen kann auch die gesamte Lagerabwicklung einschließlich der Kommissionier- und Verpackungsaufgaben fremdvergeben werden. Darüber hinaus können Dienstleister logistische Prozesse von der Versorgung des Kundennetzes ohne spezifische Beauftragung übernehmen bis hin zur logistischen Produktion, d. h. Übernahme der Sortimentspflege, Unterstützung der Produktpolitik aus Erkenntnissen von Benchmarks oder Entscheidung über Lieferanten.

Der Beginn für Maßnahmen zur Effektivitäts- und Effizienzsteigerungen in vielen Bereichen eines Unternehmens sind oftmals Benchmark-Vergleiche. Nach Camp kann der Begriff Benchmarking definiert werden als „den kontinuierlichen Prozess Produkte, Dienstleistungen und Praktiken [...] gegen den stärksten Mitbewerber oder die Firmen [zu messen], die als Industrieführer anzusehen sind."[231]

Diese zunehmende Verbreitung der Fremdvergabe der Distribution ist unter anderem auf die in den letzten Jahren entwickelten leistungsstarken und dennoch anwendungsfreundlichen Hard- und Softwareprodukte zurückzuführen, die eine effiziente Möglichkeit

[227] Somit kann sich ein Unternehmen durch Fremdvergabe von Distributionsleistungen seiner Verantwortung nicht entziehen. Vgl. Bretzke (1994, s. 321 ff).
[228] Vgl. Ihde (1988, S. 99).
[229] Vgl. Männel (1981, S. 79).
[230] Vgl. Ihde (1988, S. 100).
[231] Vgl. Camp (1994, S. 13).

Abb. 2.84 Vergleich zwischen
Punkt-zu-Punkt- und
Hub-and-Spoke Systemen

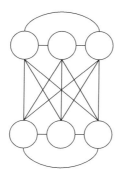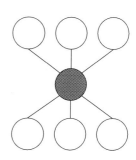

zur Informationsübermittlung bieten.[232] Die schnelle Verfügbarkeit von Informationen aus dem Distributionssystem und die Überwindung informationstechnischer Schnittstellen zwischen dem Hersteller- und dem Dienstleister-Informationssystem sind Voraussetzungen für eine erfolgreiche Übergabe der Distributionsaufgaben an einen Dienstleister.

2.2.6.8 Logistikdienstleister

Die Tendenz zur immer umfangreicheren Fremdvergabe logistischer Leistungen seit den 90er Jahren hat zur Entwicklung der Logistikdienstleister von „reinen" Transporteuren hin zu Architekten komplexer Logistikketten geführt.

Die Verteilnetze der Logistik-Dienstleister können entweder als „Punkt-zu-Punkt" oder „Hub-and-Spoke" Systeme ausgebildet sein. Bei den Punkt-zu-Punkt-Systemen kann jeder Auslieferungs- bzw. Verteilpunkt (Knoten) von jedem Knoten aus angesteuert werden. Dieses System ist sehr aufwändig und damit kostenintensiv. Bei dem Hub-and-Spoke System erfolgt die Verbindung zwischen zwei Knoten nicht direkt, sondern über Zentralknoten (Hub, von engl. = Nabe, spoke = Speiche). Damit sind zur Erreichung aller Knoten weniger Transporte im Vergleich zum Punkt-zu-Punkt System notwendig.[233] Der Flughafen Frankfurt als Beispiel eines Hubs bedient 300 Destinationen mit 300 Flügen, bei einer direkten Verbindung der Flughäfen wären theoretisch 44.850 Flüge notwendig (Abb. 2.84).

Bei komplexen Distributionssystemen können neben dem zentralen Knoten auch zusätzliche regionale Knoten realisiert warden (Abb. 2.85).

Logistikdienstleister lassen sich in KEP-Dienstleister, Einzeldienstleister, Spediteure, Systemdienstleister (Third Party Logistics, 3PL) und Netzwerkintegratoren (Fourth Party Logistics, 4PL bzw. FPL) unterscheiden.

Kurier-, Express-, Paket-Dienstleister (KEP-Dienstleister) KEP-Dienstleister gewinnen aufgrund der geänderten Leistungsanforderung an die Logistik bezogen auf Liefergeschwindigkeit, Termineinhaltung und Auskunftsfähigkeit sowie aufgrund der häufigeren

---

[232] Vgl. Kotzab (1995, S. 22–38).

[233] Vgl. z. B. Ihde (1991, S. 104 f).

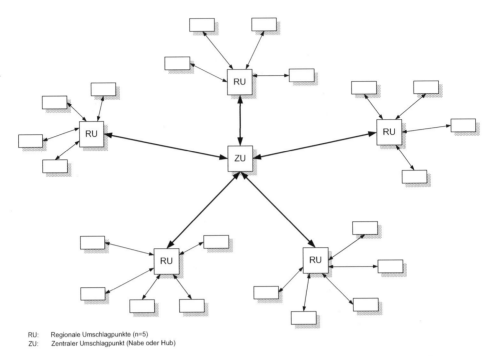

RU: Regionale Umschlagpunkte (n=5)
ZU: Zentraler Umschlagpunkt (Nabe oder Hub)

Abb. 2.85 Komplexes Distributionsnetz mit einem zentralen und mehreren regionalen Knoten (Umschlagpunkten). (In Anlehnung an Ihde (1991, S. 109))

Bestellungen unmittelbar vor Bedarfszeitpunkt (Just-in-time) und den damit verbundenen Sendungen an Bedeutung.

Kurierdienste Das Leistungsangebot der Kurierdienste umfasst den Transport von Dokumenten und Kleinsendungen mit niedrigem Durchschnittsgewicht (bis ca. 3 kg) bei kürzest möglicher Lieferzeit, hoher Zuverlässigkeit und individuellem Service. Bei der Leistungserbringung kommen unterschiedliche Verkehrsträger (LKW, Flugzeug) zum Einsatz.[234]

Abbildung 2.86 zeigt eine kurze Charakterisierung der unterschiedlichen Kurierdiensarten.

Expressdienste Dabei handelt es sich um Dienstleister, die Sendungen grundsätzlich ohne Gewichts- und Maßbeschränkungen schnell (mit garantierter Laufzeit) von Haus zu Haus und in der Regel auf der Straße transportieren.[235]

---

[234] Vgl. Schulte (2009, S. 199).
[235] Vgl. Schulte (2009, S. 200).

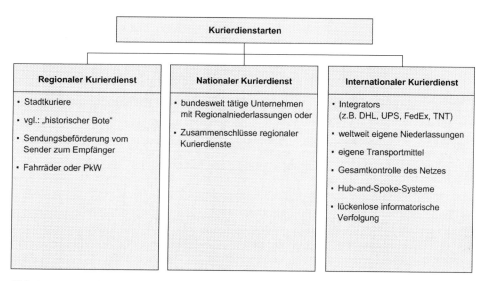

Abb. 2.86 Kurierdienstarten

Paketdienste Das Leistungsspektrum der Paketdienste umfasst die Beförderung und Auslieferung von (volumenmäßig beschränkten) Kleingütern bis 31,5 kg. Höhergewichtige Sendungen werden i. d. R. von Sammelgutspediteuren befördert. Sie sind primär national orientiert und verteilen die Waren entweder über Hub-and-Spoke Systeme oder realisieren bei entsprechendem Sendungsvolumen Direktverkehre zwischen mehreren Güterverteilzentren. Meist wird ein 24–48-Stundenservice angeboten, wobei das Angebot an Zusatz- und kundenindividuellen Leistungen im Vergleich zu Kurier- und Expressdiensten begrenzt ist.[236]

In der Praxis gibt es eine starke Überschneidung der drei Formen. Gemeinsam sind der Systemcharakter der Leistungserstellung und die Vorgaben hinsichtlich Gewichts- und Abmessungsgrenzen.

Abbildung 2.87 zeigt den Markt der KEP-Dienste.

Einzeldienstleister Einzeldienstleister erbringen die klassischen Logistikleistungen, wie Transporte, Lagerung und Warenumschlag. Die Transporteure als Einzeldienstleister übernehmen beispielsweise den Vor- und Nachlauf in gebrochenen Transportketten.

Spediteure Der Begriff des Spediteurs ist im Handelsgesetzbuch in den §§ 453 ff definiert. Ein Spediteur ist mit der Organisation der Beförderung von Güter Dritter betraut. Damit liegt die Aufgabe des Spediteurs in der Auswahl des geeigneten Beförderungsmittels und der ausführenden Unternehmen sowie der Sicherstellung der Schadensersatzansprüche des

---

[236] Vgl. Schulte (2009, S. 200 f).

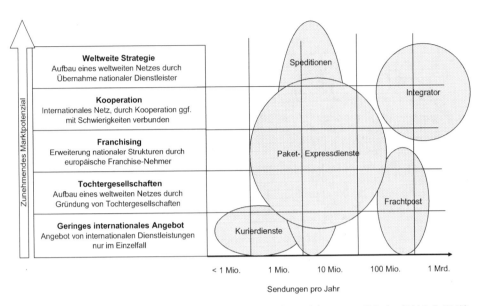

Abb. 2.87 Markt der Kurier-, Express- und Paketdienste. (In Anlehnung an Schulte (2009, S. 201))

Versenders. Um dies sicherzustellen, schließt der Spediteur Verträge mit anderen Dienstleistern (meist Einzeldienstleistern) für den Transport, die Lagerung und dem Umschlag ab.[237] Damit umfasst das Aufgabengebiet von Spediteuren die gesamte logistische Leistung im Rahmen der Distributionslogistik. Ihre Kernkompetenz liegt jedoch in der Auswahl der geeigneten Transportmittel, der Bündelung von Güterströmen und der Organisation kombinierter Verkehre. Mittlerweile gehört auch die Erstellung von Fracht- und Zolldokumenten, die Planung von Umschlagprozessen und die elektronische Fracht-Avisierung zum Standardangebot der Spediteure.[238]

Third Party Logistics Provider (3PL) Mit wachsendem logistischem Leistungsangebot steigt auch die Zahl der an der Distribution beteiligten Dienstleister. Durch das Komplettangebot logistischer Leistungen und deren übergreifende Koordination entstehen Systemdienstleister. Hierbei stellt der Dienstleister die „dritte Partei" zwischen Hersteller oder Handelsunternehmen und Kunden dar. Diese organisieren den Waren- und Informationsfluss ihrer Kunden, übernehmen deren gesamte Logistik und bieten teilweise Finanz- und Informationsdienstleistungen an. Außerdem können sie ihren Kunden komplexe Dienstleistungspakete zu Verfügung stellen, die neben den oben genannten logistischen Leistungen auch sogenannte Value Added Services (Mehrwertleistungen, wie z. B. Verpackung, Etikettierung, Bestandspflege, Kundendiensttätigkeiten) beinhalten. Für diese Form der

---

[237] Vgl. Pfohl (2010, S. 272).

[238] Vgl. Schulte (2009, S. 196).

Zusammenarbeit ist eine längerfristige Partnerschaft zwischen Logistikdienstleister und Kunde erforderlich (Kontraktlogistik-Dienstleister).[239]

Unter Kontraktlogistik wird ein Geschäftsmodell verstanden, das auf einer langfristigen, arbeitsteiligen Zusammenarbeit zwischen einem Hersteller oder Händler von Gütern und einem Logistikdienstleister basiert, die durch einen Dienstleistungsvertrag (Kontrakt) geregelt ist. Kontraktlogistik-Dienstleister übernehmen logistische und logistiknahe Aufgaben entlang der Wertschöpfungskette und stellen das Bindeglied zwischen sämtlichen Wertkettenbeteiligten dar. Daher hat sich auch die Bezeichnung Systemdienstleister geprägt.

Fourth Party Logistics Provider (4PL) Durch die Ergänzung der Unternehmenslogistik um die Lieferanten und Kunden des Unternehmens (Supply Chain Management) stellte sich die Frage nach der Koordination der Logistik zwischen den beteiligten Partnern. In Erweiterung des Begriffs 3PL hat sich für Unternehmen, die diese Steuerungsdienstleistungen in der Supply Chain übernehmen, die Bezeichnung 4PL durchgesetzt. Dieses Konzept wurde von der Unternehmensberatung ACCENTURE (ehem. Andersen Consulting) entwickelt und als Markenzeichen registriert.[240]

4PL übernehmen die Gestaltung und Koordination von Supply Chains und versorgen alle beteiligten Supply Chain-Partner mit notwendigen Informationen. Für die physische Abwicklung der Logistikaufgaben werden andere Dienstleister beauftragt (z. B. 3PL). Das 4PL-Konzept erweitert das 3PL-Konzept um strategische Elemente und den Einsatz von IT-Systemen zur Planung und Koordination der Supply Chain.

2.2.6.9 Umweltsensible Zustellkonzepte für die „letzte Meile"

Die Verschärfung des Wettbewerbs in fast allen Bereichen und Märkten sowie die breite Anwendung neuer Informations- und Kommunikationstechnologien zwingen die Unternehmen, ihre Potentiale und Ressourcen effizienter zu planen und zu nutzen. Der Kampf um Marktanteile und damit um die Kunden erfordert ständige Verbesserungen, hohe Flexibilität und steigende Qualitätsanforderungen.

Insbesondere die Lösung der „letzten Meile", d. h. der Transportprozesse vom letzten Standort des Lieferanten bzw. Logistik- oder Paketdienstleisters bis zum Kunden stellt für die Unternehmen – insbesondere bei der Endkundenbelieferung – eine erhebliche Herausforderung dar. Ist der Kunde nicht erreichbar, sind die Pakete wieder mitzunehmen und in einer Abholstelle abzuliefern, was Zeitverlust und Mehrkosten beim Paketdienstleister verursacht.

Das Problem der Paketzustellung ist umso bedeutender, da sich die Internetanbindung sowie der Electronic-Commerce (E-Commerce) in den letzten Jahren stark ausgeweitet haben. Erschwerend kommt hinzu, dass die Marktentwicklung nicht nur die ökologischen sondern auch ökonomischen und sozialen Bereiche beeinflusst.

---

[239] Vgl. Schulte (2009, S. 196).
[240] Vgl. Schulte (2009, S. 197).

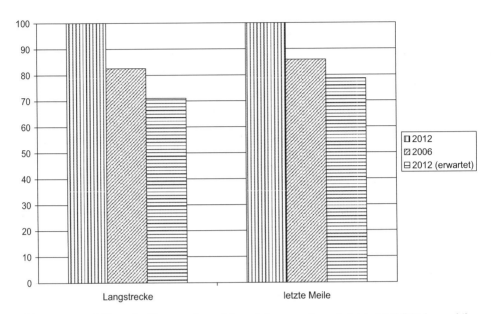

Abb. 2.88 Entwicklung der Transportintensität nach Langstrecke und „letzte Meile" (Fahrzeugkilometer je Sendung, Indexwerte Jahr 2000 = 100) (Vgl. Esser und Kurte (2008, S. 39))

Da „(...) in gesättigten Märkten die Käufer die Regeln der Belieferung bestimmen"[241], wurde der schnelle, genaue Transport und die Übergabe der Pakete an den Kunden zum Wettbewerbsinstrument. Die „letzte Meile" gewann an Bedeutung. Es werden unterschiedliche, kundenorientierte, innovative Lösungen umgesetzt, die bedarfssynchron Pakete an Kunden liefern und dabei den begleitenden Informationsfluss vom Kunden über das Unternehmen zum Lieferanten optimieren. Ziel dabei ist, zu möglichst niedrigen Kosten den Kundenservice zu erbringen, der vom Markt gefordert wird.

Bevor die Ware den Kunden erreicht, müssen die Pakete oftmals über längere Strecken in mehrgliedrigen Transportketten befördert werden. Obwohl im Hauptlauf die Pakete meistens wesentlich mehr Kilometer zu bewältigen haben als im Nachlauf, verursacht gerade die „letzte Meile" aufgrund ihrer Intensität fast immer die größeren Kosten pro Paket pro Kilometer. Dies zeigen auch die Ergebnisse der in Abb. 2.88 dargestellten KEP (Kurier-, Express- und Paketdienste)-Studie, die Fahrzeugkilometer auf der Langstrecke und auf der „letzten Meile" in den Jahren 2000, 2006 und die Erwartungen für das Jahr 2012 abbildet.

Zum gleichen Ergebnis kommt auch eine Studie der NewLogix. Diese hat ergeben, dass 71–84 % der Frachtkosten auf der „letzten Meile" aufgrund des intensiven Transportes entstehen.[242] Die hohe Anzahl an zu bewältigenden Kurzstrecken, meistens zu den ver-

---

[241] Vgl. Koether (2004, S. 29).
[242] Vgl. Guba; Nexlogistics (2010).

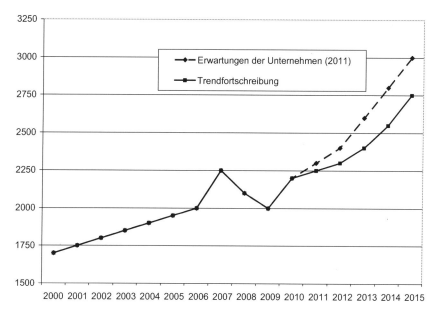

Abb. 2.89 Entwicklung der KEP-Sendungsvolumina in Deutschland bis 2015. (Esser und Kurte (2011, S. 7))

kehrsstärksten Uhrzeiten, verursacht stop & go Effekte und demzufolge den intensiveren Kraftstoffverbrauch und somit höhere Transportkosten und erhöhten CO_2 – Ausstoß.

Es werden innovative Logistikkonzepte gesucht, die in der Lage sind, die Ansprüche der Kunden auf rechtzeitige Paketzustellung und die Möglichkeiten sowie Interessen der Paketzusteller miteinander zu verbinden.

Die ökologische Dimension

Elektronische Geschäftsprozesse Neben zunehmender Globalisierung ist das Wachstum der KEP-Dienstleister durch die steigende Bedeutung des elektronischen Handels (E-Commerce) zu erklären. Für den Bundesverband Internationaler Express- und Kurierdienste e. V. wurde im Rahmen der Untersuchung der Entwicklung der KEP-Sendungsvolumina in Deutschland in den Jahren 2000–2012 eine Grafik erstellt (Abb. 2.89).

Die Entwicklung der elektronischen Geschäftsprozesse (Electronic- o der E-Business) hat einen großen Einfluss auf die internen und externen Abläufe eines Unternehmens. Die „mediale Revolution"[243] hat den Informationsfluss und die Kommunikation in Unternehmen sowie zwischen Unternehmen und Kunden vereinfacht. Dank Einsatz neuer Technologien wurde die Koordination von Abläufen im Unternehmen effizienter, effektiver und kostengünstiger. Durch die Anwendung des elektronischen Handelsverkehrs profitieren

---

[243] Raffee (1986, S. 568).

insbesondere die Dienstleistungsunternehmen. Sie können den Prozess vom Auftragseingang bis zur Verfügbarkeit der Ware beim Kunden immer schneller und flexibler erfüllen. Dabei ergibt sich oft das Problem der notwendigen Erreichbarkeit des (End-) Kunden.

Der Internethandel von Waren, Dienstleistungen und Informationen zwischen Unternehmen wird als Business-to-Business (B2B) bezeichnet. Das Problem der Abwesenheit der Empfänger stellt sich im B2B Bereich aufgrund von Wareneingangsbereichen mit festen Öffnungszeiten oder Poststellen eher selten.

Die Schwierigkeiten bei der Paketzustellung ergeben sich in dem Business-to-Consumer (B2C) und Customer-to-Customer (C2C)-Bereich. Da zu den üblichen Zustellzeiten (zwischen 8:00 und 17:00 Uhr) die meisten Paketempfänger einer Beschäftigung nachgehen, können sie ihre Pakete zu Hause nicht entgegennehmen. Dies ist der Hauptgrund, warum für den Logistikdienstleister die Zustellung der Pakete für Privatkunden bis zu vier Mal teurer ist als die Zustellung für Firmen.[244] Der Zusammenhang zwischen Logistik, B2C und E-Commerce wird als E-Fulfilment bezeichnet. Unter diesem Begriff versteht man die Gesamtheit aller Aktivitäten, die nach dem Abschluss des Vertrags der Belieferung des Kunden dienen.[245] In diesem Zusammenhang handelt es sich um alle Geschäftstätigkeiten, die nach einer Online Bestellung durchzuführen sind.

„Deutschland ist der führende E-Commerce Markt in Europa: In 2006 wurden 438,7 Mrd. € online umgesetzt und 779,8 Mrd. werden für 2010 prognostiziert."[246] Das bedeutet fast eine Verdopplung des Umsatzes innerhalb von vier Jahren. Der Internetboom hat die Handelsmöglichkeiten erweitert.[247] Dank der flexiblen Vernetzung „(...) können die Unternehmen standortunabhängig globale Leistungen erbringen und nach anderen Regeln und Gesetzen funktionieren als bei herkömmlichen Unternehmen."[248] EBusiness hat ökonomische, soziale und ökologische Auswirkungen. Mit dem elektronischen Versandhandel können beispielsweise Kosten für Personal im Verkaufsbereich eingespart werden, andererseits müssen einige Arbeitsplätze umstrukturiert werden. Es werden zwar weniger Mitarbeiter zur persönlichen Kundenberatung vor Ort benötigt, jedoch muss die per Internet oder Telefon bestellte Ware zum Kunden transportiert werden.

Die Entwicklung der neuen Distributionstechnologien wird nicht nur durch die Erfüllung der Kundenwünsche bestimmt. Das Thema Nachhaltigkeit hat seit den 70er Jahren an Bedeutung gewonnen.

Da laut International Energy Agency (IEA) 2008 „26 % der weltweiten Emissionen durch den Verkehr(...)"[249] verursacht wird, ist es wichtig, entsprechende Maßnahmen in diesem Sektor einzuführen. Davon sind unter anderem die KEP-Dienstleister betroffen.

---

[244] Vgl. DHL Logbook (2008, o.S.).

[245] Vgl. Köcher (2005, S. 11 f).

[246] Vgl. Keller (Hrsg.) (2007, o.S.).

[247] Vgl. Weinhard und Holtmann (2002, S. 5).

[248] Vgl. Straube (2004, S. 43).

[249] Vgl. UIC (2009, S. 1).

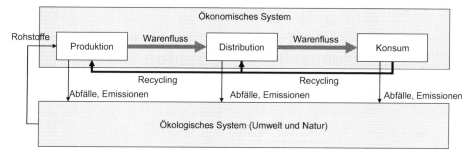

Abb. 2.90 Systemzusammenhang Ökonomie – Natur. (In Anlehnung an Hansen (2009, S. 65))

Durch Vermeidungsprozesse und End-of-Pipe-Verfahren zur Nachhaltigkeit „Alle Produktions-, Distributions- und Konsumvorgänge beanspruchen die natürliche Umwelt."[250] Bei allen notwendigen Prozessen zur Herstellung und Lieferung von Gütern an Kunden werden gleichzeitig „Kuppelprodukte" (Abfälle, Reste, Rückstände, Abwärme) produziert.[251] Diese Kuppelprodukte sind unerwünschte Rückstände, die meistens keinen weiteren Nutzen aufweisen. Bei umweltgerechten Prozessen müsste die Entstehung dieser Rückstände entweder von vornherein vermieden werden, z. B. mit der sog. „Vermeidungstechnologie"[252] oder während des Produktionsprozesses entstehende Schadstoffmengen müssten durch das sog. End-of-Pipe-Verfahren auf die nicht umweltbelastende Absonderung reduziert werden. End-of-Pipe-Verfahren bedeutet „(. . .) Verringerung der Umweltbelastung durch nachgeschaltete Maßnahmen"[253] (z. B. durch Abgas-Katalysatoren).

Zur Befriedigung der Konsumnachfrage werden oft „[. . .] nicht reproduzierbare, natürliche Ressourcen verwendet, bzw. regenerative Ressourcen werden schneller verbraucht als sie entstehen."[254] „Im Distributionsbereich kommen zwar weniger umweltschädliche Vorgänge vor als in der Produktion, dennoch ist die Distribution durch ihre indirekte Vermittlungsleistung zwischen Produktion und Konsum wirksam".[255] Ein möglicher Kreislauf der Schadstoffe und Abfälle sowie der Zusammenhang zwischen Ökonomie und Natur ist in Abbildung 2.90 dargestellt. Durch die Einführung des Recycling und nachhaltiger Rohstoffe können sowohl ökologische als auch ökonomische Vorteile erzeugt werden.

Rolle der KEP-Dienstleister Umweltschutz ist ein sehr umfassendes Problem. Die Zustellkonzepte sind nicht nur als ökologisch sondern auch als ökonomisch sensibel zu bezeichnen.

---

[250] Strebel (1981, S. 508).

[251] Siehe Abschn. 2.7.

[252] Vgl. Kleinaltenkamp und Plinke (2000, S. 5).

[253] Vgl. Fritsch et al. (2005, S. 156).

[254] Vgl. Hansen (1990, S. 64).

[255] Vgl. Hansen (1990, S. 65).

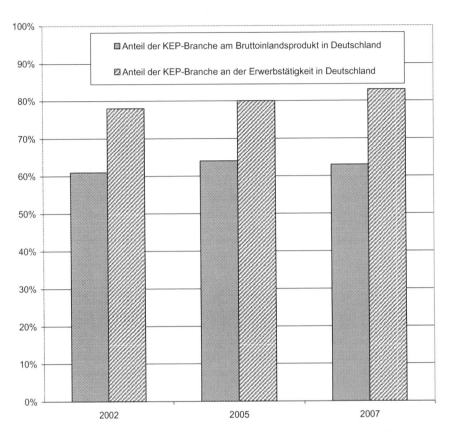

Abb. 2.91 Bedeutung der KEP-Branche als Arbeit- und Auftraggeber für die deutsche Volkswirtschaft (2002, 2005, 2007). (Vgl. Esser und Kurte (2010, S. 21))

Alle Maßnahmen, die beispielsweise die KEP-Dienstleistungen einschränken (Behinderungen im Straßenverkehr, Fahrverbote usw.) spiegeln sich in der Schnelligkeit, Flexibilität und Zuverlässigkeit des KEP-Angebotes wieder. Von dieser Leistungsfähigkeit der Zulieferer hängt der Erfolg vieler Unternehmen ab. Nach einer Studie der Wirtschafts- und Unternehmensberatung Kurte & Esser-Consult (KE-Consult) zeigt sich, dass durch die Einschränkung der Leistungsfähigkeit der KEP-Dienste ca. 22 % der KEP-Sendungsvolumen entfallen würden. Diese Einschränkungen bei den KEP-nutzenden Unternehmen könnte neben 1,25 % gefährdeten Arbeitsplätzen in Deutschland auch die Senkung des Bruttoinlandsproduktes um 1,13 % verursachen.[256] Die Bedeutung der KEP-Branche als Arbeit- und Auftraggeber für die deutsche Wirtschaft in den Jahren 2002, 2005 und 2007 wird in Abb. 2.91 gezeigt.

---

[256] Vgl. Esser und Kurte (2006, S. 12).

Gründe für ein Umweltschutz-Engagement Ca. 70 % der Kunden wünschen sich, ihre Pakete zu Hause entgegenzunehmen. In fünf bis zehn Prozent aller Zustellversuche sind die Pakete von den Paketzustellern wieder mitzunehmen, da die Empfänger der Sendungen zu den Lieferzeiten nicht anzutreffen sind.[257] Im ungünstigsten Fall werden die Pakete zu Retouren, was in 30–40 % aller Bestellungen der Fall ist.[258] Somit verursacht diese Direktbelieferung bis zur Haustür der Empfänger überproportional steigende Fahrtkosten und zusätzliche Belastung des Straßenverkehrs und der Umwelt. Folglich ergeben sich zwei sehr schwer zu versöhnende Ziele der Dienstleister. Zum einen Reduktion der Transportkosten, zum anderen Befriedigung der Kundenwünsche und deren Bedürfnisse. Durch die große Anzahl der Wettbewerber im Belieferungsbereich werden unterschiedliche Strategien entwickelt, die zur Kundengewinnung führen sollen.

Der Reduzierung des CO_2-Ausstoßes bei gleichzeitig hoher Belieferungsleistung für den Kunden ist das Optimierungsproblem der „letzten Meile". Durch entsprechende Maßnahmen können nicht nur die Lieferzeiten und somit die Zustellkosten pro Paket sondern auch der CO_2-Ausstoß reduziert werden. Laut der Studie des Bundesverbandes Materialwirtschaft Einkauf und Logistik e. V. (BME Studie) erwarten 56 % der Unternehmen, dass sich die Kosten für CO_2-Emissionen in Zukunft erhöhen werden.[259] Man setzt schon jetzt neue Technologien ein, um den Ausstoß von Abgasen zu reduzieren. Einige Unternehmen stellen auf die „Vermeidungstechnologie" um, andere nutzen das End-of-Pipe-Verfahren.

Exkurs End-of-Pipe Verfahren am Beispiel des Klimaschutzprogramms „Go-Green" der Deutschen Post AG (DHL)
Der Focus des Klimaschutzprogrammes der DP DHL liegt unter anderem auf der intelligenten Abholung und Zustellung der Sendungen. Dabei spielen die optimalen Informations-, Navigations- und Kommunikationstechnologien eine wichtige Rolle.[260]

Die DPAG mit ihren 120.000 Fahrzeugen hat einen bedeutsamen Einfluss auf die Umwelt. Eine Investition in kraftstoffeffiziente und emissionsarme Fahrzeuge soll die Steigerung der Luftqualität gewährleisten. Da im Nachlauf die Pakete intensiv durch kleinere LKW transportiert werden, ist diese Minimierung des CO_2-Ausstoßes bei der Endauslieferung wichtig. Zu diesem Zweck kommen Biokraftstoffe oder Fahrzeuge mit Elektroantrieb zum Einsatz. Die Emissionen pro transportiertem Brief oder Paket werden auch durch die Planung der optimalen Routen sowie durch bessere Transportauslastung minimiert. Proportional zu den auszuliefernden Transportmengen

---

[257] Vgl. Rainer und Schusterer (2009, o.S.).
[258] Vgl. Industriemagazin (Hrsg.) (2007, o.S.).
[259] Vgl. Bundesverband Materialwirtschaft und Einkauf (BME) (Hrsg.) (2009).
[260] DHL Innovation Center (2011, o.S.).

sind ökonomisch bestmögliche Fahrzeuge einzusetzen. Beispielsweise bei nur geringerer Anzahl von Sendungen in der Stadt können „(. . .) „SmartTruck", „intelligente
Zustellfahrzeuge", die die auszuliefernden Sendungen überwachen"[261], eingesetzt
werden.[262] Durch Anwendung der „Radio-Frequency Identifikation" (RFID) können
die transportierten Gegenstände identifiziert und lokalisiert werden.[263] Hierdurch ist
selbst ein Rendezvous-Management möglich, bei dem Sendungen zwischen zwei Ku-
rieren während einer aktuellen Tour getauscht werden, damit sie möglichst schnell
und effizient ans Ziel kommen.[264]

**Zustellkonzepte im Hinblick auf die „letzte Meile" bei Anwendung der
„Vermeidungstechnologie"** Die Kunden erwarten eine mit möglichst wenig Zeit- und
Kostenaufwand verbundene Lieferung der erworbenen Gegenstände. Dabei müssen so-
wohl Zustellkonzepte aus Sicht der Lieferanten als auch der Kunden berücksichtigt werden.
Eine Möglichkeit besteht in der Automatisierung der Paketabholstationen, um dem Kun-
den 24 Stunden Empfang und Versand von Paketen zu gewährleisten. Die in der „letzten
Meile" integrierte „Vermeidungstechnologie" hat den Vorteil gegenüber dem End-of-Pipe-
Verfahren, dass man dadurch vornherein die in der Zukunft anfallenden Kosten sowie den
entstehenden CO_2-Ausstoß einspart. Durch die Bündelung der Zustellpunkte zu einem
Sammelpunkt, z. B. zu einer automatisierten Abholstelle, werden die Pakete sicher abge-
liefert. Somit entfällt das Problem der Rücknahme der Pakete durch den Zulieferer bei
Abwesenheit des Empfängers.

Einige KEP-Dienstleister wie Deutsche Post, Hermes Versand Services oder DPD betreiben eigene Abholstellen, die sie auch beliefern. Der Grundgedanke aller genannten
Pick-up-Stellen ist gleich – Vermeidung überflüssiger Transportwege von vorne herein und
somit geringere Kosten und Schadstoffmengen.

Dank der Vielfalt der unterschiedlichen Abholmöglichkeiten können die Paketempfänger entscheiden, ob sie beispielsweise ihre Sendungen lieber an öffentlichen, nicht
persönlich gebundenen, automatisierten Pick-up-Stellen (wie Packstationen, Tower24),

---

[261] DHL Innovation Center (2011, o.S.).

[262] Vgl. Deutsche Post/DHL (2011, S. 47 ff).

[263] Vgl. Werner und Dangelmeier (2006, S. 17).

[264] Vgl. Deutsche Post DHL (2011, S. 47 ff).

personalisierten Pick-up-Stellen (z. B. Paketshops) oder an persönlichen Zustellboxen (PickBox24), die direkt am Haus angebracht werden, abholen möchten.

Exkurs Vermeidungstechnologie am Beispiel der DHL Packstation

Die zur Befriedigung des Kundenbedarfs erforderlichen Maßnahmen werden an vielen Standorten in Deutschland durch die Deutsche Post AG bereitgehalten. Hinzu wird seit 2003 der Service *PACKSTATION* von DHL umgesetzt. Die Packstationen sollten unter anderem bedarfsnahe, flexible Abhol- und Versandmöglichkeiten von Paketen ermöglichen sowie längere Fahrten und die CO_2-Absonderung reduzieren.

Die Herausforderung dabei ist, Standorte zu finden, die sowohl den Anforderungen der Kunden als auch denen der Deutschen Post AG gerecht werden. Im Vordergrund steht für die Deutsche Post nicht nur die Zufriedenheit der Kunden und die Reduzierung der Betriebskosten pro Paket, sondern auch ein möglichst hoher Auslastungsgrad der Packstationen und der Umweltschutz.

Um die flexible Zustellung und Abholung von Paketen zu vereinfachen, wurde von DHL der kostenlose Service in Form von DHL-*PACKSTATIONEN* den Kunden zur Verfügung gestellt.

Eine ausgereifte Flächendeckung spielt bei dem Projekt eine entscheidende Rolle. Die Packstationen sollen den Kunden einen schnellen Versand und Empfang von Paketen ermöglichen. Die Packstationen sind leicht zu bedienen und können von jedermann genutzt werden.

Ziel des Projektes war die Schaffung eines 10-Minuten-Netzes. 90 % aller Bewohner in Deutschland können somit innerhalb von 10 min mit dem PKW eine Packstation erreichen.[265]

Kritische Würdigung Durch Anwendung der End-of-Pipe-Verfahren und der „Vermeidungstechnologie" tragen die Unternehmen dazu bei, die Beeinträchtigung für die Umwelt zu reduzieren. Gleichzeitig können durch Einsatz dieser Technologien Kosten eingespart werden. Beide Verfahren zeichnen sich allerdings zunächst durch einen hohen Investitionsaufwand aus. Durch den Einsatz der „Vermeidungstechnologie" entstehen bei der „Automatisierung der letzten Meile" in Form von Abholstationen hohe Produktentwicklungs-, Umsetzungs- und Betriebskosten. Hinzu kommt der Aufwand für die Analyse des Umfelds, um die am besten geeigneten Standorte für die Abholstationen zu finden. Dabei entsteht bei neuen Konzepten das Risiko, dass die neue Dienstleistung von den Kunden nicht gut angenommen wird.

Bei den Abholautomaten entfällt der persönliche Kontakt zwischen Kunde und Lieferant. Dies kann je nach Kunden als Vorteil (wegen Anonymität) aber auch als Nachteil

---

[265] Vgl. Deutsche Post DHL (2012, o.S.).

(Kunde ist auf sich selbst angewiesen) gesehen werden. Mitarbeiter und Kunden sind nicht miteinander, sondern mit Automaten konfrontiert.

Bei der End-of-Pipe Technik sind bei der „letzten Meile" hauptsächlich die Mitarbeiter und nicht die Kunden involviert. Im Gegensatz dazu hängt bei der „Vermeidungstechnologie" in Form von Abholstationen der Erfolg des Unternehmens von der Akzeptanz, Frequenz der Nutzung und Zufriedenheit der Kunden ab. Somit steigt dabei das Risiko der nicht rentablen Investitionen. Das Ergebnis eines solchen Konzeptes hängt also direkt vom Kunden ab und wird erst ex post (nachdem das Projekt umgesetzt wurde) bekannt. Im Unterschied dazu kann der Erfolg der End-of-Pipe-Verfahren im Voraus abgeschätzt werden. Der Erfolg hängt nur indirekt vom Kunden ab, indem er gezielt Unternehmen mit dieser Technologie auswählt. Das Hauptziel dieser Verfahren ist der Umweltschutz zusammen mit einer langfristigen Kostenreduktion.

Bei Erfolg und Einsatz der alternativen Zustellformen in Form von Abholstationen ist die Bündelung der Sendungen möglich, um somit Zeit, Fahrtwege und Kosten der KEP-Dienstleister zu sparen. Das End-of-Pipe-Verfahren ist auf Umweltschutz und Kostenersparnis von Anfang an eingerichtet.

Welches Verfahren ist aber besser? Damit die „letzte Meile" umweltsensibel betrieben werden kann, müssen die beiden Konzepte – ‚Vermeidungstechnologie" sowie End-of-Pipe-Verfahren – eingesetzt werden. Durch die starke Entwicklung des E-Commerce sowie der Globalisierung ist die kundenorientierte Differenzierung der Paketzulieferung ein Erfolgsfaktor der KEP-Unternehmen.

2.2.7 Entsorgungslogistik

2.2.7.1 Aufgaben und Einflussfaktoren der Entsorgungslogistik

Auf der Weltklimakonferenz 1992 in Rio de Janeiro wurde mit dem „Sustainable Development" der Grundstein für die Veränderung der Umweltgesetzgebung gelegt. Endete bislang die Unternehmenstätigkeit mit der Bereitstellung der Waren und Dienstleistungen, so musste diese lineare Sicht hin zu einer Kreislaufbetrachtung erweitert werden.

Das lineare Wirtschaften zielt im Unterschied zur Kreislaufwirtschaft größtenteils auf den Verbrauch natürlicher Ressourcen aus der Umwelt ab. Produkte und Dienstleistungen werden hergestellt, genutzt und anschließend als Abfälle beseitigt. Die Aufgabe der Entsorgung und damit der Entsorgungslogistik beschränkte sich auf die Beseitigung der Abfälle und stellte den Endpunkt der Wirtschaftskette dar. Sowohl die Wiedergewinnung von Wertstoffen als auch der Abbau von Schadstoffen wurde vornehmlich der natürlichen Regeneration überlassen. Dem linearen Wirtschaften stellten sich zunächst Ressourcenengpässe auf der Beschaffungsseite gegenüber. Die Auswirkungen der begrenzten natürlichen Ressourcen zeigen sich in steigenden Rohstoffpreisen und der ständigen Suche nach neuen Technologien zur verbesserten Ressourcenausbeute. Darüber hinaus führen Entwicklungen wie verkürzte Produktlebenszyklen und verstärkten Konsum zu einem Anstieg des Abfallaufkommens. Daraus ergaben sich Engbässe von Deponieräumen und damit

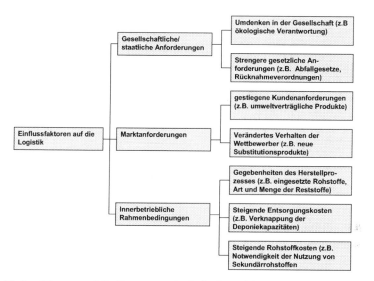

Abb. 2.92 Einflussfaktoren auf die Entsorgungslogistik. (In Anlehnung an Schulte (2009, S. 507))

hohe Kosten für die Entsorgung von Abfällen. Die Deponierung der im Abfall enthaltenen sogenannten Sekundärrohstoffe stellt eine Ressourcenverschwendung dar. Aus diesen beiden Problembereichen – Verknappung natürlicher Rohstoffe einerseits und Verschwendung von Wertstoffen durch Deponierung bei gleichzeitiger Vermindung des verfügbaren Deponieraumes – wurde das Prinzip der Kreislaufwirtschaft entwickelt.[266]

Dies stellte an die Unternehmen und damit die Logistik völlig neue Herausforderungen. Die Unternehmenstätigkeit, die bis dahin in der Regel mit der Bereitstellung eines Produktes oder einer Dienstleistung beim Kunden endete, musste nun um die Rückführung der „verbrauchten" Güter ergänzt werden. Diese, dem Güterstrom der Versorgungslogistik entgegen gerichtete Betrachtung, wird als Entsorgungslogistik bezeichnet.

Abbildung 2.92 gibt einen Überblick über die Einflussfaktoren der Entsorgungslogistik.

Die Entsorgungslogistik kann definiert werden, als die Anwendung der Logistikkonzeption auf alle mit der Herstellung und dem Vertrieb der betrieblichen Produkte anfallenden unerwünschten Nebenprodukte (Kuppelprodukte[267]), um mit allen Tätigkeiten der Raum- und Zeitüberbrückung einen ökonomisch und ökologisch effizienten Rückfluss dieser Nebenprodukte zu gestalten.

In Abb. 2.93 sind die Kuppelprodukte etwas genauer differenziert.

---

[266] Vgl. Lemke (2004, S. 142).

[267] Kuppelprodukte entstehen zwangsläufig aus fertigungstechnischen Gründen bei der Produktion des gewünschten Materials. Ungewollte Kuppelprodukte sind z. B. Schlacken bei der Herstellung von Stahl.

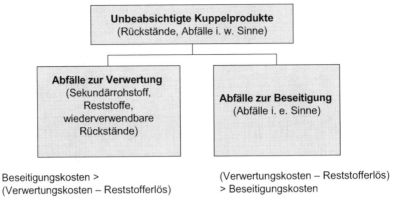

Beseitigungskosten >   (Verwertungskosten – Reststofferlös)
(Verwertungskosten – Reststofferlös)   > Beseitigungskosten

Abb. 2.93 Objekte der Entsorgungslogistik

Abb. 2.94 Funktionale
Einordnung der
Entsorgungslogistik

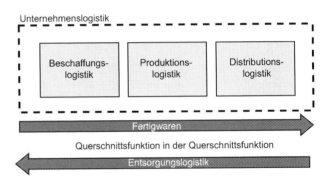

Dabei umfasst die Entsorgungslogistik sowohl das Sammeln, Sortieren, Verpacken, Lagern und Abtransportieren von physischen Produkten als auch den damit verbundenen Informationsfluss.

Zu den Objekten der Entsorgungslogistik gehören neben den ungewollten Kuppelprodukte n, die bei der Produktherstellung und -nutzung entstehen auch produktionsbedingte Rückstände, die bei der Herstellung anfallen, aber nicht in das Endprodukt eingehen sowie konsumptionsbedingte Rückstände. Dies sind zu Beginn der Produktverwendung: z. B. Verpackung, während Produktnutzung: z. B. Batterien und nach der Produktnutzung z. B. Schrott. Darüber hinaus befasst sich die Entsorgungslogistik auch mit Einwegverpackungen, Leergut, Retouren, Ausschuss, ausrangierte Betriebsmittel, Austauschaggregate, Abfälle aus der Verwaltung und (nicht mehr verwendbare) und Lagerhütern.

Die Entsorgungslogistik unterscheidet sich von der Beschaffungs-, Produktions- und Distributionslogistik durch die Objekte der Entsorgungslogistik, als auch deren Flussrichtung[268] (s. Abb. 2.94).

---

[268] Vgl. Pfohl, H. C. (1996, S. 226 f).

Entsorgungslogistische Aspekte in der Beschaffungslogistik beziehen sich beispielsweise auf den Einsatz von sekundären Rohstoffen bei der Wahl des Verpackungsmaterials (Einsatz von Kartonagen aus Altpapier) oder auf die Einführung eines Mehrwegsysteme für die Anlieferung von Roh-, Hilfs- und Betriebsstoffen in Zusammenarbeit mit dem Lieferanten. Im Rahmen der Produktionslogistik sorgt die Entsorgungslogistik für die Trennung und Einsammlung von Abfällen und die geordnete Zwischenlagerung von Reststoffen. Darüber hinaus zählt die Planung, Koordination und Überwachung der Materialflüsse für das Recycling zu den Aufgaben der Entsorgungslogistik. In der Distribution fallen ähnliche Aufgaben an wie in der Beschaffungslogistik. Auch hier ist die Verwendung von Mehrwegsystemen bei der Bereitstellung der Produkte für den Kunden oder die Verwendung von Verpackungsmaterial aus Sekundärrohstoffen zu untersuchen und umzusetzen.

Analog der Versorgungslogistik lassen sich auch bei der Entsorgungslogistik die institutionellen Betrachtungsebenen unterscheiden.[269]

Makrologistische Systeme der Entsorgungslogistik beschreiben das Güterverkehrssystem einer Volkswirtschaft, das die Grundlage des Transportes von Rückständen bildet.

Die metalogistischen Systeme haben die Aufgabe, Rückstandskreisläufe zu schließen. In Abhängigkeit der eingesetzten Mittler und der Stufigkeit des Systems ergeben sich ein- und mehrstufige Redistributionskanäle, Rückstandszyklen und Beseitigungskanäle. Redistributionskanäle nutzen die Distributionswege des Versorgungssystems und binden Distributionsmittler in den physischen Transport der Rückstände mit ein. Die Quelle des Rückstandsstromes ist dabei identisch mit der Senke des Versorgungsstromes. Die Rückstandszyklen sollen den Wiedereinsatz der sog. Sekundärrohstoffe sicherstellen und verbinden den Ort der Rückstandsentstehung mit dem Produktionsunternehmen gebrauchter Produkte. Hierbei werden häufig Recyclingunternehmen eingebunden. Beseitigungskanäle verbinden die Erzeuger von Rückständen mit den Unternehmen, die für eine ordnungsgemäße Behandlung von nicht mehr weiterverwendbaren Abfällen zuständig sind (Müllverbrennungsanlagen, Deponien). Die Behandlung der Rückstände und der damit verbundene Aufbau eines entsorgungslogistischen Systems hängt von der Sortenreinheit der Rückstände, deren Wiedereinsatzmöglichkeiten, den Rückstandsmengen und den rechtlichen Rahmenbedingungen ab.

Die mikrologistischen Systeme beinhalten die Rückstandstransformation innerhalb privater und öffentlicher Institutionen. Hierzu zählt beispielsweise die Rückführung von unternehmensinternen Scheiben in den Schmelzprozess bei der Behälterglasherstellung.

2.2.7.2 Ziele der Entsorgungslogistik[270]

Die Tätigkeiten der Entsorgungslogistik sind sowohl auf die ökonomischen Unternehmensziele als auch auf die ökologischen Vorgaben von Unternehmensexternen (z. B. Kunden, Gesellschaft und Staat) auszurichten. Die ökonomischen Ziele beinhalten die Senkung der

---

[269] Vgl. Pfohl (1996, S. 226 ff).
[270] Vgl. Lemke (2004, S. 172 ff).

Logistikkosten und die Steigerung des Serviceniveaus für die Entsorgungslogistik (z. B. die anforderungsgerechte Rücknahme von Verpackungsmaterialien).

Der Aufbau und die Durchführung einer Kreislaufwirtschaft unter gleichzeitiger Berücksichtigung von Umwelt- und Kostengesichtspunkten erfordern eine besonders leistungsfähige logistische Planung, Steuerung und Überwachung. Daher und aufgrund der Tatsache, dass die betreffenden Kapazitäten des Unternehmens (z. B. spezielle Lagereinrichtungen, Ladehilfs- und Verkehrsmittel) durch die eigenen Rückstände oftmals nicht die notwendige Auslastung (Beschäftigungsgrad) erfahren, wird häufig eine Zusammenarbeit mit anderen Unternehmen erwogen. Dazu bietet es sich zum einen an, Spezialisten für Entsorgungs(logistik)leistungen am Markt mit unterschiedlichem Integrationsgrad in das Logistiksystem des Unternehmens einzubeziehen. Zum anderen können je nach verfolgter Zielsetzung spezifische Kooperationsformen mit Unternehmen der gleichen Branche und identischer Wertschöpfungsstufe (zur Erhöhung des Rückstandsaufkommens und damit einer größeren Kapazitätsauslastung und besseren Verhandlungsposition bei Fremdvergabe) oder angrenzender Wertschöpfungsstufen (zur höheren und kostengünstigeren Ausschöpfung des Verwertungspotenzials durch integrierte Ansätze der Rückstandsbewältigung) eingegangen werden. Auch Kooperationen mit branchenfremden Unternehmen (z. B. falls diese einen dauerhaften Bedarf an bestimmten Rückständen haben) sind denkbar.

Die ökologischen Zielsetzungen ergeben sich aus der Schonung der natürlichen Ressourcen und der Reduzierung der durch die Entsorgungslogistik verursachten Emissionen. Während sich die ökologischen Aspekte der Versorgungslogistik auf die Reduzierung prozessabhängiger Emissionen beschränkt, trägt die Entsorgungslogistik durch die Übernahmen spezieller Aufgaben der Entsorgung zur Lösung ökologischer Probleme bei. Zu den Wechselwirkungen zwischen Umweltschutz und Logistik siehe auch Kap. 5.1: Green Logistics.

Die Anwendung des Gesamt- oder Totalkostendenkens macht die Offenlegung aller entsorgungslogistischen Kosten erforderlich, die dann bei der Kostenkalkulation des Zielproduktes Berücksichtigung finden müssen. Da die Entsorgungslogistik die Verwertungs- und die Entsorgungsprozesse von Abfallstoffen, Ausschuss, überschüssigem Material, überalterten Fertigwarenbeständen, recycelbaren Materialien, Ladehilfsmitteln (Verpackung, Paletten, Container) usw. plant und steuert, fallen Kosten für Sammeln, Sortieren, Lagern, Transportieren und Umschlagen der Produkte an. Bei der Verwertung entstehen zusätzliche Kosten für die Trennung, Aufbereitung und stofflichen Umwandlung der Abfälle. Wenn Abfälle beseitigt werden, fallen Kosten für die Deponierung, Kompostierung und Verbrennung an.

2.2.7.3   Akteure der Entsorgungslogistik[271]

An der Abfallwirtschaft sind unterschiedliche Akteure beteiligt. Sie lassen sich anhand ihrer rechtlichen Stellung, ihres Aufgabenumfanges und ihrer Position im Beziehungsnetzwerk unterscheiden. Aufgrund der staatlichen Daseinsfürsorge der Abfallentsorgung nehmen

---

[271] Vgl. Lemke (2004, S. 151 f).

öffentlich-rechtliche Entsorgungsträger die vom Gesetzgeber beschriebenen Pflichten wahr. Dazu gehört die Planung und Organisation der Entsorgungsleistungen für die überlassungspflichtigen Abfälle.

Abfallerzeuger bzw. Abfallbesitzer sind die Quellen der Abfallströme. Sie müssen aufgrund des Verursacherprinzips und entsprechend ihrer Zuordnung in private Haushalte und andere Herkunftsbereiche die angefallenen Abfälle entweder dem Entsorgungsträger überlassen oder die Abfälle einer Eigenentsorgung zuführen.

Verwerter sind Unternehmen, die den stofflichen oder energetischen Inhalt von Abfällen aus Grundlage für ihre Produkte oder Leistungserstellung nutzen.

Entsorgungsunternehmen übernehmen als privatrechtliche, öffentlich-rechtliche oder Mischorganisation die Entsorgung von Abfällen, d. h. die Erfassung und Sammlung der Abfälle beim Erzeuger bis zur ordnungsgemäßen Verwertung oder Beseitigung einschließlich der damit verbundenen Lager-, Transport- und Umschlagaktivitäten.

Die Prozessleistung der Entsorgung wird meist in Zusammenarbeit mit unterschiedlichen Partnern erbracht. Entsorgungsunternehmen nutzen sowohl bei der Abfallbeschaffung als auch beim Absatz von Recycling-Materialien Makler (diese sind nur vermittelnd tätig und erwerben keine Abfälle) und Händler (diese kaufen Abfälle zum Weiterverkauf) sowie spezialisierte Logistikdienstleister. Eine große Anzahl von Logistikdienstleistern im Transportbereich hat sich als sogenannter Entsorgungsfachbetrieb zertifizieren lassen, um die Notwendigkeit der Genehmigung eines jeden Transportes zu umgehen.

2.2.7.4 Prozessarten der Entsorgungslogistik

Logistische Prozesse Zu den Kernleistungen der Entsorgungslogistik zählen transportieren, umschlagen und lagern der Rückstände. Ergänzend dazu werden entsorgungslogistische Zusatzleistungen wie Sammlung, Trennung, Sortierung und geeignete Wahl von Verpackungen und Behältern sowie spezifische entsorgungslogistische Informationsleistungen (z. B. über Behandlung von Gefahrgut) übernommen.

Abbildung 2.95 gibt einen Überblick der entsorgungslogistischen Prozessarten.

Für die entsorgungslogistische Aufgabe der Lagerung muss zunächst der erforderliche Lagerraum ermittelt werden. Danach ist in Abhängigkeit der zu lagernden Materialien die Bauform des Lagers und die Lagerplatzzuordnung festzulegen. Besondere Lageranforderungen gibt es z. B. für Gefahrstoffe oder brennbare Materialien.

Die Planung der Transporte umfasst die Auswahl der Transportmittel und die Organisation der Transportprozesse. Auch hier sind gesetzliche Vorgaben für Gefahrguttransporte zu berücksichtigen.

Darüber hinaus ist der Umschlag der Rückstände zu planen und zu organisieren. Bei der Organisation des Umschlages sind Umleerverfahren und Wechselverfahren zu unterscheiden. Beim Umleerverfahren werden die Rückstände aus einem Sammelbehälter heraus in den Behälter für den Abtransport umgefüllt (Beispiel: Hausmüllabfuhr). Beim Wechselverfahren wird der volle Behälter gegen einen Leerbehälter ausgetauscht, so dass hier die Behälter und nicht die Rückstände umgeschlagen werden. Dieses Verfahren findet bei der Entsorgung von bestimmten Krankenhausabfällen Anwendung.

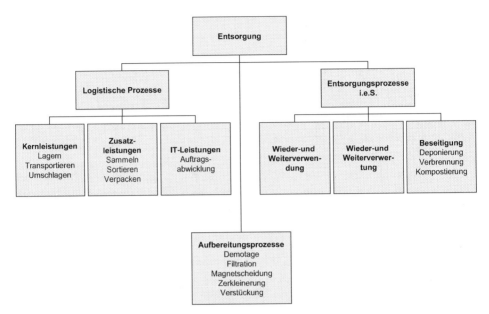

Abb. 2.95 Prozessarten der Entsorgungslogistik. (In Anlehnung an Schulte (2009, S. 504))

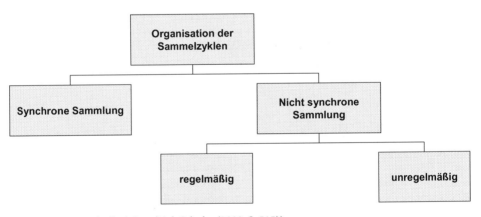

Abb. 2.96 Sammelprinzipien. (Vgl. Schulte (2009, S. 515))

Rückstände fallen meist in gemischter Form an. Um die Rückstände wiederverwerten zu können ist daher eine Trennung in möglichst sortenreine Rückstandsströme erforderlich.

Die Gestaltungsalternativen dieser entsorgungslogistischen Zusatzleistungen sind in Tab. 2.26 aufgeführt.

Die Organisation der Sammlung und Sortierung nach gemischter Sammlung ohne nachträgliche Sortierung, gemischte Sammlung mit nachträglicher Sortierung und getrennte Sammlung der Rückstände hat unterschiedliche Auswirkungen auf die Sorten-

Tab. 2.26 Gestaltungsalternativen der entsorgungslogistischen Zusatzleistungen. (In Anlehnung an Stölzle (1993, S. 252))

Entsorgungslogistische Aufgabenbereiche		Entscheidungstatbestände	Gestaltungsalternativen
Zusatzleistungen	Sammlung und Trennung	Organisation der Sammlung und Trennung	Getrennte Sammlung Gemischt Sammlung mit anschließender Trennung Gemischte Sammlung ohne anschließende Trennung
		Sammelprinzip	Synchron Regelmäßig Unregelmäßig
	Verpackung	Ausgestaltung der Behälter in Abhängigkeit ihrer Funktion	Reine Schutzfunktion Schutz- und Transportfunktion Einweg- oder Mehrwegsystem
IT-Leistungen	Auftragsabwicklung	Art der Auftragsauslösung Zusammenarbeit mit den Beteiligten	Auslösung durch bestimmtes Ereignis Auslösung nach Ablauf einer bestimmten Zeitspanne

reinheit der Rückstände und die ökonomische Zielerreichung. In Tab. 2.27 werden die Organisationsalternativen für Sammlung und Sortierung bewertet.

Bei der Festlegung des Sammelprinzips (s. Abb. 2.96) ist festzulegen, in welchem zeitlichen Bezug die Sammlung zur Entstehung der Rückstände erfolgt. Erzeugt der Anfall von Rückständen eine sofortige Einsammlung, so spricht man von synchroner Sammlung. Wird die Sammlung unabhängig von der Entstehung der Rückstände durchgeführt, so handelt es sich um eine nicht synchrone Sammlung. Erfolgt die Sammlung zu festgelegten Terminen (z. B. alle 14 Tage bei der Hausmüllentsorgung) liegt eine regelmäßige Sammlung vor. Werden die Rückstände nur bei Vorliegen eines bestimmten Behälterfüllgrades oder auf Abruf abtransportiert, so findet die Sammlung unregelmäßig statt[272] (Abb. 2.95).

Die wichtigste Vorschrift zum Aufbau eines unternehmensexternen entsorgungslogistischen Systems stellt die Verordnung über die Vermeidung von Verpackungen (VerpackVO) vom 12. Juni 1991 dar. Durch diese Verordnung werden Hersteller und Handel dazu verpflichtet, alle gebrauchten Verpackungen außerhalb der bestehenden öffentlichen Entsorgung zu erfassen und zu verwerten. Diese Rücknahmepflicht der Verkaufverpackungen wird für Industrie, Handel und Entsorgungswirtschaft durch das Duale System Deutschland GmbH wahrgenommen. Dabei übernehmen private Entsorgungsunternehmen das Sammeln, Sortieren, Lagern und Transportieren der verwertbaren Verpackungen. In der Industrie sollen diese eingesammelten Verkaufsverpackungen anschließend wiederverwendet werden. Die Kosten für den Aufbau und Betrieb dieses Systems werden von der Industrie übernommen. Als Marketing- und insbesondere Finanzierungsinstrument für das Duale

---

[272] Vgl. Schulte (2009, S. 514).

Tab. 2.27 Beurteilung der Organisationsalternativen für Sammlung und Sortierung. (Vgl. Schulte (2009, S. 515))

	Gemischte Sammlung ohne nachträgliche Sortierung	Gemischte Sammlung mit nachträglicher Sortierung	Getrennte Sammlung
Ablauforganisation	Bereitstellen der verschiedenen Rückstandsarten in gemischter Form an den Anfallstellen, anschließende Einsammlung	Bereitstellen der verschiedenen Rückstandsarten in gemischter Form an den Anfallstellen, anschließende Einsammlung	Getrennte Sammlung der verschiedenen Rückstandsarten an den Anfallstellen getrennte Einsammlung
		Danach Trennung der verschiedenen Rückstandsarten	
Sortenreinheit der eingesammelten Abfälle	Nicht gegeben	Gegeben, allerdings Verunreinigung durch Begleitstoffe bei nicht vollständiger Trennung	Am größten, wenn die getrennte Einsammlung sorgfältig erfolgt
Ökologische Bewertung	Rückstände fast nicht wieder einsetzbar,	Rückstände bedingt wieder einsetzbar, abhängig von der Qualität der Trennung	Beste Voraussetzung zur Wieder- und Weiterverwendung der in Rückstände
	Deponierung oder thermische Verwertung		
Ökonomische Bewertung	Geringer Aufwand für die Einsammlung, keine besonderen Anforderungen an die Behälter	Geringer Aufwand für die Einsammlung, keine besonderen Anforderungen an die Behälter	Hoher Aufwand für die Einsammlung, besonderen Anforderungen an die Behälter
	Hohe Kosten für Beseitigung der Rückstände (Deponierungskosten)	Kosten für die nachträgliche Trennung und Sortierung der Rückstände	Kosten für die getrennte Behandlung kleiner getrennt gesammelter Rückstände
		Beseitigungskosten für nicht weiter zu verwendende Rückstände	Geringe Beseitigungs- kosten für nicht weiter zu verwendende Rück- stände
		Erlöse aus Verkauf der separierten Wertstoffe	Erlöse aus Verkauf der separierten Wertstoffe

System wurde der „Grüne Punkt" eingeführt, der nur gegen Zahlung eines entsprechenden Entgeltes verwendet werden darf.[273]

---

[273] Vgl. Schulte (2009, S. 517).

Entsorgungslogistische Informationsleistungen beziehen sich insbesondere auf die Auftragsabwicklung und die Erstellung der Begleitdokumente (z. B. Anfallstelle, Reststoffart, -menge, Überwachungstätigkeiten, Entsorgungsweg und Behälterkennzeichnung). Die Auftragsabwicklung ist das Bindeglied zwischen den einzelnen logistischen Aufgaben und stellt den entsprechenden Informationsfluss sicher. Ausgelöst wird ein Auftrag beispielsweise dann, wenn ein in der Produktion zur Aufnahme von ungewollten Kuppelprodukten eingesetzter Behälter einen bestimmten Füllgrad erreicht und der zuständige Mitarbeiter die Abholung der Kuppelprodukte veranlasst. Die im Auftrag enthaltenen Informationen sind für die sich anschließenden logistischen Prozesse erforderlich.[274]

Entsorgungsprozesse im engeren Sinn Einen typischen Leistungsprozess der Entsorgungslogistik stellt die Rückführung von verwertbaren Materialien (Wertstoffen) in einen Produktions- oder Konsumtionsprozess dar. Hierbei können verschiedene Arten der Rückführung unterschieden werden. Es handelt sich um eine Wiederverwendung, wenn das gebrauchte Material in weitgehend unveränderter Gestalt für den gleichen Zweck eingesetzt wird, z. B. Mehrwegflaschen, runderneuerte Autoreifen. Eine Weiterverwendung liegt vor, wenn das gebrauchte Material in weitgehend unveränderter Gestalt für einen anderen Zweck verwendet wird, z. B. ein Altreifen, der als Kinderschaukel oder Pufferschutz gebraucht wird. Wird im Zuge des Recyclings eine stoffliche Aufarbeitung des Materials vorgenommen, liegt eine Verwertung vor. Analog zur Verwendung kann hierbei zwischen einer Wiederverwertung (der Wertstoff geht in den gleichen Produktionsprozess ein) und einer Weiterverwertung (aus dem Wertstoff entstehen nach Durchlauf eines anderen als des ursprünglichen Produktionsprozesses ein Werkstoff mit einem veränderten Verwendungszweck) differenziert werden. Diese Formen des Recyclings sind in möglichst großem Umfang zu nutzen, da dem Verwerten von Rückständen eine höhere Priorität beigemessen werden sollte als der Entsorgung (= Beseitigung) von Abfällen.

Abbildung 2.97 verdeutlicht den Kreislaufprozess der Entsorgungslogistik.

Bei allen genannten Tätigkeiten stellt die Beobachtung und Kontrolle der Einhaltung der gesetzgeberischen Auflagen eine weitere Aufgabe der Entsorgungslogistik dar.

Aufbereitungsprozesse Ziel der Aufbereitung von Abfällen ist die Rückgewinnung von Wertstoffen, die als Sekundärrohstoffe wieder dem Wirtschaftskreislauf zugeführt werden können. Daneben wird eine Anreicherung der im Abfall enthaltenen Schadstoffe auf möglichst kleine Restmengen mit dem Ziel der Ausschleusung und schadlosen Beseitigung angestrebt. In bestimmten Fällen ist durch aufbereitungstechnische Maßnahmen auch die Umwandlung von Schadstoffen in Wertstoffe oder mindestens unproblematische Reststoffe möglich.

---

[274] Vgl. Schulte (2009, S. 516 f).

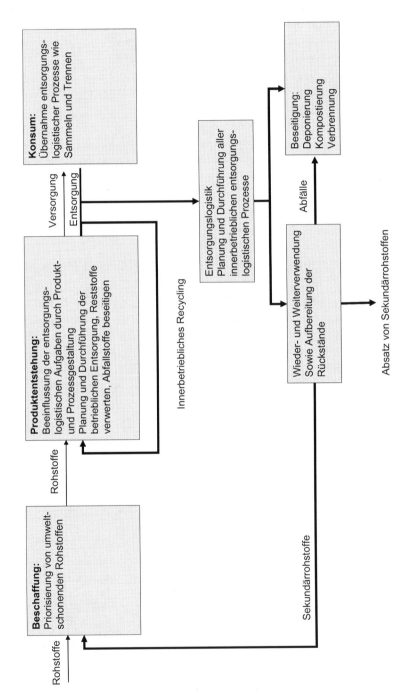

Abb. 2.97 Kreislauf in der Entsorgungslogistik. (Vgl. Knackstedt, R. (o.J., S. 10))

2.2.7.5 Entsorgungslogistischer Handlungsspielraum

Der entsorgungsstrategische Handlungsspielraum der Unternehmen ist durch den gesetzlichen Rahmen eingeschränkt. Das Kreislaufwirtschafts- und Abfallgesetz (KrW/AbfG)[275] von 1996 überträgt den Unternehmen die Verantwortung für den gesamten Produktlebensweg von Entwicklung über Produktion über die Vermarktung bis hin zur Rücknahmeverpflichtung des Herstellers und der damit verbundenen Rückgabepflicht des Nutzers. Das Gesetz differenziert die Rückstände in verwertbare Rückstände („Sekundärrückstände") und unverwertbare Rückstände („Abfälle"). In den §§ 4 und 5 KrW-/AbfG wird die grundsätzliche Prioritätenreihenfolge:

- Vermeiden vor Verwerten von Rückständen,
- Verwerten von Rückständen vor Entsorgung von Abfällen,

festgelegt.

In § 22 (1) KrW-/AbfG heißt es: „Wer Erzeugnisse entwickelt, herstellt, be- und verarbeitet oder vertreibt, trägt zur Erfüllung der Ziele der Kreislaufwirtschaft die Produktverantwortung."

Dabei umfasst die Produktverantwortung (Verursacherprinzip) die Entwicklung mehrfach verwendbarer Erzeugnisse, deren technische Langlebigkeit und die Kennzeichnung der Erzeugnisse. Zur Produktverantwortung gehören weiter die Rückgabe-, Wiederverwendungs- und Verwertungsmöglichkeiten oder -pflichten, sowie Pfandregelungen. Die erzeugten Produkte müssen verwertungs- bzw. beseitigungsgerecht bezogen auf die enthaltenen Schadstoffe sein, um deren umweltverträgliche Verwertung bzw. deren Beseitigung nach Gebrauch verbleibende Abfälle sicherzustellen. Auch die Rücknahme der Erzeugnisse und deren Verwertung oder Beseitigung gehört zur Produktverantwortung des Herstellers.

Tabelle 2.28 fasst die Bestimmungen des KrW-/AbfG zur Beschreibung logistischer Aufgaben der Entsorgungslogistik zusammen.

Aus den gesetzlichen Vorgaben lassen sich verschiedene entsorgungsstrategische Handlungsalternativen ableiten, die in Tab. 2.29 dargestellt sind.

Die Entsorgungslogistik sollte auch die Produktentwicklung dahingehend beeinflussen, dass möglichst wenig und zugleich schadstoffarmer Werkstoff verwendet wird. Die eingesetzten Bauteile sollten gekennzeichnet und wieder verwendet werden können. Bei der Konstruktion sollte auf Demontagefreundlichkeit und damit eine Trennbarkeit der Einsatzstoffe geachtet werden.

---

[275] Siehe z. B. Bundesministerium für Umwelt et al. (Hrsg.) (2011, o.S.).

Tab. 2.28 Bestimmungen des KrW-/AbfG zur Beschreibung logistischer Aufgaben der Entsorgungslogistik. (Vgl. Lemke (2004, S. 181))

Begriff	Beschreibung im Gesetzestext
Entsorgung	Die Abfallentsorgung umfasst nach KrW-/AbfG § 3 (7) die Verwertung und Beseitigung von Abfällen – nicht die Vermeidung von Abfällen
Verwertung	Die Kreislaufwirtschaft beinhaltet auch das Bereitstellen, Überlassen, Sammeln, Einsammeln durch Hol- und Bringsysteme, Befördern, Lagern und Behandeln von Abfällen zur Verwertung (KrW-/AbfG § 4 (5))
Beseitigung	Die Abfallbeseitigung schließt das Bereitstellen, Überlassen, Einsammeln, die Beförderung und Behandlung sowie die Lagerung und Ablagerung von Abfällen zur Beseitigung mit ein (KrW-/AbfG § 10 (2))
Lagerung	Im KrW-/AbfG ist weder die Lagerung noch die Ablagerung von Abfällen genauer definiert. Das Bereitstellen geht der eigentlichen Entsorgung voraus und ist nicht überwachungsbedürftig. Dieses Bereitstellen umfasst aber nur das „vorübergehende Hinstellen" der Abfälle am Ort des Anfalls und kann damit zur Klärung des Begriffs Lagerung nicht herangezogen werden.
Transportgenehmigung	Diese berechtigt nach KrW-/AbfG § 49 (1) zur gewerbsmäßigen Sammlung und Beförderung von Abfällen zur Beseitigung.

Beim Transport ist eine Vermeidung oder zumindest Verminderung der Verpackung erstrebenswert. Ebenso ist in Zusammenarbeit mit anderen Bereichen zu untersuchen, inwiefern sich die Produktionsverfahren modifizieren lassen, um Abfallprodukte und Emissionen zu minimieren. Dies verdeutlicht die Querschnittsfunktion der Entsorgungslogistik. Schnittstellen bestehen nicht nur zu den anderen Logistikbereichen, wie Beschaffungs-, Produktions- und Distributionslogistik, sondern auch zur unternehmerischen Abfallwirtschaft sowie zu den Unternehmensbereichen Forschung und Entwicklung sowie Konstruktion. Diese Schnittstellen erfordern eine subsystemübergreifende Gestaltung der Entsorgungsaktivitäten, bei der eine Gesamtoptimierung angestrebt werden sollte.

Die Entsorgungslogistik betrifft jedoch nicht nur die unternehmensinternen Logistikprozesse, sondern hat auch zwischenbetriebliche Aspekte. So ist eine Abstimmung entlang der innerbetrieblichen und überbetrieblichen Wertschöpfungskette zur Reduzierung des

Tab. 2.29 Entsorgungsstrategischer Handlungsspielraum. (Vgl. Schulte (2009, S. 508))

Entsorgungsstrategie	Inhalt	Beispiel
Vermeidung	Aufgrund organisatorischer Maßnahmen oder Produktgestaltungen wird das Entstehen von Abfällen vermieden	Wegfall von Transport- oder Umverpackungen
Wiederverwendung	Erneuter Einsatz des gebrauchten Produktes für den gleichen Einsatzzweck ohne weitere Aufbereitungsmaßnahmen außer z. B. Reinigung.	Mehrwegverpackungen Nutzung von Gebrauchtteilen bei der Automobilreparatur
Weiterverwendung	Erneuter Einsatz des gebrauchten Produktes für einen anderen Einsatzzweck ohne weitere Aufbereitungsmaßnahmen außer z. B. Reinigung.	Altreifen auf Ausstattung auf Spielplätzen
Wiederverwertung	Aufbereitung des gebrauchten Produktes und Einsatz der gewonnenen Rohstoffe für den gleichen Zweck	Altglas- und Altpapierrecycling
Weiterverwertung	Aufbereitung des gebrauchten Produktes und Einsatz der gewonnenen Rohstoffe für einen anderen Zweck	Verarbeitung von Altkleidern zu Putzwolle
Beseitigung	Keine weitere Verwendung der Abfallstoffe	Deponierung Verbrennung Kompostierung

entsorgungslogistischen Aufwandes erforderlich. Eine Abstimmung zwischen Lieferant und Abnehmer kann zur Reduzierung des Verpackungsaufwandes führen. Das Sortieren der Abfälle beim Konsumenten erhöht die Wieder- und Weiterverwendung von Rückständen durch die Sortenreinheit.

2.2.7.6 Bedeutung des ökologischen Engagements für die Logistik[276]

Der steigende Anteil logistischer Prozesse an der Wertschöpfung durch die zunehmende Globalisierung resultiert in einer Zunahme der Verkehrsleistung. Die mit der Wertschöpfung verbundene Umweltbelastung wird daher verstärkt von der Umweltbelastung logistischer Prozesse beeinflusst.

Der zunehmende Aufgabenumfang der Logistik im Unternehmen hat in vielen Bereichen zur Entwicklung der Logistik hin zu einer Führungsfunktion und einer verstärkten Zuordnung von Querschnittsaufgaben zum Logistikmanagement geführt. Damit gehört die Verantwortung für die Durchführung dieser Aufgaben und des zugehörigen Umweltschutzes in den Verantwortungsbereich des Logistikmanagements.

Aus dem Umweltschutzpotenzial der Logistik lässt sich ableiten, dass geeignete Instrumente zur Beeinflussung der Umweltbeeinträchtigung zur Verfügung stehen. Durch die Ausrichtung und Gestaltung des Logistikmanagements kann damit der Umweltschutz

---

[276] Vgl. Lemke (2004, S. 86 f).

gesteigert werden. Die vielfältigen Möglichkeiten zur Reduzierung der Umweltbelastungen logistischer Prozesse werden bislang nur unzureichend ausgeschöpft.

Vergleicht man die auf die Logistikprozesse ausgerichteten Maßnahmen zur Verbesserung der Entsorgungslogistik und damit des Umweltschutzes beispielsweise mit denen in Produktionsverfahren, so ist in der Logistik noch ein erhebliches Verbesserungspotenzial zu erkennen. Da bislang der Schwerpunkt des Umweltmanagements im Unternehmen eher auf das Produkt gerichtet war, weist der prozessorientierte Bereich einen Rückstand auf. Diesen Aufzuholen ist eine der bedeutenden Herausforderungen zukünftiger Logistikkonzeptionen.[277]

---

[277] Siehe hierzu auch Kap. 5 (Green Logistics).

Logistik-Controlling

3.1 Grundlagen

3.1.1 Begriffsdefinition

Die Tätigkeitsbezeichnung des „Countroller" findet sich bereits im 15. Jahrhundert am englischen Königshof in Zusammenhang mit Aufzeichnungen über ein- und ausgehende Gelder und Güter.[1] Das heutige Controlling-Verständnis resultiert aus den industriellen Entwicklungen der zweiten Hälfte des 19. Jahrhunderts.[2] Als eigene Unternehmensfunktion wurde Controlling erstmals 1880 in dem amerikanischen Transportunternehmen „Atchison, Topeka & Sante Fe Railway System" eingeführt. Die Aufgaben des damaligen „Comptrollers" bestanden im Wesentlichen aus buchhalterischen Tätigkeiten.[3] Zunächst war die Bedeutung des Controllings eher gering, erst infolge der einsetzenden weltweiten Depression im Jahr 1929 wurde das Aufgabenspektrum des Controllers um planungsrelevante Informationen und Entscheidungen erweitert.[4]

In Deutschland wurden Controllingfunktionen in den fünfziger Jahren des 20. Jahrhunderts zunächst von deutschen Tochterunternehmen amerikanischer Konzerne eingeführt und erlangte vor allem in den 70er Jahren auch in der deutschsprachigen Literatur die entsprechende Würdigung.[5] Zwar ist es bislang nicht gelungen eine einheitliche Definition des Controllings zu etablieren[6], jedoch hat sich eine Klassifizierung verschiedener Interpretationen nach Küpper durchgesetzt.[7] Dabei unterscheidet Küpper die gewinnzielorientierte,

---

[1] Vgl. Weber (1990, S. 5).
[2] Vgl. Horváth (1998, S. 29).
[3] Vgl. Jackson (1949, S. 8).
[4] Vgl. Horváth (1998, S. 28).
[5] Vgl. Horváth (1998, S. 70).
[6] Vgl. Weber (1990, S. 12).
[7] Vgl. Göpfert (2000, S. 24).

S. Koch, *Logistik*,
DOI 10.1007/978-3-642-15289-4_3, © Springer-Verlag Berlin Heidelberg 2012

Abb. 3.1 Integration von
Logistik und Controlling. (Vgl.
Göpfert 2000, S. 50)

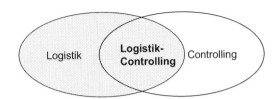

die informationsorientierte, die planungs- und kontrollorientierte sowie die koordinations-
orientierte Controlling-Konzeption[8], wobei die drei zuletzt genannten Konzeptionen die
Koordinationsfunktion des Controllings hervorheben.[9] Diese Controlling-Konzeptionen
beruhen im Wesentlichen auf einer gemeinsamen Auffassung hinsichtlich der unter-
stützenden Führungsfunktion, der auf das unternehmerische Zielsystem ausgelegten
Zielorientierung sowie der Informationsversorgung der Führung und der Koordination
von Unternehmensplanung, Kontrolle und Informationsversorgung.[10]

Das Logistikcontrolling ergibt sich – wie der Begriff bereits andeutet – als Schnittmenge
der Logistik und des Controllings (Abb. 3.1).

Logistik-Controlling bedeutet ganz allgemein die Anwendung des Controllings auf die
Logistik. In Anlehnung an die Klassifizierung der Controlling-Konzeptionen können nach
Kummer vier Kategorien des Logistik-Controllings unterschieden werden[11]:

- Logistik-Controlling als ein System der Informationsversorgung (Logistikkosten- und
  Logistikleistungsrechnung, Logistikkennzahlen).
- Logistik-Controlling als operatives ergebnisorientiertes System im Rahmen des
  Planungs-, Kontroll- und Informationsversorgungssystems (Budgetplanung, System-
  analysen).
- Logistik-Controlling als Koordination des gesamten Führungssystems logistischer
  Bereiche.
- Logistik-Controlling als flussorientierte Koordination des gesamten Führungssystems;
  hier wird die Logistik selbst als Führungsfunktion interpretiert, die durch systembilden-
  de und systemkoppelnde Koordination die durchgängige Umsetzung des Flussprinzips
  gewährleistet.

Geht der Aufgabenbereich des Logistik-Controllings nicht über die Koordination der
Planung, Kontrolle und Informationsversorgung hinaus, so kann von einem klassischen
„Funktionsbereichscontrolling" gesprochen werden.[12]

---

[8] Vgl. Küpper (2001, S. 7 ff).
[9] Vgl. Horváth (1998, S. 147).
[10] Vgl. Göpfert (2000, S. 40 ff).
[11] Vgl. Kummer (1996, S. 1119 ff).
[12] Vgl. Göpfert (2000, S. 56).

Abb. 3.2 Manager und
Controller im Team. (In
Anlehnung an Weber 2004,
S. 21)

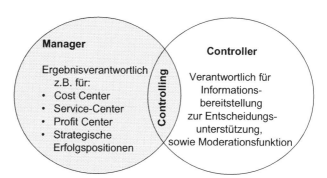

Logistik-Controlling berücksichtigt in seinem Wesen als Führungsunterstützung sowohl
die konzeptionelle Gestaltung des Planungs- und Kontrollsystems für die Logistik als auch
die Vorbereitung und Fundierung von Logistikentscheidungen.

Darüber hinaus unterscheidet sich das Logistik-Controlling vom klassischen Bereichscontrolling (z. B. Produktionscontrolling), da es sich über mehrere betriebliche Funktionsbereiche erstreckt und entsprechend der Flussorientierung das gesamte Wertschöpfungssystem einbezieht.[13]

Hierbei sei darauf hingewiesen, dass das Controlling die Führungsunterstützung beinhaltet, die Übernahme und Abstimmung der Führungsaufgaben bleibt Aufgabe der Unternehmensleitung.[14]

3.1.2 Aufgaben und Ziele des Logistik-Controlling

„The information system component of logistics control systems should provide relevant information to the logistics manager...".[15] Dieses kurze Zitat zeigt die Kernaufgabe des Logistik-Controllings, nämlich seine Informationsfunktion. Der Übergang von der reinen Informationsfunktion hin zu einer umfassenden Planungs- und Kontrollfunktion ist hierbei fließend, da das Ergebnis aus einer zielgerichteten Planung und Kontrolle von logistischen Aktivitäten auch als relevante Information für das Logistikmanagement bezeichnet werden kann.[16]

In der Literatur herrscht weitgehende Einigkeit über das Ziel von Logistik-Controlling-Tätigkeiten. Die eigentliche Zielsetzung besteht in der Verbesserung des logistischen Systems eines Unternehmens durch ein umfassendes Logistikmanagement.[17]

Der Zusammenhang zwischen Management und Controlling zeigt Abb. 3.2.

---

[13] Vgl. Göpfert (2000, S 52).

[14] Vgl. Horváth (1998, S. 147).

[15] Mentzer/Firman (1994, S. 216).

[16] Vgl. Blum (2006, S. 27).

[17] Vgl. Blum (2006, S. 27).

Die hohe Komplexität logistischer Systeme und die stetig steigenden Anforderungen an deren Leistung machen eine gezielte Planung, Steuerung, Kontrolle und Koordination aller Teilbereiche der Logistik erforderlich. Diese Aufgaben werden vom Logistik-Controlling wahrgenommen, das eine permanente Wirtschaftlichkeitskontrolle durch Soll-/Istvergleiche von Kosten und Leistungen sowie die Beschaffung, Verdichtung und Bereitstellung entscheidungsbezogener Informationen zum Ziel hat.[18] Der Aufbau einer umfassenden Kosten- und Leistungsrechnung und eines Logistik-Kennzahlensystems ermöglicht eine möglichst aktuelle Aufbereitung des logistischen Geschehens. Auch werden Ursache-Wirkungs-Beziehungen zwischen Kosten und Leistungen aufgezeigt. Aus den Unternehmenszielen abgeleitet ergeben sich Vorgaben in Bezug auf Kapazitäten, Serviceleistungen, Fixkosten und Budgets. Das Arbeitsfeld des Logistik-Controllings umfasst nicht nur den Materialfluss sondern übernimmt auch die Steuerung des gesamten Leistungsflusses im Unternehmen und zwischen Unternehmen und seinen Märkten.[19]

3.1.2.1 Strategische Aufgaben[20]

Zu den strategischen Aufgaben des Logistik-Controllings gehört zunächst die Bestimmung der strategischen Bedeutung der Logistik für das Unternehmen. Logistik wird dann als attraktiv bezeichnet, wenn das Unternehmen durch die Logistikaktivitäten seine Wettbewerbssituation nachhaltig verbessern kann.

Als Instrument zur Beurteilung dieser zentralen Fragestellung kann beispielsweise die Portfolio-Analyse verwendet werden. Mit dieser Methode stellt man einer Logistikattraktivität eine Logistikkompetenz gegenüber.

Unter Logistikattraktivität versteht man die Einschätzung des Erfolgpotentials einer Logistikkonzeption für ein Unternehmen.

Deswegen wird die Logistikattraktivität durch Kostensenkungsmöglichkeiten (Attraktivität der Logistikkosten) einerseits und Leistungssteigerungsmöglichkeiten (Attraktivität der Differenzierung durch Logistik) andererseits bestimmt.

Im ersten Schritt ist die Attraktivität der Logistikkosten zu bestimmen, wobei die Bedeutung von Kosteneinsparungen für das Unternehmen und der Grad der Beeinflussbarkeit dieser Logistikkosten relevant sind.

Im zweiten Schritt gilt es, die Attraktivität der Differenzierung durch Logistik zu analysieren. Hierzu untersucht man die Beeinflussbarkeit der Differenzierungskriterien und schätzt die Bedeutung der Differenzierung durch Logistik für das eigene Wettbewerbsverhalten ab (Abb. 3.3).

Mit diesen beiden Portfolios ist es nun möglich, ein drittes zu erarbeiten, welches die beiden Attraktivitäten zu einer gesamtheitlichen Attraktivität der Logistik zusammenfasst (Abb. 3.4).

---

[18] Vgl. Reichmann (1985, S. 15, Schulte(2009, S. 616).
[19] Vgl. Kämpf (2000)
[20] Vgl. Weber (1995, S. 20 ff)

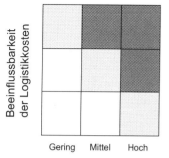

Attraktivität der Logistikkosten

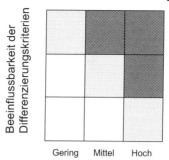

Attraktivität der Differenzierung durch Logistik

Abb. 3.3 Attraktivität der Logistik. (In Anlehnung an Weber 1995, S. 22)

Abb. 3.4 Attraktivität der Differenzierung durch Logistik. (In Anlehnung an Weber 1995, S. 22)

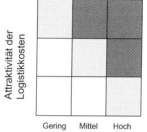

Der Logistikattraktivität ist anschließend die Logistikkompetenz gegenüberzustellen. Unter Logistikkompetenz versteht man die Fähigkeit eines Unternehmens, das Konzept der Logistik in Planung und Durchführung optimal zu realisieren. Dabei gehen in eine solche Logistikkompetenzanalyse zahlreiche – auch subjektive – Größen mit ein. In Abb. 3.5 werden die verschiedenen Logistik-Kompetenzen in einem Hierarchiemodell zusammengestellt. Dabei ist die eindeutige Zuordnung eines Unternehmens zu einer Hierarchieebene nur selten möglich, vielmehr gibt das Modell einen Ansatzpunkt für die Bedeutung der Logistik und deren Kompetenz im Unternehmen.

Die Logistikkompetenz hat Einfluss auf die Logistikstrategie n. Außerdem ist sie ein wichtiges Instrument, um eine Positionierung des Unternehmens zu bestimmen.

Es gibt mehrere Kriterien, welche die Logistikkompetenz messen, wie z. B.

- der Umfang der Informationen über Logistik,
- das Vorhandensein von Kosten- und Leistungsinformationen zur Logistik,
- die Anzahl der Pilotprojekte im Bereich Logistik,
- die Berücksichtigung der Logistik in der Aufbauorganisation.

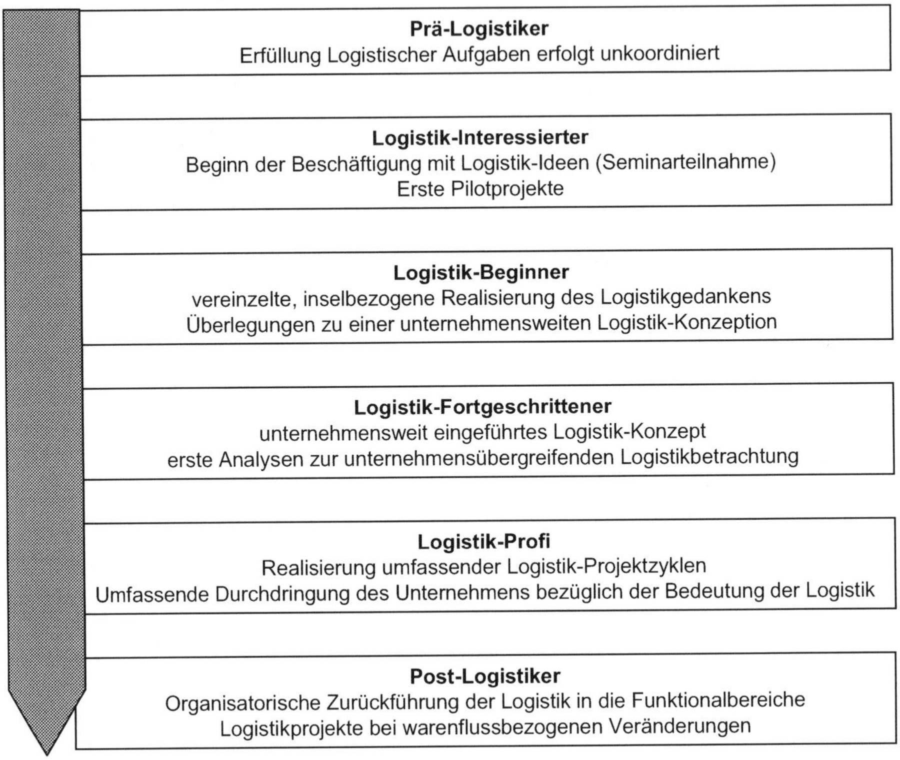

Prä-Logistiker
Erfüllung Logistischer Aufgaben erfolgt unkoordiniert

Logistik-Interessierter
Beginn der Beschäftigung mit Logistik-Ideen (Seminarteilnahme)
Erste Pilotprojekte

Logistik-Beginner
vereinzelte, inselbezogene Realisierung des Logistikgedankens
Überlegungen zu einer unternehmensweiten Logistik-Konzeption

Logistik-Fortgeschrittener
unternehmensweit eingeführtes Logistik-Konzept
erste Analysen zur unternehmensübergreifenden Logistikbetrachtung

Logistik-Profi
Realisierung umfassender Logistik-Projektzyklen
Umfassende Durchdringung des Unternehmens bezüglich der Bedeutung der Logistik

Post-Logistiker
Organisatorische Zurückführung der Logistik in die Funktionalbereiche
Logistikprojekte bei warenflussbezogenen Veränderungen

Abb. 3.5 Überblick der verschiedenen Logistik-Kompetenzklassen. (In Anlehnung an Weber 1995, S. 24)

Sind die Logistikattraktivität und die Logistikkompetenz ermittelt, so kann ein Vorschlag für eine Strategie abgeleitet werden.

Die Zone der Ausgewogenheit zwischen Kompetenz und Attraktivität bezeichnet man als Gleichgewichtspfad. Bei hoher Logistikattraktivität und geringer Logistikkompetenz besteht ein hoher Handlungsbedarf und führt tendenziell zum Kauf von Logistikleistungen und Know-how. Im umgekehrten Fall stellt sich der Verkauf von Logistikleistungen und Know-how oder zur Verringerung der Logistik-Aktivitäten als mögliche sinnvolle Strategie dar (Abb. 3.6).

Wenn durch das vorherige Portfolio festgelegt wurde, dass die Logistik eine strategische Bedeutung besitzt, muss sie folglich in die gesamte Unternehmensplanung eingebunden werden. Dabei lässt sich die Unternehmensstrategie nach zwei Aspekten aufgliedern:

- die Geschäftsfeldstrategie, die auf Erfolgspotentiale auf Märkten gerichtet ist, und
- die Funktionalstrategie, welche die Fähigkeitsbereiche des Unternehmens abdeckt.

Abb. 3.6 Logistik-Portfolio. (In Anlehnung an Weber 1995, S. 25)

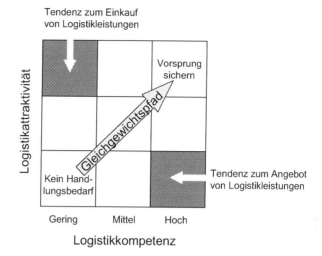

Das Logistik-Controlling ist dabei Bestandteil der Funktionalstrategie und hat drei wesentliche strategische Aufgaben:

a) Logistikstrategie formulieren

Bei der Formulierung ist von folgender Fallunterscheidung auszugehen:

Gibt es im Unternehmen noch keine Erfahrung in diesem Bereich, dann muss das Controlling, um eine sinnvolle Logistikplanung erarbeiten zu können, mehrere Analysen durchführen (z. B. Wertketten- oder Stärken-Schwächen-Analyse).

Besitzt das Unternehmen schon strategische Planungserfahrung im Logistikbereich, so kommen „normale" Planungsaufgaben auf das Logistik-Controlling zu.

b) Strategische Budgetierung vorzunehmen

Der zunächst bereichsintern formulierte Strategievorschlag muss mit den anderen Funktional- und Geschäftsfeld-Strategieentwürfen abgestimmt werden. Dies bezeichnet man als strategische Budgetierung.

Das Controlling hat hierbei die Plausibilität der Strategien zu überprüfen, Abstimmungsrunden zu organisieren und demzufolge die Erarbeitung einer stimmigen Gesamtstrategie zu unterstützen.

c) Strategische Kontrolle durchzuführen

Wie in den anderen Controllingbereichen muss auch das Logistik-Controlling überprüfen, ob die zu erreichenden Ziele mit den geltenden Prämissen erfüllt worden sind.

3.1.2.2 Operative Aufgaben

Das operative Logistik-Controlling ist auf die Wirtschaftlichkeit operativer Prozesse ausgerichtet. Dazu muss zunächst aus der Logistikstrategie und den strategischen Zielen ein abgestimmtes operatives Zielsystem abgeleitet werden. Dies dient zur Steuerung der einzelnen logistischen Leistungsbereiche. Damit verbunden ist die Entwicklung operationaler Messgrößen, auf deren Basis die Zielerreichung überprüft werden kann. Dies ist aufgrund des Dienstleistungscharakters der Logistik schwierig umzusetzen.[21]

Das Logistik-Controlling leitet aus dem Zielsystem ein in sich geschlossenes Planungssystem ab und stellt dafür die notwendigen Planungsmethoden sowie Informationen bereit.[22] „Besondere Bedeutung kommt dabei der formalzielorientierten Planung (Budgetierung) auf der operativen Ebene zu, da die Logistik i. d. R. als Gemeinkostenbereich geführt wird. Je nach organisatorischer Ausgestaltung werden bspw. ein eigenständiges Logistikbudget oder aber nur die logistischen Kostenstellen budgetiert".[23] Wie oben beschrieben werden aus den strategischen Budgets und aus dem Unternehmensgesamtbudget die Ansätze für die Logistik Top-down abgeleitet und meist im Gegenstromverfahren mit den Bottom-up ermittelten Werten aus den einzelnen Logistikkostenstellen abgestimmt. „Um den Anforderungen an die Logistik als Servicefunktion gerecht zu werden, bedarf es detaillierter Informationen über die einzelnen Leistungsbedarfe (Volumina, Servicegrad etc.) sowie über die Zusammenhänge zwischen diesen und den dazu nötigen logistischen Einsatzfaktoren. Darüber hinaus obliegt dem operativen Logistik-Controlling die Unterstützung anstehender Entscheidungen; dies ebenfalls durch Methoden- und Informationsversorgung".[24]

Um die Planungs- und Kontrollaufgaben ausfüllen zu können, muss das Logistikcontrolling auf Kosten- und Leistungsdaten zurückgreifen können. Da die bestehenden Kostenrechnungssysteme den Anforderungen der Logistik meist nur unzureichend gerecht werden, muss das Logistik-Controlling zunächst vor allem systemgestaltend tätig werden. Insbesondere die Erfassung der Logistikleistungen verursachen einen erheblichen Aufwand, sind aber für die Weiterverrechnung von Kosten, für die Zielabstimmung und die Steuerung der Logistik unverzichtbar.[25]

Unterstützung des logistischen Zielfindungsprozesses
Wie in den meisten Gemeinkostenbereichen sind auch in der Logistik die Ziele meist nur unvollständig und unpräzise beschrieben. Um logistische Leistungsbereiche 0effizient steuern zu können ist ein abgestimmtes logistisches Zielsystem erforderlich. Es setzt am einzelnen Aktivitätsfeld an, sieht Zielgewichtungen vor und bildet die Basis für eine Leistungsbeurteilung der Logistik.
Dieses Zielsystem lässt sich durch folgende Schritte erarbeiten:

• Ziele für die Logistik sammeln,

---

[21] Vgl. Falkner (2004, S. 41).
[22] Vgl. Falkner (2004, S. 41).
[23] Falkner (2004, S. 41).
[24] Falkner (2004, S. 41).
[25] Vgl. Falkner (2004, S. 42).

- die verschiedenen Ziele gewichten und hierarchisch ordnen,
- Fehler und Differenzen im Zielsystem entdecken und beseitigen,
- Konsens über die Gültigkeit des Logistikzielsystems herstellen.

Neben kurzfristigen sind dabei auch langfristige Zielsetzungen zu berücksichtigen. Es stellt sich die Frage, welche Stellung den Logistikzielen innerhalb der anderen Ziele des Unternehmens zukommt.

Festlegung operationaler Größen zur Messung der Ziele der Logistik

Ist das Zielsystem der Logistik festgelegt, so müssen operationale Größen zur Messung der Logistikziele definiert werden. Die Formulierung und Präzisierung von Zielen reicht nicht, um ein effizientes Handeln der Logistik-Verantwortlichen zu erreichen. Deswegen braucht man Maßgrößen für die Logistik-Ziele.

Hier sind Schwierigkeiten absehbar, da die Logistik eine Dienstleistungsfunktion und sehr schwer zu messen ist. Welche und wie viele Leistungskenngrößen konkret für jede Logistik-Stelle ausgewählt und festgelegt werden sollen, ist folglich eine nicht einfache aber sehr bedeutsame Entscheidung. Was man nicht messen kann, kann man nicht managen!

Unterstützung der Logistikplanung

Das Logistik-Controlling muss in relevanten Aufgabenfeldern ein Planungssystem aufbauen und für die Planungsfelder die passenden Entscheidungsmethoden und benötigten Informationen bereitstellen.

Um diesen wesentlichen Teil des „Tagesgeschäfts" erledigen zu können, ist ein hohes Maß an Kommunikationsfähigkeit nötig, da viele Logistikentscheidungen andere Unternehmensbereiche betreffen. Darüber hinaus hat der Logistik-Controller anstehende Entscheidungen vorzubereiten und mit Zahlen zu untermauern. Dazu benötigt er ein breites betriebswirtschaftliches und technisches Wissen. Schließlich setzt die Vorbereitung logistischer Entscheidungsprozesse eine umfassende und detaillierte Sammlung von Logistikleistungs- und Logistikkosteninformationen voraus. In der Tab. 3.1 sind beispielhaft Logistik- bzw. logistikbeeinflusste Entscheidungen dargestellt.

Aufstellung von Logistikbudgets

In Literatur und Praxis findet sich keine einheitliche Definition für den Begriff „Budgetierung". Es herrscht jedoch Einigkeit darüber, dass Budgetierung und Planung in engem Zusammenhang stehen. Häufig wird die Budgetierung als Instrument der Planung angesehen, mit dem die erstellten Pläne in quantitative und wertmäßige Größen transformiert werden.[26]

Die Planung von Budgetansätzen und deren Abstimmung mit Budgetvorgaben der Unternehmensleitung ist eine bedeutende Aufgabe des Logistik-Controllings und findet

---

[26] Vgl. Horváth (1998, S. 225).

Tab. 3.1 Beispiele für Logistik-bzw. logistikbeeinflusste Entscheidungen. (Vgl. Weber 1995, S. 29)

Produktentscheidung	Lohnt sich ein bestimmtes Produkt auch dann noch, wenn man die von ihm verursachten Logistikkosten exakt kalkuliert und zurechnet?
Vertriebsentscheidung	Können einem Großkunden Preisnachlässe gewährt werden, weil er einen Kostenvorteil bei der Abwicklung vertrieblicher Aufgaben geltend macht?
Produktionsentscheidung	Können die bisherigen Fertigungslosgrößen beibehalten werden, wenn man die gesamten Logistikkosten berücksichtigt?
Beschaffungsentscheidungen	Welchen Rationalisierungseffekt bringt die Umstellung auf produktionssynchrone Beschaffung?
Distributionsentscheidungen	Wie viele Distributionslager sind logistikkostenoptimal?

Abb. 3.7 Budgetierung im Rahmen der Planung. (Vgl. Horváth 1998, S. 226)

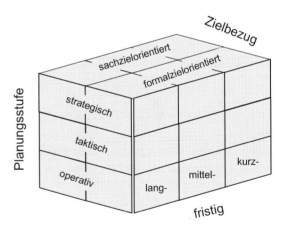

grundsätzlich auf allen Planungsstufen (strategische, taktische und operative Budgetierung) und Planungsfristen (lang-, mittel- und kurzfristig) Anwendung.[27] (Abb. 3.7)

Der Planungsgegenstand der Budgetierung ist die Formalzielplanung, d. h. die monetäre Bewertung der Sachziele. Logistische Budgets zeichnen sich gegenüber Budgets im Allgemeinen durch ihren unmittelbaren Bezug auf die logistischen Sachziele und Logistikleistungen aus. Inhaltlich umfasst die Budgetplanung zum einen die Konzeption des

---

[27] Vgl. Göpfert (2000, S. 312).

Abb. 3.8 Budgetierung von
Logistikkosten im
Gegenstromverfahren. (In
Anlehnung an Weber 1995,
S. 31)

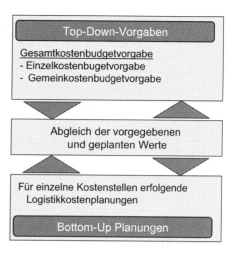

Budgetierungssystems, die Entwicklung und Bereitstellung der notwendigen Instrumente (z. B. ein Prognosemodell) sowie die Organisation des Budgetierungsprozesses. Zum
anderen nimmt die logistische Budgetierung als Instrument des Logistik-Controllings
Koordinationsaufgaben innerhalb des Planungs- und Kontrollsystems wahr.[28]

In der Vergangenheit wurde, um das Logistikbudget festzulegen, oftmals ein Vorjahres-
wert übernommen, ohne ihn detailliert zu analysieren oder zu ändern.

Ein solches Vorgehen stößt jedoch bald an Grenzen. Folglich muss der Logistik-
Controller Planungstechniken und -verfahren zur Budgetfestlegung entwickeln und
anwenden.

Abbildung 3.8 zeigt, welche Vorgehensweise sich dabei anbietet. Das Ziel ist ein Abgleich
der „Top-down" Budgetvorgaben und der „Bottom-up" Budgetplanungen zu erreichen.

Bei der „Top-down" Methode [29] wird das Budget aus Vorgaben der Unternehmensleitung heraus entwickelt. Es wird also das gesamte Budget festgelegt und anschließend von
oben nach unten weiter verteilt. Um eine Gesamtkostenbudgetvorgabe festzulegen, berücksichtigt das Management die Vergangenheitswerte, die wichtigen Veränderungen der
Logistikaufgaben und die Zielvorstellungen. Innerhalb des Gesamtkostenbudgets werden
Einzelkosten und Gemeinkosten separiert erfasst. Man budgetiert auch nach Kostenarten,
eine davon sind die Logistikkosten.

Die Top-down-Methode hat den Vorteil, dass das Gesamtbudget vorgegeben ist und
sich alle Teilbudgets daraus ableiten. Es besteht jedoch grundsätzlich die Gefahr, dass die
vorgelagerte Entscheidungsebene den nachfolgenden Ebenen Daten vorgibt, die diese von
vornherein nicht erfüllen können. Darüber hinaus lässt sich nicht immer vermeiden, dass
bei unteren Unternehmensebenen der Eindruck entsteht, „verplant" zu werden.

---

[28] In Anlehnung an Göpfert (2000, S. 317).
[29] Vgl. Laux/Liermann (2005, S. 199).

Die „Bottom-up" Methode[30] funktioniert entgegengesetzt, d. h. man berechnet alle Kosten, welche normalerweise entstehen werden und addiert sie zu einem Budget.

Hier beginnt die Budgetplanung auf der untersten Unternehmensebene. Dort werden die Teilbudgets an die jeweils übergeordnete Stufe weitergeleitet, wo sie koordiniert, zusammengefasst und wiederum an die nächst höhere Ebene weitergegeben werden.

Es erfolgt eine Verdichtung der Informationen „nach oben" bis ein Gesamtbudget vorliegt.

Dieses Konzept hat den Vorteil, dass die Planung unmittelbar von den Betroffenen ausgeht, die im allgemeinen Zugang zu sämtlichen für die Budgeterstellung benötigten Informationen haben. Anders als bei der Top-down-Methode entsteht bei den beteiligten Mitarbeitern nicht der Eindruck, „verplant" zu werden, so dass grundsätzlich von einer höheren Motivation und Identifikation mit den erstellten Budgets ausgegangen werden kann.

Einer der möglichen Nachteile dieser Methode kann darin liegen, dass sich die Einzelbudgets nicht mit dem vorgegebenen Gesamtbudget decken.

Die Nachteile der beiden vorgenannten Methoden können durch den Einsatz des sogenannten Gegenstromverfahrens[31] vermieden werden. Bei dieser Methode stellt die Unternehmensleitung zunächst ein vorläufiges Budget auf, von dem die vorläufigen Teilbudgets abgeleitet werden (retrograder Verlauf des Gegenstromverfahrens).

Im Anschluss daran werden, beginnend mit den untersten Ebene, Überprüfungen vorgenommen, ob die Vorgaben realisiert werden können (progressiver Verlauf des Gegenstromverfahrens).

Unstimmigkeiten zwischen den Teilbudgets sind unter Beteiligung der betroffenen Entscheidungsträger auszuräumen.

Es handelt es sich um ein sehr zeitaufwendiges Verfahren.

3.2   Aufbau einer Logistikkosten und -leistungsrechnung

3.2.1   Erfassung der Logistikleistung

Im Rahmen des Logistik-Controllings, als Teil eines Gesamt-Controlling-Systems, kommt dem Aufbau einer Logistik-Leistungsrechnung eine zentrale Bedeutung zu.

Sie bildet die Grundlage zur Beschreibung von logistischen Prozessen und zur Einbindung der Logistik in die Kostenrechnung. Darüber hinaus stellt sie die Basis für alle Logistik-Controlling-Aktivitäten dar. Ohne Transparenz über Kosten und Leistungen der

---

[30] Vgl. Laux/Liermann (2005, S. 202).
[31] Vgl. Schierenbeck/Lister (2002, S. 39).

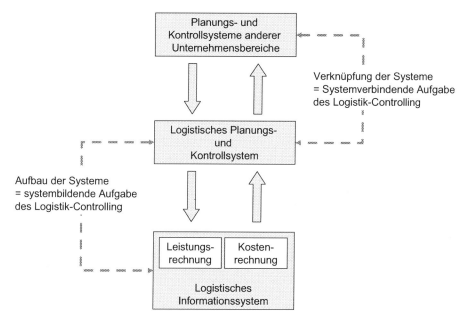

Abb. 3.9 Systembildende und -koppelnde Aufgaben des Logistik-Controllings. (In Anlehnung an Männel 1993, S. 74)

Logistik fällt es schwer, dem Logistikmanagement fundierte Informationen zur Steuerung der Unternehmenslogistik zu liefern.[32]

Abbildung 3.9 verdeutlicht den Zusammenhang zwischen Logistikkosten- und Logistikleistungsrechnung.

Das Logistik-Controlling hat – wie bereits erwähnt zur Aufgabe, das Logistik-Management mit Informationen zu versorgen, damit dieses seiner Planungs-, Koordinations- und Kontrollfunktion nachkommen kann. Eine leistungsorientierte Kostenplanung und -kontrolle ist Voraussetzung für eine Verrechnung der Logistikkosten auf Produkte, Kundenaufträge, Marktgebiete oder andere Kostenträger. Damit ist die Leistungsrechnung bedeutsam für die korrekte Kalkulation der Produkte und Leistungen.

Beim Aufbau einer Logistikleistungsrechnung ist darauf zu achten, dass dies im Kontext der Unternehmenskostenrechnung geschieht und dass die Erfassung von Leistungsdaten unter wirtschaftlichen Rahmenbedingungen erfolgt.

Zur Quantifizierung von Informationen und Operationalisierung von Zielen besteht für das Logistik-Controlling eine wesentliche Aufgabe darin, Zielgrößen zu entwickeln.

Dafür sind besonders die Kennzahlen geeignet, die in ein entsprechendes Kennzahlensystem integriert werden können.

---

[32] Vgl. Blum (2006, S. 29).

Unter Logistikkostenrechnung versteht man also die Erfassung und den kostenstellen-bezogenen[33] Ausweis der Kosten der Logistik.

Die Spaltung in Einzel[34]- und Gemeinkosten[35], die Zuordnung der Gemeinkosten in-nerhalb der Kostenstellenrechnung und die Verteilung dieser Kosten auf die Produkte, all diese Schritte dienen der Zuordnung der Kosten auf die einzelnen Produkte.

Eine der schwierigsten Fragen ist die nach der Höhe der Logistikkosten. Es besteht in den Unternehmen häufig keine Einigkeit darüber, was genau unter Logistikkosten subsumiert werden soll. Daher müssen Logistikkosten für jedes Unternehmen individuell präzisiert und spezifiziert werden.

Um Logistikkosten über eine bestimmte Zeitspanne miteinander vergleichen zu können, ist es sinnvoll die einmal vorgenommene Abgrenzung nicht ständig zu verändern.

Eine Logistikkostenrechnung stellt kein neues Kostenrechnungssystem dar, sondern ist eine Verfeinerung der bekannten Systeme.

3.2.2 Aufbau einer Logistikkostenrechnung

Analog der Kostenrechnung geht es auch bei der Logistikkostenrechnung um die Erfassung des Faktoreinsatzes (Kostenarten), die Abbildung von Leistungserstellungsprozessen (in Kostenstellen) und die Zurechnung von Kosten zu Verursachern, unter diesen insbesondere zu Produkten (Kostenträgerrechnung).[36]

Alle Logistikkosten werden in der Kostenartenrechnung erfasst. Man kann dabei zwei unterschiedliche Gruppen von Logistikkosten unterscheiden:

• Kosten für logistische Fremdleistungen: Diese Fremdleistungen werden außerhalb der Unternehmensgrenzen, zur Beschaffung von Material und zur Distribution von Wa-ren erbracht. Sie sind direkt den Kostenträgern zuzurechnen. Es handelt sich um Einzelkosten.
• Kosten für logistische Produktionsfaktoren: Diese Kosten fallen für die Eigenproduktion logistischer Leistungen an und sind auf Kostenstellen zu verteilen. Es handelt sich um Gemeinkosten.

---

[33] Unter einer Kostenstelle versteht man den Ort der Kostenentstehung und der Leistungserbringung. Sie wird nach Verantwortungsbereichen, räumlichen, funktionalen, aufbauorganisatorischen oder verrechnungstechnischen Aspekten gebildet. Die Kostenstelle hat die Aufgabe, die in einem Unter-nehmensbereich, meist einer Abteilung, angefallenen Kosten zu sammeln. Beispiele für Kostenstellen sind Material- oder Fertigungskostenstellen.

[34] Einzelkosten bezeichnen Kosten, die abhängig von der Ausbringungsmenge eines Produktes sind. Für jede Einheit eines Produktes fallen bestimmte Kosten an. Diese sind direkt auf das Produkt anrechenbar.

[35] Gemeinkosten bezeichnen Kosten, die keinen bestimmten Produkten zugerechnet werden können, z. B. Mietkosten, Geschäftsführergehalt. Gemeinkosten sind Kosten, die einer Bezugsgröße nicht direkt zurechenbar sind. Gemeinkosten sind das Gegenstück zu den Einzelkosten.

[36] Vgl. hierzu und den folgenden Ausführungen Schulte (2009, S. 619 ff).

Einige Kostenstellen für logistische Leistungsbereiche finden sich seit langem in den Kostenstellenplänen der Unternehmen. Dabei handelt es sich meist um lieferanten- oder kundennahe Bereiche, wie etwa Versandläger, Bestelldisposition oder Fuhrpark. Eine geeignete Kostenstellenrechnung bildet den Schwerpunkt beim Aufbau einer Logistikkostenrechnung.[37]

Eine Berücksichtigung der Logistik in der Kostenstellenrechnung weist viele Vorteile auf[38]:

- Logistikkostenstellen machen „Messstellen" transparent, an denen Logistikaufgaben erfüllt werden und an welcher Stelle im Materialfluss damit Logistikkosten anfallen. Damit können Rationalisierungspotenziale im Bereich Logistik erst transparent gemacht werden.
- Die Erfassung der Logistikkosten je Kostenstelle bietet die Möglichkeit zur Erhöhung der Wirtschaftlichkeit, da sie zu einem besseren Kostenbewusstsein der Kostenstellenleiter führt.
- Ähnlich wird durch eine leistungsentsprechende Verrechnung der Logistikkosten der Leistungsempfänger zu einer verringerten Nachfrage angehalten, wodurch wiederum Einsparpotenziale realisiert werden können.
- Die Logistikkostenstellen bieten die notwendigen Voraussetzungen, die Logistikkosten auch bei der Produktkalkulation in realistischem Maße zu berücksichtigen.

Kostenkategorien

Für die Kostenrechnung allgemein besteht die Notwendigkeit einer Kostenspaltung, d. h. die Trennung der in den Kostenstellen gesammelten Gemeinkosten in variable und fixe Kosten.

Variable Kosten sind die Kosten, die sich im Planungszeitraum einer Kostenplanung mit Änderungen der Beschäftigung der Kostenstelle ebenfalls verändern bzw. verändern lassen. Alle anderen Kosten sind Fixkosten.

3.2.2.1 Prozesskostenrechnung in der Logistik
Gründe für die Entwicklung einer Prozesskostenrechnung

Die Entwicklung einer Prozesskostenrechnung wurde seit den 80er Jahren durch starke Verschiebungen in der Kostenstruktur und dem Bedarf an detaillierten Kosteninformationen zur Vermeidung strategischer Fehlentscheidungen begünstigt.[39]

Traditionelle Kostenrechnungssysteme wurden entwickelt als die Mehrzahl der Unternehmen nur über ein geringes Spektrum an Produkten verfügte, so dass Material- und Personalkosten direkt den Produkten zugeordnet werden. Der Gemeinkostenanteil war relativ gering und die auftretende Verzerrung durch falsch zugeordnete Gemeinkosten konnten vernachlässigt werden. Mittlerweile verfügen viele Unternehmen über

---

[37] Vgl. Weber (1995, S. 102f).

[38] Vgl. Weber (1995, S. 103).

[39] Vgl. Schulte (2009, S. 626 ff).

große Angebotspaletten, so dass die direkt zuordenbaren Personal- und Materialkosten nur einen kleinen Teil der Gesamtkosten ausmachen. Damit erhöht sich der Gemeinkostenanteil um ein Vielfaches gegenüber früheren Betrachtungen.[40] Die Veränderung der Wertschöpfungsstruktur von der Fertigung in die sogenannten indirekten Leistungsbereiche[41] führte zu einer steigenden Bedeutung der Planung, Vorbereitung und Kontrolle. Der Kostenschwerpunkt hat sich also von der Produktion zu den Gemeinkosten verlagert.[42]

Der deutlich gestiegene Anteil der Gemeinkosten am gesamten Kostenvolumen führt zu zwei grundlegenden Problemen:

- Der Gemeinkostenblock, als der größte Anteil aller Kosten, wird den einzelnen Kostenträgern nicht verursachungsgerecht zugerechnet.
- Ungenauigkeiten bei den Einzelkosten werden durch Zuschlagssätze um ein Vielfaches vergrößert.

Die Prozesskostenrechnung ist also eine Kalkulationsmethode mit der die Gemeinkosten den tatsächlich angefallenen Aktivitäten zugeordnet werden können. Gemeinkosten können dadurch nicht mehr nach frei wählbaren Zuschlagssätzen, sondern nach ihrer tatsächlichen Inanspruchnahme zugeordnet werden.[43] In der Prozesskostenrechnung werden also die Gemeinkosten der Kostenstellen detaillierter betrachtet und von einer stellenorientierten Sichtweise in eine prozessorientierte Sichtweise überführt.[44] Bei der Prozesskostenrechnung handelt es sich nicht um ein vollkommen neues Kostenrechnungsverfahren, sondern vielmehr um eine sinnvolle Ergänzung herkömmlich eingesetzter Verfahren.

Die Prozesskostenrechnung umfasst auch die Durchführung einer prozessorientierten Kontrolle der Kosten in den indirekten Leistungsbereichen und einer prozessorientierten Kalkulation[45]

Sie soll darüber hinaus die Kostentransparenz in den indirekten Leistungsbereichen erhöhen, die Kapazitätsauslastung aufzeigen, einen effizienten Ressourceneinsatz sicherstellen und damit die Produktkalkulation verbessern.[46]

Der Aufbau der Prozesskostenrechnung lässt sich in folgende Schritte unterteilen[47]:

- Bestimmung von Prozessen (Aktivitäten- und Prozessanalyse),

---

[40] Vgl. Drury (2003, S. 262).

[41] Indirekte Leistungsbereiche verursachen Gemeinkosten und werden im Allgemeinen als fertigungs-, beziehungsweise dienstleistungsunterstützende Prozesse abgegrenzt. Zu ihnen zählen zum Beispiel die Bereiche Beschaffung, Lagerwesen und Logistik.

[42] Vgl. Mengen/Urmersbach (2006, S. 218).

[43] Vgl. Reckenfelderbäumer (1998, S. 22f).

[44] Vgl. Mengen/Urmersbach (2006, S. 219).

[45] Vgl. Barth/Barth (2008, S. 314f).

[46] Vgl. Horváth/Mayer (1989, S. 216).

[47] Vgl. Bea/Friedl/Schweitzer (2005, S. 699).

- Festlegung von Bezugsgrößen,
- Ermittlung von Planprozesskosten.

Bei der Aktivitäten- und Prozessanalyse sind die Prozesse zu definieren und voneinander abzugrenzen. Im Vorfeld müssen bereits die Kostenarten erarbeitet und eingeteilt worden sein. In diesem Schritt wird das in bestehenden Kostenstellen ablaufende Geschehen untersucht.[48] Es erfolgt eine Aufteilung der an einem Prozess beteiligten Kostenstellen nach Tätigkeiten.[49] Das Ergebnis ist eine für die betrachteten indirekten Leistungsbereiche aufgestellte Tätigkeitsliste. Nachdem die in einer Kostenstelle des indirekten Leistungsbereichs anfallenden Prozesse festgelegt sind, wird festgestellt, ob sich die Prozesse in Abhängigkeit vom Leistungsvolumen der Kostenstelle jeweils mengenvariabel oder mengenfix verhalten. Das bedeutet, dass unterschieden werden muss, ob es sich um leistungsmengeninduzierte oder leistungsmengenneutrale Prozesse handelt.[50] Die leistungsmengeninduzierten Teilprozesse sind repetitive Teilprozesse, deren Output sich, wie bereits erwähnt, mengenvariabel zu Leistungsoutput der Kostenstelle verhält. Merkmale dieser Teilprozesse sind geringe Routine und fallweises Entscheiden. Ein Beispiel für mengenfixe Aktivitäten, die sich vom Leistungsmengenoutput der Kostenstelle unabhängig verhalten (leistungsmengenneutrale Prozesse) ist der Bereich Verwaltung.[51]

Bei der Bezugsgrößenwahl werden für die leistungsmengeninduzierten Prozesse Kostentreiber[52] festgelegt, die der Verrechnung der Gemeinkosten der indirekten Leistungsbereiche dienen.[53] Kostentreiber legen Art und Anzahl der Teilprozessdurchführungen in den Kostenstellen fest. Die Anzahl der zur Erbringung des Outputs erforderlichen Prozesse treibt das Volumen der entstehenden Gemeinkosten voran.[54] So könnte für die Tätigkeit „Bestellungen aufgeben" beispielsweise der Kostentreiber „Anzahl der Bestellungen" verwendet werden. Sie stellen also die Beziehungen zwischen Kosten, Prozessen und Kalkulationsobjekten her.[55] Die Kostentreiber sind Maßgrößen der durch die Prozesse verursachten Kosten und entsprechen dem Begriff der Bezugsgrößen. Durch das Heranziehen der Kostentreiber als Bezugsgröße soll die häufig vorhandene undifferenzierte Verrechnung von Gemeinkosten durch eine tatsächliche Gemeinkostenverteilung ersetzt werden.[56]

---

[48] Vgl. Braun (2007, S. 50).

[49] Vgl. Jossé (2008, S. 193).

[50] Vgl. Jossé (2008, S. 194).

[51] Vgl. Remer (2005, S. 30).

[52] Kostentreiber stellen die Beziehung zwischen Kosten, Prozessen und Kalkulationsobjekten her. Sie ist der Maßstab der Leistung einer am Erstellungsprozess beteiligten Kostenstelle. Durch sie sollen die Abhängigkeiten der Kostenstellenkosten von der erbrachten Kostenstellenleistung verursachungsgerecht dargestellt werden.

[53] Vgl. Bea/Friedl/Schweitzer (2005, S. 700).

[54] Vgl. Remer (2005, S. 30).

[55] Vgl. Ostrenga (1990, S. 43).

[56] Vgl. Cooper (1990, S. 345).

Für einen geeigneten Kostentreiber müssen bestimmte Faktoren beachtet werden. Erstens sollte er eine gute Erklärung von Kosten in jedem Kostenblock von Tätigkeiten enthalten.[57] Das heißt, es ist aus den vielen möglichen Größen diejenige auszuwählen, die den unmittelbarsten Zusammenhang zwischen Prozess und Kostenanfall aufweist.[58] Zudem sollte ein Kostentreiber leicht messbar sein. Daten sollten relativ leicht zu erlangen und identifizierbar mit dem entsprechenden Produkt sein.[59]

Im letzten Schritt wird zur Ermittlung der Planprozesskosten für jede Bezugsgröße eine Planprozessmenge festgelegt. Diese Menge für die einzelnen Bezugsgrößen könnte die Produktionsprogrammplanung sein.[60]

Die Kenntnis der Prozessmenge ist zum einen zur Bestimmung der Prozesskostensätze, zum anderen, um Budgetvorgaben für Kostenstellen zu ermitteln, erforderlich. Mithilfe vorhergehender Untersuchungen können dabei die Prozesskostensätze gewonnen werden. Dabei müssen die zur einmaligen Ausführung des Prozesses benötigten Einsatzfaktoren hinsichtlich Art, Menge, Intensität und zeitlicher Dauer bestimmt und mit Preisen bewertet werden.[61]

Der Prozesskostensatz kann nach der Ermittlung der Planprozessmengen und -kosten ermittelt werden, indem man die Prozesskosten eines leistungsmengeninduzierten Prozesses durch die Prozessmenge teilt. Der ermittelte Prozesskostensatz gibt die durchschnittlichen Kosten für die Ausführung eines Prozesses an. Er dient zum einen der verursachungsgerechten Kostenzuordnung auf die Kostenträger entsprechend ihrer Verursachung. Zum anderen kann durch die Prozesskennzahlen die Kostenkontrolle in den indirekten Leistungsbereichen verbessert werden.[62]

Der Prozesskostensatz enthält nun die Kosten der leistungsmengeninduzierten Prozesse der betrachteten Prozessart. Im nächsten Schritt müssen auch die leistungsmengenneutralen Prozesse zugerechnet werden. Dabei erfolgt eine Umlage der Kosten der leistungsmengenneutralen Prozesse im Verhältnis der Prozesskosten der leistungsmengeninduzierten Prozesse.[63] Der volle Planprozesskostensatz eines Teilprozesses ergibt sich aus der Summe des leistungsmengeninduzierten und leistungsmengenneutralen Plankostensatz.

Vor- und Nachteile der Prozesskostenrechnung

Ein wesentlicher Vorteil der Prozesskostenrechnung liegt darin, dass kostenstellenübergreifende Aktivitäten, im Gegensatz zu traditionellen Ansätzen, berücksichtigt werden.[64] Je

---

[57] Vgl. Drury (2003, S. 271).
[58] Vgl. Braun (2007, S. 68).
[59] Vgl. Drury (2003, S. 271).
[60] Vgl. Kaplan/Atkinson (2006, S. 104 ff).
[61] Vgl. Braun (2007, S. 84).
[62] Vgl. Däumler/Grabe (2000, S. 176).
[63] Vgl. Bea/Friedl/Schweitzer (2005, S. 700f).
[64] Vgl. Werner (2008, S. 355).

stärker Interessenkonflikte und Unterschiede im Informationsstand in den einzelnen Verantwortungsbereichen eines Unternehmens sind, desto stärker treten Steuerungsaspekte in den Vordergrund. Als Entscheidungssteuerungskonzept kann hier die Prozesskostenrechnung greifen und Interessenskonflikte und Informationsunterschiede verringern.[65] Gemeinkosten werden durch die Prozesskostenrechnung transparent gemacht und können verursachungsgerecht mithilfe von Kostentreibern zugeordnet werden. Zudem haben komplexere Produkte häufig einen höheren Gemeinkostenanteil und damit einen höheren Bedarf an verursachungsgerechter Zuordnung der Gemeinkosten auf die Aktivitäten und schließlich auf die Kostenträger.[66] Dies wird durch die richtige Auswahl der Kostenträger erreicht.[67] Es besteht jedoch die Gefahr ungeeignete Kostentreiber zu wählen, die das Ergebnis verfälschen.

Ein weiteres Problem bei der Prozesskostenrechnung ist die zwangsläufige Proportionalisierung von Fix- und Gemeinkosten. Es kommt zu einer Vermischung von originär fixen und variablen Kosten. Das bedeutet, dass leistungsmengenneutrale Kosten im Verhältnis zu leistungsmengeninduzierten Kosten proportional verrechnet werden.[68] Beispielsweise werden die verwaltungsbezogenen Kosten nach dem Satz der leistungsmengenneutralen Kosten auf die einzelnen Tätigkeiten verteilt, die oft nicht die eigentlichen Verursachungsverhältnisse aufzeigen.

Prozesskostenrechnung in der Logistik
Die Prozesskostenrechnung eignet sich sehr gut zur bedarfsgerechten Kapazitätssteuerung in der Logistik, da Ressourcen zu Kostentreibern prozessbezogen verknüpft werden. Sie unterstützt dabei auch die Aufdeckung von Optimierungspotenzialen in Prozessen.[69] Die verbesserte Transparenz der Leistungsströme im Unternehmen und die mittelfristige Kostenreduktion durch die Neustrukturierung der Vorgänge können Ergebnisse des Einsatzes der Prozesskostenrechnung sein.

Die Logistikkostenrechnung soll es ermöglichen, die Logistikkosten leistungsentsprechend sowohl an die Leistungen anfordernden Kostenstellen zu verrechnen als auch den Produkten zuzuordnen.

Hat man Logistikkosten in entsprechenden Kostenstellen erfasst und sie in variable und fixe Bestandteile differenziert, so ist ein Teil der Voraussetzung dafür geschaffen, diese Kosten weiterzuverrechnen.

Logistikkosten werden häufig sehr ungenau auf die Produkte verteilt. Es findet damit eine interne Subventionierung statt. Logistikleistungsintensive Produkte werden oftmals durch Produkte mitfinanziert, die wenig Logistikkosten in Anspruch nehmen. Hieraus resultiert

---

[65] Vgl. Pfaff (1996, S. 153f).
[66] Vgl. Coenenberg (2003, S. 222f).
[67] Geeignete Kostentreiber sind diejenigen, die den unmittelbarsten Zusammenhang zwischen Prozess und Kostenanfall aufweisen
[68] Vgl. Werner (2008, S. 355).
[69] Vgl. Bohlmann/Müller (2005, S. 29).

die Gefahr einer falschen Programmpolitik des Unternehmens (z. B. die falschen Produkte zu forcieren oder neu im Programm aufzunehmen, die falschen Produkte einzuschränken).

Ein weiterer Mangel der Kostenrechnung ist die Fokussierung auf direkte Produktionstätigkeiten, die bis hin zu sprachlicher Diskriminierung geführt hat, nur direkte Produktionstätigkeiten werden als „produktiv" bezeichnet.

Die Prozesskostenrechnung erhält Ihre Berechtigung und Bedeutung des Mangels der Anpassung der Kostenrechnung an geänderte Rahmenbedingungen, der Schwerpunkt der Kostenbeeinflussbarkeit hat sich in den indirekten Bereich verlagert. Dem ist keine Kostenrechnung in den Unternehmen gefolgt.

Die Hauptaufgabe der Prozesskostenrechnung besteht darin, diese indirekten Bereiche besser als bislang einzelnen Produkten zuzurechnen.

3.2.2.2 Ziel einer Logistikkostenrechnung[70]
Lieferung von Entscheidungsgrundlagen:
Die Ermittlung der Logistikkosten kann nur als erster Schritt in Richtung eines Logistik-Controlling-Konzepts gesehen werden.

Die Kenntnis über die Höhe der Logistikkosten wird für eine Vielzahl von Entscheidungen benötigt. Sie reichen von Grundsatzentscheidungen über Produktentscheidungen bis hin zu logistikinternen Entscheidungsproblemen. Dazu gehören z. B.

- Preiskalkulation: Hat das Unternehmen Preise aus den Kosten abzuleiten, so wird durch eine exakte Zuordnung der Logistikkosten vermieden, dass anfallende Kosten nicht vom Abnehmer der Produkte abgegolten werden.
- Erfolgsbeurteilung: Die jedem Produkt direkt zurechenbaren Kosten ermöglichen die Aussage, ob es von der Kostensituation her angeraten erscheint, auf ein bestimmtes Produkt zu verzichten.

3.3 Kennzahlen und Kennzahlensysteme in der Logistik

3.3.1 Kennzahlen

3.3.1.1 Begriff und Bedeutung von Kennzahlen
Nach Weber sind Kennzahlen „quantitative Daten, die als bewusste Verdichtung der komplexen Realität über zahlenmäßig erfassbare betriebswirtschaftliche Sachverhalte informieren sollen".[71] Die Ermittlung aussagekräftiger Kennzahlen gehört zu den wichtigsten Aufgaben des Logistikcontrollings und dient der Vermittlung eines schnellen und komprimierten Überblicks über die komplexen Logistikstrukturen eines Unternehmens.

---

[70] Vgl. Schulte (2009, S. 618f).
[71] Weber (1995, S. 187).

Tab. 3.2 Bedeutung von Kennzahlen in unterschiedlichen Funktionen. (Vgl. Weber 1995, S. 188)

Funktionen von Kennzahlen	Beschreibung
Operationalisierungsfunktion	Bildung von Kennzahlen zur Operationalisierung von Zielen und Zielerreichung (Leistungen)
Anregungsfunktion	Laufende Erfassung von Kennzahlen zur Erkennung von Auffälligkeiten und Veränderungen
Vorgabefunktion	Ermittlung kritischer Kennzahlenwerte als Zielgrößen für unternehmerische Teilbereiche
Steuerungsfunktion	Verwendung von Kennzahlen zur Vereinfachung von Steuerungsprozessen
Kontrollfunktion	Laufende Erfassung von Kennzahlen zur Erkennung von Soll-Ist-Abweichungen

Charakterisiert werden Kennzahlen durch ihren Informationscharakter, die Quantifizierbarkeit und ihre spezifische Form. Neben absoluten Kennzahlen-Größen (Summe oder Differenz) werden relative Größen in Form von Beziehungs-, Gliederungs- oder Indexzahlen unterschieden. Da Kennzahlen aggregierte (verdichtete) Informationen abbilden, dienen sie meist dazu, schnell und prägnant über ein Aufgabenfeld zu informieren. Daneben werden Kennzahlen auch dazu verwendet, um „bewusst auf eine detaillierte Informationserfassung zu verzichten, [und] nur einen kleinen Ausschnitt des insgesamt Erfassbaren tatsächlich auch abzubilden. . . . Kennzahleninhalte und -werte orientieren sich an den jeweiligen Analysezielen" „(Soll-Ist-Abweichungsanalysen, Zeitreihenanalysen etc.) [72]". Das Ziel der Abbildung unternehmenslogistischer Prozesse durch Logistikkennzahlen besteht darin, die Bereitstellung der benötigten Güter in der richtigen Menge und der richtigen Qualität zum richtigen Zeitpunkt am richtigen Ort (technische Zielausrichtung der Logistik) mit den optimalen Kosten-Leistungs-Relationen sicherzustellen (wirtschaftliche Zielausrichtung der Logistik).

Die Bedeutung der Kennzahlen wird deutlich bei der Betrachtung der unterschiedlichen Funktionen der verdichteten Kennzahlen. Tabelle 3.2 zeigt, Kennzahlen dabei im gesamten operativen Planungs-, Steuerungs- und Kontrollprozess als wichtiges Hilfsmittel herangezogen werden können, beginnend bei Zieloperationalisierung bis zum Aufzeigen von Soll-Ist-Abweichungen für einzelne Leistungsstellen.[73]

---

[72] Weber (1995, S. 187).
[73] Vgl. Weber (1995, S. 187).

3.3.1.2 Arten von Kennzahlen

Kennzahlen lassen sich nach unterschiedlichen Aspekten gliedern.

Weber[74] unterscheidet zwischen relativen und absoluten Kennzahlen. Obwohl relative Kennzahlen in der Regel eine höhere Aussagefähigkeit haben (z. B. Logistikkostenanteil, Umschlagsgeschwindigkeit, Auslastungsquoten von Fördermitteln) so können auch absolute Kennzahlen (z. B. durchschnittlicher Lagerbestand der Erzeugnisse einer Sparte, Zahl von Fehlmengensituationen, Kontrollspanne eines Vorgesetzten) als wichtiges Hilfsmittel im gesamten operativen Planungs-, Steuerungs- und Kontrollprozess herangezogen werden.

Wenn sich Kennzahlen auf eine spezielle Zielausrichtung beziehen, so werden Rentabilitäts- bzw. Erfolgskennzahlen (z. B. „Return on Investment") von den Liquiditätskennzahlen (z. B. Liquidität 1. Grades) unterschieden. Neben der Trennung in normative und deskriptive Kennzahlen nach dem Handlungsbezug werden Kennzahlen auch danach differenziert, ob sie nur für einen bestimmten, abgegrenzten betrieblichen Sektor gelten oder aber für jeden betrieblichen Bereich gebildet werden und damit unternehmensbezogen aggregierbar sind (lokale versus globale Kennzahlen). Ein weiteres Differenzierungskriterium nach Weber ist der Objektbezug. Wird das Gesamtunternehmen betrachtet, sind Kennzahlen gefordert, die sich auf gesamtbetriebliche Zusammenhänge beziehen, während teilbetriebliche Analysen, Vorgaben und Kontrollen von Kennzahlen erfordern, die funktionale, divisionale oder organisatorische Gegenstandsbereiche abbilden. Folgende lokale Kennzahlen könnten für einzelne logistische Teilbereiche gebildet werden[75]:

Beschaffungskennzahlen

- Materialpreis
  - Lieferantenanzahl
  - Servicegrad
- Produktionskennzahlen
  - Produktivität, Wirtschaftlichkeit, Kapazitätsauslastungsgrad
  - Ausschussrate, Nacharbeitsrate
  - Durchlaufzeit
- Absatzkennzahlen
  - Kundentreue, Kundenakquisition,
  - Marktanteil, Kundenzufriedenheit,
  - Deckungsbeitrag, Auftragseingang oder Umsatz) (Tab. 3.3).

Schulte[76] unterscheidet zwischen vier Kennzahlentypen. Er beginnt die Kennzahlenanalyse mit sog. Struktur- und Rahmenkennzahlen, die sich auf

---

[74] Vgl. Weber (1995, S. 188f).

[75] Vgl. Werner (2008, S. 285).

[76] Vgl. Schulte (2009, S. 641).

Tab. 3.3 Arten von Kennzahlen. (Vgl. Weber 1995, S. 189)

Unterscheidungskriterium	Beschreibung
Verdichtungsgrad	Relative Kennzahlen versus absolute Kennzahlen (Kenngrößen)
Bezugsrahmen	Lokale Kennzahlen versus globale Kennzahlen
Zweck	Kennzahlen als vereinfachte Abbildung der Realität als Mittel zur Erkenntnisgewinnung (deskriptive) Kennzahlen versus Kennzahlen als Mittel zur Beeinflussung (normative Kennzahlen)
Bildungsrichtung	Kennzahlen als Verdichtung komplexer Details (bottom-up-Bildung von Kennzahlen) versus Kennzahlen als logisch abgeleitete Abbildung komplexer Realität (top-down-Bildung von Kennzahlen)

- den zu erfüllenden Aufgabenumfang (Leistungsvolumen und -struktur)
- die Anzahl und Kapazität der Aufgabenträger und
- die im Betrachtungszeitraum angefallenen Kosten beziehen.

Auf der Basis des so verfügbaren Zahlenmaterials können Kennzahlen zur Steuerung der Logistik gebildet werden und zwar

- Produktivitätskennzahlen, welche z. B. die Produktivität der Mitarbeiter und der technischen Betriebseinrichtungen messen sollen
- Wirtschaftlichkeitskennzahlen, bei denen genau definierte Logistikkosten zu bestimmten Leistungseinheiten ins Verhältnis gesetzt werden sowie
- Qualitätskennzahlen, die jeweils der Beurteilung des Grades der Zielrichtung dienen.

3.3.2 Grenzen der Anwendbarkeit von Kennzahlen[77]

Obwohl Kennzahlen eine wichtige Planungs- und Entscheidungsgrundlage darstellen, ist zu berücksichtigen, dass sie mit einer Reihe von Problemen behaftet sein können, die ihre Anwendung einschränken oder sogar unmöglich machen. Dem großen Vorteil von Kennzahlen, große und schwer überschaubare Datenmengen zu wenigen aussagekräftigen Größen zu verdichten, steht die Schwierigkeit gegenüber, aus der Menge der zur Verfügung stehenden Informationen das Optimum herauszuholen.

---

[77] Vgl. z.B. Werner (2008, S. 337f).

a) Erzeugung einer Kennzahleninflation („Zahlenwust")

Es werden zu viele Kennzahlen gebildet, deren Aussagewert im Verhältnis zum Erstellungsaufwand letztlich zu gering ist bzw. schon von anderen Kennzahlen abgedeckt wird.

b) Fehler bei der Kennzahlenaufstellung

Die zur Bildung der Kennzahlen herangezogenen Basisdaten sind genau zu spezifizieren und exakt abzugrenzen. Eine Standardisierung von Kennwerten ist erforderlich, um deren Vergleichbarkeit im Zeitablauf zu gewährleisten. Sich im Zeitverlauf möglicherweise ergebendes falsches Zahlenmaterial könnte ansonsten zu Fehlentscheidungen führen.

c) Mangelnde Konsistenz von Kennzahlen

Die Verwendung mehrerer Kennzahlen in einem Kennzahlensystem darf keinen Widerspruch auslösen. Es sollten nur solche Größen zueinander in Beziehung gesetzt werden, zwischen denen ein Zusammenhang besteht. Fehlende Konsistenz kann ansonsten zu gravierenden Entscheidungsfehlern führen.

d) Probleme der Kennzahlenkontrolle

Generell sollten nur solche Kennzahlen gebildet werden, deren Werte bei Abweichungen beeinflusst werden können. Dabei wird zwischen direkt und indirekt kontrollierbaren Kennzahlen unterschieden. Im erst genannten Fall kann ein Soll-Wert durch die Wahl einer oder mehrerer Aktionsvariablen beeinflusst werden, während dies bei indirekt kontrollierbaren Kennzahlen nicht der Fall ist.

3.3.3   Kennzahlensysteme

3.3.3.1   Begriff und Bedeutung von Kennzahlensystemen

Aus den angesprochenen Grenzen der Anwendbarkeit von Einzelkennzahlen (hier insbesondere die Möglichkeit vieldeutiger Interpretationen), ergibt sich die Notwendigkeit einer integrativen Erfassung von Kennzahlen. Ziel einer solchen integrativen Erfassung ist es, mittels einer umfassenden Systemkonzeption Mehrdeutigkeiten in der Interpretation auszuschalten und Abhängigkeiten zwischen den Systemelementen zu erfassen.[78]

Als Kennzahlensystem bezeichnet man die zweckorientierte, systematische Zusammenstellung von quantitativen Einzelkennzahlen, die in einer sachlich sinnvollen Beziehung zueinander stehen, sich ergänzen und insgesamt auf ein übergeordnetes Gesamtziel ausgerichtet sind.[79]

Unter einem Logistikkennzahlensystem versteht man ein System, das die entscheidungsrelevanten Sachverhalte und Prozesse in der Logistik systematisch abbildet.

---

[78] Vgl. Reichmann (1985, S. 18).
[79] Vgl. z. B. Burkert (2007, S. 11).

Ausgehend von der begrenzten Aussagefähigkeit logistischer (Einzel-) Kennzahlen dient die systematische Zusammenstellung von Logistikkennzahlen dazu, in knapper und konzentrierter Form alle wesentlichen Informationen für eine umfassende Planung und Kontrolle logistischer Entscheidungen bereitzustellen. Als Ziele werden mit Hilfe eines Kennzahlensystems für die Logistik unter anderem verfolgt[80]:

- optimale Lösung logistischer Zielkonflikte
- eindeutige Vorgabe von Zielen für die Logistik und ihre einzelnen Verantwortungsbereiche
- frühzeitige Erkennung von Abweichungen
- systematische Suche nach Schwachstellen und ihren Ursachen
- Erschließung von Rationalisierungspotentialen.

Deshalb sind Logistikkennzahlensysteme neben der Logistikkosten- und -leistungsrechnung das zentrale Instrument des Logistikcontrollings.

3.3.3.2 Bestehende Kennzahlensysteme
a) Mathematisch verknüpftes Kennzahlensystem[81]

Ein mathematisch verknüpftes Kennzahlensystem liegt vor, wenn die Einzelkennzahlen des Logistikkennzahlensystems durch mathematische Operationen miteinander verbunden werden. Die Übersichtlichkeit und Aussagefähigkeit dieses Kennzahlensystems wird aber dadurch stark eingeschränkt, dass bei dieser Vorgehensweise sehr viele Hilfskennzahlen als „mathematische Brücken" in Kauf genommen werden. Sobald die Summe der Einzelkennzahlenwerte über die gesamte Logistikkette zu berechnen ist, stößt für logistische Sachverhalte ein solches mathematisch verknüpftes Kennzahlensystem an seine Grenzen: So entspricht z. B. die Summe der Teildurchlaufzeiten in der Materialwirtschaft, der Produktionslogistik und der Distributionslogistik nicht automatisch der Gesamtdurchlaufzeit, da Materialflussunterbrechungen vorkommen.

b) Systematisch verknüpftes Kennzahlensystem[82]

Hier wird von einem Oberziel ausgehend ein System von Kennzahlen gebildet, das lediglich die wesentlichen Entscheidungsebenen mit einbezieht. Die Ergebnisse aus diesen wesentlichen Entscheidungssystemen lassen die Erfolgsauswirkungen auf das Oberziel erkennen.

Bezogen auf den Logistikbereich bedeutet dies, dass das Oberziel in Logistik(sub)zielsetzungen heruntergebrochen wird und dann für alle Logistik(sub)systeme entsprechende Kennzahleninhalte und -werte definiert werden. Im extremen Fall aber ist hierbei auf jeden logistisch relevanten Planungs- und Kontrollinhalt eine Kennzahl zu setzen.

---

[80] Vgl. Grochla (1983, S. 63).

[81] Vgl. Stelling (2009, S. 276).

[82] Vgl. Stelling (2009, S. 276).

Beispiel eines solchen systematisch verknüpften Kennzahlensystems ist das Rentabilitäts-Liquiditäts-Kennzahlensystem.[83]

c) Empirisch-induktives Kennzahlensystem[84]

Hierbei werden diejenigen Logistikfunktionen durch Kennzahlen beschrieben, die Einfluss auf das Erfolgsziel haben. Dieses System zeichnet sich dadurch aus, dass man bei komplexen Logistikentscheidungen durch einen zweifachen Reduktionsprozess von der logistischen Realität zur modellmäßigen Abbildung durch aggregierte Kennzahlen gelangt und sich bei der Kennzahlenbildung auf die erfolgsrelevanten Bestandteile konzentriert. Als erfolgsbestimmende, sogenannte Spitzenkennzahlen der Logistik, bieten sich z. B. Auftrags- und Materialdurchlaufzeit, Bestand, Umschlaghäufigkeit und Logistikkosten.[85]

Aus den drei vorgestellten modelltheoretischen Grundlagen eines Logistikkennzahlensystems ergibt sich, dass in einem aussagefähigen Logistikkennzahlensystem die Kennzahlen für die unterschiedlichen Analyse- und Kontrollzwecke differenziert gebildet werden müssen. Deshalb sollten die oben genannten Spitzenkennzahlen, die sich an der Logistikkette des Unternehmens orientieren, zumindest die zentralen Logistikbereiche Materialwirtschaft, Fertigung und Absatz abbilden und darüber hinaus bei Bedarf bis auf die einzelnen Logistikkostenstellen innerhalb der Logistikbereiche heruntergebrochen werden. Die einzelnen Material-, Produktions- und Distributionslogistikkennzahlen werden dann in einem entsprechenden Logistikkennzahlensystem aggregiert erfasst.

3.3.3.3   Einsatzfelder logistischer Kennzahlensysteme

Generell betreffen logistische Fragestellungen den gesamten Material- und Warenfluss in Unternehmen von der Beschaffung bis zum Kunden. Hauptziel eines logistischen Kennzahlensystems ist es, mit geeigneten Kennzahlen ein Höchstmaß an Kostenminimierung, Wirtschaftlichkeit und demzufolge Produktivität im logistischen Bereich zu erreichen und zu sichern.[86] Die Problematik der Schaffung eines funktionierenden logistischen Kennzahlensystems für die Praxis hat zur Folge, dass die meisten Kennzahlensysteme oft nur der statistischen Analyse zum Zeitpunkt x dienen, oder aber, dass sog. Ablaufkennzahlen nur partielle Aussagen zu Detailbereichen zulassen.

a) Planung, Steuerung und Kontrolle logistischer Systeme durch Kennzahlen

Kennzahlen sein ein entscheidendes Instrument der Unternehmensführung. Sie können die Planung, Steuerung und Kontrolle von Abläufen unterstützen, so dass die Unternehmensziele erreicht werden. Wie auch im Gesamtsystem der Unternehmen dienen die

---

[83] Reichmann (1985, S. 28 ff).

[84] Vgl. Küpper (2005, S. 347f).

[85] Vgl. Arnold/Kuhn/Furmans/Isermann/Tempelmeier (2008, S. 398).

[86] Ein umfangreiches Logistik-Kennzahlensystem findet man bei Ehrmann (2008, S. 102 und103).

Kennzahlen insbesondere mit ihren Querfunktionen und Zuordnungen der exakten Verfolgung der Vorgänge, ihrer Beurteilung nach Rentabilität sowie der optimalen Zuordnung von Teilvorgängen im Gesamtsystem mit den anderen Bereichen und Funktionen.[87]

b) Verknüpfung von Funktionen im logistischen System durch Kennzahlen

Das Flusssystem logistischer Bewegungen vom Einkauf über Produktion, Absatz und Vertrieb muss dabei zunächst in seine Teileelemente zerlegt werden. Hierbei ist es aber unbedingt erforderlich, den Transportweg innerhalb der einzelnen Funktionsbereiche in Teilabschnitte zu zerlegen und zu untersuchen, ob bei Stauungen und Warteschlangen schnellere Durchläufe möglich sind. Die Verknüpfung der einzelnen Funktionsbereiche erfolgt dann so, dass Kennzahlen, die Teile des Flusssystems in der Zeiteinheit ausweisen, in Relation gesetzt werden zu anderen Teilfunktionen des Unternehmens, beispielsweise der Lagerfluss mit der Anzahl der im Lagerbereich Beschäftigten oder die Zeit der Zuführung von Waren und Gütern aus dem Einkaufslager zu den Kosten dieses Bereichs vor und nach vollzogener Mechanisierung oder Automatisierung der betreffenden Abläufe.

Bevor man aber ein solches Kennzahlensystem für den logistischen Ablauf vorbereitet, ist es notwendig, das exakte Flusssystem der Güter und Waren aufzuzeichnen und vor allem die wichtigsten Verknüpfungspunkte fest zu legen.

Aufgabe der Logistik ist es, innerhalb des gesamten Flusssystems eine Optimierung der Durchläufe nach Raum, Zeit, Zuordnung der Kapazitäten und damit die Rentabilität, Wirtschaftlichkeit und Produktivität des Flusssystems zu sichern bzw. durch entsprechende Maßnahmen zu erreichen.[88]

c) Erfassung und Beseitigung von Störgrößen und Engpässen im logistischen Bereich durch Kennzahlen

Das Instrument der Kennzahlensysteme hat hierbei drei Aufgaben zu erfüllen:

- die Analyse des Ist-Zustands im logistischen System und die Festlegung der Schwachstellen
- die Entwicklung einer neuen Soll-Position gegenüber der bisherigen Ist-Position
- die Entwicklung von entsprechenden Maßnahmen und die Kontrolle des Aktionsplans durch Kennzahlen bis zu einer optimalen Lösung.

d) Laufender Soll-Ist-Vergleich als Instrument der Unternehmenspolitik[89]

Um einen laufenden Vergleich von Soll- und Ist-Werten zu ermöglichen ist es zunächst erforderlich, in der Planung Sollgrößen zu erarbeiten, die in einem Zeitraum x anzustreben sind. Hierzu gehört, realistisch für die nächsten Jahre kalkuliert anstrebbare Verbesserungen im Flusssystem der Logistik einzusetzen und diese mit den gegebenen Ist-Größen laufend im Rahmen der Unternehmensplanung zu vergleichen. Solche Vergleichspaare von Soll und Ist können z. B. sein

---

[87] Vgl. Arndt (2008, S. 117).

[88] Vgl. Arnold/Kuhn/Furmans/Isermann/Tempelmeier (2004, S. A1–23).

[89] Vgl. z.B. Preißler (2007, S. 105f).

- Kontrolle des Gesamtdurchlaufs von Waren und Gütern im Unternehmen pro Zeiteinheit
- Eine Flusszahl von der Beschaffung von Waren und Produkten bis zur Lagerung im Beschaffungslager
- Eine Kennzahl zum Lagerumschlag der Hauptproduktgruppen pro Zeiteinheit oder
- Eine Wirtschaftlichkeitskennzahl über die Logistikleistung im Beschaffungslager.

3.3.3.4 Entwicklung eines individuellen Kennzahlensystems[90]

Die Entwicklung eines individuellen Kennzahlensystems umfasst nach Grochla folgende Schritte[91]:

- Festlegung und Gewichtung der logistischen Ziele
- Festlegung der Kennzahlen zum Logistik-Controlling
- Auswahl der Kennzahlen-Empfänger
- Sicherung der Informationsquellen und Vergleichsgrundlagen
- Festlegung der Erhebungszeitpunkte bzw. -räume
- Auswahl der Mitarbeiter für die Erstellung der Kennzahlen
- Festlegung der Darstellung der Kennzahlenergebnisse

Will ein Unternehmen eine effiziente Arbeit mit Logistik-Kennzahlen erreichen, so muss es diese an seinen Bedürfnissen ausrichten. Unter Berücksichtigung der Qualifikationsstruktur seiner Mitarbeiter, seiner Größe und Materialintensität usw. stellt das Unternehmen sehr unterschiedliche Anforderungen an ein Logistik-Kennzahlensystem. Anhand einer sog. Checkliste zur Gestaltung eines individuellen Kennzahlensystems[92] kann ein Unternehmen unter sehr vielen Kennzahlen die für sie am besten geeigneten auswählen, um so auf ein „maßgeschneidertes Kennzahlensystem" zu kommen.

Nach der getroffenen Auswahl an Kennzahlen bieten sich dem Unternehmen Gestaltungsspielräume hinsichtlich der Gliederung der einzelnen Kennzahlen sowie bei der Festlegung der Erhebungszeitpunkte bzw. -räume.

3.3.3.5 Logistik-Controlling-Kennzahlensystem[93]

Mit Hilfe eines Logistikkennzahlensystems können neben einer umfassenden Wirtschaftlichkeitskontrolle auch die Möglichkeiten der Anpassung an veränderte Beschäftigungslagen und die Abstimmung gegenläufiger Tendenzen zwischen Logistik-, Produktions- und Absatzerfordernissen gewährleistet werden.

Für den Logistikbereich werden dabei als zentrale Kenngrößen die Umschlagshäufigkeit aller Bestände, die Gesamtlogistikkosten pro Umsatzeinheit und der Lieferbereitschaftsgrad herangezogen. Da die Logistikkette im Unternehmen die Bereiche Materialwirtschaft,

---

[90] Vgl. Schulte (2009, S. 660 ff).
[91] Vgl. Grochla (1983, S. 78).
[92] Vgl. Schulte (2009, S. 642 f).
[93] Vgl. Reichmann (1985, S. 311).

Fertigungs- und Absatzlogistik umfasst, können analog für diese Bereiche dann noch tiefergehende Kennzahlen für Analyse- und Kontrollzwecke ermittelt werden.

So stellen z. B. die Umschlagshäufigkeit, die Logistikkosten je Umsatzeinheit und der Lieferbereitschaftsgrad die wichtigsten Kenngrößen der Materialwirtschaft dar. Diese Kennzahlen können wiederum weiter differenziert werden (z. B: Warenannahme, Wareneingangskontrolle,...), so dass die Bewegungen in der Materialwirtschaft möglichst genau abgebildet werden.

Kennzahlen wie die Erfassung der Umschlagshäufigkeit der unfertigen Erzeugnisse, sowie die Termintreue oder die Kapazitätsauslastung empfehlen sich für den Bereich der Fertigungslogistik.

Werden dann noch die Kennzahlen der Absatzlogistik wie die Umschlagshäufigkeit der Fertigprodukte oder der Lieferbereitschaftsgrad in ein Kennzahlensystem mit den Kennzahlen der Materialwirtschaft und der Fertigungslogistik zusammengefasst, so erhält man ein Logistik-Controlling-Kennzahlensystem.

3.4 Übungsfragen zu Kap. 3

Aufgabe 1
Welche Aufgaben umfasst das Logistik Controlling?

Aufgabe 2
a. Nennen und erläutern Sie stichwortartig 3 Aufgaben des strategischen Logistik-Controllings
b. Nennen und erläutern Sie stichwortartig 3 Aufgaben des operativen Logistik-Controllings

Aufgabe 3
a. Geben Sie 4 Klassifikationskriterien für Kennzahlen an.
b. Geben Sie 2 Beispiele für Kennzahlen an, die Sie zur Messung der Leistungen im Wareneingang bestimmen könnten.

Aufgabe 4
Nennen und erläutern Sie die Grenzen der Anwendbarkeit von Kennzahlen

Supply Chain Management

4

4.1 Einführung

Der Begriff „Supply Chain Management" ist seit den 80er Jahren des letzten Jahrhunderts in Theorie und Praxis allgegenwärtig. Die Unternehmen stellten nach Optimierung einzelner Unternehmensbereiche und der sich daran anschließenden prozessorientierten Optimierung des Gesamtunternehmens fest, dass weitere Verbesserungen nur durch Prozessoptimierungen über die Unternehmensgrenzen hinaus zu erzielen sind.

In den 80er Jahren wurde mit dem Konzept des Just-in-time die enge Verbindung zwischen Produzent und Lieferant geschaffen, in den 90er Jahren stellten Konzepte wie ECR (Efficient Consumer Response) die enge Abstimmung mit dem Kunden her. Doch dieser Blick auf die direkten Kunden und Lieferanten reicht nicht mehr aus, um weitgehende Optimierungspotenziale zu erschließen. Vielmehr geht es um die Reduzierung der Schnittstellen und Prozessharmonisierungen entlang der gesamten Wertschöpfungskette.[1]

Das Entstehen komplexer Supply Chains wurde auch begünstigt durch die Tendenz der Unternehmen zur Konzentration auf ihre Kernkompetenzen. Dadurch entwickelten sich zunehmend differenziertere, d. h. arbeitsteiligere, Lieferketten. Im Ergebnis konkurrieren auf den jeweiligen Zielmärkten nicht vertikal integrierte Einzelhersteller, sondern komplex organisierte Lieferketten, die sich aus wirtschaftlich selbständigen Unternehmen zusammensetzen. Wettbewerbsvorteile erlangen solche Systeme insbesondere durch eine marktadäquate Konfiguration ihrer Struktur, d. h. eine vollständige Ausrichtung auf den Kunden. Diese Überlegung hat zum Lieferkettenmanagement (Supply-Chain-Management) geführt. Erstmals wurde der Begriff von den Beratern Oliver und Webber verwendet.

Oliver war zu der Zeit der verantwortliche Partner in London bei Booz für Operations Management. Er hatte die Grundidee und Partsch setzte sie als Projektleiter bei Landis

---

[1] Vgl. Arndt (2008, S. 46).

S. Koch, *Logistik*,
DOI 10.1007/978-3-642-15289-4_4, © Springer-Verlag Berlin Heidelberg 2012

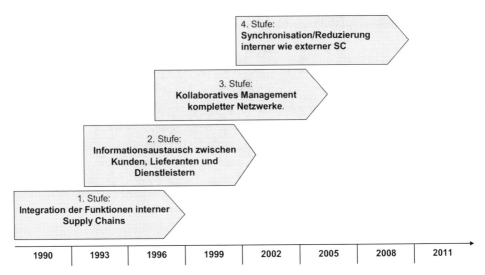

Abb. 4.1 Entwicklungsstufen im Supply Chain Management. (Vgl. Werner 2008, S. 15)

& Gyr in Zug (Schweiz) im Jahre 1981 um. Dies war zugleich das erste offizielle Supply-
Chain-Management-Projekt der Welt.[2]

Abbildung 4.1 zeigt die verschiedenen Entwicklungsstufen des Supply Chain Managements von der Integration einzelner Unternehmensfunktionen bis hin zur vollständigen
Synchronisation unternehmensinterner wie unternehmensübergreifender Supply Chains.

Abgrenzung von der Logistik In einer Untersuchung von Larson und Halldórsson[3] stellt
sich heraus, dass Logistik mehrheitlich als Teil des Supply-Chain-Managements betrachtet
wird und keineswegs umgekehrt, wie in älterer Literatur noch beschrieben ist.

Supply-Chain-Management und Logistik werden vielfach synonym verwendet, da beide Begriffe auf die Gestaltung von Objektflüssen (Güter, Informationen, Werte) entlang
der Prozessstufen der Lieferkette ausgerichtet sind, wobei sie auf eine Steigerung des
(End-)Kundennutzens (Effektivität) und auf eine systemweite Verbesserung des Kosten-
Nutzen-Verhältnisses (Effizienz) zielen.

Insbesondere bei Transport und Lagerhaltung im Unternehmen macht der Übergang zum modernen Supply-Chain-Management einen qualitativen Sprung. Während
die Logistik die Objektflüsse weitgehend unabhängig von institutionellen Fragestellungen
betrachtet, bezieht das SCM die Strukturierung und Koordination autonom agierender
unternehmerischer Einheiten in einem Wertschöpfungssystem explizit in die Analyse ein.
Das SCM betont somit in Abgrenzung zur Logistik den interorganisatorischen Aspekt der
logistischen Management-Aufgabe. Das Supply-Chain-Management kann daher als ein

---

[2] Vgl. Oliver und Webber (1992, S. 61–75).
[3] Vgl. Larson und Halldórsson (2004, S. 17–31).

neuer Ansatz der Betriebswirtschaftslehre angesehen werden, der sich auch über die Grenzen des Betriebes erstreckt. Er beinhaltet nicht nur die Logistik, sondern alle anderen Felder der Betriebswirtschaftslehre z. B. Marketing, Produktion, Unternehmensführung, Unternehmensrechnung und Controlling.

Den in der deutschen Literatur mehrheitlich verfolgten Ansatz der betriebswirtschaftlichen Logistikkonzeption vergleicht Kotzab mit dem des Supply-Chain-Managements. Demnach umfasste der deutsche Ansatz bereits ein ganzheitliches Management entlang der gesamten Wertschöpfungskette, bevor es die englische Betitelung Supply Chain Management annahm.[4]

Damit wird deutlich, dass die beiden Begriffe „Supply Chain Management" und Logistik zwar auf unterschiedliche Bedeutungen zurückgeführt werden können, allerdings sind ebenso viele gemeinsame Sichtweisen erkennbar.

4.1.1 Bullwhip-Effekt

In mehrstufigen Lieferketten lässt sich beobachten, dass trotz relativ geringer Nachfrageschwankungen auf der Endkundenseite sowohl Bestellmengen als auch Lagerbestände auf den höheren Stufen der Lieferkette großen Schwankungen unterliegen. So führen aufgrund von Störungen und Verzerrungen bei der Übermittlung des Bedarfs bereits kleine Änderungen der Endkundennachfrage „stromaufwärts" in der Lieferkette zu immer größeren Schwankungen in den Bestellmengen. Dieses Phänomen wird als Bullwhip-Effekt bezeichnet.

Erstmals beschrieb Forrester 1961 dieses Phänomen nach seinen Untersuchungen zum Zusammenhang zwischen Bestellungen und Lagerbeständen. Als Ursache für das Aufschaukeln der Nachfrage machte er industriedynamische Prozesse verantwortlich und wies damit erstmals auf die Bedeutung der ganzheitlichen Betrachtung des Systems Lieferkette hin.[5]

Exkurs: Jay Wright Forrester[6]
Jay Wright Forrester, der Pionier der Computertechnik und Systemdynamik, wurde am 14. Juli 1918 in Climax, Nebraska als Sohn eines Lehrerehepaars geboren. Er absolvierte ein Bachelor-Studium in Elektrotechnik an der University of Nebraska und setzt seine Ausbildung mit einem Master-Studium am Massachusetts Institute of Technology (MIT) fort.

---

[4] Vgl. Kotzab (2000, S. 21–47).

[5] Vgl. Werner (2008, S. 38).

[6] Vgl. z. B. Witzel (2003, S. 118 ff).

Ab 1944 leitete er das Whirlwind-Projekt (ein Flugsimulator) und entwickelte das „Multicoordinate Digital Information Storage Device", den Vorläufer des heutigen RAM (Random Access Memory). Weiter verbesserte er die Version von An Wangs Kernspeicher.

Im Jahre 1956 gründete Forrester die System Dynamics Group an der Sloan School of Management am MIT, womit er das Forschungsgebiet der System Dynamics begründete. Die Gruppe beschäftigt sich u. a. mit der Interaktionen zwischen Objekten in komplexen dynamischen Systemen. Die entwickelten Methoden finden in den verschiedensten Bereichen Anwendung, so stellten sie beispielsweise die Grundlage des 1972 erschienen Buches „The Limits to Growth" (zu deutsch Die Grenzen des Wachstums) des Club of Rome.

Der Begriff Bullwhip-Effekt geht auf Beobachtungen der Firma Procter & Gamble zurück, nachdem man dort die Nachfrage nach Windeln untersucht hatte. Da die Anzahl an Babys (Endverbraucher) mittelfristig konstant war, konnte auch von einer geringen Variabilität der Nachfrage nach Windeln ausgegangen werden. Trotzdem beobachtete man bei Procter & Gamble, dass die aus dem Handel eintreffenden Aufträge starken Fluktuationen unterworfen waren. Diese Schwankungen zeigten eine wesentlich höhere Amplitude als die Bedarfsschwankungen, denen sich der Handel gegenübersah. Außerdem beobachtete man umso höhere Nachfrageschwankungen, je weiter eine Stufe der logistischen Kette von der letzten Stufe (Endverbraucher) entfernt war.[7]

Dieser Effekt ist auch beim Absatz von Getränken festzustellen. Die nahezu konstante Nachfrage beim Endverbraucher entwickelt sich über die verschiedenen Handelsstufen zu einer stark schwankenden Nachfrage. Dieser Effekt ist in Abb. 4.2 graphisch dargestellt. Im Folgenden werden die möglichen Ursachen des Bullwip-Effektes und Maßnahmen gegen sein Auftreten dargestellt.

Ursachen des Bullwip-Effektes[8] Unzureichende Prognosen und Informationen über die Höhe der zu erwartenden Nachfrage entlang der Logistikkette führen dazu, dass auf jeder Stufe der Logistikkette relativ hohe Sicherheitsbestände vorgehalten werden. Diese Unsicherheit ergibt sich daraus, dass jeder Partner einer logistischen Kette nur die Bedarfe kennt, die ihm von seinem Kunden direkt gemeldet werden. Jede Stufe erstellt somit autonom ihre eigenen, lokalen Prognosen. Um Fehlbestände zu vermeiden, wird auf jeder Stufe ein Sicherheitsbestand auf Lager gehalten, um das Risiko der „Nichtlieferfähigkeit" zu reduzieren.

---

[7] Vgl. Werner (2008, S. 38).

[8] Vgl. Werner (2008, S. 39)

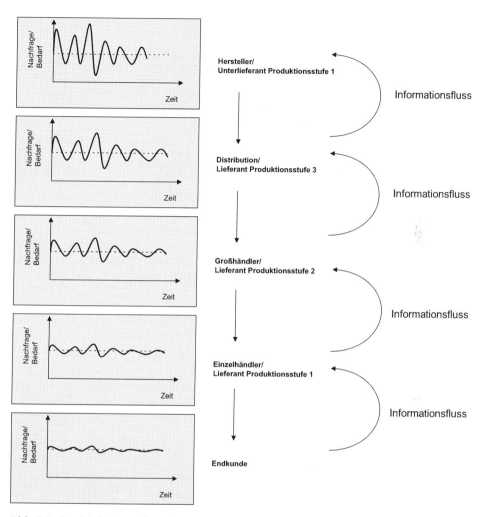

Abb. 4.2 Graphische Darstellung des Bullwhip-Effektes. (In Anlehnung an Ossimitz 2002, S. 18 ff)

Darüber hinaus werden Bestellungen zusammengefasst um Kostendegressionseffekte (z. B. Mengenrabatte) zu realisieren und die bestellfixen Kosten zu senken. Daher folgen auf Perioden ohne Bestellung Perioden mit einer großen Bestellmenge. Diese einmalig hohen Bestellungen führen wiederum zu einer hohen prognostizierten Nachfrage für die kommende Betrachtungsperiode.

Preisschwankungen zwischen den einzelnen Stufen der Lieferkette können ebenfalls zu Schwankungen der Bestellmengen führen. Vermutet beispielsweise ein Abnehmer steigende Preise, so ist damit zu rechnen, dass die momentane Nachfrage steigt und sich der Abnehmer Vorräte anlegt, die nicht auf die aktuelle Nachfragesituation abgestimmt sind. Infolgedessen wird sein Bedarf in den nächsten Perioden geringer ausfallen und sich dadurch die Bestellintervalle verlängern.

Befürchtete Knappheit oder Versorgungsengpässe können auch zu punktuell erhöhter Nachfrage führen.

Diese Einzeleffekte an erhöhter Bestellmenge addieren sich über mehrere Stufen der Lieferkette zu einer sehr hohen Nachfrage beim Hersteller, die keinen Bezug zum Nachfrageverhalten der Endabnehmer hat.

Auch lange Auftragsdurchlaufzeiten erschweren die Prognose von Bedarfen und führen zum Aufbau hoher Sicherheitsbestände. Sie sind damit für hohe punktuelle Bestellmengen und Bestellschwankungen mitverantwortlich.

Werbeaktionen und Preisfluktuationen induzieren Schwankungen bereits beim Endkunden und sind damit ein weiterer Auslöser des Bullwhip-Effekts.

Die Konsequenzen des Bullwhip-Effektes (= Peitschenschlageffektes) sind Perioden von übervollen Lagern gefolgt von Perioden der Knappheit beim Hersteller, da entweder zu viel oder zu wenig produziert wird. Das führt zu schlechtem Lieferservice, verlorenen Einnahmen und ineffizienten Transporten.

Maßnahmen gegen den Bullwip-Effekt Meistens führt mangelnder Informationsfluss zwischen den beteiligten Unternehmen in der logistischen Kette zu oben genannten Ursachen. Daher zielen die Gegenmaßnahmen auf den verbesserten Austausch von Informationen ab. Eine Initiative, die hierauf abzielt, ist beispielsweise das Collaborative Planning, Forecasting and Replenishment (CPFR). Dabei werden Point-of-Sale[9]-Daten direkt als Informationsquelle durch Hersteller genutzt. Ein Hersteller ist dadurch nicht auf indirekte Informationen durch Bestellungen von Händlern angewiesen, sondern kann direkt auf die Endkundennachfrage reagieren.

Um die Auswirkungen gebündelter Bestellungen auf die Bestellschwankungen abzufedern, können die operativen Prozesse so gestaltet werden, dass sie Bestellschwankungen reduzieren. Beispielsweise werden im Einzelhandel Produkte auf Mischpaletten angeliefert, also verschiedene Produkte auf der gleichen Palette. Damit sinkt die Liefermenge des einzelnen Produktes, da ja keine ganze Palette, sondern nur ein Teil einer Palette angeliefert wird. Gleichzeitig wird die Lieferfrequenz bezogen auf das einzelne Produkt erhöht. Die einzelne Filiale erhält so zwar weniger Menge eines einzelnen Produktes pro Lieferung, durch die häufigere Belieferung bleibt die Summe aber gleich. Eine häufigere Belieferung hat auch den Vorteil, dass schneller auf Schwankungen in der Endkundennachfrage reagiert werden kann. Gleichzeitig ist der benötigte Sicherheitsbestand zur Absicherung gegen zukünftige Nachfrageschwankungen geringer.

---

[9] Als Point of Sale bezeichnet man den Ort des Einkaufs (aus Sicht des Konsumenten) und der Ort des Verkaufs (aus Sicht des Händlers). Der POS ist der Ort des Warenangebots (meist Filiale des Einzelhandels oder der Standort einer Ware im Regal), an dem die Kunden in unmittelbarem Kontakt zur Ware stehen. Zur Förderung von Impulskäufen werden am POS gezielte Maßnahmen der Verkaufsförderung eingesetzt.

Als Gegenstrategie zu Bestellschwankungen durch Preisfluktuationen können sog. „Everyday Low Prices (EDLP)" angeführt werden, d. h. stets gleich bleibende Preise. Es sollte hierbei jedoch beachtet werden, dass gezielte Verkaufsförderungen mit starken Preisnachlässen ein wichtiges Absatzinstrument darstellen.

Weiter können unerwünschten Effekte durch koordinierende Maßnahmen (z. B. zentralisierte Disposition) abgemildert werden.

4.1.2 Definitionen

Da das Untersuchungsgebiet „Supply Chain Management" aus der betrieblichen Praxis Einzug in die Literatur gefunden hat, gibt es zahllose Definitionen, von denen sich bislang keine endgültig durchsetzen konnte.

Eine flussorientierte Definition stammt von Cooper und Ellram (1990): Supply chain management is „an integrative philosophy to manage the total flow of a distribution channel from the supplier to the ultimate user".[10]

Eine mehr auf das Netzwerk gerichtete Definition stammt von Harland (1996): Supply chain management is „the management of a network of interconnected businesses involved in the ultimate provision of product and service packages required by end customers".[11]

Der Council of Supply Chain Management Professionals (CSCMP) definiert Supply-Chain-Management wie folgt:

> Supply chain management encompasses the planning and management of all activities involved in sourcing and procurement, conversion, and all logistics management activities. Importantly, it also includes coordination and collaboration with channel partners, which can be suppliers, intermediaries, third party service providers, and customers. In essence, supply chain management integrates supply and demand management within and across companies. (Vgl. Council of Supply Chain Management Professionals (2011, o. S.))

Christopher stellt in seiner Definition die Warenflüsse zwischen den Beteiligten in der Vordergrund und formuliert: „Supply chain management can [...] be defined as the management of upstream and downstream relationships with suppliers, distributors and customers in such a way that greater customer value is achieved at less total cost."[12]

Dies gilt auch für Wiendahl et al. „Supply Chain Management (SCM) bedeutet im Kern eine systematische Verzahnung der gesamten internen, aber auch externen Wertschöpfungsketten mit dem Ziel, sich am künftigen Bedarf des Kunden optimal orientieren und anpassen zu können".[13]

Nach Werner kennzeichnet Supply Chain Management die integrierten Unternehmensaktivitäten von Versorgung, Entsorgung und Recycling, inklusive die sie begleitenden Geld-

---

[10] Ellram und Cooper (1990, 1009, S. 1 ff).

[11] Harland (1996, S. 64).

[12] Christopher (1997, S. 30).

[13] Wiendahl et al. (1998, S. 19).

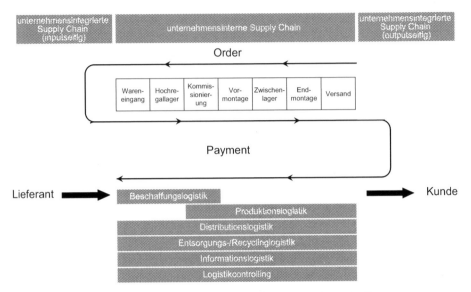

Abb. 4.3 Order-to-payment-S in der Supply Chain. (Vgl. Werner (2008, S. 9))

und Informationsflüsse. „Ein Supply Chain Management bezieht sich sowohl auf die Prozesse einer Unternehmung selbst (unternehmensinterne Supply Chain) als auch auf ihre Vernetzung mit der Umwelt (unternehmungsintegrierte Supply Chain). Auf der anderen Seite erstreckt sich das Supply Chain Management auf eine Verzahnung dieser Organisation mit ihrer Umwelt (netzwerkgerichtete Supply Chain)".[14]

Dieser Zusammenhang ist in Abb. 4.3 dargestellt.

Im Order-to-payment-S lassen sich folgende Bereiche identifizieren:

- Bereich 1: Bereich 1 verläuft flussaufwärts, von rechts nach links. Der Kunde gibt einen Auftrag (Order) an die Unternehmung. Die Schnittstellen zwischen den Partnern gewährleisten die Disponenten, wobei die Liefer-(LAB) und Feinabrufe (FAB) den Prozess regeln. Über die Abrufe werden die zu fertigenden Bauzahlen bestimmt. Der Disponent stellt seine Informationen dem Einkauf zur Verfügung, welcher den Warennachschub gewährleistet.
- Bereich 2: Der physische Materialfluss strömt von links nach rechts (flussabwärts). Eine Erfüllung des Kundenauftrages steht im Mittelpunkt. Die gelieferten Teile werden im Wareneingang angenommen. Nach ihrer Lagerung und Kommissionierung erfolgt die Montage. Eine vorgelagerte Stelle versorgt ihre jeweils nachgelagerte. Die Wertschöpfung steigt schrittweise, bis die Fertigwaren den Kunden zugestellt werden.
- Bereich 3: Die Waren sind durch den Kunden zu bezahlen (das flussaufwärts gerichtete Payment). Dieser Bereich beschreibt den Geldfluss. Außerdem verlaufen eine Ent-

---

[14] Werner (2008, S. 7).

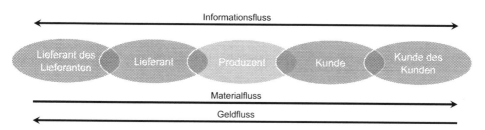

Abb. 4.4 Elemente einer Supply Chain

sorgung und ein Recycling von rechts nach links. Die beiden letzten Komponenten gewinnen, auf Grund ökologischer und rechtlicher Aspekte, an Bedeutung.[15]

4.1.3 Elemente und Aufgaben des Supply Chain Managements

Die ganzheitliche Betrachtung der Logistikkette geht über die Wahrnehmung ihrer einzelnen Teilnehmer hinaus und zielt auf die Abstimmung der Güterströme im gesamten Netzwerk.

Sie verfolgt mit der Optimierung des Gesamtsystems folgende Ziele:

- Orientierung am Nutzen des Endkunden,
- Steigerung der Kundenzufriedenheit durch bedarfsgerechte Anlieferung,
- Senkung der Bestände in der Logistikkette und eine damit verbundene Senkung der Kosten für das Vorhalten von Beständen,
- Verstetigung des Güterstroms und der damit möglichen Vereinfachung der Steuerung,
- Höhere Effizienz der unternehmensübergreifenden Produktionssteuerung und der Kapazitätsplanung,
- Raschere Anpassungen an Änderungen des Marktes,
- Verkürzung der Auftragsdurchlaufzeiten im Zeitwettbewerb,
- Vermeidung von „Out-of-Stock"-Situationen.

Elemente einer Supply Chain In der folgenden Abbildung sind die wesentlichen Akteure einer Supply Chain und die verbindenden Informations-, Material- und Geldflüsse dargestellt (Abb. 4.4).

Die Materialflüsse beinhalten alle Vorgänge des Produzierens, Lagerns, Positionierens und Transportierens von Produktion zwischen den und innerhalb der beteiligten Unternehmen. Zu den Materialflüssen gehören die vorauseilenden, begleitenden und nachfolgenden Informationsflüsse zwischen den Akteuren. Die Finanz- oder Geldflüsse sind meist dem

---

[15] Vgl. Werner (2008, S. 8).

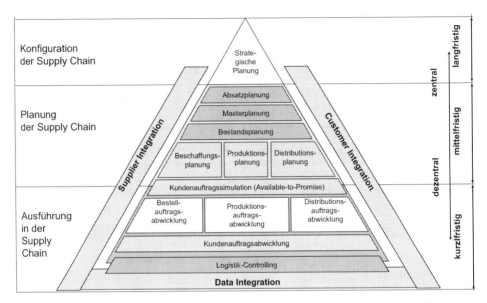

Abb. 4.5 Aufgabenmodell des Supply Chain Management. (Vgl. Hieber et al. (2000, S. 6))

Materialfluss entgegengerichtet. Zu den Akteuren gehören die Lieferanten mit wiederum ihren Vorlieferanten, das betrachtete produzierende Unternehmen, seine Kunden und die Kunden des Kunden. Die Schnittstellen zwischen den Akteuren werden auch als Knotenpunkte bezeichnet.

Aufgaben des Supply Chain Managements Zur strukturierten Darstellung der Aufgaben des Supply Chain Managements hat das Supply Chain Management Competence & Transfer Center (scm-CTC)[16] ein pyramidenförmiges Modell entwickelt. Darin lassen sich die Aufgaben des Supply Chain Managements in langfristige (strategische), mittelfristige (planerische) und kurzfristige (ausführende) Tätigkeiten gliedern (s. Abb. 4.5).

Das in Abb. 4.5 dargestellte Aufgabenmodell wurde ursprünglich für die Strukturierung der Anforderungen bei der Auswahl einer Supply Chain Software entwickelt.[17] Doch auch ohne auf die Belange einer entsprechenden Software näher einzugehen, zeigt das Modell in übersichtlicher Form die Planungs- und Abstimmungsbereiche, die bei dem Aufbau einer Supply Chain zu berücksichtigen sind. Das Modell ist das Ergebnis zahlreicher Betrachtungen logistischer Teilnetze in unterschiedlichen Branchen und bei Unternehmen an mehreren Positionen der Wertschöpfungskette.

---

[16] Das scm-CTC ist ein Zusammenschluss der Fraunhofer-Institute für Produktionstechnik und Automatisierung (IPA) in Stuttgart mit dem Institut für Materialfluss und Logistik (IML) in Dortmund und dem Betriebswirtschaftlichen Institut an der Eidgenössischen Technischen Hochschule Zürich.

[17] Vgl. hierzu in die folgenden Absätze Schüller (2002, S. 101 ff).

Das Modell gliedert sich in die drei Aufgabenbereiche: Netzwerkgestaltung (Strategic Network Design), Planung (Supply Chain Planning) und Ausführung (Supply Chain Execution).

Ziel der strategischen Netzwerkgestaltung ist die kostenoptimale Gestaltung der gesamten Supply Chain. Dazu gehört beispielsweise die unternehmensübergreifende Bewertung von Investitionsentscheidungen in Abhängigkeit von Anzahl und Standorte der Produktionsstätten, Lagern, Distributionszentren und Lieferanten.

In der Planung werden die Kapazitätszuordnungen, die für die Auftragserfüllung entlang der Supply Chain notwendig sind, festgelegt. Mit Hilfe der entsprechenden Werkzeuge lassen sich Bestände, Materialflüsse und Kapazitäten übergreifend, d. h. von Beschaffung, Produktion und Absatz über Distribution und Transport planen.

Die Planungsaufgabe umfasst folgende Bereiche:

- Bedarfsplanung
  Aufgabe der Bedarfsplanung ist die übergeordnete und für alle Beteiligten der Supply Chain transparente Prognose der zu erwartenden lang-, mittel- und kurzfristigen Bedarfe.
- Netzwerkplanung
  Die Netzwerkplanung beinhaltet die unternehmensinterne und unternehmensübergreifende Koordination aller an der Supply Chain beteiligten Partner.
- Beschaffungsplanung
  Basierend auf den Ergebnissen der Bedarfs-, Netzwerk- und Produktionsplanung stellt die Beschaffungsplanung die Versorgung der einzelnen Bereiche mit den erforderlichen Teilen sicher. Ziel hierbei ist die termingerechte Beschaffung der benötigten Materialien bei gleichzeitig möglichst niedrigem Lagerbestand.
- Produktionsplanung
  Ziel der Produktionsplanung ist die Erstellung eines optimierten Produktionsplanes je Produktionsstätte, um so die Lieferbereitschaft und Termintreue in der gesamten Kette zu maximieren und die Auslastung zu optimieren.
- Distributionsplanung
  Im Rahmen der Distributionsplanung erfolgt die Festlegung der Höhe der Fertigwarenbestände und deren kostengünstigsten Transport zum Kunden.

Die Ausführung bildet die operative Seite der Supply Chain, und damit die physischen Logistikprozesse, ab. Hierbei handelt es sich um die Abwicklung und Kontrolle der Bestell- und Transportaufträge sowie um die Lagerverwaltung und das Retourenmanagement.

Die komplexen Planungs-, Steuerungs- und Kontrollaufgaben im Supply Chain Management sind ohne eine geeignete Softwareunterstützung nicht zu leisten.

In vielen Unternehmen werden bereits Enterprise-Ressource-Planning (ERP)- und Produktionsplanungs- und -steuerungs (PPS)-Systemen eingesetzt. Während ERP-Systeme durch die Bereitstellung einer einheitlichen Datenbasis unternehmensinterne Prozesse unterstützen, dienen PPS-Systeme der Planung, Steuerung, Durchführung und Überwachung der internen Produktionsabläufe eines Unternehmens. Für die ganzheitliche Betrachtung der Supply Chain, d. h. einer unternehmensübergreifenden Planung und Optimierung stoßen diese Systeme jedoch an ihre Grenzen. Diese übergeordneten Aufgabenstellungen können durch die Einführung einer SCM-Software bearbeitet werden. Die eingesetzte SCM-Software muss dabei in der Lage sein, sowohl die Abläufe und Prozesse innerhalb eines Unternehmens als auch zwischen verschiedenen Unternehmen abbilden zu können. Nur so kann die Optimierung der Prozesse im Unternehmen und der Prozesse mit den Lieferanten, Logistikdienstleistern und Kunden durchgeführt werden.

Zudem lassen sich anhand von Planungsszenarien frühzeitig auftretende Engpässe in der Versorgungskette erkennen.

Um SCM-Software erfolgreich im Unternehmen einsetzen zu können, muss diese mit einem ERP-System kombiniert werden. Hierbei übernimmt das ERP-System die Aufgabe, die für die Planung notwendigen Transaktionsdaten (z. B. Kapazitäten, Termine, Auftragsdaten) zur Verfügung zu stellen und berücksichtigt gleichzeitig die Restriktionen des SCM-Tools. Die SCM-Systeme wiederum führen die Planungsläufe bzw. Szenarienbildung durch und geben abschließend die daraus resultierenden Ergebnisse an die ERP-Systeme zurück.

Vor der Einführung einer SCM-Software sollten folgende Fragestellungen geklärt werden:

1. Welchen Nutzen hat das Unternehmen durch den Einsatz dieser Systeme?
2. Eignet sich das System, um die relevanten Prozesse zu unterstützen?
3. Ist es für das Unternehmen rentabel, das System einzuführen?

Nutzenpotenziale durch SCM-Software Durch den Einsatz von SCM-Software im Unternehmen können beispielsweise Liefertreue und Kundenorientierung aufgrund einer genaueren Prognose des Marktbedarfs erhöht werden. Außerdem können Lagerbestände durch einen frühzeitigeren Austausch von Informationen reduziert werden. Ferner verringert sich die Gesamtdurchlaufzeiten durch automatisierte Informationsweitergabe. Es lassen sich also Kostensenkungen im Beschaffungs-, Produktions- und Distributionsnetzwerk erzielen.

Gründe hierfür sind:

1. Reduzierung der Planungszeiten,
2. Beschleunigung der Durchlaufzeiten,
3. Verfügbarkeit notwendiger Daten bzw. Informationen,
4. optimierter Einsatz der Ressourcen und Kapazitäten,
5. Reduzierung von Lagerbeständen in der gesamten Kette,
6. erhöhter Lagerumschlag,
7. höherer Lieferservicegrad,
8. Vermeidung von zusätzlichem Aufwand für z. B. zusätzliche Transporte infolge einer unvorhergesehenen Nachfrageerhöhung.

Funktionalität eines SCM-Systems Um SCM-Software auf die Eignung für das eigene Unternehmen hin überprüfen zu können, ist es zunächst notwendig, die Funktionalitäten des Tools zu kennen.

SCM-Software besteht in der Regel aus mehreren Komponenten, die verschiedene Aufgabenbereiche und Funktionalitäten unterstützen. Problematisch bei der Auswahl ist jedoch, dass nicht alle Produkte, die zum Begriff SCM angeboten werden, die Erwartungen an Planungsfunktionalitäten erfüllen – Anbieter verwenden häufig unterschiedliche Bezeichnungen für die gleiche Funktionalität. Es ist daher wichtig, eine systematische Strukturierung der Software-Funktionalitäten mit Hilfe eines entsprechenden Modells vorzunehmen. Dazu kann das bereits oben erwähnte Aufgabenmodell dienen.

SCM-Software besteht aus sich gegenseitig ergänzenden und miteinander integrierten Modulen, die auf die zuvor beschriebenen Planungsaufgaben zugeschnitten sind.

SCM-Software-Lösungen sind in der Regel eine Kombination aus unterschiedlichen Funktionsmodulen, die durch unterschiedliche Planungshorizonte deren zeitliche Aspekte berücksichtigen können und darüber hinaus unterschiedliche Aufgaben entlang der Supply Chain unterstützen.

SCM-Softwaretools weisen u. a. die folgenden Leistungsmerkmale auf:

- Abbilden komplexer Supply Chains mit realistischen Restriktionen.
- Interaktion von SCM-Systemen mit Benutzern zur Entscheidungsunterstützung.
- Änderungen in Plänen lassen sich über Ursache-Wirkungsbeziehungen simultan an den entsprechenden Stellen der Supply Chain korrigieren.
- Schnelle Antwort- und Analysezeiten; Möglichkeit, Änderungen sofort im System wirksam zu machen. Auf diese Weise lässt sich die Auskunftsfähigkeit bei Kundenanfragen erhöhen.
- SCM-Tools berücksichtigen Engpässe jeglicher Art.
- SCM-Software erlaubt und vereinfacht die unternehmensübergreifende Integration von Prozessen und Systemen.

Eine wichtige Voraussetzung für den erfolgreichen Einsatz der SCM-Tools sind einfache Schnittstellen mit bereits vorhandener Unternehmenssoftware, so dass Daten automatisiert ausgetauscht und weiterverarbeitet werden können.

Hierbei handelt es sich um eine enge Verflechtung zwischen Planung und Transaktion, wobei die SCM-Tools Stamm- und Transaktionsdaten aus externen ERP-Systemen beziehen, diese verarbeiten und die Planungsergebnisse wieder an die externen Systeme zurückliefern.

Bei der Einführung neuer SCM-Tools bestehen meist technische Schwierigkeiten bezüglich der Integration vorhandener Systeme mit der SCM-Software. Die Bewältigung der damit verbundenen organisatorischen Veränderungen stellt ebenfalls eine Hürde dar. Um SCM-Systeme erfolgreich in der Supply Chain einsetzen zu können ist es sehr wichtig, dass alle Partner miteinander kooperieren und auf einer hohen Vertrauensbasis zusammenarbeiten.

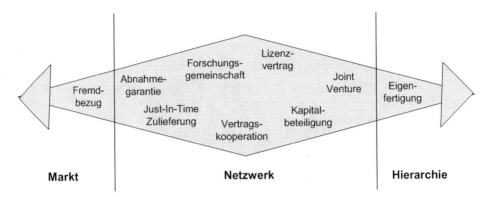

Abb. 4.6 Ausprägungen von Netzwerkstrukturen. (Vgl. Siebert (1999, S. 9))

4.2 Gründe für das Entstehen von Supply Chains

4.2.1 Transaktionskostentheorie

Aus organisatorischer Sicht können Supply Chains als vertikale Kooperationen angesehen werden. Diese Einordnung zwischen den beiden Extremformen „Markt" und „Hierarchie" trifft sich mit der Begriffsbestimmung der Transaktionskostentheorie, die häufig zur Erklärung zwischenbetrieblicher Zusammenarbeit herangezogen wird (Abb. 4.6).

Diese Theorie geht auf die Arbeit von Coase[18] zurück, der die in der neoklassischen Theorie betrachteten Produktionskosten um die Transaktionskosten erweitert, die entweder bei der Koordination von Aktivitäten über die Märkte oder innerhalb von Unternehmen anfallen. Damit widerspricht er der neoklassischen Theorie, bei der die Nutzung der Märkte kostenfrei angenommen wird. Aus dieser Überlegung heraus stellt sich die Frage, warum nicht die gesamte Produktion in einem Unternehmen stattfindet. Nach Coase stehen diesem uneingeschränkten Wachstum Kosten aus Größennachteilen und Verschwendung aufgrund von Managementfehlern gegenüber. Während Coase nur zwischen den beiden Extremen Markt (= Fremdbezug der Güter und Dienstleistungen) und Hierarchie (= Eigenfertigung) unterscheidet, berücksichtigen spätere Arbeiten auch alternative Formen, wie z. B. Kooperation zwischen Unternehmen.

Die Verwendung der Transaktionskostentheorie zur Analyse alternativer Organisationsformen setzt eine Erklärung ihrer Grundelemente, Transaktionen und Transaktionskosten voraus. Die grundlegende Untersuchungseinheit der Transaktionskostentheorie stellt die Transaktion dar, die den Übergang eines Gutes oder einer Dienstleistung über eine technisch trennbare Schnittstelle bezeichnet, womit eine „Übertragung von Verfügungsrechten" statt-

---

[18] Vgl. Coase (1937, S. 394).

findet.[19] Sie besteht nicht in dem physischen Austausch von Gütern oder Dienstleistungen, sondern in der Vereinbarung von Regelungen über diesen Tausch.[20]

Die dadurch verursachten Kosten können als Kosten des Produktionsfaktors Organisation angesehen werden, da sie innerhalb von Organisationssystemen anfallen, die an den Transaktionen beteiligt sind.

Die Transaktionskosten können in ex ante:

- Anbahnungskosten, z. B. für die Informationssuche und -beschaffung über potenzielle Transaktionspartner, sowie Beratungs-, Kommunikations- und Reisekosten;
- Vereinbarungskosten, z. B. Intensität und zeitliche Ausdehnung von Verhandlungen, Kosten der Rechtsberatung zur Vertragsformulierung und -schluss;

und ex post:

- Abwicklungskosten, z. B. für die Führung und Koordination der Transaktion;
- Kontrollkosten, z. B. für die Sicherstellung der Einhaltung von Termin-, Qualitäts-, Mengen- und Preisvereinbarungen;
- Anpassungskosten, z. B. für die Durchsetzung und Umsetzung von Termin-, Qualitäts-, Mengen- oder Preisvereinbarungen;

unterteilt werden.

Die Höhe dieser Transaktionskosten hängt von bestimmten Eigenschaften der zu erbringenden Leistungen, von Verhaltensmerkmalen der ökonomischen Akteure und von der gewählten Einbindungs- und Organisationsform ab. „Transaktionskosten sind damit der Effizienzmaßstab zur Beurteilung und Auswahl unterschiedlicher institutioneller Arrangements". Als Koordinationsformen kommen Markt, Hierarchie und alle Zwischenformen, wie längerfristige Kooperation, in Frage.[21]

Untersucht wird der mit einer arbeitsteiligen Aufgabenerfüllung verbundene Koordinationsaufwand (Transaktionskosten). Der Transaktionskostenansatz ermittelt Zusammenhänge zwischen der Entwicklung dieser Transaktionskosten und bestimmten Kriterien, z. B. Aufgabenmerkmalen, Organisationsformen und Vertragstypen.[22]

Die zentrale Grundannahme der Transaktionskostentheorie ist, dass die an dem Austauschprozess beteiligten Individuen die Transaktionskosten alternativer Organisationsformen (im Wesentlichen: Markt und Hierarchie) bewerten und die ökonomische Aktivität – bei gleichen Produktionskosten – schließlich so organisieren, dass die Transaktionskosten minimiert werden.[23]

---

[19] Vgl. Picot et al. (1996, S. 41).

[20] Vgl. Rotering (1993, S. 36).

[21] Vgl. Picot et al. (1996, S. 41).

[22] Vgl. Rupprecht-Däullary (1994, S. 8).

[23] Vgl. Picot (1982, S. 271), oder Ebers und Gotsch (1995, S. 187).

Zur Analyse der Faktoren, die für unterschiedliche Transaktionen und den damit verbundenen Kosten verantwortlich sind, stellt die Transaktionskostentheorie die Aspekte Faktorspezifität, Unsicherheit und Häufigkeit zur Verfügung.

Die Faktorspezifität drückt aus, in welchem Umfang Standardgüter oder spezialisierte Leistungen ausgetauscht werden. Handelt es sich um den Austausch von Standardgütern, so kann im Streitfall auf andere Marktteilnehmer ausgewichen werden. Beispiel hierfür ist die Zulieferung von normierten Verschleißteilen. Handelt es sich jedoch um spezialisierte Leistungen, wie komplexe Module, so bedeutet die vorzeitige Beendigung der Austauschbeziehungen für den Hersteller das Risiko, erbrachte Investitionen nicht durch Rückflüsse abzudecken und für den Anwender hohe Kosten für die Suche nach einem weiteren geeigneten Marktpartner zur Lieferung der erforderlichen Teile.

Der zweite Aspekt der Transaktionen ist die Unsicherheit, die sich aus der Umweltkomplexität und der damit verbundenen Ungewissheit hinsichtlich des situativen und zukünftigen Transaktionsumfeldes ergibt. Ist die Unsicherheit bei Transaktionen gering, können sich die Beherrschungs- und Kontrollinstrumente auf Standardabwicklungen begrenzen. Ist das Ausmaß an Unsicherheit jedoch hoch, so steigen die Transaktionskosten, da mit zunehmender Unsicherheit die Akteure engere Bindungen anstreben.

Die Häufigkeit als dritter Aspekt der Transaktionen beeinflusst die Koordinations- und Kontrollstruktur. Sie gewinnt allerdings erst zusammen mit anderen Kriterien, wie Spezifität oder strategische Bedeutung, an Relevanz: beispielsweise kann beim Austausch von Standardprodukten mit mehreren Anbietern und Nachfragern ohne hohe Transaktionskosten auf beiden Seiten der Partner gewechselt werden, unabhängig von der Häufigkeit der Transaktion. Bei der Wahl der Koordinierungsform hat die Häufigkeit aufgrund von Kostendegressionseffekten, wie economies-of-scope, d. h. Verbundersparnisse, die darin bestehen, dass zwei (oder mehr) verschiedene Leistungen (bei gleicher Verrichtungshäufigkeit) von einem Unternehmen günstiger als von zwei (oder mehreren) Unternehmen erbracht werden können, und economies-of-scale, d. h. Stückkostenersparnisse, die auf höhere Leistungsmengen (Ausbringungsmengen) zurückzuführen sind, sowie Lerneffekte, einen gewissen Einfluss. Auch entwickelt sich mit steigender Häufigkeit eine engere Bindung zwischen den Partnern.

Mit Hilfe der beschriebenen Kriterien kann eine Erklärung für das Zustandekommen von institutionellen Formen des Leistungsaustausches (Kooperation, vertikale Integration und Markttausch) gegeben werden. Sind sowohl Faktorspezifität als auch Unsicherheit hoch, so wird eine vertikale Integration eintreten, um die Risiken der Marktbeschaffung auszuschalten. Bei größerer Häufigkeit und hoher Faktorspezifität sind Kooperationen (wie im Supply Chain Management) möglich. In diesem Fall sind die SCM-Partner in einer zweiseitigen Monopolsituation und hängen aufgrund der hohen Faktorspezifität voneinander ab. Bei niedriger Faktorspezifität dagegen wird der Bezug der erforderlichen Leistungen auf anonymen Märkten vorgezogen. Da es sich um Standardgüter handelt, können klassische Verträge geschlossen werden und die mit der Transaktion verbundenen Kosten sind gering.

Neben der Transaktionskostentheorie werden in der Literatur zahlreiche weitere Erklärungsansätze vorgeschlagen, die im Folgenden nur kurz dargestellt werden.

4.2.2 Neue Institutionenökonomik

Zur neuen Institutionenökonomik zählen neben der bereits beschriebenen Transaktions-kostentheorie die Theorie der Verfügungsrechte[24] und die Principal-Agent-Theorie.[25]

Die Theorie der Verfügungsrechte (Property-Right-Theorie) betrachtet als Kriterium die Summe der Transaktionskosten und Wohlfahrtsverluste[26] aufgrund externer Effekte.

Eine Zusammenarbeit zwischen den Unternehmen sollte so gestaltet werden, dass der „Trade Off" zwischen Wohlfahrtsverlusten aufgrund externer Effekte und Transaktionsko-sten ihrer Internalisierung optimiert wird.

Die Principal-Agent-Theorie steht in engem Zusammenhang mit der Transaktionsko-stentheorie. Während die Transaktionskostentheorie ganz allgemein Leistungsbeziehun-gen zwischen ökonomischen Akteuren betrachtet, charakterisiert die Principal-Agent-Theorie die von ihr untersuchten Leistungsbeziehungen spezifischer als Auftraggeber-Auftragnehmer-Beziehungen.[27] „Whenever one individual depends on the action of another, an agency relationship arises. The individual taking the action is called the agent. The affected party is the principal".[28] Die in der Prinzipal-Agent-Theorie untersuchten Beziehungen sind durch eine asymmetrische Informationsverteilung zwi-schen den beteiligten Partnern gekennzeichnet. Der eine Partner (Agent) hat gegenüber dem anderen Partner (Prinzipal) einen Informationsvorsprung. Der Prinzipal überträgt Aufgaben und Entscheidungskompetenzen zur Realisierung seiner Interessen auf den Agenten, so dass die Handlungsweisen des Auftragnehmers (Agent) nicht nur sein eige-nes Wohlergehen, sondern auch das des Auftraggebers (Principal) beeinflussen. Beispiele für Prinzipal-Agent-Beziehungen sind Geschäftsführer/Firmeneigentümer, Arzt/Patient, neuer Mitarbeiter/einstellendes Unternehmen, oder Kooperationspartner/Manager der Kooperation.

Ziel des Ansatzes ist die Entwicklung eines anreizeffizienten, institutionellen Arrange-ments, das es dem Prinzipal ermöglicht, den mit einem Informationsvorsprung ausgestat-teten Agenten in seinem Sinne handeln zu lassen und somit dessen Handlungsspielräume einzugrenzen.

Hinter der unvollständigen Information verbirgt sich die Unfähigkeit des Menschen, eine Situation in all ihren Einzelheiten und Konsequenzen zu erfassen, so dass Wissens-lücken bestehen bleiben. Darüber hinaus trachtet jedes Individuum in erster Linie nach seiner individuellen Nutzenmaximierung, u. U. sogar unter Inkaufnahme der Schädigung

---

[24] Vgl. Picot et al. (1999, S. 54 f).

[25] Vgl. Picot et al. (1999, S. 85).

[26] Unter Wohlfahrtsverlusten versteht man die Informationsdifferenz zwischen den Kooperations-beteiligten, die trotz Signalisierungs- und Kontrollkosten entstehen. Wohlfahrtsverluste beschreiben daher die Differenz zwischen Realzustand und dem gedachten Zustand bei vollständiger Information, vgl. z. B. auch Schüller (2002, S. 180).

[27] Vgl. Picot et al. (1999, S. 82).

[28] Vgl. Pratt und Zeckhauser (1985)

anderer Personen. Anders als in der Transaktionskostentheorie fällt in der Prinzipal-Agent-Theorie eigennütziges oder strategisches Handeln nicht pauschal unter den Begriff des Opportunismus, sondern wird hinsichtlich der ihr zugrunde liegenden Informationsasymmetrie unterschieden. Bei asymmetrischer Informationsverteilung lassen sich die drei Arten „hidden characteristics", „hidden information/hidden action" und „hidden intention" voneinander abgrenzen.

Des Weiteren beruhen Agency-Probleme auf der unterschiedlichen Risikoneigung von Prinzipal und Agent.

Zur Überwindung der aus asymmetrischer Informationsverteilung resultierenden Verhaltensunsicherheiten, Wohlfahrtsverluste und Risikoallokationen[29] sind institutionelle Arrangements zu schaffen. Diese zielen auf die Beseitigung oder zumindest Reduzierung dieser Asymmetrien oder eine Interessenangleichung zwischen Prinzipal und Agent ab.

Die Kosten, die für die Überwindung von Informationsasymmetrien aufgewendet werden müssen, werden als Agency Costs bezeichnet. Ziel der Principal-Agent-Theorie ist es, dasjenige institutionelle Arrangement zu wählen, das die bestehende Anreizproblematik agency-kostenminimierend löst. Die Agency Costs setzen sich aus Signalisierungskosten des Agenten, Steuerungs- und Kontrollkosten des Prinzipals und einem verbleibenden residualen Wohlfahrtsverlust zusammen, der sich daraus ergibt, dass Spezialisierungsvorteile nicht optimal genutzt werden.

Ein und dieselbe Partei einer Supply Chain kann einerseits Agent und andererseits Prinzipal sein. Beispielsweise ist bei einer Wertkettenkooperation in der Automobilindustrie der Hersteller von der Belieferung mit qualitativ und quantitativ einwandfreien Vorprodukten abhängig. Der Zulieferer ist hingegen auf die zuverlässige Zahlungsbereitschaft der Automobilproduzenten angewiesen. Es gilt diese Zulieferbeziehung in ein effizientes institutionelles Arrangement einzubetten, innerhalb dessen die beschriebenen Agency-Probleme minimiert werden. Beispielsweise sind Rückgaberechte, vertragliche Sanktionsmöglichkeiten in Form von Geldstrafen oder Abnahmegarantien denkbar.

4.2.3 Interorganisationstheorien und ökonomische Ansätze

Sie umfassen Soziale Austauschtheorie, Ressourcen-Dependenz-Ansatz, Interaktionsorientierter Netzwerkansatz und Spieltheorie. Die soziale Austauschtheorie und der Ressourcen-Dependenz-Ansatz thematisieren das Machtungleichgewicht, welches durch den unterschiedlichen Zugang der beteiligten Akteure zu den Ressourcen entsteht.

Bei der Sozialen Austauschtheorie wird die Entstehung interorganisatorischer Beziehungen auf das bei grundsätzlich selbständig operierenden Organisationen beabsichtigte Streben nach Nutzenmaximierung zurückgeführt. Dabei soll der Nutzen durch Zusammenarbeit die Aufwände durch den Austausch übersteigen. Der auf dieser Theorie aufbauende

---

[29] Unter Risikoallokation versteht man die Zuordnung von Risiken auf bestimmte Wirtschaftssubjekte (Individuen oder Gruppen von Individuen).

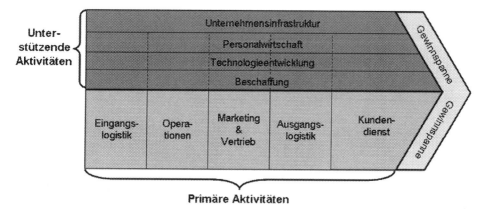

Abb. 4.7 Modell einer Wertkette. (Vgl. Porter (2000, S. 66))

Ressourcen-Dependenz-Ansatz erklärt die Zusammenarbeit unterschiedlicher Unternehmen mit dem Wunsch, Einfluss auf ihre Umwelt zu nehmen, die im Wesentlichen aus anderen Unternehmen besteht. Ziel ist es, die Abhängigkeit des eigenen Unternehmens von anderen zu reduzieren und deren Abhängigkeit vom eigenen Unternehmen zu erhöhen. Bei dem Interaktionsorientierten Netzwerksansatz ist Vertrauen das zentrale Element der kooperierenden Unternehmen. Ziel der Unternehmen ist die Sicherung der Überlebensfähigkeit durch optimalen Ressourcenaustausch in einer interorganisationalen Einbindung. In der Spieltheorie wird gezeigt, dass unter bestimmten Bedingungen Unternehmen durch Zusammenarbeit bessere Ergebnisse erzielen können, als bei autonomem Handeln, selbst wenn opportunistisches Verhalten unterstellt wird.[30]

4.2.4 Strategische Wettbewerbskonzepte

Zur dritten Gruppe gehören u. a. der Ansatz der Kernkompetenzen, die Wettbewerbsstrategie nach Porter und deren weitere Detaillierung in der Wertkette. Kernkompetenzen stellen ein zentrales Charakteristikum dar, auf deren Ausführung und Weiterentwicklung sich ein Unternehmen konzentriert. Andere unterstützende Leistungen werden fremd beschafft (Abb. 4.7).

Mit der Fokussierung auf Kernkompetenzen im Rahmen von Supply Chain Management-Kooperationen sind strategische Entscheidungen hinsichtlich Eigenerstellung und Fremdbezug über geeignete Partner verbunden.

Bei der Wettbewerbsstrategie nach Porter werden die Machtstrukturen, bestehend aus Kunden, Konkurrenten und Lieferanten, einer Branche untersucht. Die Unternehmensstrategie dient dazu, auf diese Machtverhältnisse zu reagieren und ggf. durch Zusammenarbeit

---

[30] Zum Einsatz der Spieltheorie in Zulieferkooperationen vgl. z. B. Kruse (1998, S. 21 ff).

mit dem Lieferanten die Marktposition zu verteidigen und auszubauen. Auf Basis dieser Wettbewerbsstrategie schlägt Porter die Wertkette zur Beantwortung der Frage, wie
ein Unternehmen sich in einer Branche Wettbewerbsvorteile verschaffen kann, vor. Die
Wettbewerbsvorteile lassen sich erst dann verstehen, wenn Unternehmen nicht als Ganzes
betrachtet werden, sondern in Form ihrer einzelnen Tätigkeitsfelder und den dazwi-
schen herrschenden Wechselwirkungen. Gemäß dieser Analyse kann ein Unternehmen
in strategisch relevante und unterstützende Tätigkeiten aufgeteilt werden.

Gelingt es einem Unternehmen, diese strategisch wichtigen Aktivitäten billiger oder besser zu erbringen als seine Konkurrenten, verschafft es sich einen Wettbewerbsvorteil. Die
Wertkette eines Unternehmens steht nicht allein, sondern ist Bestandteil eines übergreifen-
den Systems an Wertketten vor- und nachgelagerter Unternehmen. Daher genügt es nicht,
die Wertkette eines Unternehmens isoliert zu betrachten, sondern es gilt die Einordnung der
eigenen Unternehmenswertkette in das gesamte Wertketten- „Gefüge", um schlussendlich
einen Wettbewerbsvorteil zu erzielen.

Exkurs Michael E. Porter[31]

Michael E. Porter wurde am 23.05.1947 in Ann Arbor, Michigan geboren. Er studierte
Raumfahrttechnik und Maschinenbau an der Universität von Princeton. Darüber
hinaus war er ein begabter Sportler und spielte nicht nur mit der Mannschaft seiner
High School in der Landesliga im Football und Baseball, sondern konnte sich in
Princeton in der Universitätsliga für Golf platzieren, 1968 wurde er sogar für das
US-amerikanische NCAA Team nominiert.

Im Anschluss an sein Materstudium in Betriebswirtschaftslehre an der Universität
in Harvard promovierte er dort 1973. Während der Arbeit an seiner Dissertation
wurde der Ökonom Richard Caves zu seinem akademischer Mentor wurde. Bereits
mit 26 Jahren wurde Porter eine Professur in Harvard angetragen, damit wurde er zu
einem der jüngsten Ordinarien in der Geschichte dieser Universität.

Porter arbeitete für viele führende US-amerikanische wie internationale Firmen
als Berater im Bereich Wettbewerbsstrategien. Darüber hinaus berät er auch eine
Reihe ausländischer Regierungen.

Weiter ist Porter Mitglied des Exekutivkomitees des 1986 gegründeten US-
amerikanischen Rates für Wettbewerbsüberwachung, einem Gremium von Füh-
rungskräften aus den Bereichen Wirtschaft, Arbeitnehmervertretung und Universität.

In den dargestellten Theorien zur Erklärung der Zusammenarbeit unterschiedlicher
Unternehmen werden jeweils verschiedene Aspekte in den Mittelpunkt der Betrachtungen gestellt. Im konkreten Anwendungsfall ist durch eine Unternehmensanalyse detailliert

---

[31] Vgl. Witzel (2003, S. 272 ff)

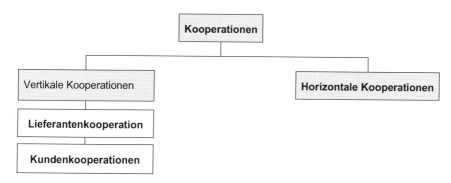

Abb. 4.8 Vertikale und horizontale Kooperationen. (Vgl. Werner (2008, S. 97))

zu klären, welche Gründe für das Eingehen einer Kooperation sprechen und welche dagegen. Erst danach können die Vorteile einer Kooperation gegenüber anderen Lösungsmöglichkeiten beurteilt werden.

4.3 Strategien im Supply Chain Management

4.3.1 Kooperationsstrategien

Strategien gewährleisten die Versorgung, Entsorgung und Recycling im Supply-Chain-Management. Darüber hinaus stellen sie den Warenfluss im Order-to-Payment-S sicher (s. Abb. 4.3).

Die Grundlage der Strategien im Supply Chain Management stellen die Kooperationsstrategien (s. Abb. 4.8) dar. Diese können sich, in Abhängigkeit der Positionierung der beteiligten Partner entlang der Wertschöpfungskette, vertikal oder horizontal ausrichten. In vertikalen Kooperationen schließen sich Unternehmen auf unterschiedlichen Wertschöpfungsstufen zusammen (z. B. Zulieferer und Hersteller), während sich in horizontalen Kooperationen Unternehmen auf gleicher Wertschöpfungsstufe miteinander verbinden (z. B. Einkaufsgenossenschaften).

Die Zusammenarbeit zwischen produzierenden Unternehmen und den Lieferanten intensiviert sich seit einigen Jahren (Lieferantenkooperation). Der Zulieferer wird als relevanter Partner in der Wertschöpfungskette gesehen, der zum Gesamterfolg des hergestellten Produktes einen erheblichen Beitrag leistet. Durch die enge Zusammenarbeit können unternehmensübergreifende Prozesse wie z. B. Bestellabwicklungen vereinfacht und somit kostengünstiger abgewickelt werden. Da diese Prozessoptimierung zunächst mit einem Aufwand verbunden ist, erkennt man zunehmend die Tendenz zur Verringerung der Anzahl der Lieferanten.[32] Eine enge Zusammenarbeit mit dem Lieferanten wird dann problema-

---

[32] Vgl. Werner (2008, S. 97f).

tisch, wenn einer der Beteiligten beispielsweise versucht, einseitig die Preise zu drücken oder lediglich die Bestandsverantwortung abzugeben.[33]

Kooperationen mit Kunden dienen dazu, deren Wünsche frühzeitig zu erkennen und sich flexibel darauf einzustellen. Die Lieferanten- und die Kundenkooperation strebt eine „Win-Win"-Situation für beide Beteiligten an, d. h. diese Strategie ist dann erfolgreich, wenn sie für beide Unternehmen Vorteile nach sich zieht. So führt beispielsweise eine vereinfachte Prozessabwicklung mit dem Lieferanten auf beiden Seiten zu einer Kosteneinsparung, bei einer Kundenkooperation sichert sich das produzierende Unternehmen den Absatzmarkt und stellt dabei die vom Kunden gewünschten Produkte her.

Horizontale Kooperationen verbinden Unternehmen auf der gleichen Wertschöpfungsstufe. Durch die Schaffung von Synergien bieten sich eine Vielzahl von Möglichkeiten für eine gemeinschaftliche Aufgabenerfüllung, etwa Erfahrungs- und Meinungsaustauschmöglichkeiten, gemeinsame Marktforschung und Kundenservice, Vertriebs-, Werbe- und Verkaufsgemeinschaften sowie Einkaufsgenossenschaften. Als Risiko einer horizontalen Kooperation ist die damit verbundene Beteiligung direkter Wettbewerber und damit die Gefahr der einseitigen Ausnutzung von Informationen sowie den sich aus dem Projekt ergebenden Vorteilen der Kooperation zu sehen. Zur Reduzierung dieser Risiken stellen sich besondere Anforderungen an die Kooperationskultur der beteiligten Unternehmen und damit an die Partnerwahl. Ein eindeutig definiertes Schnittstellenmanagement sowie ein leistungsfähiges Controllingsystem wirken sich ebenfalls risikomindernd aus. Darüber hinaus besteht bei horizontalen Kooperationen die Gefahr einer kartellrechtlichen Untersagung.

4.3.2   Versorgungsstrategien

Versorgungsstrategien stellen die Warenverfügbarkeit einer nachgelagerten Stufe durch die vorgelagerte sicher (Versorgung „Flussabwärts" im Order-to-payment-S).

4.3.2.1   Efficient Consumer Response

Efficient Consumer Response (ECR) lässt sich definieren als strategisches Konzept der interorganisatorischen Zusammenarbeit zwischen Herstellern, Groß- und Einzelhändlern im Distributionskanal. Dabei wird das Ziel verfolgt, die Reaktionsfähigkeit auf Veränderungen des Marktes zu erhöhen und gleichzeitig die Sortimente, die Warenbeschaffung und Bestandführung, die Werbemaßnahmen sowie Produktneueinführungen unternehmensübergreifend zu optimieren.

Efficient Consumer Response bedeute eine „effiziente Kundenreaktion". Das Neue an dem Ansatz ist die gelungene Verbindung von Logistik und Marketing, die Schnittstelle gewährleistet die Informationstechnologie. Im Kern folgt ECR insbesondere den Gedanken zweier Ansätze: Dem „Marketing Channel Management" und dem „Quick Response"-Ansatz.[34]

---

[33] Vgl. Werner (2008, S. 100).
[34] Vgl. Werner (2008, S. 104f).

Abb. 4.9 Das ECR-Umfeld.
(Kotzab (1997, S. 225))

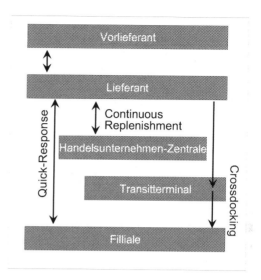

Abbildung 4.9 zeigt den Zusammenhang der unterschiedlichen Konzepte.

Quick Response Quick Response lässt sich definieren als ein partnerschaftliches und nachfragesynchrones Belieferungssystem aller in einem Logistikkanal beteiligten Unternehmen, das auf einem permanenten Informationsaustausch basiert.

Dieser Ansatz wurde Mitte der 80er Jahre des vorigen Jahrhunderts von der Unternehmensberatung Salmon Associates für die US-Textilwirtschaft entwickelt. Gegenstand war die Minimierung der langen Durchlaufzeit durch den gesamten Logistikkanal.

Die Ziele von Quick-Response-Systemen sind die Minimierung der Reaktionszeit auf Kundennachfrage, indem die Nachfrage so genau wie möglich beim Verbraucher erfasst wird. Damit werden die Wiederbeschaffungszeiten über alle Stufen reduziert und somit können geringere Lagerbestände zur Sicherstellung der Verfügbarkeit vorgehalten werden.

Quick-Response-Systeme basieren auf einem zeitnahen und umfassenden Informationsaustausch ausgehend vom Point-of-Sale bis zum Herstellerunternehmen[35] (Abb. 4.10).

Die Komponenten des ECR können in Logistik- und Marketing-Komponenten unterschieden werden (s. Abb. 4.11)

Logistik-Komponenten

Continuous Replenishment Unter Continuous Replenishment wird ein partnerschaftliches und automatisiertes Wiederbestellsystem verstanden, das den Nachschub aufgrund tatsächlicher Verkäufe bestimmt. Die Voraussetzung für die Umsetzung einer solchen Strategie ist ein genauer Informationsfluss zwischen den Partnern. Dabei kann man zwischen zwei Arten, den Nachschub an Waren zu organisieren und die Verantwortung zu teilen, unterscheiden:

---

[35] Vgl. Werner (2008, S. 105).

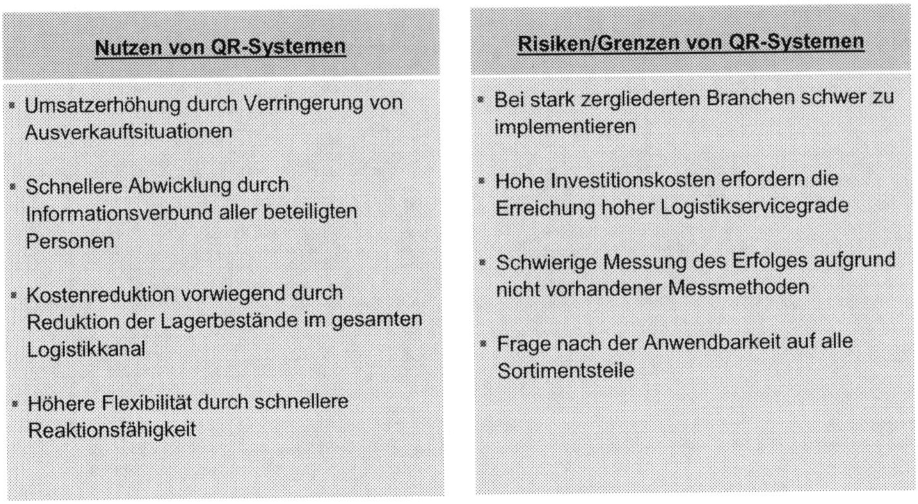

Nutzen von QR-Systemen
Umsatzerhöhung durch Verringerung von Ausverkauftsituationen
Schnellere Abwicklung durch Informationsverbund aller beteiligten Personen
Kostenreduktion vorwiegend durch Reduktion der Lagerbestände im gesamten Logistikkanal
Höhere Flexibilität durch schnellere Reaktionsfähigkeit
Risiken/Grenzen von QR-Systemen
Bei stark zergliederten Branchen schwer zu implementieren
Hohe Investitionskosten erfordern die Erreichung hoher Logistikservicegrade
Schwierige Messung des Erfolges aufgrund nicht vorhandener Messmethoden
Frage nach der Anwendbarkeit auf alle Sortimentsteile

Abb. 4.10 Zusammenfassung des Quick-Response-Ansatzes. (Schulte (2009, S. 488))

Komponenten des Efficient Consumer Response
Logistikkomponenten
Marketingkomponenten
Continuous Replenishment
Vendor Manged Inventory
Cross Docking
Synchronized Production
Efficient Product Introduction
Efficient Store Assortment
Efficient Promotion
IT-Architektur

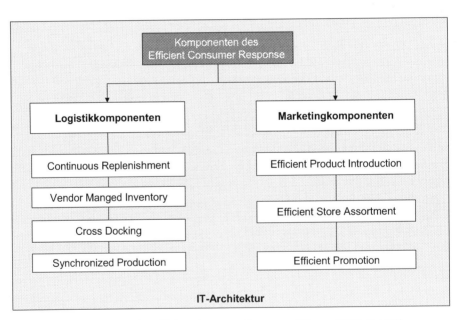

Abb. 4.11 Komponenten des Efficient Consumer Response. (Werner (2008, S. 106))

- Vendor Managed Inventory (VMI) – der Lieferant hat den Haupteinfluss auf die Lagerhaltung des Händlers,
- Buyer Managed Inventory (BMI) – der Händler hat den Haupteinfluss auf seine eigene Lagerhaltung.

Der Nutzen von Continuous Replenishment liegt unter anderem in einer Umsatzsteigerung aufgrund der hohen Verfügbarkeit der Artikel, der Verringerung von langsamdrehenden Artikeln, da nachfragespezifisch der Artikelnachschub ausgelöst wird, der Verringerung der Lagerbestände durch Reduzierung/Verzicht von Sicherheitsbeständen, der damit verbundenen Reduzierung administrativer Kosten und schlussendlich in einer verbesserten Zusammenarbeit.

Im Gegensatz zum Verfahren Quick Response, das den Abgleich aller an der Lieferkette beteiligten Unternehmen zum Ziel hat, betrifft Continuous Replenishment nur zwei aufeinander folgende Unternehmen.

Vendor Manged Inventory (VMI) Beim Vendor Managed Inventory wird die Verantwortung für Bestand und Verfügbarkeit vom Abnehmer hin zum Lieferanten verlagert. Der Lieferant erhält Zugriff auf die Bestandsdaten des Kunden und kann somit Bestellaufträge an sein eigenes Unternehmen vergeben. Damit übernimmt nicht der Disponent des Kunden die Bestandsführung, sondern der Disponent des Lieferanten.[36]

Die Vorteile des VMI-Konzeptes liegen darin, dass unnötige Kapazitätserweiterungen aufgrund des volatilen Bestellverhaltens der Kunden vermieden werden. Liegt das VMI-Volumen eines Lieferanten bei mind. 30–40 % kann der selbst auf einen ausgeglichenen, kontinuierlichen Verlauf seiner Absatzkurve achten. Darüber hinaus können Lieferungen gebündelt werden, was zu einem optimierten Transportmitteleinsatz führt. Der Kunde übermittelt die notwendigen Daten an Lieferanten und erhält im Gegenzug eine optimale Belieferung. Die Produkte des Herstellers (Lieferant) sind stets beim Kunden verfügbar, was insbesondere im Konsumgüterbereich mit hohem Substitutionsanteil wichtig ist. Die Lagerreichweiten sinken bei gleichzeitig steigenden Verfügbarkeiten. Der Abnehmer spart Personalkosten unter anderem für die Dispositionsmitarbeiter ein. In Abb. 4.12 sind die beiden Konzepte Vendor-Managed-Inventory und Buyer Managed-Inventory einander gegenüber gestellt.

Cross Docking[37] Der Name Cross Docking beschreibt den Materialfluss, bei der auf einer Seite des Umschlagpunktes der Wareneingang erfolgt, während auf den gegenüberliegenden Seiten LKW wieder beladen werden. Wichtig dabei ist, dass die Ware nicht mehr zwischengelagert, sondern nur in wenigen Stunden umkommissioniert wird.

Das Cross Docking (zu deutsch Kreuzverkupplung) bezeichnet eine Warenumschlagsart, bei der die Waren vom Lieferanten (Absender) so vorkommissioniert angeliefert werden, dass sie ohne Lagerung in den Regionalzentren verteilt werden können. Somit werden die aufwendigen Einlagerungs- und Umschlagvorgänge minimiert. Das Konzept des Cross Docking verfolgt die Anwendung des Flussprinzips im Bereich der Distribution. Es entstand in den 90er Jahren und bezeichnet eine kunden- oder filialgerechte Kommissionierung von

---

[36] Vgl. Werner (2008, S. 107).

[37] Vgl. Schulte (2009, S. 492 ff).

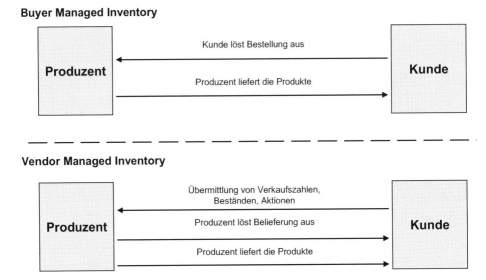

Abb. 4.12 Vendor-Managed-Inventory und Buyer Managed-Inventory

Waren. Hierfür wird an einem Umschlagspunkt (= Transshipment Point) in der Docking-Station die Ware bzw. die Sendung aufgebrochen und in gesammelten Kleinmengen an die Filialen weitertransportiert.

Die einzelnen Kunden bzw. Filialen werden von einem LKW, der viele Warenbestellungen abdeckt, beliefert. Diese Zentralisierung führt zu einer Reduktion der Anzahl von Transportwegen sowie der Ein- und Auslagerungsprozesse.

Durch Cross Docking kann eine Erhöhung der Lieferbereitschaft mit dem Ziel eines 24-Stunden-Service realisiert werden. Voraussetzungen dafür sind rasche Umschlagsfrequenzen und ein großes Auftragsvolumen, die eine möglichst effiziente Liefermengenbündelung gegenüber Direktbelieferungen gewährleisten.

Damit der Warendurchsatz möglichst hoch ist, werden in vielen Fällen technische Systeme oder Teilsysteme für Kommissionierungen, Transport und Verpackung installiert und mit Informations- und Kommunikationssystemen gekoppelt.

Angewendet wird Cross Docking vor allem im Handel und kann auf zwei verschiedene Arten praktiziert werden. Beim einstufigen Verfahren kennzeichnet bereits der Absender die Ware für den Endempfänger (einzelne Filiale oder Niederlassung), so dass sie nur über den Cross-Docking Punkt weitergeleitet wird. Beim zweistufigen Cross-Docking-Verfahren kommissioniert der Absender nur bezogen auf den Cross-Docking-Punkt und der Empfänger übernimmt die filialgerechte Kommissionierung.

In Abb. 4.13 sind die Vorteile des Cross Docking schematisch dargestellt:

Das Konzept des Cross Docking beinhaltet viele Vorteile, wie oben aufgeführt. Diesen Vorteilen stehen erhebliche Schwierigkeiten bei der Umsetzung gegenüber. So müssen die beteiligten Partner über die erforderlichen hohen Lagerkapazitäten und Transportmittel

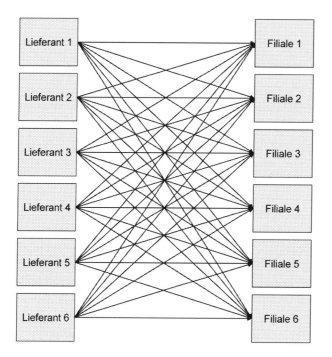

Belieferungssystem ohne Cross Docking

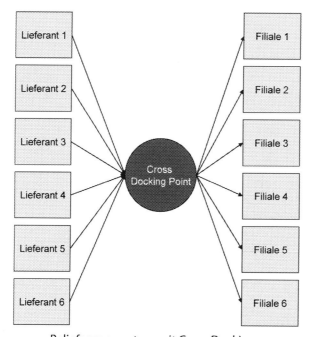

Belieferungssystem mit Cross Docking

Abb. 4.13 Schematische Darstellung einer Belieferung ohne und mit Cross Docking (CDC = Cross Docking Center). (In Anlehnung an Schulte (2009, S. 493))

verfügen. Darüber hinaus sind Investitionen in Informations- und Kommunikationssysteme erforderlich, da der Erfolg des Konzeptes in einer hohen Verfügbarkeit der relevanten Daten liegt. Auch fürchten die beteiligten Unternehmen um ihre Datensicherheit, wenn im Cross Docking Center Waren unterschiedlicher Lieferanten umgeschlagen werden. Ein weiteres Risiko besteht darin, dass sich die Kosten nicht über alle Stufen der Supply Chain reduzieren, sondern sich nur in der logistischen Kette vom Kunden zum Hersteller verschieben.[38]

Synchronized Production Mit Vendor Managed Inventory und Cross Docking komplettiert das Konzept der synchronisierten Produktion die logistischen Attribute von Efficient Consumer Response.

Synchronized Production bedeutet die Angleichung der Produktionsmengen des Vorlieferanten an die Materialbedarfsplanung des Herstellers. Hierbei ist die Materialbedarfsprognose, die der Hersteller dem Vorlieferanten regelmäßig übermittelt die Grundlage für die Absatzplanung des Vorlieferanten und damit die Basis für dessen Produktionsplanung. Das frühzeitige Wissen über den künftigen Materialbedarf des Herstellers versetzt den Vorlieferanten in die Lage, seine Kapazitäten zu planen unter Berücksichtigung der Restriktionen der Produktion die optimale Losgröße zu bestimmen und seine Lagerbestände unter Beibehaltung bzw. Erhöhung des Servicegrades zu optimieren.[39]

Komponenten des Marketing[40] Die Marketing-Module richten sich an der Bildung von Warengruppen (Categories) aus, die als strategische Geschäftsfelder oder strategische Geschäftseinheiten definiert werden (Strategische Geschäftseinheiten). Ein Category Manager ist für eine bestimmte Warengruppe in der Supply Chain verantwortlich.

Bei einer Efficient Product Introduction versuchen Lieferant und Kunde in Kooperation die „Floprate" zu reduzieren. Hierzu erarbeiten sie Konzepte, um Ladenhüter in den Regalen zu vermeiden, und bündeln ihre Kernkompetenzen.

Mit Efficient Store Assortment wird eine Harmonisierung der Artikel in der Filiale des Einzelhandels angestrebt. Es ist eine Ausgewogenheit innerhalb der Supply Chain zwischen Strategieartikeln (Frequenzbringer, die Kunden in das Geschäft locken sollen) und Profitartikeln (Artikel, die einen hohen Deckungsbeitrag erzielen) herzustellen. Hersteller und Handel stimmen sich bei allen Aktivitäten ab, die sich direkt auf den Point of Sale beziehen.

Efficient Promotion fasst die Aktivitäten von Hersteller und Handel zu einer effizienten Verkaufsförderung zusammen.

Komponenten der Informationstechnologie[41] Die Komponenten von Logistik und Marketing werden im Efficient Consumer Response durch die Module der Informationstechnologie verbunden. Der elektronische Datenaustausch zwischen den Partnern in der

---

[38] Vgl. Werner (2008, S. 116).
[39] Vgl. GS 1 (2008, S. 12).
[40] Vgl. Werner (2008, S. 118).
[41] Vgl. Werner (2008, S. 118f).

Supply Chain erfolgt durch Electronic Data Interchange (EDI) und richtet sich nach dem Prinzip eines Data Warehouse.

Ein Data-Warehouse ist eine zentrale Datensammlung (meist eine Datenbank), deren Inhalt sich aus Daten unterschiedlicher Quellen zusammensetzt. Die Daten werden von den Datenquellen bereitgestellt und per Loader in das Data-Warehouse geladen und dort vor allem für die Datenanalyse und zur betriebswirtschaftlichen Entscheidungshilfe in Unternehmen langfristig gespeichert.

Die Informationen werden zweck- und entscheidungsrelevant gefiltert. Für das Supply Chain Management sind im Data Warehouse Kundendaten, Verkaufsdaten und/oder Konkurrenzdaten zu verwalten. In Abhängigkeit von der spezifischen Problemstellung werden die Informationen aufbereitet und Cluster (Data Mining) nach Produktklassen, Absatzgebieten, Geschäftsbereichen oder Perioden gebildet.

4.3.2.2   Customer Relationship Management und Mass Customizing

Customer Relationship Management   Der Begriff „Customer Relationship" bzw. Customer Relationship Management wurde Mitte der 1980er Jahre in den Vereinigten Staaten geprägt und in der Zwischenzeit in vielfältiger Weise weiterentwickelt.[42]

In der Literatur finden sich neben Customer Relation Chip Management zahlreiche verwandte Begriffe, die teilweise synonym verwendet werden, wie z. B. Beziehungsmanagement und Kundenbindungsmanagement.

Für Hippner[43] bezieht sich das Kundenbindungsmanagement nur auf die aktuellen Kunden. Werden auch potenzielle und verlorene Kunden mit in die Betrachtung einbezogen, so spricht er vom Customer Relationship Management. Dies ist ein Teil des Beziehungsmarketings, was wiederum Bestandteil des Beziehungsmanagements ist. Diese Hierarchie der Begriffe ist in Abb. 4.14 dargestellt.

Beziehungsmanagement lässt sich definieren als „die aktive und systematische Analyse, Selektion Planung, Gestaltung und Kontrolle von Geschäftsbeziehungen im Sinne eines ganzheitlichen Konzeptes von Zielen, Leitbildern, Einzelaktivitäten und Systemen".[44]

Der Schwerpunkt des Beziehungsmarketings (Relationship Marketing) ist nicht mehr die Gewinnung von Neukunden, sondern die Entwicklung von dauerhaften Kundenbeziehungen, möglichst über die gesamte Lebenszeit eines Kunden. Somit verlagert sich der Betrachtungsschwerpunkt von der Vorkauf- in die Nachkaufphase.[45]

Das Customer Relationship Management kann damit als Teil des Beziehungsmarketings aufgefasst werden und bezieht sich „auf die Gestaltung der Beziehung zum Kunden und zwar sowohl zu potenziellen Kunden, zu bestehenden Kunden als auch zu verlorenen Kunden".[46]

---

[42] Vgl. Werner (2008, S. 120).

[43] Vgl. Hippner (2006, S. 20).

[44] Vgl. Diller (1995, S. 442).

[45] Vgl. Greve (2006, S. 13).

[46] Vgl. Greve (2006, S. 13).

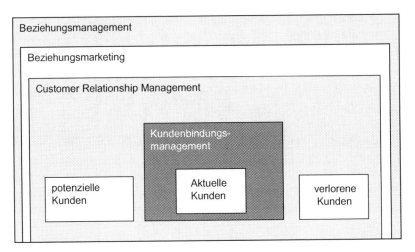

Abb. 4.14 Abgrenzung der Begriffe Kundenbindungsmanagement, Customer Relationship Management, Beziehungsmarketing und Beziehungsmanagement. (Vgl. Hippner (2006, S. 20))

Eine weitere Definition liefert Buck-Emden, danach wird Customer Relationship aufgefasst „als Sammelbegriff für Verfahren und Strategien zur Pflege der Beziehungen von Unternehmen zu Kunden, Interessenten und Geschäftspartnern. CRM dient dem Ziel, neue Kunden zu gewinnen, bestehende Kundenbeziehungen auszubauen und die Wettbewerbsfähigkeit und Unternehmensprofitabilität zu erhöhen".[47]

Werner definiert ähnlich: „Das Customer Relationship Management bedeutet die Planung, die Steuerung und die Kontrolle sämtlicher auf aktuelle und potenzielle Marktpartner gerichteter Maßnahmen einer Unternehmung, mit dem Ziel der Intensivierung einer Kundenbeziehung".[48]

Vom Begriff Customer Relationship Management abzugrenzen ist der Begriff One-to-One-Marketing. Ein One-to-One-Marketing rückt den einzelnen Kunden stärker in den Mittelpunkt. D. h. es geht nicht darum, möglichst viele Käufer zu finden, sondern, zum gegebenen Zeitpunkt, an umsatzstarke Kunden unterschiedliche Produkte abzusetzen. Im Vordergrund steht damit der Versuch, diese Stammkunden über lange Zeit an die Organisation zu binden.[49]

Das Ziel der Aktivitäten des Customer Relationship Management (CRM) liegt in der ständigen Verbesserung der Kundenzufriedenheit, der Kundenloyalität und der Kundenakquisition. Ein reines Transaktionsmarketing, das allein auf die Gewinnung von Neukunden ausgerichtet ist[50], hat sich durch das Aufkommen von CRM zu einem Beziehungsmar-

---

[47] Vgl. Buck-Emden (2002, S. 21).
[48] Vgl. Werner (2008, S. 120).
[49] Vgl. Werner (2008, S. 120).
[50] Vgl. Greve (2006, S. 13).

keting entwickelt. Diese Erweiterung bezieht sich insbesondere auf die Komponenten Information, Interaktion, Integration und Individualisierung[51]:

- Information: Über Informationen werden Kundenbeziehungen aufgebaut und gepflegt. Die Informationen sollen damit von hoher Qualität sein und zur Lösung einer Problemstellung des Kunden beitragen.
- Interaktion: Zum Austauschprozess zwischen einer Organisation mit ihren Kunden können virtuelle Gemeinschaften (Communities) aufgebaut werden. Dadurch soll ein Zugehörigkeitsgefühl für den Kunden entstehen. Eine Möglichkeit dazu bieten beispielsweise Diskussionsforen im Internet.
- Integration: Dazu gehört es, den Kunden direkt in den Prozess zur Leistungserstellung einzubinden. Beispielhaft dafür steht im Supply Chain Management ein Tracking and Tracing.
- Individualisierung: Die Individualisierung im Customer Relationship Management bedeutet den Übergang von Mass Consumption zu Mass Customization. Es besteht beispielsweise die Möglichkeit, individuelle Empfehlungen, auf Basis eines Präferenzvergleiches, an weitere Nutzer zu geben. Via Internet können dabei einem User beispielsweise ausgewählte Produktvorschläge übermittelt werden.

Wesentlich für ein Customer Relationship Management ist die intensive Nutzung moderner Informations- und Kommunikationstechniken. Bisherige Insellösungen des Marketing (wie Help Desk, Vertriebsinformationssystem, Call Center oder Computer Aided Selling) werden in ein unternehmungsweit standardisiertes CRM-System eingebunden, das die Zusammenführung aller auf den Kunden bezogenen Informationen leistet.

In modernen Supply Chains weitet sich ein Customer Relationship Management zu einem Enterprise Relationship Management. Das bedeutet eine vollständige Integration des Kunden in die Lieferkette des Herstellers. Ein Kundenauftrag wird von der Bestellung, über die Produktion bis zur Auslieferung durchgängig überwacht. Sämtliche Parameter des Produzenten richten sich nach den Prinzipien Available-to-Promise und Capable-to-Promise aus. Available-to-Promise bedeutet, dass der Abnehmer erwarten darf, dass seine Bestellung fristgerecht bearbeitet wird. Deshalb bestätigt der Hersteller verbindlich die rechtzeitige Auslieferung des Kundenauftrages. Ein Beispiel dafür ist das Versprechen des Versandhändlers Otto, bestimmte Waren innerhalb von 24 Stunden zu liefern. Capable-to-Promise bedeutet, dass das Unternehmen über die Fähigkeit verfügt, das nachgefragte Produkt herzustellen. Falls die Bestellung des Kunden bisher noch nicht in einer Produktion eingeplant war, findet diese Berücksichtigung jetzt statt, wobei dem Kunden ein Liefertermin vorgeschlagen werden kann. Diese Vorgehensweise findet sich häufig in der Automobilindustrie wieder.[52]

---

[51] Vgl. Werner (2008, S. 120f).
[52] Vgl. Werner (2008, S. 123).

Abb. 4.15 Konzeptgruppen zur Auswahl der Lieferanten

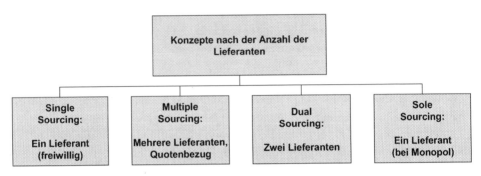

Abb. 4.16 Konzepte nach der Anzahl der Lieferanten

Mass Customization[53] In dem Ansatz Mass Customization vereinen sich die Vorteile der Massenfertigung mit denen der kundenspezifischen Einzelfertigung, es erfolgt eine kunden-individuelle Massenfertigung von Gütern für einen großen Absatzmarkt. Zum einen sollen die Erzeugnisse die unterschiedlichen Bedürfnisse von Nachfragern treffen. Zum anderen sollen die Kosten in etwa denen einer massenhaften Fertigung standardisierter Produkte entsprechen. Deshalb bedeutet Mass Customization nicht „Einzelfertigung um jeden Preis", sondern die ausgewogene Verknüpfung der kontinuierlich verlaufenden Massenfertigung und der diskontinuierlichen Einzelfertigung.

4.3.2.3 Sourcingstrategien

Fragestellungen, wie die richtige Anzahl der Lieferanten und deren geographische Ansied-lung, die richtige Fertigungstiefe und die Suche nach neuen Sourcing-Konzepten sind von entscheidender Bedeutung für die Unternehmen. Langfristig erfolgreiche Unternehmen nutzen eine Vielfalt von Beschaffungsstrategien entlang ihrer Lieferstruktur (Abb. 4.15).

Im Wesentlichen entwickelten sich folgende Konzeptgruppen:

Anzahl der Lieferanten Bei den Konzepten nach der Anzahl der Lieferanten geht es um die Frage, mit wie vielen unterschiedlichen Lieferanten ein Unternehmen zusammenarbeiten soll (Abb. 4.16).

---

[53] Vgl. Werner (2008, S. 125f).

Tab. 4.1 Vor- und Nachteile des Single Sourcing. (Vgl. Wannenwetsch (2010, S. 165))

Vorteile	Nachteile
Engere Zusammenarbeit	Geringe Flexibilität
Geringere Preise durch höheres Bestellvolumen	Schwieriger und kostenintensiver kurzfristiger Wechsel
Geringe Bestell- und Transaktionskosten	Abhängigkeit vom Lieferanten (Qualität, Preis)
Wenige Lieferanten und Kontakte	Offenlegung von Firmen-Know-How
Geringe logistische Komplexität	Engpässe bei Ausfall des Lieferanten
Gute Kontrollmöglichkeit	

Beim Single Sourcing erfolgt die Beschaffung von bestimmten Gütern bei nur einem Lieferanten. Voraussetzung für diese Beschaffungsstrategie ist ein enges Vertrauensverhältnis, da sich das beschaffende Unternehmen in die Abhängigkeit eines einzigen Lieferanten begibt.[54]

Notwendige Voraussetzungen beim Lieferanten sind eine hohe Lieferzuverlässigkeit, Qualität und Flexibilität. Darüber hinaus muss eine Einbeziehung des Lieferanten schon bei der Produktentwicklung erfolgen. Die vertragliche Bindung des Lieferanten gilt für den gesamten Produktlebenszyklus. Single Sourcing gelingt in der Regel nur, wenn auch eine konsequente Förderung des Lieferanten durch das Unternehmen betrieben wird. Eine umfangreiche Vorab-Analyse des Lieferanten und die Durchführung intensiver Verhandlungen sind für eine erfolgreiche Zusammenarbeit zwingend erforderlich.[55]

Werden die Beschaffungsobjekte speziell für einen bestimmten Abnehmer gefertigt, ist ein Lieferantenwechsel nicht mehr ohne weiteres möglich und mit großen Gefahren verbunden, da der Lieferant abnehmerspezifisches Know-how besitzt.[56]

Single Sourcing bietet sich insbesondere für hoch komplexe Güter und für Produkte mit intensiven und langen Produktentwicklungsarbeiten an (Tab. 4.1).

Von Multiple Sourcing spricht man, wenn ein Unternehmen die gleichen Waren und Dienstleistungen von mehreren Lieferanten bezieht.

Die Vorteile eines solchen Sourcing-Konzeptes liegen in der Minderung der Risiken eines Produktionsausfalls bei Nichtlieferfähigkeit eines Lieferanten und in der Erhöhung der Konkurrenz unter den Lieferanten. Dies kann sich bei Preisverhandlungen als vorteilhaft für das beschaffende Unternehmen erweisen. Ferner besteht nicht die Gefahr der Abhängigkeit von einem einzigen Lieferanten.[57]

---

[54] Vgl. Ermann (2008, S. 285).
[55] Vgl. Wannenwetsch (2010, S. 164).
[56] Vgl. Auch Kap. 4.2
[57] Vgl. Wannenwetsch (2010, S. 167).

Tab. 4.2 Vor- und Nachteile des Dual Sourcing. (Wannenwetsch (2010, S. 166))

Vorteile	Nachteile
Engere Zusammenarbeit	Abhängigkeit von Lieferanten (Qualität, Preis)
Geringere Preise durch hohes Bestellvolumen (oft 70/30-Aufteilung der Auftragsvolumina)	Offenlegung von Firmen-Know-How
Bessere Versorgungssicherheit	Wenig Flexibilität
Geringe Bestell- und Transaktionskosten	
Wenige Lieferanten und Kontakte	
Geringe logistische Komplexität	
Gute Kontrollmöglichkeit	

Nachteilig beim Multiple Sourcing sind die hohen Transaktionskosten, die hohen Bestellkosten und die geringen Rabatte aufgrund fehlender Volumenzusammenfassung[58].

Beim Dual Sourcing wird ein Produkt von zwei Lieferanten beschafft, die miteinander im Wettbewerb stehen. Der Lieferant, der die günstigeren Konditionen bietet, erhält dabei oftmals ein höheres Beschaffungsvolumen als der andere (z. B. Aufteilung 70–30 %). Beim Dual Sourcing handelt es sich um eine Sicherheitsstrategie zur Gewährleistung der Versorgungssicherheit und gleichzeitig den Wettbewerb zwischen den Lieferanten fördert. Diese Strategie eignet sich insbesondere für die Beschaffung strategischer Rohstoffe wie z. B. Aluminium, Engpassartikel sowie Teile mit langen Lieferzeiten, bei denen Lieferausfälle mit erheblichen Verlusten für das beschaffende Unternehmen verbunden sind[59] (Tab. 4.2).

Das Sole Sourcing bezeichnet die Situation, dass ein bestimmtes Teil nur bei einem Lieferanten bezogen werden kann. Dies ist bei Monopolen der Fall oder wenn die zu beschaffenden Teile durch ein Patent geschützt sind.

Regionale Herkunft der Lieferanten Das wesentliche Entscheidungskriterium ist bei der Herkunft der Lieferanten geographische Entfernung zwischen Lieferant und Kunde (Abb. 4.17).

Unter Global Sourcing wird der weltweite Bezug von Gütern verstanden. Durch die Internationalisierung der Beschaffung werden die Beschaffungsmöglichkeiten gezielt erweitert (Tab. 4.3).

Global Sourcing kann bei der Beschaffung von Massenprodukten mit einem hohen Arbeitskräfteeinsatz Vorteile bieten, d. h. immer dann, wenn die Preisvorteile gegenüber

---

[58] Vgl. Wannenwetsch (2010, S. 167).
[59] Vgl. Wannenwetsch (2010, S. 166).

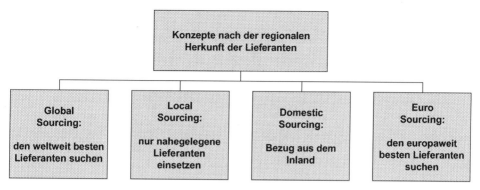

Abb. 4.17 Konzepte nach der regionalen Herkunft der Lieferanten

Tab. 4.3 Vor- und Nachteile des Global Sourcing. (Vgl. Wannenwetsch (2010, S. 169))

Vorteile	Nachteile
Weltweite Auswahl der besten Lieferanten	Währungs- und Wechselkursrisiken
Neuste Produkte	Umfangreiche Zollabwicklung, Gefahr von intransparenten bürokratischen Prozessen und Korruption
Günstige Einkaufspreise	Unterschiedliche Mentalität, Sprache, Gerichtsort
Ausnutzen von Wechsel-kursschwankungen	Qualitätsrisiken, Gefahr von Marken- und Patentrechtsverletzungen
Risikoverteilung	Liefer- und Logistikprobleme
Geringe Abhängigkeit von einem Lieferanten	

den höheren Risiken und den Kosten für den Transport und den Informationsaustausch etc. überwiegen.[60]

Beim Local Sourcing dagegen werden die Waren und Dienstleistungen aus unmittelbarer Nähe des Unternehmens bezogen, Störungen in der Belieferungskette werden dabei auf ein Minimum reduziert[61] (Tab. 4.4).

Local Sourcing bietet sich insbesondere für hochwertige Beschaffungsobjekte an, die für die Aufrechterhaltung der Produktion unbedingt notwendig sind. Aufgrund der lokalen Nähe der Lieferanten können die erforderlichen Produkte kurzfristig, ggf. produktionssynchron abgerufen werden. Logistische Probleme wie z. B. Lieferverzögerungen durch Staus können weitgehend ausgeschlossen werden.[62]

---

[60] Vgl. Ermann (2008, S. 284).
[61] Vgl. Wannenwetsch (2010, S. 167f).
[62] Vgl. Wannenwetsch (2010, S. 168).

Tab. 4.4 Vor- und Nachteile des Local Sourcing. (Wannenwetsch (2010, S. 168))

Vorteile	Nachteile
Geringe Entfernung zum Lieferanten	Hohe Abhängigkeit
Geringe Logistikkosten	Kein internationales Know-How bei der Produktauswahl
Geringe Bestell- und Transaktionskosten	Oft höhere Preise durch geringeren Wettbewerb
Geringe Komplexität	
Gleicher Gerichtsort, gleiche Sprache und Mentalität	

Beim Domestic Sourcing sind die Beschaffungsaktivitäten auf das Inland begrenzt. Hierdurch reduzieren sich die Risiken einer länderübergreifenden Beschaffung, es steht jedoch meist eine größere Anzahl von Lieferanten zur Verfügung als beim Local Sourcing.[63]

Beim Euro Sourcing wird das Beschaffungsgebiet weiter ausgedehnt, und die Vorteile einer größeren Zahl an Lieferanten zu nutzen ohne die Beschaffungsrisiken durch umfangreiche Zollabwicklungen oder sehr weite Transportwege deutlich zu vergrößern (Abb. 4.18).

Konzepte nach Aufgabenumfang des Lieferanten Beim System Sourcing werden ganze Produkte beschafft, die ohne weitere Bearbeitungsschritte weiterverkauft werden, z. B. Handelswaren.

Particular Sourcing bedeutet die Beschaffung vieler Einzelteile von vielen Lieferanten. Diese Beschaffungsvariante ist mit hohen Informations- und Koordinationskosten verbunden.

Im Rahmen des Modular Sourcing konzentriert man sich auf wenige Lieferanten, die komplexe Systeme (Baugruppen, Systeme) liefern. Hierbei findet der direkte Kontakt vom Unternehmen nur zu den Modul- bzw. Systemlieferanten (direkte Zulieferer) statt. Diese wiederum koordinieren die Prozesse mit den Sublieferanten (indirekte Zulieferer) selbst. Auf diese Weise können die Fertigungsprozesse für das beschaffende Unternehmen vereinfacht werden. Modul- oder Systemlieferanten können zusätzliche Aufgaben wie Forschung, Entwicklung, Qualitätssicherung und Einkauf übernehmen[64] (Tab. 4.5).

Voraussetzungen für Modular Sourcing sind ein enges, vertrauensvolles und längerfristiges Verhältnis zwischen beschaffendem Unternehmen und dem Modullieferanten. Meist müssen Lieferanten vor Ort sein z. B. durch Lieferantenparks bei Just-in-time- oder Just-in-Sequence-Anlieferungen. Durch den Aufbau von Modullieferanten reduziert sich die Anzahl von Lieferanten erheblich. Dabei wird die logistische Komplexität der Lieferbe-

---

[63] Vgl. Wannenwetsch (2010, S. 169).
[64] Vgl. Ermann (2008, S. 285 f).

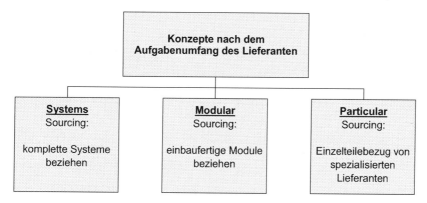

Abb. 4.18 Konzepte nach Aufgabenumfang des Lieferanten

	Vorteile	Nachteile
Tab. 4.5 Vor- und Nachteile des Modular Sourcing. (Vgl. Werner (2008, S. 140))	Reduzierung der Anzahl an Schnittstellen	Gegenseitige Abhängigkeit
	Konzentration auf Kernkompetenzen	Hoher Abstimmungsaufwand
	Begünstigung gleichbleibender Qualität	Schwieriger Lieferantenwechsel
	Reduzierung der Logistikkosten	Verlust von Firmen Know-how
	Flexibilität bei Änderungen	
	Verkürzung der Entwicklungszeiten	

ziehungen vereinfacht. Dieser Reduktionsprozess ist heute in vielen Unternehmen bereits realisiert.[65]

In Abb. 4.19 sind die Unterschiede einer traditionellen Beschaffung zum Modular Sourcing dargestellt.

Die wertschöpfungsbezogenen Sourcingkonzepte (Abb. 4.20) zielen auf die Aufgabenverteilung zwischen Abnehmer und Lieferant (ähnlich den objektorientierten Konzepten, z. B. Modular Sourcing). Hierbei geht es jedoch um die grundsätzliche Frage, wer spezifische Aufgaben übernimmt, d. h. es ist eine Make-or-Buy-Entscheidung zu treffen.

Beim Outsourcing werden bislang intern durchgeführte Aufgaben aufgrund einer strategischen langfristigen Entscheidung nach außen verlagert. Dabei steht nicht ausschließlich der Fremdbezug, sondern der Prozess der Auslagerung und die damit verbunden Rationalisierung im Vordergrund.

---

[65] Vgl. Wannenwetsch (2010, S. 173).

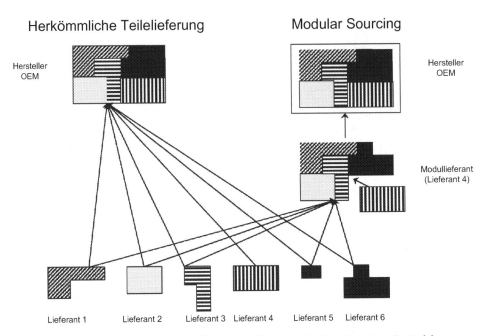

Abb. 4.19 Unterschiede einer traditionellen Beschaffung zum Modular Sourcing. (In Anlehnung an Schulte (2009, S. 293))

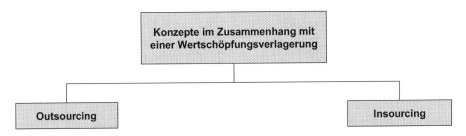

Abb. 4.20 Konzepte im Zusammenhang mit der Wertschöpfungsverlagerung

Man unterscheidet zwischen der Auslagerung von direkten, produktiven Bereichen und indirekten Aufgaben aus dem sog. Gemeinkostenbereich. Zu den indirekten Aufgaben gehören z. B.

- Dienstleister übernehmen die komplette Datenverarbeitung eines Unternehmens,
- Übertragung logistischer Aufgaben an spezialisierte Logistikdienstleister,
- Auslagerung der Buchhaltung, Reinigung, Kantine und Werksschutz.

Hier können Dienstleister meist aufgrund von Größendegressionseffekten bessere Konditionen anbieten. Es kann sich aber auch bei der Verselbständigung einzelner Abteilungen in Form von „spin off" handeln (Tab. 4.6).

Tab. 4.6 Vor- und Nachteile des Outsourcing indirekter Dienstleistungen

Vorteile	Nachteile
Konzentration auf das Kerngeschäft	Schlechtere Möglichkeit der Erfüllung von Spezialwünschen
Senkung der Kosten bei Erhöhung der Qualität durch Spezialisten	Reibungsverluste an den Schnittstellen
Möglichkeit Qualität und Leistung einzufordern	Imageverlust durch Abbau von Stellen
Wirtschaftliche Transparenz der Dienstleistung	Verlust von Know-how

Tab. 4.7 Vor- und Nachteile des Outsourcing von Vorfertigungen

Vorteile	Nachteile
Konzentration auf das Kerngeschäft	Abhängigkeit vom Lieferanten
Ausnutzen von Mengendegressionseffekten durch Einsatz von Spezialisten	Wettbewerb zwischen den Kunden
Beherrschen führender Technologien	Reibungsverluste an den Schnittstellen
Einfordern des vereinbarten Preis-/Leistungsverhältnisses	Verlust von Know-how im Fertigungsbereich
Kostensenkung durch geringere Fertigungskosten des Lieferanten	Gefahr der Vorwärtsintegration[a]

[a] Vorwärtsintegration = vertikale Integration bezeichnet die Übernahme einer oder mehrerer nachfolgender Fertigungsstufe(n)

Eine weitere Möglichkeit ist die Auslagerung von produktiven Teilen der Wertschöpfungskette. Dazu gehören Produktionsaufgaben, die aufgrund der strategischen Entscheidung nicht mehr intern sondern extern produziert werden, z. B. Stilllegungen von Gießereien, Kunststoffverarbeitungen oder Lackierungen (Tab. 4.7).

In einigen Bereichen ist eine Trendumkehr der Outsourcingtendenz aufgrund von Schwierigkeiten mit Lieferanten oder Beschäftigungsproblemen festzustellen – es kommt zu einem Insourcing. Dabei werden bisher externe (ggf. erst kürzlich „outgesourcte Aufgaben") wieder intern bearbeitet. Der Aufbau der entsprechenden Produktionskapazitäten ist notwendig, wobei nach Schließung einer vollständigen technologischen Fertigungsstufe (Schließung der Gießerei) ein Insourcing oft nur durch den Kauf eines Lieferanten sinnvoll durchführbar ist.

Meist wird eine „strategische Make-Entscheidung" aufgrund einer Produktneuentwick-
lung oder durch neue Prozessstrukturen (eBusiness) ausgelöst.

Nicht zum Insourcing werden folgende Aktivitäten gezählt:

- Verzicht auf Lieferantenkapazitäten im Falle von Vorfertigungsproduktionen, die grund-
sätzlich sowohl weiterhin vom Abnehmer als auch vom Lieferanten durchgeführt
werden. Aufgrund von Kapazitätsschwankungen sind zeitweise die Kapazitäten des
Lieferanten nicht mehr erforderlich,
- Fremdbetriebene Vorfertigungsbereiche auf dem Gelände des Abnehmers,
- Ansiedlung von Lieferanten in werksnahen Industrieparks.

4.4 Instrumente zur IT-Unterstützung

Von den vielfältigen Instrumenten des Supply Chain Managements werden im Folgenden
nur die Instrumente zur Erfassung und Weitergabe von Daten und Informationen innerhalb
des Materialflusses näher betrachtet.

Für ein Supply Chain Management ist die rechtzeitige Verfügbarkeit der Informationen
von entscheidender Bedeutung. Daher ist die Bereitstellung einer Informationstechnologie erforderlich, die diesen Informationsaustausch sicherstellen kann. Dazu gehören u.a.
Electronic Data Interchange (EDI) und Web-EDI, Barcode, Radio Frequency Identification
(RFID) und Data Warehouse.[66]

4.4.1 Electronic Data Interchange

Electronic Data Interchange (EDI)[67] ist der Überbegriff für Industriestandards zum elektronischen Austausch von Geschäftsdokumenten und ermöglicht die prozessorientierte
Zusammenarbeit zwischen Unternehmen.

Im Supply Chain Management wird dazu eine Point-to-Point-Anbindung zwischen
Lieferanten (Quellen) und Kunden (Senken) geschaffen. Die Partner steuern ihren elek-
tronischen Datenaustausch über Abrufe, Gutschriften, Rechnungen, Transportdaten oder
Bestände.

Die Vorteile von Electronic Data Interchange sind vor allem die Vermeidung einer Mehr-
facherfassung von Daten, die Senkung der Anzahl manueller Tätigkeiten, die Reduzierung
administrativer Maßnahmen (wie das Konvertieren von Dateien) und die Beschleunigung
der internen sowie der externen Kommunikationsprozesse (Schaffung von Standards).[68]

Daneben hat eine Anbindung über EDI jedoch auch Nachteile wie die geringe Transparenz über die Benutzungsgebühren der Netzbetreiber, die Verletzung der Zugriffsrechte

---

[66] Vgl. Werner (2008, S. 233).

[67] Weitere Informationen beispielsweise unter http://www.edileitfaden.de.

[68] Vgl. Werner (2008, S. 235).

(bleibt die Geheimhaltung gewahrt?), die zum Teil hohen Anschaffungskosten und die abnehmende Bedeutung der Relevanz von EDI durch Business-to-Business-Anbindungen via Internet.

Dies ist auch unter dem Begriff WebEDI bekannt. WebEDI ist eine WWW-Schnittstelle für das Electronic Data Interchange-System (EDI). Um Lieferanten eine günstige EDI-Lösung zu ermöglichen, bieten viele Unternehmen eine Möglichkeit ihre Daten über ein Web-Portal einzugeben. Diese Daten werden dann dem Betreiber in derselben Form zur Verfügung gestellt, als ob er sie über eine EDI-Verbindung bekommen würde. Dies ist vor allem für Unternehmen interessant, die über kein EDI-System verfügen. Da diese Verbindung nur mit einem System online verbunden wird, besteht keine wie beim EDI durchgängige Verbindung zweier Systeme. Daher ist es eigentlich nur ein Pseudo EDI und stellt keine echte EDI-Lösung dar.

Der Datenaustausch zwischen den Partnern gestaltet sich bei Web-EDI sehr flexibel, weil zur Nutzung von Web-EDI keine spezielle Software zu installieren ist. Somit ist diese Lösung insbesondere für kleine und mittelgroße Unternehmen interessant.

4.4.2 Barcode[69]

Als Strichcode, Balkencode oder Barcode (engl. bar für Balken) wird eine optoelektronisch lesbare Schrift bezeichnet, die aus verschieden breiten, parallelen Strichen und Lücken besteht. Der Begriff Code steht hierbei nicht für Verschlüsselung, sondern für Abbildung von Daten in binären Symbolen. Die Daten in einem Strichcode werden mit optischen Lesegeräten, wie z. B. Barcodelesegeräten (Scanner) oder Kameras, maschinell eingelesen und elektronisch weiterverarbeitet.

Es gibt verschiedene Typen von Barcodes für unterschiedliche Einsatzzwecke, Benutzergruppen und Herstellungsmöglichkeiten. Je nach Anwendung werden die Strichcodes mit konventionellen Druckverfahren (wie Offset, Flexo- oder Tiefdruck) oder nach Bedarf (unter anderem Laser-, Thermodirekt-, Thermotransfer-, Tintenstrahldruck) hergestellt. Nadel-Matrixdrucker sind aufgrund ihres Druckbildes eher schlecht geeignet, weil ihre Ausdrucke die erforderlichen Standards zum Lesen oft nicht einhalten können. In den ersten Barcodes wurde der Code nur in einer Achse aufgetragen, diese bezeichnet man als eindimensionale Codes(1-D-Codes). Seit Ende der 80er Jahre werden auch zweidimensionale Codes (2-D-Codes) verwendet, in denen der Code in zwei Achsen aufgetragen wird. Diese Codes können aus gestapelten 1-D-Codes bestehen (stacked), in Zeilen angeordnet sein oder als echter Flächencode (regelmäßige Matrix oder Matrix mit versetzten Zeilen aus Punktmustern) hergestellt werden. Bei 3-D-Codes stellt beispielsweise der Farbton, die Farbsättigung oder die Farbhelligkeit die dritte Dimension dar.[70] 2007 haben Forscher der

---

[69] Weitere Informationen beispielsweise unter http://www.gs1-germany.de.
[70] Vgl. GS 1 Germany (Hrsg.) (2011, o. S.).

Bauhaus-Universität Weimar 4-D-Codes entwickelt, bei denen die vierte Dimension die Zeit ist, d. h. die Codes sind animiert.[71]

4.4.3 Radio Frequency Identification

Auf Grund der zunehmenden Komplexität von Logistikketten, die heute in den meisten Fällen von ihrem Anfangs- bis zum Endpunkt ein weltweites Netz umspannen, steigen die Anforderungen an Auto-Identifikationssysteme weiter. Der Anspruch an solche Systeme ist heute weniger die Identifizierung von Objekten, sondern vielmehr die genaue Zuordnung von Daten zu einem bestimmten Produkt oder Ladungsträger und die Bestimmung seines aktuellen Standorts.[72] Die auf optische Identifikation basierte Technologie des Barcodes ist mittlerweile weltweit stark verbreitet, steht jedoch am Ende ihrer Entwicklung und kann den neuen Herausforderungen nicht mehr entsprechen[73], da Barcodes nur über eine geringe Speicherkapazität verfügen und nicht programmierbar sind.[74] Deshalb rückt seit den 90er Jahren eine neue, funkbasierte Technologie in den Vordergrund. Die Radio Frequency Identification Technologie bedeutet einen weiteren Quantensprung in der Verknüpfung von Waren und Informationen ähnlich der Einführung des Barcodes. Anfang der 90er Jahre begann die Entwicklung moderner RFID-Systeme, in deren Verlauf sowohl eine Miniaturisierung als auch eine höhere Speicherkapazität der RFID-Transponder ermöglicht wurde. Mit fortschreitender Erforschung der Technologie geht auch die Reduzierung der Produktionskosten einher.[75] Heute finden RFID-Systeme Einsatz in vielen verschiedenen Bereichen. Neben Zugangskontrolle und Zertifizierungssystemen optimieren RFID-Systeme insbesondere Informationsflüsse, die die logistischen Warenflüsse in Industrie und Einzelhandel begleiten (Abb. 4.21).

Laut der VDI-Richtlinie 4416 „Betriebsdatenerfassung und Identifikation -Identifikationssysteme" sind die Bestandteile eines RFID-Systems ein Datenträger, die Sende- und Empfangseinrichtung sowie die Auswerteeinheit.[76]

Der kontaktlose Datenträger oder Transponder ist mit dem zu identifizierenden Objekt fest verbunden. Mit Hilfe der auf dem Transponder gespeicherten Informationen kann das Objekt eindeutig beschrieben werden. Dazu dient zum Beispiel der Electronic Product Code (EPC). Darüber hinaus können weitere Informationen gespeichert werden, wie beispielsweise die Destination des Objekts. Neben dem Datenträger enthält der Transponder auch eine Antenne, um die Daten übertragen zu können.[77]

---

[71] Vgl. Bimber (2007, o. S.).
[72] Vgl. Strüker et al. (2008, S. 21).
[73] Vgl. Franke und Dangelmaier (2006, S. 5).
[74] Vgl. Finkenzeller (2008, S. 1).
[75] Vgl. Kern (2007, S. 8 f).
[76] Vgl. Franke und Dangelmeier (2006, S. 17 f).
[77] Vgl. Franke und Dangelmeier (2006, S. 17 f).

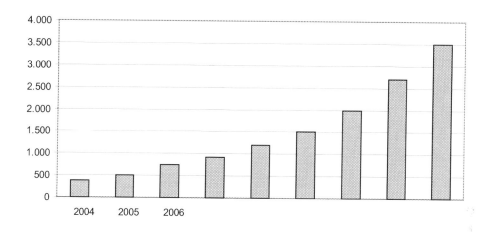

Abb. 4.21 Entwicklung der weltweiten RFID-Erlöse in Mio. € von 2004–2012. (Vgl. Gartner Inc. (2008))

Unter Sende- und Empfangseinrichtung wird das Empfangsgerät verstanden. Es enthält eine Antenne, mittels derer Daten von Transpondern gelesen aber auch auf diese geschrieben werden können.[78]

Das Lesegerät bildet auch die Schnittstelle zu den im Unternehmen verwendeten Applikationen. Diese Schnittstelle wird in der Richtlinie als Auswerteeinheit bezeichnet, da sie die empfangenen Daten umwandelt und überprüft. Schließlich filtert und bündelt die Auswerteeinheit die Datenmengen, um den so verkleinerten Datenstrom den Unternehmensapplikationen zur Verfügung zu stellen (Abb. 4.22).

Grundsätzlich sind Radiofrequenzsysteme über die gesamte Supply Chain einzusetzen. Allerdings ist dabei zu beachten, dass zurzeit noch kein einheitlicher Standard vorliegt. Daher entstehen an den Schnittstellen einer Wertschöpfungskette Reibungsverluste.

Eigenschaften von RFID-Lösungen, die den Einsatz im Supply Chain Management begünstigen, sind[79]:

- Datenänderung und -ergänzung: Bei den „Read-and-Write"-Tags besteht die Möglichkeit, die Daten über 100.000-fach zu überschreiben. Außerdem können die originären Informationen jederzeit aktualisiert oder erweitert werden.
- Schnelligkeit und Reichweite: Die Lesegeschwindigkeit von RFID ist deutlich höher als die des Barcodes, wodurch die Rückverfolgbarkeit der Informationen gefördert wird. „Long-Range-Systeme" besitzen eine Reichweite von über zwanzig Metern Entfernung.

---

[78] Vgl. Finkenzeller (2008, S. 7).
[79] Vgl. Werner (2008, S. 240 f).

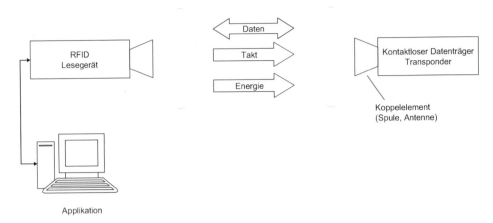

Abb. 4.22 Grundbestandteile eines RFID-Systems. (Finkenzeller (2008, S. 7))

Daraus ergibt sich jedoch das Risiko, dass die Lese- und Schreibeinheiten auch Objekte außerhalb des anvisierten Erfassungsfeldes identifizieren.

- Datenkapazität: Im Vergleich zum konventionellen Strichcode, kann ein Transponder weit größere Datenmengen abbilden.
- Einzel- und Pulkerfassung: Mit Hilfe des Lese- und Schreibgerätes können zum einen bestimmte Tags gezielt angesteuert werden. Es besteht zum anderen die Möglichkeit, mehrere Transponder (einen „Pulk an Tags") in einem Antennenfeld gemeinsam anzuvisieren.
- Umweltfaktoren: Insbesondere Metalle beeinflussen die elektromagnetischen Felder. Sie erzeugen Wirbelströme, die zum „Datenchaos" führen. Auch wenn eine Ferritabschirmung diesen Effekt dämpfen kann, bleibt die Leistungsfähigkeit von RFID eingeschränkt. Gegenüber Umwelteinflüssen, wie Schmutz, Feuchtigkeit, Temperaturschwankung oder Vibration, reagieren die meisten Transponder weitgehend resistent.
- Optische Abdeckung: Die Radiofrequenztechnik kann ohne Sichtkontakt zur Leseeinheit eingesetzt werden. Der Chip ist am Produkt selbst oder an der Verpackung anzubringen. Zum Beispiel nutzt der Versandhandel die Möglichkeit, den Transponder in eine Folie zu laminieren, um die Sendungsverfolgung während des Transportes zu gewährleisten.

4.5 Übungsfragen zu Kap. 4

Aufgabe 1

a) Der Begriff Supply Chain Management ist in der Literatur nicht einheitlich definiert. Geben Sie eine Definition des Begriffs „Supply Chain Management" an.

b) Nennen Sie 3 Ziele von Supply Chain Management

Aufgabe 2

a) Was versteht man unter dem Bullwhip-Effekt?

b) Warum möchten Unternehmen diesen Effekt vermeiden?

c) Nennen und erläutern Sie 3 Ursachen für den Bullwhip-Effekt.

d) Geben Sie 2 Maßnahmen gegen den Bullwhip-Effekt an.

Aufgabe 3

Erläutern Sie stichwortartig das Konzept des „Vendor Managed Inventory". Gehen Sie dabei auf die Vorteile dieses Konzeptes für Produzent und Kunde ein.

Aufgabe 4

Eine Erklärungsmöglichkeit für das Zustandekommen von Supply Chains ist die Transaktionskostentheorie.

a) Was versteht man unter „Transaktionskosten"?

b) Wann gehen Unternehmen – nach der Transaktionskostentheorie – mit Partner „Supply Chains" ein?

Aufgabe 5

Bei den Sourcing-Strategien geht es grundsätzlich um die Fragestellung, mit welchen Lieferanten ein Unternehmen zusammenarbeiten soll.

Nennen und erläutern Sie 4 unterschiedliche Konzeptgruppen, nach denen die Lieferanten unterschieden werden können.

Aufgabe 6

Die im Supply Chain Management zu lösenden Aufgaben werden häufig in lang-, mittel- und kurzfristige Aktivitäten unterschieden (Aufgabenmodell des Supply Chain Managements).

Nennen und beschreiben Sie jeweils eine lang-, mittel- und kurzfristige Aufgabe im Supply Chain Management.

Aufgabe 7

Nach einer Studie der Unternehmensberatung Bain & Company aus dem Jahre 2005 scheitern 70 % aller großen Supply Chain Management-Projekte.

a) Nennen Sie 5 Gründe, an denen Supply Chain Management-Projekte scheitern können.

b) Geben Sie jeweils eine Möglichkeit an, den unter a) genannten Gründen zu begegnen und SCM-Projekte erfolgreich werden zu lassen.

Green Logistics

5.1 Warum müssen wir handeln?

Das Wort „Klimakatastrophe" wurde zum Wort des Jahres 2007 gewählt. Um dieser bedrohlichen Entwicklung entgegenzutreten, müssen Wirtschaft, Politik und Gesellschaft zusammenarbeiten – die Politik hat dafür den organisatorischen Rahmen vorzugeben, der nachhaltiges Wirtschaften fordert und fördert, die Unternehmen sind aufgefordert energiesparende und Ressourcen schonende Technologien zu entwickeln und die Gesellschaft muss lernen nachhaltig zu konsumieren.

Exkurs Treibhauseffekt[1]

„Die während des Tages einfallende Sonnenstrahlung wird von der Atmosphäre und vom Erdboden in Form von Wärme gespeichert und nachts als Infrarotstrahlung in den Weltraum abgegeben.

Die klimarelevanten Spurengase in der Troposphäre absorbieren und reflektieren einen Teil dieser Abstrahlung, wodurch die nächtliche Abkühlung reduziert wird. Bei einer Erde ohne Atmosphäre wäre die Oberflächentemperatur ausschließlich durch die Bilanz zwischen eingestrahlter Sonnenenergie und der vom Boden abgestrahlten Wärmestrahlung festgelegt. Diese Oberflächentemperatur würde im globalen Mittel etwa $-18\,°C$ betragen.

---

[1] Katalyse-Institut (2012).

S. Koch., *Logistik*,
DOI 10.1007/978-3-642-15289-4_5, © Springer-Verlag Berlin Heidelberg 2012

Aufgrund der Ähnlichkeit zu den Vorgängen in einem Treibhaus, dessen Glasdach ebenfalls die Sonnenstrahlung gut durchlässt, die Wärmestrahlung von der Erdoberfläche aber nicht hinauslässt, wird das hier beschriebene Phänomen auch als natürlicher Treibhauseffekt bezeichnet. Die dafür in der Atmosphäre verantwortlichen Gase werden häufig als Treibhausgase bezeichnet.

Werden die natürlich vorhandenen Treibhausgase (z. B. CO_2) durch anthropogenen (menschlichen) Einfluss vermehrt oder durch neue Stoffe (z. B. FCKW) ergänzt, so verstärkt sich der Treibhauseffekt und die Temperatur des Bodens sowie der unteren Atmosphäre steigt.

Die Konzentration der langlebigen Treibhausgase nimmt systematisch zu: seit Beginn der Industrialisierung bis heute bei Kohlendioxid (CO_2) um ca. 30 %, bei Methan (CH_4) um 120 % und bei Distickstoffoxid (N_2O) um ca. 10 %. Hierdurch wird eine langfristige Erwärmung der unteren Atmosphäre und der Erdoberfläche angestoßen, deren Ausmaß mit der Konzentrationsänderung ansteigt, aber auch stark von der Reaktion des Wasserkreislaufs (Wasserdampf, Bewölkung, Niederschlag, Verdunstung, Schneebedeckung, Meereisausdehnung) bestimmt wird. Der Wasserkreislauf kann sowohl verstärkend wie dämpfend eingreifen, weil viele seiner Zweige stark temperaturabhängig sind. Da die Erwärmung regional und innerhalb eines Jahres unterschiedlich ist und weil die Strahlungsbilanzstörung bei einer Konzentrationsänderung von der Struktur der Atmosphäre, der Jahreszeit und vom Oberflächentyp abhängt, führt ein erhöhter Treibhauseffekt auch zu veränderten Werten des Niederschlags, der Bewölkung, der Meereisausdehnung, der Schneebedeckung und des Meeresspiegels sowie zu anderen Wetterextremen, d. h. im Letzten zu einer globalen Klimaveränderung".

5.2 Begriffsdefinitionen

Der Begriff Nachhaltigkeit wurde erstmals in der Forstwirtschaft im Rahmen der sich zu Beginn des 18. Jahrhunderts aus der Not der Waldvernichtung entwickelnden Forstwirtschaft formuliert, regional aus dem gleichen Grund jedoch bereits im 15. Jahrhundert praktiziert. Die forstwirtschaftliche Praxis der Nachhaltigkeit wurde zudem schon im 19. Jahrhundert über die reine Rohstoffversorgung hinaus erweitert.

Die Überlegungen, welchen Einfluss die Wirtschaft und im Speziellen die Logistik auf die Umwelt ausüben, sind nicht neu. Seit den 70er Jahren wächst die Besorgnis, dass die Menschheit durch die Ausbeutung und Vergiftung der natürlichen Ressourcen ihre eigenen Lebensgrundlagen gefährdet. In der Folge wurde der Begriff der „Nachhaltigkeit" geprägt. Die bekannteste Definition des Begriffs „Nachhaltigkeit" durch die so genannten Brundtland-Kommission lautet: „Dauerhafte Entwicklung, die den Bedürfnissen der heutigen Generation entspricht, ohne die Möglichkeiten künftiger Generationen zu gefährden, ihre eigenen Bedürfnisse zu befriedigen und ihren Lebensstil zu wählen."[2] Laut der UN-Kommission für Umwelt und Entwicklung von 1987 unter dem Vorsitz von Gro Harlem Brundtland dürfen die Bedürfnisse der heute lebenden Menschen nicht zu Lasten zukünftiger Generationen befriedigt werden. Die natürlichen Ressourcen sind nur in dem Umfang in Anspruch zu nehmen, wie sie sich erneuern können. Diese Definition zeigt, dass die Umweltprobleme nicht allein durch nachträgliche Schutztechniken zu lösen sind. Vielmehr ist ein aktiver Klimaschutz nötig, der nur durch rechtzeitiges Umdenken in der Industriegesellschaft erreicht werden kann.

In der Logistik- und Transportbranche ist mittlerweile „Green Logistics" ein gerne gebrauchtes Schlagwort. Unter „Grüner Logistik" wird die ganzheitliche Transformation von Logistik-Strategien, -Strukturen, -Prozessen und -Systemen in Unternehmen und Unternehmensnetzwerken zur Schaffung umweltgerechter und ressourcenschonender Logistikprozesse verstanden. Das Zielsystem der „grünen" Logistik verfolgt, über ein Gleichgewicht von ökonomischer und ökologischer Effizienz, die Schaffung eines nachhaltigen Unternehmenswertes.[3]

5.2.1 CO$_2$-Emissionen der unterschiedlichen Verkehrsträger

Abbildung 5.1 zeigt, dass der Verkehr zusammen mit der Energiewirtschaft und der Industrie die höchsten CO$_2$ Emissionen verursacht. Wie stark ein Transport die Umwelt belastet, hängt größtenteils vom eingesetzten Verkehrsträger ab.[4] Dabei spielen nicht nur die spezifischen Emissionsfaktoren der Verkehrsträger eine wichtige Rolle, sondern auch deren Energieverbrauch. Der Energieverbrauch seinerseits resultiert nicht nur aus den technischen Merkmalen der eingesetzten Fahrzeuge, sondern auch aus dem Grad der Beladung, aus der Streckencharakteristika und der jeweiligen Verkehrssituation.

Der Straßengüterverkehr zählt zu den größten Schadstoff- und CO$_2$-Emissionsquellen und trägt damit erheblich zur Belastung der Umwelt bei.

Leerfahrten oder nicht voll ausgelastete Fahrzeuge bringen nicht nur wirtschaftliche, sondern auch große ökologische Nachteile mit sich. „Der Transportprozess im Kraftverkehr wird teilweise von äußeren Störfaktoren, insbesondere durch die gemeinsame Nutzung der Straßenverkehrsanlagen mit anderen Verkehrsteilnehmern, durch vom Versender bzw. Empfänger ausgehende Dispositionen sowie durch Witterungsbedingungen beeinflusst."[5] Es sind viele unterschiedliche Maßnahmen erforderlich, um diesen Verkehrsträger nachhaltiger zu gestalten und die Straßen zu entlasten.

---

[2] Nohlen und Schultze (2005, S. 993).

[3] Vgl. Sadowski (2010).

[4] Siehe dazu auch die Ausführungen in Kap. 2.

[5] Schubert (2000, S. 129–130).

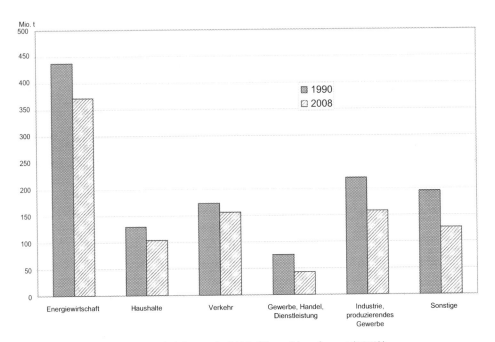

Abb. 5.1 CO_2-Emissionen nach Sektoren in 2008. (Umweltbundesamt (2010))

Auch der Warentransport mit Flugzeugen ist durch einen hohen Energieverbrauch für Fortbewegung und Antrieb gekennzeichnet und trägt damit zur Belastung der Erdatmosphäre bei. Experten kritisieren zusätzlich, dass die Schadstoffe direkt in den empfindlichen Schichten der Atmosphäre ausgestoßen werden. Dazu kommen der Lärm in der Nähe der Flughäfen, sowie die Beanspruchung großer Landschaftsgebiete für den Bau der Flughafeninfrastruktur.

Eine Maßnahme zur Reduzierung der Emissionen stellt das an vielen Flughäfen herrschende Nachtflugverbot dar. Allerdings hat dieses Verbot erhebliche Nachteile für Unternehmen, die die Luftfracht nutzen. So wurde beispielsweise der Umzug eines Logistikdienstleisters von Brüssel/Zaventem nach Leipzig/Halle mit dem bestehenden Nachtflugverbot in Brüssel begründet. In Leipzig dürfen Frachtflugzeuge ohne Einschränkung 24 Stunden am Tag starten und landen.

5.2.2   Externe Kosten des Verkehrs

Logistik und Umweltverträglichkeit wird häufig als Widerspruch verstanden. Viele Menschen verbinden mit Logistik das Bild durch Lieferfahrzeuge verstopften Innenstädte, überfüllte Autobahnen und Smog-Glocken über den Großstädten.

Mit dem wachsenden Verkehrsaufkommen, nehmen auch Umweltschäden und gesundheitliche Beeinträchtigungen zu. Deshalb hat sich in den letzten Jahren die Diskussion

Tab. 5.1 Externe Kosten einiger Verkehrsträger. (Wasser- und Schifffahrtsdirektion Ost (Hrsg.) (2007, S. 27))

	LKW			Eisenbahn			Binnenschiff		
	Min	Max	Ø	Min	Max	Ø	Min	Max	Ø
Unfälle	0,43	0,43	0,43	0,06	0,06	0,06	0,03	0,03	0,03
Lärm	0,79	0,79	0,79	0,84	0,84	0,84	0,00	0,00	0,00
Luft	0,31	0,32	0,32	0,04	0,06	0,05	0,07	0,16	0,12
Klima	0,46	0,48	0,47	0,14	0,22	0,18	0,07	0,16	0,12

um die so genannten externen Kosten des Verkehrs verschärft. Die externen Kosten des Verkehrs werden als Kosten definiert, „...für die nicht der Verursacher, sondern andere Gesellschaftsmitglieder aufkommen müssen. Diese Kosten werden externalisiert, d. h. auf Dritte (z. B. Steuerzahler, künftige Generationen) übertragen."[6]

Bei den negativen externen Effekten im Sinne externer Kosten handelt es sich insbesondere um[7]:

- Schadstoffemissionen
- CO_2-Emissionen
- Lärmemissionen
- Unfallfolgekosten
- Flächenbeanspruchungen, sowie
- Auswirkungen auf Flora und Fauna.

Das stetig steigende Verkehrsaufkommen verursacht neben Schadstoff- und Lärmemissionen auch höhere Unfallzahlen. Außerdem wird durch den Ausbau der Infrastruktur der natürliche Lebensraum von Tieren und Pflanzen zerstört (Tab. 5.1).

Noch gibt es keine umfassende Regelung für die verursachungsgerechte Verteilung der externen Kosten des Verkehrs. Ein Großteil der externen negativen Effekte wird von der Allgemeinheit durch Steuern getragen. Die Verursacher werden zumeist nicht direkt an den Kosten beteiligt. Da ein Verkehrsteilnehmer bei seiner Entscheidung, welchen Verkehrsträger er nutzen soll, die externen Kosten nicht berücksichtigen muss, hat er keinen Anreiz deren Entstehung zu vermeiden. Um diesem Problem zu begegnen und den Verkehr auf umweltfreundlichere Verkehrsmittel zu verlagern, suchen Politiker nach passenden Ansätzen, die externen Kosten des Verkehrs zu internalisieren, das heißt, die angefallenen Kosten dem Verursacher anzulasten. Hierzu bieten sich Abgaben und Zertifikatsregelungen an. Ein Beispiel für solche Zertifikatslösungen sind die bereits erwähnten handelbaren Emissionsrechte für Industrieunternehmen innerhalb der Europäischen Union.

---

[6] Rogall (2008, S. 55).
[7] Aberle (2003, S. 100).

Neben der Änderung der gesetzlichen Rahmenbedingungen sind die Unternehmen aufgefordert und bestrebt, ihre Logistik nachhaltiger zu gestalten.

5.2.3 Ansätze zur CO_2-Reduzierung

In der Logistik bieten sich viele Möglichkeiten an, CO_2 einzusparen. In einer 2009 veröffentlichten Studie des Beratungsunternehmens PricewaterhouseCoopers wurden 71 Manager aus führenden mittelständischen Unternehmen der Transport- und Logistikbranche zum aktuellen Stand der Klimaschutzmaßnahmen in ihren jeweiligen Unternehmen und den jeweiligen Zukunftsplänen befragt. Die Angaben waren dabei vielfältig und reichten von der Investition in moderne Fuhrparks, Verwendung regenerativer Kraftstoffe oder auch die Verlagerung von Teilen des Güterverkehrs auf die Schiene bis hin zur Optimierung von Logistik-Prozessen und Aufgaben in existierenden Transportketten.[8]

5.2.3.1 Organisatorische Maßnahmen Reduzierung der Umweltbelastung durch die Logistik

Da technische Innovationen meist erst in mehreren Jahren wirksam werden und mit hohen Investitionskosten verbunden sind, können organisatorische Maßnahmen kurzfristiger und mit geringerem Aufwand umgesetzt werden.

Kombinierter Verkehr[9] Im Kapitel zwei wurde eine Transportkette definiert als Folge von technisch und organisatorisch miteinander verknüpften Vorgängen, bei denen Personen und Güter von einer Quelle zu einem Ziel bewegt werden. Der kombinierte Verkehr (KV) ist die durchgehende Beförderung eines Gutes im gleichen Transportgefäß durch mehrere Verkehrsmittel, wobei die Vorteile der verschiedenen Verkehrsträger ausgenutzt werden.

Um die negativen Auswirkungen auf Klima und Umwelt zu vermindern sowie die gesetzten Ziele bei der Reduzierung der Lärm- und CO_2-Emmission zu erreichen, sind die Bedingungen für eine stärkere Verlagerung des Straßengüterverkehrs auf umweltschonendere Verkehrsmittel, insbesondere auf die Schiene, zu verbessern.

Beim KV Straße-Schiene werden im Vor- und Nachlauf die Systemvorteile des LKW in der Erschließung der Fläche aufgrund des engmaschigen Netzes und im Hauptlauf die des Schienentransports im wirtschaftlichen Transport über längere Entfernungen genutzt.

Eine Studie der IFEU (Institut für Energie- und Umweltforschung Heidelberg GmbH) und der SGKV (Studiengesellschaft für den kombinierten Verkehr e. V.) kam bereits 2002 zu dem Ergebnis, dass von 19 untersuchten Variationen der Kombinierte Verkehr[10]:

---

[8] Vgl. PricewaterhouseCoopers (2009, S. 9).

[9] Siehe auch Kap. 2.2.3.

[10] IFEU (Institut für Energie- und Umweltforschung Heidelberg GmbH) und SGKV (Studiengesellschaft für den kombinierten Verkehr e. V.) (2002, S. 3 f).

- in sechs Fällen zwischen 15 % weniger und 3 % mehr CO_2 Emissionen als der reine Straßentransport,
- in weiteren sieben Fällen zwischen 50 und 80 % der CO_2-Emissionen des Straßentransportes,
- in sechs Fällen weniger als 50 % der CO_2 Emissionen des Straßentransportes verursacht.

Die wichtigsten Einflussfaktoren dabei sind die Energieträger (Strommix) und die Zugauslastung.

Die Vorteile des Kombinierten Verkehrs belegt auch eine PACT Studie aus dem Jahr 2003.[11] Darin wird für verschiedene europäische Transportrelationen der Energieverbrauch bei Einsatz des Kombinierten Verkehrs im Vergleich zum reinen Straßentransport gegenüber gestellt. Dabei konnte durch den Einsatz des kombinierten Verkehrs Reduktionen des Energieverbrauchs von bis zu 29 % nachgewiesen werden.[12]

Nach einer 2008 veröffentlichten Untersuchung der süddänischen Universität „Syddansk Universitet" können ca. 50 % der CO_2-Emissionen eingespart werden, wenn sich der Straßentransport zum Endkunden verkürzt. Dabei wurde der Transport eines Containers aus Fernost über den dänischen Hafen Århus mit dem Transport über Hamburg nach Tallinn verglichen. Bei dem Transport von Århus nach Tallinn entstanden 48 % weniger CO_2-Emissionen im Vergleich zum Transport über Hamburg. Auf dem Weg nach Riga und Vilnius waren es 38 % und nach Moskau 26 % weniger CO_2-Emissionen. Der Grund dieser Reduzierung ist laut Studie der Einsatz von kleinen Feederschiffen für den Weitertransport von Århus nach Osteuropa. Ab Hamburg dagegen wurden die Container per LKW zu ihrem Bestimmungsort transportiert.[13] Große Chancen liegen auch in der Kombination der Wasserstraße mit den Landverkehrsträgern.

Trotz dieser nachgewiesenen Vorteile wird nur eine geringe Menge durch kombinierten Verkehr transportiert. Tabelle zeigt diese Anteile für die Verkehrsträger Binnen- und Seeschiff, sowie Schienengüterverkehr.

Nachteile entstehen beim Kombinierten Verkehr durch die Umschlagprozesse beim Wechsel zwischen den beteiligten Verkehrsträgern. Um einen möglichst effizienten Umschlag zu ermöglichen, eignen sich beispielsweise Container und Wechselbrücken (Tab. 5.2).

Solche konsequenten Verlagerungsstrategien aber erfordern neben einer innovativen Logistik auch bestimmte infrastrukturelle Voraussetzungen. Die Bahn gilt immer noch als unflexibel und zu teuer im Vergleich zum Straßenverkehr. Ihre Privatisierung soll dazu beitragen, dass sich die Schiene zu einer kostengünstigen Alternative zum Straßenverkehr entwickelt und somit an Wettbewerbsfähigkeit gewinnt. Noch bleiben zu viele Stellplätze auf den Zügen leer. Viele Güterzüge werden wegen rückläufigem Transportaufkommen

---

[11] PACT (2003).
[12] PACT (2003, S. 7).
[13] Vgl. Logistra Redaktion (2008).

Tab. 5.2 Anteil des Kombinierten Verkehrs am Gesamtaufkommen 2007. (Daten entnommen aus FIS Forschungsinformations-system 2011)	Gesamtaufkommen in Mio. t	Davon Kombinierter Verkehr (%)
Binnenschiff	249	8
Seeschiff	365	55
Schiene	361	19

sogar storniert. Eine weitere Gefahr droht, wenn der Fahrplan zu sehr ausgedünnt wird und die Kunden wieder zurück zum Straßengüterverkehr wechseln.

Das Schweizer Bundesamt für Verkehr (BAV) stellt zusätzliche Fördermittel für den Kombinierten Verkehr bereit. Dadurch sollen die Preise für die Güterbeförderung per Bahn gesenkt werden. Die hiermit ermöglichten Preisnachlässe der Eisenbahnen sollen die Eisenbahn wettbewerbsfähiger machen und Rückverlagerungen auf die Straße verhindern.[14]

Viele Unternehmen setzen auf den Kombinierten Verkehr um ihre Transportketten nachhaltiger zu gestalten. Sie versuchen verstärkt, sämtliche Verkehrsträger geschickt miteinander zu verknüpfen, was sich günstig auf die Transportkosten auswirkt und dem Unternehmen zudem ein „grünes Image" einbringt.

Ein führender Lebensmittelkonzern zum Beispiel transportiert in Kooperation mit einem großen Handelsunternehmen und einem Logistikpartner rund 20 % seines gesamten Schokoladenvolumens per Zug. Allein durch diesen Logistikzug konnten 5.300 Tonnen Schokolade von der Straße auf die Schiene verlagert werden.[15] Viele US-amerikanische Unternehmen setzen ebenfalls auf Nachhaltigkeit. Die Fertigwaren eines Unternehmens legen jährlich allein in Westeuropa über 200 Mio. km zurück. Mehr als 90 % dieser Gütertransporte finden auf der Straße statt. Um den Straßenverkehr zu entlasten und die Umwelt zu schützen, hat sich das Unternehmen zum Ziel gesetzt den Gütertransport per Schiene bis 2015 von zehn auf 30 % zu steigern, was einer jährlichen CO_2-Reduktion von 67.500 Tonnen entsprechen würde.[16]

Innerhalb dieses Programms kooperiert das US-amerikanische Unternehmen mit einer Einzelhandelskette, mit der nach Alternativen zur klassischen Lager-zu-Lager Lieferung per LKW gesucht wurde. Heute wird darauf geachtet, dass die Ware möglichst wenig mit dem LKW bewegt wird. Die Güter werden ab Werk auf einen LKW geladen und zum nächsten Frachtbahnhof gebracht. Mit dem Güterzug erreichen die Artikel die Bestimmungsregion, von wo aus sie nur noch eine kurze Strecke mit dem LKW zum endgültigen Bestimmungsort befördert werden müssen.[17]

---

[14] Vgl. DVZ Nr. 65 (30.05.2009, S. 1).

[15] Vgl. Redaktion my Logistics (03.12.2008, o.S.).

[16] Vgl. Redaktion Verkehrsrundschau (30.03.2009, o.S.).

[17] Vgl. Procter und Gamble (2012, o.S.).

Güterverkehrszentren Eine wichtige Voraussetzung für den Kombinierten Verkehr ist die effiziente Verknüpfung der Verkehrsträger untereinander. Die infrastrukturellen Voraussetzungen dafür bieten Güterverkehrszentren (GVZ). Sie dienen nicht nur zur Optimierung der Logistik, sondern auch zum Abbau von Umweltbelastungen. „Unter GVZ werden speziell gestaltete Schnittstellen zwischen Straße und Schiene sowie möglichst auch der Binnenschifffahrt, ggf. auch mit der Seeschifffahrt und dem Luftverkehr, verstanden. Dabei handelt es sich um Schnittstellen zwischen dem Fernverkehr und dem auf den Nahbereich ausgerichteten Verteilerverkehr."[18]

Güterverkehrszentren ermöglichen einen schnellen Verkehrsträgerwechsel in der Transportkette. Sie tragen damit zur wirtschaftlicheren und effektiveren Durchführung von Zwischenlager-, Transport- und Umschlagprozessen bei. Darüber hinaus stellen sie eine Plattform für die Konsolidierung von Transporten und damit der Optimierung von Frachtraum dar.[19] Durch die Konzentration von Logistikdienstleistern Containerdepots und Bahnterminals auf engstem Raum ist eine Reduzierung von Wegstrecken möglich. Die dadurch verkürzten Rundläufe wirken sich positiv auf Umwelt und Kosten aus. Durch die Güterverkehrszentren werden Güterfernverkehr und Güternahverkehr voneinander getrennt. Bei dieser Trennung kann die Auslieferung durch kleinere Nahverkehrs-LKW stattfinden. Die Ferntransporte können dann mit Fernverkehr-LKW erfolgen oder optional auf die günstigeren und umweltschonenderen Schiene oder Wasserstraße verlagert werden. Durch die Trennung von Nah- und Fernverkehr werden die schweren Fernverkehr-LKW aus den Stadtzentren herausgehalten, was zur Entlastung des Verkehrs in Ballungsräumen und damit zur Reduzierung der CO_2-Belastungen in den Städten führt.

> Ein Güterverkehrszentrum ist auch dann gegeben, wenn mehrere, räumlich getrennte Teilflächen durch organisatorische Vorkehrungen, insbesondere Informationsvernetzung, so miteinander verbunden werden, dass sie wie eine zusammenhängende Fläche bewirtschaftet werden können (dezentrale Lösung). (Korf (2008) S. 40))

Der Kombinierte Verkehr setzt in der Regel spezielles Equipment voraus. Somit fördert er langfristige Kooperationen unter den Parteien. Dies ist vor allem in schwierigen wirtschaftlichen Zeiten von Vorteil. Denn eine dauerhafte Zusammenarbeit ist mit Vertrauen, weniger administrativen Aufwand, Know-How-Transfer zwischen den Partnern und einer stärkeren Berücksichtigung bei Ausschreibungen verbunden. Gesetzt den Fall, dass die Terminals und Güterverkehrszentren weiter ausgebaut werden, hat der kombinierte Verkehr gute Aussichten. Man kann mithilfe des multimodalen Verkehrs Nacht- und Wochenend-Fahrverbote auf der Straße umgehen, sowie sich bewusst für den Einsatz umweltverträglicher Verkehrsträger entscheiden.

Flottenmodernisierung Die Modernisierung der Fahrzeugflotte stellt eine weitere Möglichkeit dar, um die Umweltbelastungen durch den Transport zu reduzieren. Dazu sind

---

[18] Aberle (2003, S. 559).
[19] Vgl. Korf (2008, S. 40).

zunächst Investitionen erforderlich, um die ab 2014 geltenden strengeren Abgasgrenzwerte für LKW mit Gesamtgewicht über 2.610 kg zu erreichen. Ein Euro-6-Fahrzeug wird voraussichtlich rund 10 % teurer als ein vergleichbares Euro-5-Modell. Die höheren Kosten werden durch die aufwändigen technischen Maßnahmen zur Erfüllung der Euro-6-Norm begründet.[20] Durch diese Regelung sollen die umweltschädlichen Emissionen um bis zu 80 % verringert werden. Trotz der zunächst hohen Investitionen dürfen die Vorteile nicht außer Acht gelassen werden, die mit einer moderneren Flotte einhergehen. Neue LKW-Modelle sind für gewöhnlich verbrauchsärmer und werden günstiger besteuert.

Außerdem beeinflusst die LKW-Klasse die Höhe der zu bezahlenden Mautgebühren in Deutschland. Bis Ende Sept. 2009 kostete ein Euro-4-LKW pro Kilometer zwei Cent mehr Maut als ein Euro-5-LKW. Bei einer durchschnittlichen Laufleistung von 12.500 km im Monat verursacht ein Euro-4-LKW 2.500 € mehr Kosten bis zum Stichtag.[21] Eine Flottenmodernisierung ist auch im Luftverkehr möglich. So hat die Lufthansa insgesamt 190 neue Maschinen bestellt, die bis 2016 ausgeliefert werden sollen. Diese ersetzen vorwiegend ältere Flugzeuge und machen damit die Flotte der Lufthansa effizienter.[22]

Eine Flottenmodernisierung steigert die Sicherheit zu Land, zu Wasser und in der Luft. Neuere Fahrzeuge müssen seltener gewartet werden, was ebenfalls kostensparend ist.

Fahrertraining   Eine wichtige Rolle in der Logistik und insbesondere im Bereich Transporte nimmt der Mitarbeiter insbesondere der Fahrer ein. Eine Möglichkeit sowohl die Kosten als auch die Umweltbelastung zu reduzieren ist ein gezieltes Training der LKW-Fahrer und Lokführer. Diese Maßnahmen können durch Fahrerwettbewerbe und Prämiensysteme für besonders energiesparende Fahrweise unterstützt werden.

Zu den externen Kosten des Verkehrs gehören auch durch LKW-Fahrer verursachte Unfälle. Spezielle Trainings sind dabei eine Möglichkeit die Sicherheit auf der Straße zu erhöhen. Ein wichtiger Punkt bei Gütertransporten ist die Warensicherung, um keine anderen Verkehrsteilnehmer durch verrutschende oder verlorene Güter in Gefahr zu bringen. Viele LKW-Hersteller, wie auch Automobilclubs, bieten spezielle Fahrertrainings an, die nicht nur die Optimierung des Kraftstoffverbrauchs, sondern auch die Vorschriften im Güterkraftverkehr behandeln (z. B. vorschriftsmäßige Ladungssicherung). Bis zu 25 % Kraftstoff lassen sich durch eine verantwortungsvolle Fahrweise, vorausschauendes Fahren und regelmäßige Wartung des Fahrzeugs erreichen.[23]

Der Green Freight & Logistics Award ist ein Preis, der Unternehmen aus den Bereichen Logistik, Lebensmittel- und Abfallwirtschaft auszeichnet, die Vorreiter in Sachen umweltgerechter Fuhrpark sind. Der Hauptgewinner im Jahr 2008 schult seine Fahrer jährlich auf eine effiziente Fahrweise. Die eingesparten Kraftstoffkosten werden dann jeweils zu

---

[20] Vgl. DVZ Nr. 70 (11.06.2009, S. 1).

[21] Vgl. Bundesministerium für Verkehr, Bau und Stadtentwicklung (2012, o.S.).

[22] Vgl. Mediengruppe macondo (Hrsg.) (2009, o.S.).

[23] Vgl. Wranik (2008, o.S.).

50 % auf Fahrer und Unternehmen aufgeteilt. Durch dieses Programm verbrauchen die 155 LKW des Unternehmens 664.000 L weniger Diesel im Jahr. Dadurch wird der Ausstoß von Kohlendioxid um knapp 1.740 Tonnen gesenkt.[24]

Kooperationen „Ein voll beladener 40-Tonner verbraucht im Mittel 39,2 L Diesel pro 100 km, das entspricht knapp einem Liter pro Tonne Fracht."[25] Ein großer Teil der Verkehrsträger ist allerdings nicht voll ausgelastet oder macht sogar Leerfahrten, laut Bundesamt für Güterverkehr betrug der Leerfahrtenanteil im Jahr 2007 im Nahverkehr 45,6 %, im Regionalverkehr 36,3 % und im Fernverkehr 9,8 %.[26]

Der Auslastungsgrad wird wie folgt definiert[27]:

$$\text{Auslastung} = \frac{\text{tatsächliche Ladetonnenkilometer}}{\text{maximal mögliche Ladetonnenkilometer}} \times 100$$

Mit zunehmendem Auslastungsgrad sinken die Transportkosten je Sendung. Eine Vollauslastung der Fahrzeuge führt zur Vermeidung unnötiger Transporte und Leerfahrten. Viele Unternehmen schließen sich deshalb zusammen und kombinieren ihre Gütertransporte. Auf dieser Weise werden vorhandene freie Kapazitäten genutzt. Die Vollauslastung der Verkehrsträger ist nicht nur unter Umweltaspekten sinnvoll, sondern wirkt sich auch kostenreduzierend durch Reduzierung von Treibstoff und Personaleinsatz aus.

Viele Speditionen nutzen internetbasierte Frachtenbörsen, um entweder Fracht für ihre halb ausgelasteten LKW zu gewinnen oder kleinere Partien bei anderen Speditionen beizuladen. Auf diese Weise können auch neue Geschäftsbeziehungen entstehen. Für gewöhnlich muss sich der Anwender auf der Internetseite der Frachtbörse registrieren oder ein Programm herunterladen. Nach Eingabe von Abfahrtort und Zielort, Art des Ladeguts und Termin, können die Spediteure und Frachtführer mögliche Transportkapazitäten sehen.

Slow Steaming Die hohen Treibstoffkosten und die Finanzkrise zwischen 2007 und 2009 bremsten den internationalen Handel. Dies beeinflusste auch den Seehandel. Da ein Großteil der Betriebskosten in der Schifffahrt durch die Ausgaben für Treibstoff anfällt, fuhren viele Schiffe langsamer. Beim so genannten „Slow Steaming" wird die Geschwindigkeit von durchschnittlich 25 auf 20 bis 18 Knoten reduziert. Durch das Slow Steaming werden sowohl die Treibstoffkosten als auch die Emissionen reduziert. Bei einer Herabsetzung der Geschwindigkeit von 25 auf 22 Knoten zum Beispiel ergibt sich eine Treibstoffersparnis von rund 35 %.[28] Allerdings benötigt ein Schiff länger bis es seine Zieldestination erreicht.

---

[24] Vgl. Redaktion my Logistics (12.06.2008, o.S.).

[25] Odenwald (2008, o.S.).

[26] Vgl. Bundesverband Güterkraftverkehr Logistik und Entsorgung (2009).

[27] Aberle (2003, S. 25).

[28] Vgl. Bücherl (Hrsg.) (2008, o.S.).

302 5 Green Logistics

Dadurch verringert sich die Periodenkapazität der Schiffe, d. h. es kommt bei gleich bleibender Anzahl an Schiffen zu einer Reduzierung der Transportmenge. Durch die längeren Reisezeiten haben in Zeiten geringeren Frachtaufkommens die Reedereien die Möglichkeit länger Fracht zu sammeln um die Frachträume auszulasten. In konjunkturellen Hochzeiten können zusätzliche Schiffe eingesetzt werden. Eine große Reederei führt seit 2007 Tests durch, die zeigen sollen, dass man entgegen der Empfehlungen der Motorenhersteller, die Geschwindigkeit noch deutlicher reduzieren kann. Die Feldversuche haben bestätigt, dass eine Senkung der Leistung auf 10–12 Knoten keine negativen Einflüsse auf die Schiffsmotoren hat und dadurch eine zusätzliche Treibstoffersparnis von 10 % realisiert werden kann.[29]

Der Trend zum Slow Steaming hat auch den Vorteil, dass schwächere und verbrauchsärmere Motoren in die Schiffe eingebaut werden können[30], ohne dass dadurch die Schwimmeigenschaften beeinträchtigt werden.

Ähnlich dem Slow Steaming in der Schifffahrt geht es beim geographic postponement um die gezielte Verzögerung der Distribution. Als Postponement bezeichnet man allgemein eine Strategie zur Optimierung von Wertschöpfungsketten durch die Verzögerung produktspezifischer Aktivitäten im Bezug auf die Produktgestaltung sowie die geographische Streuung der Lagerbestände. Postponement in der Logistik (= geographic postponement) bezieht sich auf distributionslogistische Aktivitäten. Dabei sollen Produkte unter Ausnutzung logistischer Skaleneffekte solange wie möglich gemeinsam gelagert, transportiert und umgeschlagen werden. Beispielsweise werden Produkte möglichst lange in zentralen Lagern bevorratet, und erst nach Kundenauftragseingängen in Distributionslager verteilt. Damit sollen insbesondere Transportkapazitäten besser ausgelastet und Redistributionen bzw. Umfuhren vermieden werden.[31]

Schaffung von Umweltzonen Während die vorgenannten Maßnahmen von einzelnen Personen und Unternehmen ausgehen, versucht der Gesetzgeber auch direkt Umweltziele umzusetzen. Durch die Schaffung von Umweltzonen wird das Ziel verfolgt schwere LKW und veraltete Fahrzeuge mit hohem Schadstoffausstoß aus den Stadtzentren heraus zu halten.

Bis heute haben über 70 Städte in acht EU-Ländern Umweltzonen geplant oder bereits eingeführt. In Deutschland waren Berlin, Köln und Hannover die Vorreiter. Der Beitrag der Umweltzonen zum Naturschutz ist noch strittig. Eine Studie eines großen Automobilclubs vom Juli 2009 kam zu dem Ergebnis, dass die Umweltzonen keine nennenswerte Verbesserung der Luftqualität in deutschen Städten bringen. Die Feinstaub- und Stickstoffbelastung in Bereichen mit und ohne Fahrverbotszonen sind nahezu gleich.[32] Außer den Umweltzo-

---

[29] Vgl. DVZ Nr. 53/54 (05.05.2009, S. 1).
[30] Vgl. DVZ, Nr. 78 (30.06.2009, S. 1).
[31] Vgl. Delfmann und Klaas-Wissing (2007, S. 224).
[32] Vgl. ADAC (Juli 2009, S. 11).

nen gibt es auch bestimmte Bereiche und Straßen, die von LKW nicht Befahren werden
dürfen. Diese Begrenzungen haben ebenfalls das Ziel die Lärm und Schadstoffbelastungen
in den Städten zu reduzieren.

5.2.3.2 Ausgewählte technische Innovationen

Um die Zielsetzung einer deutlichen Reduzierung der CO_2-Emissionen zu erreichen, sind
neben organisatorischen auch technische Innovationen erforderlich. Im Vergleich zu einer Änderung im organisatorischen Bereich sind technische Innovationen – wie bereits
erwähnt – mit deutlich höheren Kosten und Zeitaufwand verbunden. Dies liegt vor
allem an den langen Entwicklungs- und Erprobungsphasen. Deutschland ist eins der
führenden Länder auf der Welt im Bereich der Entwicklung von Umwelt- und Zukunfts-
technologien. Unter die technischen Maßnahmen fallen Vorkehrungen zur Emissions- und
Lärmreduzierung am Fahrzeug – wie Filtersysteme, Motorkapselung und Reifensysteme,
Maßnahmen zur Verbrauchsreduzierung wie verbrauchsarme Motoren, alternative Energien und aerodynamische Konstruktion der Fahrzeuge sowie Maßnahmen zur Erhöhung
der Transportsicherheit. Im Folgenden werden einige ausgewählte technische Maßnahmen
vorgestellt.

Verpackung/Transportbehälter Die Aufgabe der Logistik ist es, einen optimalen Material-
und Informationsfluss zu gewährleisten. Die Verpackung nimmt in diesem System eine bedeutende Stellung ein, weil in der Regel erst durch sie eine Verteilung unter räumlichen,
zeitlichen und mengenmäßigen Gesichtspunkten möglich ist. Die Verpackungsverordnung gibt dabei die gesetzlichen Rahmenbedingungen vor. „Die Verpackungsverordnung
bezweckt die Auswirkungen von Abfällen aus Verpackungen auf die Umwelt zu vermeiden
oder zu verringern. Verpackungsabfälle sind in erster Linie zu vermeiden; im Übrigen
wird die Wiederverwendung von Verpackungen der stofflichen Verwertung sowie den
anderen Formen der Verwertung Vorrang vor der Beseitigung von Verpackungsabfällen
eingeräumt."[33] Der Einsatz von so genannten Mehrwegbehältern hilft, dieses Ziel zu erreichen. Mehrwegsysteme schonen natürliche Ressourcen und das Klima: Ein einziger
Glasmehrweg-Getränkekasten ersetzt 320 Plastik-Einwegflaschen. Produkte in Mehrweg-
verpackungen werden im Gegensatz zu Einwegverpackungen in der Regel über kurze
Transportstrecken befördert und sorgen somit für einen geringeren CO_2-Ausstoß.[34] Außerdem werden auf diese Weise regionale Produkte gestützt und der Wirtschaftskreislauf
umweltfreundlich geschlossen.

Die Verpackung dient zum Schutz des Transportgutes und erleichtert dessen Umschlag.
Leider sind die wenigsten Verpackungen umweltschonend hergestellt. Oft wird Polstermaterial aus nicht recyclebaren Substanzen benutzt. Ein Computerhersteller hat sich diesem
Thema angenommen. Das Unternehmen beabsichtigt bis 2012 das Verpackungsmaterial seiner Produkte um rund 9 Mio. Kg zu senken. Außerdem will es den Anteil von

---

[33] Bundesministerium für Umwelt, Naturschutz und Reaktorsicherheit (Hrsg.) (2009b).

[34] Vgl. Delsing (2008, o.S.).

umweltverträglichem Polstermaterial um 40 % erhöhen und den Großteil seines Verpackungsmaterials recyclebar machen. Dabei will das Unternehmen luftgefüllte Polster und erneuerbare Materialien, wie den recycelten Kunststoff Polyethylen, einsetzen.[35]

Das meistverbreitete Mehrweg-Transportsystem ist die Europalette mit den Abmessungen 0,8 × 1,2 m.[36] Ein großer Vorteil der Europalette ist ihre Wiederverwendbarkeit. Sie ist außerdem preisgünstig und einfach konstruiert. Paletten dienen der Zusammenfassung von Transportgütern zu größeren Einheiten mit maximal 4 Tonnen Gewicht, die dann als eine Einheit im logistischen Prozess behandelt werden können. Die Europalette aus unbehandeltem Holz kann problemlos entsorgt werden. Durch ihre Konstruktion kann die Europalette mit Gabelstaplern und anderen Flurförderfahrzeugen transportiert und umgeschlagen werden. Durch die Standardisierung der Europalette wurde die Gründung von Tauschpools möglich. Diese Tauschpools erlauben es den Logistikern Paletten untereinander zu tauschen, anstatt eigene Bestände zu halten. Volle Europaletten werden bei Warenanlieferungen und -abholungen gegen leere einwandfreie Paletten gleicher Bauart getauscht.[37]

Problematisch ist die Verladung von Europaletten in ISO-Containern. Die Maße der Europalette erlauben keine vollständige Stauung in einem Container. Eine bessere Nutzung des Laderaumes ist z. B. bei Wechselbrücken oder Sattelauflieger gegeben, die eine Innenbreite von mehr als 240 cm haben. Bei dieser Innenbreite können jeweils 2 Europaletten quer bzw. 3 Europaletten längs gestaut werden.

Eine Alternative zur Europalette ist eine klappbare Holzkiste, die den Transport und die Lagerung von Waren kosteneffektiv und umweltfreundlich macht. Sie ermöglicht nicht nur einen vereinfachten Umschlag, sondern schützen auch das Transportgut. Mit Hilfe von Clips und Scharnieren sind diese Transportmittel leicht aufzubauen. Nach dem Transport können die Kisten zusammengeklappt und Platz sparend gelagert oder transportiert werden. Dadurch reduzieren sich die Kosten des Leerguttransports. Da diese Kisten aus Holz gefertigt sind, sind sie auch vollständig wieder verwertbar und somit schonend für die Umwelt.

Diese Transport- und Lagerbehälter haben keine normierte Größe und werden je nach Auftrag gefertigt. Sie werden unter anderem von der Automobilindustrie oder für den Transport von Militärgütern benutzt.

Container/Wechselbrücken/Sattelauflieger Der Container hat den Verkehr und insbesondere die Seeschifffahrt revolutioniert.

---

[35] Vgl. Redaktion Verkehrsrundschau (17.12.2008, o.S.).

[36] Vgl. Gleißner und Femerling (2008, S. 118).

[37] Vgl. Holderied (2005, S. 120).

Exkurs Historische Entwicklung des Containers[38]

Malcolm P. McLean wurde am 14. Nov 1913 in Maxton, North Carolina, geboren. Er wird später als „Vater der Containerisierung" in die Geschichte eingehen. Seinem persönlichen Engagement und Kapital ist es zu verdanken, dass sich der Container als standardisierter Transportbehälter weltweit durchgesetzt hat. Man kann diese Containerisierung vergleichen mit der Erfindung der Dampfschifffahrt und der Einführung von Stahlschiffen.

In der Literatur wird 1956 die „Maxton" als erstes Vollcontainerschiff erwähnt, ein umgebauter Tanker, der 60 Container als Decklast befördern konnte.

Als erster Containerfrachter gilt die „Ideal X". Dieses Schiff verließ am 26. Apr 1956 Port Newark mit 58 Behältern nach Houston.

Am Bremer Überseehafen legt am 6. Mai 1966 mit großem Aufsehen das erste Containerschiff, die „Fairland" an und setzt den ersten Container auf deutschem Boden ab. Niemand konnte zu diesem Zeitpunkt das Ausmaß der damit beginnenden Veränderungen in der Logistik ermessen. Zunächst wurden die „Kisten" belächelt, doch schon nach kurzer Zeit erkannte man das damit mögliche Rationalisierungspotential.

Am 25. Mai 2001 starb Malcolm Purcell McLean in Manhattan, New York.

Diese einfache Erfindung hat die Welt der Transporte grundlegend verändert, indem sie es ermöglicht hat heterogenes Stückgut wie homogenes Massengut zu handhaben. Jährlich werden mehr als 350 Mio. Container mit Schiffen transportiert. Dies macht etwa 70 % aller Stückgutfrachten aus.[39] Auf dem deutschen Schienennetz wurden im vergangenen Jahr insgesamt 4,2 Mio. Container und Wechselbehälter transportiert.[40]

Der Container ist an kein bestimmtes Verkehrsmittel gebunden und kann sowohl im direkten als auch im kombinierten Transport eingesetzt werden. Die Standardcontainer, nach ISO normiert, sind 20 oder 40 Fuß lang (dies entspricht 6,069 bzw. 12,192 m). Sie haben eine Höhe von 8,6 Fuß (2,591 m) und eine Breite von 8 Fuß (2,438 m).[41] Neben den so genannten Standardcontainern gibt es weitere normierte Typen für spezielle Anwendungsgebiete. Dies sind zum Beispiel Open Top (für Ladung mit Überhöhe. Die Dächer können geöffnet und abgenommen werden Somit ist eine Beladung von oben möglich.), Flat Rack (hier fehlen die seitlichen Wände) oder Reefer Container (Kühl-Container).

Warenströme in der heutigen Form wären ohne den Container nicht zu bewältigen.

---

[38] Vgl. GDV (2012, Kap. 1.1).

[39] Vgl. Korf (2008, S. 608).

[40] Vgl. Werth (2009, o.S.).

[41] Vgl. Korf (2008, S. 608).

Zu den wichtigsten Vorteilen des Containertransports gehören:

- Die Verminderung des Zeit- und Arbeitskräfteaufwandes bei den Transportbetrieben und bei den Kunden. In der Schifffahrt kann pro Stunde zehn bis zwanzig Mal mehr geladen und gelöscht werden als ohne Container.[42]
- Reduzierung des Handlingaufwandes beim Be- und Entladen. Es ist kein mehrmaliges Umladen des beförderten Inhaltes mehr notwendig. Einmal in den Container gestaut, werden die Waren erst am Bestimmungsort aus dem Container ausgeladen. Beim Verkehrsträgerwechsel muss somit nur der Container umgeschlagen werden.
- Einsparung von Verpackungsmaterial.[43] Für die einzelnen Güter im Container ist keine aufwändige Verpackung notwendig, da der Container stabil genug ist um die Waren vor Beschädigungen zu schützen.
- Weniger Transportschäden durch Minimierung der Umschlagsrisiken.

Im Gegensatz zu den ISO-Containern sind Wechselbrücken flexibler in den Abmessungen. Sie können so auf die Abmessungen von Europaletten abgestimmt werden. Außerdem können Wechselbrücken ohne Inanspruchnahme eines Krans abgesetzt oder auf den LKW aufgenommen werden. Hierfür werden an den Seiten des Wechselaufbaus vier Stützen heruntergeklappt. Dann kann das Fahrzeug abgesenkt werden und unter dem Wechselaufbau herausfahren. Dies geht schneller als das Absetzen per Kran und reduziert die Standzeiten der LKW auf ein Minimum. Im Gegensatz zum Überseecontainer ist eine Wechselbrücke leichter und instabiler und somit nicht stapelbar. Sie sind überwiegend für den Straßen- und Schienentransport geeignet.[44]

Einen großen Anteil am Straßengüterverkehr haben so genannte Sattelauflieger. Vorteilhaft bei den Sattelaufliegern ist, dass die Sattelzugmaschine ohne Auflieger nicht als LKW sondern als Zugmaschine gilt. Zugmaschinen sind von den Sonn- und Feiertagsfahrverboten einiger europäischer Staaten ausgenommen (z. B. Deutschland, Österreich und Spanien).[45]

Derzeit werden rund 60 % des Straßengüterverkehres in Deutschland mit Sattelaufliegern erbracht. Ein Großteil davon ist nicht kranbar und kann bislang nur über die Straße transportiert werden. Um diese Auflieger auf der Schiene befördern zu können, sind spezielle Vorrichtungen nötig. Ein Unternehmen aus Bautzen hat ein neues Konzept entwickelt, welches die Beförderung von nicht kranbaren Aufliegern sowie auch von Wechselbrücken

---

[42] Vgl. Verkehrsdrehscheibe Schweiz (Hrsg.) (2004, o.S.).

[43] Vgl. Schubert (2000, S. 149).

[44] Vgl. Hoepke und Brähler (2006, S. 165).

[45] In der Bundesrepublik Deutschland gilt seit 1956 gemäß § 30 Abs. 3 der Straßenverkehrs-Ordnung (StVO) an Sonn- und Feiertagen in der Zeit von 0 bis 22 Uhr ein Fahrverbot für Lastkraftwagen über 7,5 t zulässigem Gesamtgewicht sowie für alle LKW ungeachtet ihres zulässigen Gesamtgewichtes, die einen Anhänger mit sich führen. Das Verbot gilt nicht für reine Zugmaschinen oder Sattelzugmaschinen, die keine Ladung aufnehmen können und keinen Auflieger oder Anhänger mit sich führen.

und Containern auf der Schiene zum Ziel hat. Die Be- und Entladung eines Zuges soll laut Planungen nicht mehr als 10 min in Anspruch nehmen. Dies wird dadurch erreicht, dass zunächst die zu transportierenden Sattelauflieger, Wechselbrücken und Container auf Waggonaufsätze abgestellt werden. Die Waggonaufsätze sind auf sogenannten Beladespuren so positioniert, dass nach Einfahrt des Zuges, die bereitgestellten Waggonaufsätze auf die Waggons geschoben werden. Zeitgleich zur Beladung werden die auf den Waggons befindlichen Waggonaufsätze auf die Entladespur geschoben und stehen dort zur späteren Abholung bereit.

Für den automatisierten Umschlag werden keine Hilfskräfte oder Fahrer benötigt. Die LKW können nach der Anlieferung einer Ladung das Frachtterminal) sofort wieder verlassen. Außerdem ist ein Einsatz der Waggonaufsätze beim bislang zeitaufwändigen Wechsel von international unterschiedlichen Spurenweiten möglich.[46]

5.2.3.3 Reduzierung des CO_2 Ausstoßes im Straßengüterverkehr

Da ein Großteil der verkehrsbedingten CO_2-Emissionen auf den Straßengüterverkehr zurückzuführen ist, sollten in diesem Bereich zwingend Maßnahmen zur Reduzierung entwickelt und umgesetzt werden. Viele Innovationen sind bereits aus dem Personenkraftverkehr bekannt und werden nun für den Gütertransport angepasst und weiterentwickelt.

Leichtbau Trotz fortschreitender Technik fallen Treibstoffeinsparungen vergleichsweise gering aus. Bei den PKW bringen Maßnahmen zur Verbesserung der Sicherheit und des Komfort ein höheres Fahrzeuggewicht und einen damit verbundenen höheren Treibstoffverbrauch mit sich. Die Herausforderung besteht nun darin, einen hohen Sicherheitsstandard bei reduziertem Fahrzeuggewicht zu erreichen.

Obwohl mit der Entwicklung einer Leichtbauweise zunächst höhere Kosten verbunden sind, können trotzdem deutliche Vorteile erzielt werden. So ermöglicht eine Verringerung des Leer- bzw. Eigengewichtes eine höhere mögliche Zuladung, da das Fahrzeuggewicht, anteilig zum höchstzulässigen Gesamtgewicht, abnimmt. Bei einer Vollauslastung des Ladevolumens wird durch das geringere Gesamtgewicht weniger Antriebsleistung benötigt und somit Kraftstoff und Emissionen gespart. Viele der großen Kraftfahrzeugbauer forschen im Bereich der Leichtbau-Fahrzeuge. Es werden Fahrzeuge auf Wunsch mit Leichtbau-Elemente, wie z. B. Leichtbau-Sattelkupplung, Kraftstoff- und Druckluftbehälter aus Aluminium sowie Leichtmetall-Felgen angeboten.

Einige Firmen haben Gardinenauflieger mit einem Leergewicht von ca. 5 Tonnen entwickelt, im Vergleich zu herkömmlichen Gardinenaufliegern mit einem Gewicht von ca. 7 Tonnen.[47] Die aus dem Schiffsbau abgeleitete Aluminium-Holz Bodenkonstruktion reduziert das Gewicht des Aufliegers bei gleichzeitig hoher Stabilität.[48] Ein österreichischer Nutzfahrzeughersteller baut einen Sattelauflieger, dessen Leergewicht in der einsatzfertigen

---

[46] Vgl. DVZ Nr. 57 (12.05.2009, S. 12).

[47] Vgl. Hoepke et. al. (1997, S. 86).

[48] Vgl. Fahrzeugwerk Bernard Krone GmbH (Hrsg.) (2006, S. 3).

Tab. 5.3 CFK versus Aluminium LKW. (Odenwald (2008, o. S.))

	Auflieger aus CFK	Auflieger aus Aluminium
Jahresfrachtmenge	5 Mio. t	5 Mio. t
Zuladung pro Tour	30 t	27,5 t
Strecke pro Tour	150 km	150 km
Touren pro Jahr	166.861	181.818
Kilometer pro Jahr	25.029.150	27.272.700
Kraftstoffersparnis	830.114 l	
CO_2-Einsparung	2.192 t	

Grundausstattung 4.600 kg beträgt. Zu diesem leichten Gewicht tragen vor allem dreieckige Aussparungen im Rahmen bei.[49] Durch die versetzt angeordneten Dreiecke behält der Rahmen trotz deutlichen Gewichtseinsparungen seine Stabilität bei.

Ein Hamburger Ingenieurbüro entwickelt bis 2010 zusammen mit Partnerfirmen aus Großbritannien und Österreich den Prototyp eines neuen LKW. Sein Chassis, Fahrwerk und Fahrerhaus sowie eine Reihe weiterer Teile bestehen aus Kohlenstofffaser-Verbundwerkstoffen (CFK). Dieses Material ist sehr hart und haltbar, jedoch etwa 70 % leichter als Stahl und 40 % leichter als Aluminium. Diese Eigenschaft macht weitere Effizienzsteigerungen möglich. Herkömmliche Sattelzüge wiegen leer rund 13 Tonnen. Leichtbau-LKW sollen 5,5 bis sechs Tonnen weniger auf die Waage bringen. Die leichten LKW können nicht nur zur Steigerung der Effizienz, sondern auch zur CO_2-Reduktion signifikant beitragen. Würde man alle in Deutschland eingesetzten LKW gegen diesen neu entwickelten LKW-Typ austauschen, wären CO_2-Einsparungen von 12 bis 15 Mio. Tonnen pro Jahr möglich. Eine Verringerung des Fahrzeuggewichts wird durch den Einsatz neuartiger Werkstoffe und innovativer Konstruktionen möglich. Hier stecken aber auch die Nachteile des Leichtbaus. Wenn ein Produkt aus Aluminium gefertigt wird, ist es in der Regel leichter. Der Werkstoff ist aber teurer und die eingesetzten Fertigungsverfahren sind aufwändiger. Der Einsatz von Kohlenstofffaser-Verbundwerkstoffen ist derzeit noch um etwa 25 % teurer als Aluminium.[50]

Dennoch sind Investitionen in Leichtbau-Fahrzeuge sinnvoll, da sich die höheren Kosten bereits heute durch höhere Nutzlasten und weniger Treibstoffverbrauch rechnen. Sollten die Treibstoffkosten in der Zukunft weiter steigen, amortisieren sich Leichtbaufahrzeuge schneller als bisher. Die untenstehende Tabelle zeigt die Vorteile durch die höhere Nutzlast eines CFK-LKW. Hierbei wurden die Staubkohletransporte der Firma Rheinbraun und ein durchschnittlicher Dieselverbrauch von 37 l/100 km als Referenzwert angenommen (Tab. 5.3).

---

[49] Vgl. Braun (2011, S. 26–29).
[50] Vgl. Odenwald (2008, o.S.).

Optimierte Aerodynamik Eine weitere Möglichkeit Treibstoff und damit CO_2 zu reduzieren, liegt in der verbesserten Aerodynamik und dem damit verbundenen geringen Luftwiderstand von Fahrzeugen. „In letzter Zeit steht besonders der Luftwiderstand beziehungsweise seine Kenngröße, der cw-Wert im Brennpunkt des Interesses, er bestimmt die Höhe des Kraftstoffverbrauches und des CO_2-Ausstosses."[51] Die Leistung und das Fahrverhalten eines Fahrzeuges werden maßgeblich von seinem Luftwiderstand bestimmt. Der cw-Wert gibt Auskunft über die aerodynamische Beschaffenheit einer Fahrzeugform. Der Wert der heutigen Fahrzeuge liegt bei etwa 0,53. Eine Reduzierung dieses Wertes auf 0,3 würde zu einer Verbrauchsersparnis von bis zu 25 % führen.[52]

Die LKW-Front kann so gestaltet werden, dass sie den Luftwiderstand um bis zu 8 % senkt. Wird der Sattelauflieger ebenfalls optimiert, so verringert sich der Luftwiderstand gegenüber einer herkömmlichen Sattelkombination um bis zu 20 %. Zur Verbesserung der Aerodynamik können die LKW mit einem Luftleit-Kit am Fahrerhaus sowie mit einem optimierten Fahrerhausdach ausgestattet werden. Außerdem verringert ein glatter Unterboden beim Transport den Unterdruck am Aufliegerheck. Ansaugöffnungen an den seitlichen Verkleidungen leiten den äußeren Luftstrom in dem vom Boden gebildeten Kanal. Neben der verbesserten Aerodynamik sorgen auch innovative Reifen für einen optimierten Rollwiderstand. Allein durch sie ist eine Verbrauchsreduktion von ca. 7 % möglich.[53]

Start-Stopp-Funktion/Rückgewinnung von Bremsenergie Das Ziel der Start-Stopp-Funktion ist die Senkung des Kraftstoffverbrauchs. Sie ist besonders für den innerstädtischen Verkehr von Bedeutung, da es dort sehr oft zu längeren Standzeiten an Ampeln oder in Staus kommt. Mittlerweile bieten einige Hersteller ihre Fahrzeuge mit einer Start-Stopp-Funktion an. Der Verbrauch wird dadurch im normalen Verkehr um 2,8 % gesenkt. Im Stop-and-Go-Verkehr sind höhere Einsparungen möglich. Bei längeren Standzeiten, zum Beispiel an einer roten Ampel oder im Stau, stellt das System den Motor ab. Tritt der Fahrer die Kupplung, springt der Motor automatisch wieder an. Die Start-Stopp-Funktion vermeidet einen Betrieb im Leerlauf und führt somit nicht nur zu einer Reduzierung des Kraftstoffverbrauchs sondern auch zu einer Senkung von Abgas und Lärmemissionen.

„Bei jedem Fahrzeug lässt sich die Bremsenergie speichern und zum Anfahren und Beschleunigen wieder verwenden".[54] Im Normalfall werden Fahrzeuge allein durch den laufenden Motor angetrieben. Bewegungsenergie wird aber auch beim Bremsen oder beim Rollen erzeugt. Die Bremsenergie-Rückgewinnung (Rekuperation) wandelt diese Energie in Elektrizität um. Auf dieser Weise wird die Batterie aufgeladen und kann so den Motor unterstützen. Bei einigen Fahrzeugen erfolgt das Anfahren rein elektrisch. Seine Energie

---

[51] Mitschke und Wallentowitz (2004, S. 50).

[52] Vgl. Danisch (o. J., o.S.).

[53] Vgl. Beck (2009, S. 10 f).

[54] Hagemann (2002, S. 319).

erhält der Elektromotor aus Lithium Ionen Batterien, die durch Rekuperation gespeist werden. Auch Elektrolokomotiven nutzen die Rekuperation, um Energie zu sparen.[55]

Hybridantrieb   Eine weitere Möglichkeit zur Reduzierung von Kraftstoff liegt in der Entwicklung neuer Antriebstechnologien. Bei Kraftfahrzeugen wird die Hybridtechnologie immer bedeutsamer.

Exkurs Hybridantrieb

Der Hybridantrieb ist keine neue Entwicklung, sondern schon fast seit dem Beginn der Automobilisierung bekannt.[56] „Anfang des 20. Jahrhunderts spielten insbesondere in den Vereinigten Staaten Elektrofahrzeuge eine große Rolle. Um die Jahrhundertwende waren dort mehr Elektrofahrzeuge zugelassen als Fahrzeuge mit Verbrennungsmotor. Im Vergleich zu den damals noch nicht ausgereiften, unzuverlässigen Verbrennungskraftmaschinen – von Hand zu starten und im Betrieb mit großer Lärm- und Abgasentwicklung verbunden- war die einfache Handhabung der Elektrofahrzeuge ein entscheidender Vorteil. Auch damals gab es schon die ersten Ansätze, die Vorteile elektrischer Maschinen (insbesondere ihre gute Regelbarkeit) mit denen von Verbrennungsmotoren zu kombinieren. Als Beispiel sei der im Jahr 1900 auf der Weltausstellung in Paris vorgestellte, vom 25-jährigen Ferdinand Porsche konstruierte Lohner-Porsche genannt. Bei diesem Fahrzeug war ein Generator an einen Benzinmotor gekoppelt, der vier als Radnabenmotoren in den Rädern installierten Elektromaschinen mit elektrischer Energie versorgte. Dieses war somit eines der ersten Fahrzeuge mit Allradantrieb und im weiteren Sinne eines der ersten Hybridfahrzeuge. Im Fortgang der schnell ansteigenden Automobilisierung führten jedoch die vielen offensichtlichen Vorteile, die der Verbrennungsmotor im Laufe seiner Entwicklung mit sich brachte dazu, dass heutige Kraftfahrzeuge weltweit fast ausschließlich von Otto- und Dieselmotoren angetrieben werden.

Die Energiekrisen-Diskussion in den 70er Jahren oder besser gesagt die Erkenntnis der nicht unproblematischen Abhängigkeit des Kfz-Verkehrs vom (Nahost-) Erdöl führte derzeit zu verstärkten Forschungs- und Entwicklungsaktivitäten auf dem Gebiet der Hybridantriebe. Ansatzpunkt war hier die Möglichkeit der Kraftstoff- bzw. Erdöleinsparung durch die Kombination eines Verbrennungsmotors mit einem Elektroantrieb.

In den 1980er und 90er Jahren stand die Belastung der Umwelt durch Schadstoffe wie Kohlenmonoxid, Stickoxide und unverbrannte Kohlenwasserstoffe im Vordergrund. Auch die Möglichkeit der Verbrauchsreduktion und somit der Verringerung von Kohlendioxidemissionen war und ist ein wichtiges Thema."[57]

---

[55] Vgl. Wiener Stadtwerke (Hrsg.) (2011, o.S.).

[56] Vgl. Wüste (2010, S. 24).

[57] Kröner (o. J., o.S.).

Hybridfahrzeuge haben neben dem Verbrennungsmotor einen zweiten Antrieb, in der Regel einen Elektromotor: „Aus Sicht der batteriegetriebenen Elektrofahrzeuge erscheint die Kombination von Verbrennungsmotor und Elektromaschine zu einem Hybridantrieb sinnvoll, da so die Vorteile beider Antriebsarten wie z. B. hohe Reichweite, schnelles Nachtanken, Rückgewinnung der Bremsenergie, Nutzung regenerativer Energiequellen sowie emissionsfreier Betrieb nutzbar sind. Aus Sicht der verbrennungsmotorisch angetriebenen Fahrzeuge erscheint die Kombination mit einem Elektroantrieb sinnvoll, da ein entkoppelter Betrieb des Verbrennungsmotors vom Fahrleistungsbedarf ermöglicht wird, und somit z. B. der Betrieb im wirkungsgradungünstigen Teillastbereich vermieden werden kann. Ein Hybridantrieb kann jedoch nicht einfach die Addition zweier Antriebe in einem Fahrzeug sein; vielmehr müssen durch geeignete Kombination und Dimensionierung die Vorteile der einzelnen Antriebe genutzt und die Schwachstellen vermieden werden. Hierdurch wird die Möglichkeit sowohl zu Verbrauchs- und Emissionsreduktionen als auch zu lokal emissionsfreiem Fahren gegeben. Je nach Einsatzzweck sind so unterschiedliche Lösungen denkbar".[58]

Man unterscheidet zwei Grundstrukturen für Hybridantriebe mit unterschiedlichen Potentialen und Problemen: Beim Serien-Hybridantrieb wird das Fahrzeug immer durch den Elektromotor angetrieben. Beim parallelen Hybridantrieb werden beide Motoren beim Antrieb eingesetzt, damit eine optimale Leistung erreicht werden kann.[59]

Arbeiten bei einem Fahrzeug ein leistungsstarker Elektromotor und ein Dieselaggregat zusammen, trägt die umweltschonende Antriebsalternative mit ihrem geringen Verbrauch und niedrigen Abgaswerten zum Umweltschutz bei.

Ein Nachteil der Fahrzeuge mit Hybridtechnik liegt derzeit noch in den deutlich höheren Anschaffungskosten im Vergleich zu herkömmlichen Fahrzeugen. Außerdem steigt durch die zusätzlichen Komponenten das Fahrzeuggewicht, was sich negativ auf die Nutzlast auswirkt. Darüber hinaus führt die komplexere Technik zu höheren Wartungs- und Reparaturkosten.[60] Dennoch kann sich die Investition in Fahrzeuge mit Hybridantrieb auszahlen. Denn durch die besseren Abgaswerte werden die Fahrzeuge in einer günstigeren Steuerklasse (Euro 4, Euro 5) eingestuft und tragen zusammen mit dem gesenkten Verbrauch zu niedrigeren Betriebskosten im Unternehmen bei.

Mit Hybridantrieben können vor allem im Stadtverkehr besonders niedrige Emissionen und Verbrauchswerte erreicht werden. Daher ist diese Technologie insbesondere für Zustellfahrzeuge der Paketdienstleister von Interesse.

Ein großer Paketdienstleister testete den Einsatz von Hybrid-LKW im operativen Geschäft. Die Tests, die Anfang 2008 begannen, hat das Unternehmen mit zwei verschiedenen Hybridfahrzeuganbietern durchgeführt. Nach erfolgreichen Versuchen im Paketgeschäft in Großbritannien sowie im Brieftransport in Deutschland will das Unternehmen weitere Hybrid-Fahrzeuge in die Flotte aufnehmen. Von den beiden 7,5-Tonnern

---

[58] Vgl. Kröner (o. J., o.S.).
[59] Vgl. Kröner (o. J., o.S.).
[60] Vgl. z. B. Kröner (o. J., o.S.).

mit dieselelektrischem Hybridantrieb wird erwartet, dass sie den Kraftstoffverbrauch um bis zu 20 % im Vergleich zu konventionellen Diesel-Fahrzeugen verringern. Damit wird auch der CO_2-Ausstoß pro Fahrzeug entsprechend sinken.[61] Diese Ergebnisse wurden auch durch einen Test eines Paketdienstleisters in Italien bestätigt. Hierbei wurden zehn Hybrid-Transporter eines Nutzfahrzeugherstellers auf den Straßen von Mailand und Turin eingesetzt.

Alternative Treibstoffe für den Straßengüterverkehr Eine weitere Innovation, die ihren Ursprung in den knappen Erdölreserven der Erde und als Ziel den Schutz der Umwelt hat, ist die Suche nach alternativen Treibstoffen für Kraftfahrzeuge. Dabei handelt es sich meistens um Biotreibstoffe oder Erdgas, die für den Antrieb verwendet werden. Biotreibstoffe werden aus organischen Substanzen hergestellt. Gemessen an ihrem reinen CO_2-Ausstoß sind Biotreibstoffe fossilen Treibstoffen oft vorzuziehen. Werden jedoch Pflanzen eigens zur Produktion von Treibstoff angebaut, sehen die soziale Bilanz und die Auswirkungen auf die Umwelt meistens weniger günstig aus. Wenn man weitere Umweltaspekte wie etwa die Überdüngung, die Flächennutzung und deren Auswirkung auf Tier und Pflanzen berücksichtigt, geben viele Bio-Treibstoffe ein zwiespältiges Bild ab. In Asien werden großflächig Wälder vernichtet, damit an derer Stelle Palmölpflanzen zur Produktion von Biotreibstoff angebaut werden können. Mit der Zerstörung der Wälder verlieren nicht nur viele oft sogar unter Artenschutz stehende Tiere ihre Heimat und ihr Jagdrevier, es gehen auch die für CO_2-Abbau notwendigen Bäume verloren.[62]

Einige Unternehmen testeten 2009 eine neue Generation Biodiesel. Dieser neue Kraftstoff wird aus hydrierten Pflanzenölen (HVO) hergestellt. Bei der Verbrennung im Motor werden 15 % weniger Stickstoffe ausgestoßen und die CO_2-Gesamtbilanz wird deutlich verbessert. Vom nachhaltigen Anbau des im Pilotversuch verwendeten Rohstoffs Palmöl über dessen Verarbeitung bis zum Einsatz im Fahrzeug fallen mehr als 60 % weniger CO_2-Emissionen an als bei fossilen Kraftstoffen.[63]

Als weiterer neuer Energieträger für Fahrzeugantriebe wurde Erdgas entdeckt. Laut einer Studie des Schweizer Forschungsinstituts für Materialwissenschaften und Technologie Empa Materials Science and Technology, schneiden Erdgasautos am saubersten ab. Sie verursachen 21 % weniger CO_2-Emissionen als Benzin- und 11 % weniger CO_2- Emissionen als Dieselfahrzeuge. Beim Ausstoß von Feinstaubpartikeln, Stickoxiden und Nichtmethan-Kohlenwasserstoffen liegen die Werte von Erdgasautos weit unter denen von Benzin- und Dieselfahrzeugen.[64] Da Erdgas nahezu ohne Feinstaubpartikel verbrennt, brauchen Erdgasautos keinen Partikelfilter. Zudem sind Fahrzeuge mit Erdgas-Antrieb deutlich leiser als herkömmlich angetriebene Verkehrsmittel. Bei der Konstruktion müssen die Hersteller allerdings verstärkt die Crashsicherheit berücksichtigen. Im Falle eines Unfalls geht

---

[61] Vgl. Redaktion Verkehrsrundschau (29.01.2008, o.S.).

[62] Vgl. z. B. Greenpeace (2006).

[63] Vgl. Wildhage (2009, S. 1).

[64] Vgl. Redaktion my Logistics (29.02.2008, o.S.).

von Erdgas eine höhere Explosions- und Verbrennungsgefahr aus, als von Benzin- oder Dieselkraftstoffen.

Einige Handelsunternehmen haben ihre europäische Logistikflotte auf Erdgas-Fahrzeuge umgestellt. Ab sofort werden die täglich Transportmengen auf europäischen Straßen wesentlich umweltverträglicher zurückgelegt als in der Vergangenheit. Die umfangreichen Studien und Tests im Vorfeld haben den Erdgasantrieb als sauberste sowie wirtschaftlichere und ökologisch sinnvollste Kraftstoffart im Vergleich zu Benzin und Diesel bestätigt.[65] Seit dem Frühjahr ist der Erdgasantrieb auch im Bereich der schweren LKW im Einsatz. Ein Logistikdienstleister hat zusammen mit einem LKW-Hersteller 2009 ein Testprojekt im Großraum Berlin gestartet. Vier Verteilfahrzeuge mit einem zulässigen Gesamtgewicht von jeweils 28 Tonnen werden in der Lebensmitteldistribution eingesetzt. Läuft die 6-monatige Versuchsphase in Berlin zufrieden stellend, werden auch andere Städte in Deutschland von den schadstoffarmen und leisen LKW profitieren.[66]

Weitere Logistikdienstleister setzen auf elektrische Energie als alleinigen Antrieb. Die Reichweite der Fahrzeuge liegt zwischen 90 und 100 km bei einer auf 80 Stundenkilometer begrenzten Geschwindigkeit.[67]

Elektrofahrzeuge gibt es auch in vielen Lager und Produktionshallen. In der Regel handelt es sich um Stapler und Förderfahrzeuge, die durch Strom angetrieben werden.

Intelligente Telematik Die Bedeutung der Informationstechnik für das reibungslose Funktionieren der Logistik ist sehr groß. Ein Begriff, dem zunehmende Bedeutung zukommt, ist die intelligente Telematik. „Es handelt sich um Software zur Tourenplanung, die auf der Grundlage elektronischer Karten und mathematischer Algorithmen Fahrzeugen Aufträge zuordnet und die Besuchsreihenfolge nach bestimmten Zielkriterien (kürzeste Wegstrecke, schnellste Abwicklung, geringste Fahrzeugzahl usw.) optimiert."[68] Leistungsfähige Software-Lösungen helfen, die logistischen Prozesse ganzheitlich und dynamisch zu gestalten sowie Leer- und nicht voll ausgelastete Transporte zu vermeiden. Telematiksysteme zielen nicht auf eine Reduktion des jährlichen Beförderungsvolumens. Ihr Ziel ist die optimale Umverteilung des Transportvolumens auf die eingesetzten Verkehrsträger und/oder über einen bestimmten Zeitraum.

Routenplaner Routenplaner ermöglichen ein schnelles Berechnen einer gewünschten Strecke. Dabei kann man zwischen verschiedenen Optionen wählen, z. B. der kürzesten oder sparsamsten Strecke, gelangt so ohne Umwege und ungeplante Kosten ans Ziel. Für LKW sind spezielle Routenplaner und Navigationssysteme auf dem Markt, die sicherstellen, dass ein LKW nicht unter einer zu niedrigen Brücke oder auf einer engen Straße stecken bleibt. Darüber hinaus können Optionen wie Sperrungen für Gefahrgüter, Vermeidung von

---

[65] Vgl. Redaktion my Logistics (29.02.2008, o.S.).
[66] Vgl. DVZ Nr. 57 (12.05.2009, S. 2).
[67] Vgl. Redaktion Verkehrsrundschau (20.11.2008, o.S.).
[68] Arnold et al. (Hrsg.) (2004, S. C3–10).

Wohngebieten, Bevorzugung von Hauptstraßen, Kritische Streckenabschnitte, z. B. Steigungen, Vermeidung von Wendemanövern und Kriterien wie z. B. Achslasten eingestellt werden.[69]

Die neueste Entwicklung ist die dynamische Tourenplanung. Hier wird der optimale Routenverlauf nicht nur im Voraus errechnet, sondern auch aktuelle Verkehrsinformationen, die über Radiowellen übertragen werden, in Echtzeit berücksichtigt. Das System ist in der Lage, Routen an Staus oder Baustellen anzupassen. Diese innovative Technologie wurde von einem Logistikdienstleister entwickelt und zum ersten Mal im öffentlich geförderten Projekt SmartTruck auf die Probe gestellt. Der dynamische Routenplaner soll helfen die Innenstädte vom Verkehr zu entlasten und die Wirtschaftlichkeit der Logistikunternehmen zu steigern.[70] Durch einen gezielten Einsatz der Verkehrstelematik lassen sich die vorhandenen Verkehrswege besser ausnutzen und Leerfahrten reduzieren. Der Fahrzeugführer erkennt rechtzeitig, was ihn auf der Strecke erwartet, wo die Engpässe und Problemstellen sind und wie er sie umfahren kann.

Die Hersteller arbeiten an Navigationssystemen und Routenplanern, die helfen sollen, nicht nur die jeweils optimale Route zu finden, sondern auch die Emissionen zu verringern.

Nachhaltigkeit spielt im Rahmen der Routenplanung immer häufiger eine Rolle. Die Wahl der optimalen Strecke unter Beachtung der aktuellen Verkehrssituation, entlastet die Straßen, spart Treibstoff und Emissionen und ist mit einem geringeren Fahrzeugverschleiß verbunden.

Verkehrsleitsysteme Auf den Straßen herrscht der Stau. Laut einer Studie von 2009 steht der durchschnittliche Autofahrer rund 65 Stunden pro Jahr im Stau. Dabei werden 14 Mrd. L Benzin verbraucht.[71] Gegen die wachsende Verkehrsdichte können so genannte Verkehrsleitsysteme Abhilfe leisten. Sie sollen für eine optimale Auslastung des Straßennetzes sorgen, den Verkehr von belasteten auf weniger belastete Straßen umlenken, Staus und damit den Zeit- und Kraftstoffverbrauch vermindern. Vor allem das ständige Bremsen und Anfahren in Staus kostet nicht nur wertvolle Zeit, sondern erhöht auch den Treibstoffverbrauch sowie den Ausstoß schädlicher Emissionen. Verkehrsleitsysteme geben zum Beispiel den Standstreifen frei, wenn die Verkehrsbelastung auf der Autobahn zu groß ist. Durch die Verkehrsleitsysteme wird die zulässige Höchstgeschwindigkeit geregelt, oder auf Staus, Unfälle, Pannen oder Bauarbeiten aufmerksam gemacht.

Verkehrsleitsysteme werden nicht nur auf Autobahnen eingesetzt, sondern können auch in den Innenstädten durch optimale Ampelschaltungen den Verkehr regeln. In Ingolstadt zum Beispiel wird das Projekt „Travolution" durchgeführt. Induktionsschleifen in der Fahrbahn vor Ampeln senden einem Zentralrechner entsprechende Daten. Dieser kann nun anhand der übermittelten Daten das Verkehrsaufkommen fünf Minuten später vorhersa-

---

[69] Siehe z. B. Bardua (2012, o.S.).

[70] Vgl. Redaktion my Logistics (23.03.2009, o.S.).

[71] Vgl. Quirin (2008, S. 1–2).

gen und die Ampel entsprechend schalten.[72] Standzeiten an Ampeln könnten in Zukunft, dank dieses Systems, deutlich reduziert werden.

In modernen Fahrzeugen hält zunehmend immer mehr Technik Einzug. In Zukunft sollen Fahrzeuge auch untereinander kommunizieren können. Einige Automobilhersteller arbeiten seit Jahren an Car-to-Car-Kommunikationssystemen. Mit dieser Technologie soll der Wahrnehmungsbereich des Fahrers erweitert und vor kritischen Verkehrssituationen gewarnt werden. Das Fahrzeug erhält Informationen von den anderen Verkehrsteilnehmern, die bei Bedarf auf ein Display übertragen werden. Der Fahrer kann dank dieser Informationen seine Fahrweise an das Gefahrenmoment anpassen. Diese Kommunikation wird nicht nur in Gefahrensituationen aufrechterhalten. Ebenso können Informationen über Staus, Baustellen, Parkplätze oder Verkehrshindernisse schnell untereinander weitergegeben werden. Das System erkennt die Fahrweise des vorherigen Autos (Bremsen, langsamer werden) und gibt dem Fahrer entsprechende Hinweise. In Sekundenbruchteilen ermittelt das Navigationssystem bei Bedarf eine Ausweichroute. Die neue Technik ermöglicht allerdings nicht nur die Kommunikation mit anderen Fahrzeugen, sondern auch mit der Umgebung des Fahrzeugs. Verkehrsleitstellen könnten auf diese Weise stets aktuelle Daten zum Straßenzustand und zur Verkehrsdichte erhalten.[73]

5.2.3.4 Reduzierung des CO_2 Ausstoßes im Seegüterverkehr

Schiffe haben einen sehr hohen CO_2-Ausstoß. Berechnungen zufolge entstehen allein durch die Schifffahrt 800 Mio. Tonnen CO_2 pro Jahr.[74] Das entspricht 2,7 % der globalen CO_2-Emissionen. Mit derzeit 13 % der beförderten Güter und dem erwarteten stetigem Wachstum darf der Transport zu Wasser bei den Bemühungen um eine CO_2 Reduzierung nicht außer Acht gelassen werden. Hier gibt es innovative Ansätze, die nicht nur Kosten sparen, sondern auch die Natur entlasten können.[75]

Neben verschiedenen technischen Neuerungen, kann ein neuer Anstrich zur Verbesserung der Hydrodynamik beitragen. Der Spezialanstrich verhindert den Ansatz von Muscheln am Rumpf. Dadurch wird der Reibungswiderstand vermindert und die Fortbewegung des Schiffes im Wasser erleichtert. Traditionell decken Seeschiffe Ihren Energiebedarf mit Bordmitteln. Neuerdings sind einige Schiffe mit einem Stromanschluss ausgestattet, der eine Versorgung über das Stromnetz des Hafens ermöglicht. Dadurch wird das Verbrennen von umweltschädlichen Bunkeröl während der Liegezeiten überflüssig. Legt man die derzeitigen Preise für Bunkeröl zugrunde, so ist diese Art der Energieversorgung nicht nur umweltfreundlicher, es werden zudem Kosten eingespart.

Das Skysail Konzept Die Idee, ein Schiff mithilfe von Windenergie voranzutreiben, ist nicht neu. Die MS „Beluga Skysails" aber ist der erste Schwergut-Frachter der Welt, der

---

[72] Vgl. Stern.de (11.04.2007, o.S.).

[73] Vgl. z. B. Grundhoff (2008, o.S.).

[74] Berechnungen beispielsweise durch klimaAktiv (2012).

[75] Vgl. z. B. klimaAktiv (2012).

Tab. 5.4 Beispielrechnung des Antriebskonzeptes mit Gleitschirm

Gleitschirmgröße 320 m^2
Preis 442.000 €
Einbauzeit 3 Montageeinheiten à 2 Tage
Kraftstoff-Ersparnis 630 to pro Jahr
Ersparnis 300.000 € (bei 620 US-Dollar pro Tonne Bunkeröl)
CO_2-Ersparnis 2.047 Tonnen pro Jahr

nicht nur von einem Motor, sondern unterstützend von einem riesigen Gleitschirm angetrieben wird. Dieser umweltfreundliche Zusatzantrieb wurde von einer Hamburger Firma entwickelt und zum ersten Mal von einer Bremer Reederei in der Praxis eingesetzt. Der riesige Gleitschirm ist am Bug des Schiffs mit einem Stahlseil befestigt. Dadurch wird die Hebelwirkung im Vergleich zu fest mit dem Mast verbundenen Segeln verringert und die Schaukelbewegung gemindert. Der Drachen steigt per Knopfdruck in die Höhe, wo er Bahnen in Form einer Acht fliegt. Durch diese Bewegung erzeugt er pro Quadratmeter Segelfläche eine erheblich höhere Antriebskraft als ein konventionell am Boot befestigtes Segel. Seine Flughöhe beträgt 100–300 m über dem Schiff. In dieser Höhe ist die Brise stetiger und wegen der fehlenden Reibung an der Wasseroberfläche auch steifer als direkt über den Wellen.[76]

Allein auf der Jungfernfahrt konnte der Reeder mithilfe des Gleitschirms täglich 1,5–2 Tonnen Dieselöl sparen. Die erste Fahrt mit dieser Antriebstechnik führte von Bremerhaven über Mexiko und Nordamerika nach Norwegen und hat drei Monate gedauert. In den vier Stunden täglich, in denen das Segel durchschnittlich ausgefahren wurde, konnte die Schiffsmaschine mit verminderter Leistung laufen.[77]

Die folgende Beispielrechnung zeigt, dass es möglich ist durch den Einsatz der Lenkdrachen die CO_2-Emissionen zu senken und auch die Kassen der Reeder zu entlasten. Diese Erkenntnisse sind wichtig, da auch die Schifffahrt gefordert ist, die Transporte umweltgerecht zu gestalten (Tab. 5.4).

Beispiel für einen 87-m-Frachter auf der Linie Rotterdam-Reykjavik:[78]

Um die Atmosphäre zu schützen hat die International Maritime Organisation (IMO) eine Senkung der Schwefelemissionen der Schifffahrt beschlossen. Ab 2020 dürfen Seeschiffe nur noch Treibstoff mit einem maximalen Schwefelgehalt von 0,5 % nutzen oder die so genannte Scrubbing-Technologien zur Abgasreinigung einsetzen. Die Verwendung von Destillaten, anstelle von Schweröl, ist eine Möglichkeit, um den Schwefelgehalt zu reduzieren. Bereits heute müssen Reedereien in den sog. SECAs (Sulphur Emission Control Areas) in Nord- und Ostsee ihre Schiffe mit Treibstoff betreiben, der einen Schwefelgehalt von maximal 1,5 %-aufweist. Ab 2012 soll dieser Grenzwert weiter auf 1 % und ab 2015

---

[76] Vgl. Focus Magazin Nr. 37 (2007).

[77] Vgl. Rossa (2008, o.S.).

[78] Focus Magazin Nr. 37 (2007).

auf maximal 0,1 % gesenkt werden. Die Folge sind höhere Treibstoffkosten durch die Umstellung von Schweröl auf Diesel und die mit der dann erhöhten Nachfrage verbundenen Preissteigerungen.

Die neuen Regelungen erfordern zudem den Einsatz neuer Techniken, die ihrerseits mit erheblichen Ausgaben verbunden sind. Zu den Kosten für Wartung und Betriebsstoffe kommen Ausgaben für die Anschaffung eines Katalysators. Pro 1000 kW Antriebsleistung eines Schiffes, fallen Kosten in Höhe von ca. 40.000 € an. Außerdem müssen die hochgiftigen Rückstände aus den Reinigungsanlagen teuer entsorgt werden.[79] Die zusätzlichen Treibstoffkosten geben die Reedereien bereits heute in Form von „Low Sulphur Fuel Surcharges" an Ihre Kunden weiter.

CO_2 sparendes Design Nicht nur durch neue Treibstoffe und Antriebsformen, sondern auch durch neue Rumpfformen kann CO_2 eingespart werden. Genau wie beim Kraftfahrzeug spielen auch beim Schiff Hydrodynamik und Widerstand eine große Rolle. Beim Widerstand im Wasser ist das Verhältnis zwischen Stirnfläche und Körperlänge von großer Bedeutung. Nach neuesten Erkenntnissen besitzen spindelförmige Strukturen, wie die der Pinguine, die geringsten Verwirbelungen im Nachlauf. Das macht Pinguine zu den schnellsten und effizientesten Schwimmern.[80] Die Transportleistung eines Schiffes errechnet sich im Wesentlichen aus dem Verhältnis der Nutzlast zu der für den Transport benötigten Zeit. Eine bessere Transportleistung kann auf zwei Wegen erreicht werden. Einerseits durch die Steigerung der Nutzlast bei gleicher Antriebsleistung oder andererseits durch eine Verringerung des Kraftstoffverbrauches bei gleicher Nutzlast infolge des reduzierten Wasserwiderstandes.

Man kann zum Beispiel durch ein neues Design der Schiffsschraube die Transportleistung eines Schiffes erhöhen. Die Schiffsschraube hat die Aufgabe die Wassermenge zu beschleunigen und die dabei entstehende Kraft für den Antrieb des Schiffes auszunutzen. Auf der Achse der Schraube sitzen je nach Größe des Schiffes 2–7 Flügel. Diese erzeugen bei der Drehung der Schraube einen nach hinten gerichteten Wasserstrahl. Nach dem Rückstoßprinzip reicht dieser Wasserstrahl aus, um das Schiff nach vorne zu bewegen. Die Geschwindigkeit eines Schiffes hängt sowohl von der Umdrehungzahl der Schiffsschraube als auch von der Stellung ihrer Flügel ab.[81]

Doppelhüllenschiffe Am 24. Mär 1989 lief der Öltanker „Exxon Valdez" mit rund 200 Mio. L Öl an Bord auf das Bligh-Riff. Elf Rohöltanks wurden aufgerissen. Rund 40 Mio. Liter Rohöl verpesteten etwa 2.000 km Küste. Auch 20 Jahre später leiden Natur und Mensch immer noch unter den Folgen dieser Katastrophe. Die „Exxon Valdez" hatte nur eine Außenhülle.[82] Eine zweite Wand hätte wahrscheinlich das Austreten größe-

---

[79] Vgl. Lenger (2007, S. 1).

[80] Vgl. Deutsche Bundesstiftung Umwelt (o. J.).

[81] Vgl. Urbach (Hrsg.) (2012, o.S.).

[82] Vgl. Stillich (2009).

rer Ölmengen verhindert und die Havarie nicht derartige Dimensionen annehmen lassen. Seit dem Unfall hat sich einiges zum positiven verändert. Als Konsequenz erließen die USA 1990 den so genannten Oil Pollution Act (OPA), damit zukünftig ähnliche Katastrophen vermieden werden. Nach den neuen Sicherheitsstandards dürfen Öltanker nur noch mit doppelten Bordwänden gebaut werden. Im Jahr 2001 hat auch die zur UNO gehörende International Maritime Organisation (IMO) beschlossen, dass in Zukunft nur noch Tanker mit Doppelhülle gebaut werden dürfen. Da der Bau von Doppelhüllentankern teuer ist, versuchen die Reedereien alle möglichen Ausnahmeregelungen geltend zu machen. Alte Öltanker werden zum Beispiel in Chemietanker umgewandelt, um länger fahren zu dürfen. Es gibt immer noch großzügige Ausnahmeregelungen für bereits gebaute Tanker. Sie dürfen noch bis zu 30 Jahren im Dienst bleiben. Hier sind weltweit Politik und Gesetzgebung gefragt, um durch schärfere Auflagen derartige Katastrophen zu verhindern.[83]

5.2.3.5 Reduzierung des CO_2-Ausstoßes in der Luftfracht

Der Luftfrachtverkehr ist eine der schnellsten Güterbeförderungsarten. Unter Umweltaspekten ist der Lufttransport jedoch am schädlichsten. Teurer Treibstoff und schärfere Klimaschutzauflagen stellen heutzutage Fluggesellschaften vor wirtschaftliche Probleme. Mit dem beschlossenen Emissionsrechtehandel kommt ab 2012 eine weitere Belastung auf die Fluggesellschaften zu. Ab 2012 müssen alle Fluggesellschaften, die auf Flughäfen in der EU landen wollen, Emissionsrechte in Form von Verschmutzungszertifikaten erwerben. Die Funktionsweise ist die gleiche wie bei den Industrieunternehmen. Ca. 85 % der CO_2-Emissionen werden dann kostenlos sein. Für die restlichen 15 % müssten die Fluggesellschaften Zertifikate kaufen. Wenn sie innerhalb der Periode die Kohlendioxid-Emissionen verringern, können sie die nicht benötigten Zertifikate verkaufen. Stoßen sie mehr aus, müssen sie zusätzliche Zertifikate erwerben.[84]

Airlines können diesen Herausforderungen auf zwei Wege begegnen. Zum einen können die Fluggesellschaften durch verbesserte Technik den Kerosinverbrauch senken. Sparsamere Triebwerke, strömungsgünstigere Tragflächen, Leichtbau sowie direktere Flugrouten und günstigere Abflug- und Anflugverfahren sind nur einige Möglichkeiten um dieses Ziel zu erreichen. Zum anderen bieten alternative Treibstoffe eine Lösung.

Neue Treibstoffe in der Luftfahrt Zu den wichtigsten Hoffnungsträgern zählen biologische Kraftstoffe. Bei deren Verbrennung entsteht im Vergleich zu den fossilen Treibstoffen nur ein Fünftel der Menge an Treibhausgasen. Außerdem hat Bio-Treibstoff eine höhere Energiedichte als Kerosin, sodass die Flugzeuge weniger Kraftstoff verbrauchen. Auf langen Strecken müssen Flugzeuge weniger Kerosin tanken. Auf diese Weise verringert sich das Gewicht des Flugzeugs, was wiederum den Verbrauch senkt.[85]

---

[83] Vgl. z. B. Greenpeace (2005).

[84] Vgl. Wettach (2009, o. S.).

[85] Vgl. Rees und Kiani-Kress (2009, o.S.).

Die Technik ist allerdings noch nicht soweit ausgereift, dass ein Antrieb ausschließlich mit Bio-Treibstoffen möglich wäre. Ein Konsortium aus verschiedenen Unternehmen, die im Luftverkehr tätig sind, arbeiten derzeit an der Entwicklung von umweltfreundlichen GTL (Gas-to-Liquids) Treibstoffen. Der neue Treibstoff ist nahezu schwefelfrei und kann aus nachwachsenden Rohstoffen oder Kohlenwasserstoff gewonnen werden.[86] Zurzeit wird der neuartige Treibstoff bei einem Passagierflugzeug erprobt, der mit umgerüsteten Erprobungstriebwerken ausgestattet wurde. Allerdings wird es voraussichtlich noch mehrere Jahre dauern, bis die neu entwickelten Treibstoffe in der Praxis eingesetzt werden können.

Als die Preise für Bunkeröl in die Höhe gingen, reagierten die Reedereien erstaunlich rasch mit niedrigeren Reisegeschwindigkeiten. Die verbrauchshohen Spitzengeschwindigkeiten der Maschinen werden seitdem deutlich seltener gefahren. Ein ähnlicher Trend entwickelt sich derzeit in der Luftfahrt. Durch die reduzierten Fluggeschwindigkeiten verbrauchen die Flugzeugturbinen weniger Kraftstoff und stoßen somit auch weniger schädliche Emissionen aus.

Im Juli 2009 wurde das erste bemannte Flugzeug vorgestellt, das mittels Brennstoffzellen angetrieben wird. Diese neue Technologie befindet sich in der Entwicklungsphase und ist zurzeit noch nicht bei großen und schweren Flugzeugen anwendbar.

Innovative Techniken in der Flugzeugindustrie Es wird an emissionsärmeren Triebwerken und leichteren Materialien sowie Fertigungstechniken geforscht. Ein Hersteller versucht, den derzeitigen Stand der Technik in einem Flugzeug umzusetzen. Flugzeuge dieser Generation können unter anderem durch den Einsatz leichterer Verbundwerkstoffe um 20 % sparsamer als herkömmliche Flugzeuge gestaltet werden. Durch technische Probleme verzögert sich das Projekt um voraussichtlich mehrere Jahre im Vergleich zum geplanten Entwicklungszeitraum, die erste Auslieferung ist für Februar 2011 geplant.

Die nächste Generation von Flugzeugen soll durch Leichtbauweise und effizientere Motoren deutlich sparsamer und umweltfreundlicher sein als herkömmliche Flugzeuge. „Ende Mai haben Forscher der britischen Universität Warwick gezeigt, dass Hunderttausende kleine Löcher auf den Tragflächen den Reibungswiderstand um bis zu 40 % und damit den Treibstoffverbrauch um 20 % reduzieren können."[87]

Diesen aerodynamischen Effekt kennt man bereits vom Golfball. Die löchrige Oberfläche erzeugt ein Luftpolster und verringert dadurch den Luftwiderstand. Somit ist weniger Antriebsleistung für das Erreichen einer bestimmten Flughöhe und Geschwindigkeit nötig. Solche Innovationen sind allerdings weit von einem Masseneinsatz entfernt. Es müssen noch eine Vielzahl von Tests durchgeführt werden, bis die Tragflächen aller Flugzeuge auf diese Weise gebaut werden können. Eine technische Erfindung, die den Flügelspitzen von Adlern nachempfunden ist, sind die so genannten Winglets. Wie bei Adlern, sollen die an den Enden der Tragflächen angebrachten, nach oben geschwungenen Anbauten, für bessere aerodynamische Eigenschaften sorgen.

---

[86] Vgl. EADS (2008, o.S.).

[87] Rees und Kiani-Kress (2009, o.S.).

Der Vorteil der Winglets besteht darin, dass sie die Auftriebsleistung der Tragflächen erhöhen, ohne dass die Spannweite der Flügel erhöht werden muss. Dies ist vor allem wichtig, da die Flugzeuge immer größer werden und aus technischen Gründen immer größere Tragflächen erforderlich sind. Die existierenden Flughäfen sind aber für solche Spannweiten nicht ausgelegt. Bei herkömmlichen Flügeln drücken Luftwirbel an den Flügelenden, die Tragflächen herunter. Dieser Effekt neutralisiert einen erheblichen Teil der Auftriebsleistung und reduziert die Effizienz des Flügels. Durch die Winglets wird verhindert, dass Luftwirbel die Tragflächenenden nach unten drücken können. In der Folge werden die Tragflächen effizienter, was Energie im Flugbetrieb einspart. Die mit Winglets ausgerüsteten Flugzeuge benötigen kürzere Startstrecken und können steilere Steigwinkel fliegen, wodurch die Lärmbelastung im Bereich der Flughäfen reduziert werden kann. Da weniger Energie gebraucht wird, werden auch die Triebwerke weniger belastet und der Verschleiß ist geringer. Laut Boeing kann durch den Einsatz von Winglets der Kraftstoffverbrauch um 3–5 % reduziert werden. Durch diesen Minderverbrauch können die Fluggesellschaften große Kosteneinsparungen erreichen.[88]

Neue Triebwerke sollen einen wichtigen Beitrag zur Verbesserung der Umweltverträglichkeit des Luftverkehrs leisten. Die Ingenieure des US-Triebwerkherstellers arbeiten zusammen mit MTU an einem neuen Düsentriebwerk. Die vorne liegenden Triebwerksschaufeln (der Fan) wurden von der Welle der Niederdruckturbine durch ein Getriebe getrennt. Dadurch müssen beide Teile nicht mehr mit derselben Geschwindigkeit arbeiten. Da der Fan einen hohen Wirkungsgrad bei niedrigen, die Niederdruckturbine aber bei sehr großen Drehzahlen erreicht, können sie jeweils in ihrem optimalen Drehzahlbereich arbeiten.[89] Diese revolutionäre Entwicklung verringert die Anzahl der notwendigen Turbinenstufen und somit das Gewicht der Turbine. Da das Gewicht und der aerodynamische Widerstand eine wesentliche Rolle beim Energieverbrauch spielen, ist dies eine Möglichkeit, Flugzeuge durch den Einsatz neuer Technologien leichter zu konstruieren. Wird bei der Konstruktion eines Triebwerks das Gewicht um beispielsweise 250 kg reduziert, können auf der Strecke von Frankfurt nach New York bis zu 1,2 to CO_2 sowie 400 kg Kerosin eingespart werden.[90]

Viele Flugzeughersteller sehen in herkömmlichen Propeller-Maschinen Lösungsansätze, da diese zumeist deutlich verbrauchsgünstiger als Düsenjets sind. Allerdings sind Propeller-Triebwerke vergleichsweise lauter als Düsentriebwerke, da keine Hülle das Triebwerk umschließt. Ein weiterer Nachteil der Propeller-Triebwerke ist die geringere Reisegeschwindigkeit. Es wurde die alte Technologie verbessert und neue Turbopropeller-Maschinen entwickelt, die wesentlich leiser und nur noch rund 20 % langsamer als Düsenjets sind. Ferner verbrauchen diese Maschinen bis zu 20 % weniger Kerosin.[91] Ein Unternehmen arbeitet derzeit an einem Hybrid Triebwerk, welches die Vorteile beider Techniken vereinen soll. Die

---

[88] Vgl. Boing (2000, o.S.).

[89] Vgl. Rees und Kiani-Kress (2009, o.S.).

[90] Vgl. Wouters (2009, o.S.).

[91] Vgl. Rees und Kiani-Kress (2009, o.S.).

neue Propfan-Technik soll bei Verbrauchswerten eines Propellertriebwerks an die Leistung eines Düsentriebwerks heranreichen. Probleme bereitet den Ingenieuren bislang die hohe Geräuschentwicklung. Bis zum Praxiseinsatz dieser Technik werden voraussichtlich noch mehrere Jahre vergehen.

5.2.3.6   Weitere Ansätze zur CO_2-Reduzierung

Umweltverträgliche Gebäude Auch wenn der größte Teil der Emissionen durch den Transport verursacht wird, kann man auch mit Innovationen in anderen Logistikbereichen die Umwelt schützen. Logistik findet nicht nur auf der Straße statt. Zum Logistikbereich gehören unter anderem auch Lagerhaltung, Warenumschlag und Produktion. Es existiert eine Großzahl von Möglichkeiten wie man Lagerhallen und Produktionsgebäude umweltverträglich ausstatten kann, zum Beispiel durch Installation von Solarzellen zur Energiegewinnung auf den Hallendächern. Die anfänglich hohen Investitionen können durch niedrige Energiekosten rechtfertigt werden. Ein KEP-Unternehmen bezieht seinen Strom komplett aus erneuerbaren Energiequellen. Das Unternehmen hofft durch den Wechsel zu Strom aus Wasser, Wind und Sonne seine CO_2-Bilanz um 4–5 % zu verbessern.[92]

Ein anderer Weg die Gebäude energieeffizienter zu machen, ist die Wärmedämmung. Durch sie ist der Bau im Sommer wie im Winter isoliert und verbraucht weniger Energie für Heizung oder Kühlung der Räume. Zum Abbau der CO_2-Konzentration in der Luft können begrünte Dachflächen beitragen. Gleichzeitig steuern sie zu einer verbesserten Wärmeisolation bei. Darüber hinaus kann Erdwärme zum Heizen und Kühlen genutzt werden. An einem Standort eines Logistikdienstleisters in Großbritannien wurden außerdem die Lichtsysteme mit Bewegungssensoren ausgestattet und auf Ökostrom umgestellt. Durch all diese Aktivitäten konnte die erste klimaneutrale Einrichtung in Großbritannien errichtet werden, die insgesamt ca. 98 % weniger Treibhausgase ausstößt.[93]

Ein Großteil der Produktions- und Lageranlagen befinden sich in Industriegebieten. An diesen Standorten bietet sich häufig die Nutzung der Abwärme von benachbarten Industriebetrieben an.

Eine weitere Möglichkeit die Natur zu entlasten ist die Wasserrückgewinnung. Das Bebauen von großen Flächen führen zu einer ungewollten Absenkung des Grundwassers. Über eine Rückführung durch Versickerung von Dachgewässern, zum Beispiel aus Regenwasser, kann diesem Effekt entgegengewirkt werden. Ein weiterer KEP-Dienstleister hat 2008 eine Nachhaltigkeitsinitiative gestartet. Ein Depot ist beispielsweise mit einer Wärmepumpenheizung, einer Photovoltaik-Anlage auf dem Dach sowie einer Vorrichtung zur Nutzung von Regenwasser ausgestattet. Allein durch die Benutzung der Wärmepumpenheizung verringert sich der CO_2-Ausstoß um jährlich ca. 12 Tonnen. Das Gebäude selbst ist aus vollständig recyclebaren Stahl- und Sandwichpanelen gefertigt. Um die natürliche

---

[92] Vgl. Redaktion Verkehrsrundschau (20.08.2008, o.S.).
[93] Vgl. Redaktion Verkehrsrundschau (20.11.2008, o.S.).

Umgebung nicht grundlos zu verändern, wurden nur die Hauptverkehrswege asphaltiert und der Rest mit sickerfreundlichen Ökosteinen gepflastert.[94]

Lärmschutzmauern Von den verschiedenen Umwelteinflüssen beeinträchtigt der Lärm die Menschen in ihrer Lebensqualität unmittelbar am stärksten. Straßenlärm stört die Erholung und den nächtlichen Schlaf und kann unter gewissen Umständen zu gesundheitlichen Beschwerden, insbesondere Stress, führen. Steigendes Verkehrsaufkommen verstärkt die Lärmbelastung für Mensch und Natur. Schutzmaßnahmen werden daher immer wichtiger. Laut Bundesfernstraßengesetz[95] sind bei dem Bau einer Bundesstraße auch Lärmschutzvorrichtungen (Wände oder Wälle) vorgesehen. Überall dort, wo stark frequentierte Verkehrsstrecken auf Wohnräume treffen, ist der Einsatz einer Lärmschutzwand notwendig und sinnvoll. Besonders wichtig ist sie beim Bau von Autobahnen, da dort Autos und LKW ununterbrochen mit großer Geschwindigkeit fahren.

Lärmschutz ist auch im Bahnbereich erforderlich, da Züge häufig nah an Wohngebieten vorbeifahren. Da die Züge immer schneller werden, muss der Lärmschutz im Bahnbereich erhöhten Anforderungen standhalten. Es gilt ein Material zu finden, das den Windlasten sowie den Lasten aus Druck- und Sogwirkung widerstehen kann.

Großer Lärm wird auch durch die dynamischen Kräfte im Zugverkehr verursacht. Dabei könnte ein innovatives Fahrbahnsystem helfen. Die Hohlräume zwischen den Schottersteinen werden mit einem Polyurethan (PUR-) Schaum vollständig ausgefüllt und somit Umlagerungen von Schottersteinen verhindert. Der PUR-Schaum fixiert die Steine und dämpft ihre Bewegungen. Der Körperschall wird gedämmt. Das System ist sowohl bei Neubauten als auch bei bereits existierenden Strecken anwendbar. Zurzeit besteht eine 300 m lange Teststrecke im niedersächsischen Uelzen.[96]

5.3   Vermarktung der „Green Logistics"

Nachhaltiges Wirtschaften ist heute für viele Unternehmen und ihre Partner zu einem wichtigen Faktor für die Sicherung von Produktivität und Wettbewerbsfähigkeit geworden. Verbraucher bevorzugen immer häufiger Anbieter, die sich sozial und ökologisch engagieren. Laut einer Studie der Unternehmensberatung Accenture ist für 70 % der Konsumenten in Deutschland die Angabe des für Herstellung, Logistik und Verpackung einer Ware ausgestoßenen klimaschädlichen CO_2, ein wichtiges Kriterium beim Lebensmittelkauf.[97]

---

[94] Vgl. Redaktion Verkehrsrundschau (16.10.2008, o.S.).

[95] Vgl. Bundesministerium der Justiz (Hrsg.) (2009).

[96] Vgl. Förderkreis des Verbandes Deutscher Verkehrsunternehmen, Köln und Verband der Bahnindustrie in Deutschland, Berlin (Hrsg.) (2008/2009, S. 125).

[97] Vgl. Accenture (2007, o.S.).

Während die einen mehr staatlicher Regeln und bezahlbare Standardlösungen fordern, haben andere bereits den Umweltschutz zu einem wichtigen Thema gemacht und gehen weit über die gesetzlich vorgeschriebenen Mindestanforderungen hinaus.

Ein Großteil, nicht nur der Logistikunternehmen, wirbt mit „grünen" Produkten und Umweltengagement. Ziel solcher Initiativen ist nicht zuletzt ein neues Image des Unternehmens aufzubauen. Ein großes Paketdienstleistungsunternehmen hat ein Projekt ins Leben gerufen, über das alle CO_2-Emissionen, die während des Transports der Sendung entstehen, über Klimaschutzprojekte ausgeglichen werden. Eines davon ist das Projekt „Los Santos" in Costa Rica. Es unterstützt die Aufforstung von Wäldern in einer der ärmsten Regionen des Landes. Außerdem hat sich das Unternehmen das Ziel gesetzt, die CO_2-Effizienz des Konzerns bis 2020 um 30 % zu verbessern. Ein wichtiger Baustein dabei ist das klimaneutrale Versandangebot für die Kunden des Unternehmens. Seit dem ersten Apr 2009 sind viele Handelsunternehmen klimafreundlich ausgerichtet und versenden ihre Briefe diesen speziellen Service. Die durch den Versand entstandenen CO_2-Emissionen werden ausgeglichen, indem eine Windkraftanlage in China finanziert wird. Das versendende Unternehmens zahlt Ausgleichszahlungen, wofür der Dienstleister Zertifikate für das naturfreundliche Projekt in China erwirbt.[98]

Diese Maßnahmen sind mit höheren Preisen verbunden. Laut einer Umfrage des Bundesverbands Materialwirtschaft, Einkauf und Logistik e. V. (BME) wären rund 11 % der Transportkunden bereit, für eine ökologische Dienstleistung höhere Preise in Kauf zu nehmen.[99] Umweltschutzkriterien werden für die Vergabe von Logistikleistungen künftig ausschlaggebend sein. Viele Unternehmen, die sich ökologisch engagieren, bevorzugen heute schon ökologisch orientierte Subunternehmer und Lieferanten. Vor der Zusammenarbeit werden Lieferanten und Kooperationspartner auf die Probe gestellt und verschiedenen Tests unterzogen. Jedes Unternehmen muss seine Liefer- und Wertschöpfungsketten auf nachteilige Umweltauswirkungen hin untersuchen und anpassen.

5.3.1 Green Logistics als Wettbewerbsvorteil

> Eine Nachhaltige Unternehmenspolitik ist heute mehr denn je unverzichtbare Voraussetzung für den wirtschaftlichen Erfolg. Auch die Logistikbranche darf diesen Trend nicht verpassen... (Wulf-Mathies (2006))

Auch der Ökonom Robert Solow hat die Beziehung zwischen Technologie und Wirtschaftswachstum untersucht und festgestellt, dass technologische Innovationen mehr als 70 % des Wirtschaftswachstums seit den 50er Jahren erklären.[100] In einem sich nach ökologischen Kriterien umstrukturierenden Güterverkehrsmarkt werden diejenigen Unternehmen die größten Chancen haben, die frühzeitig umweltbewusste Dienstleistungen und Produkte

---

[98] Vgl. Redaktion Verkehrsrundschau (14.04.2009, o.S.).
[99] Vgl. Redaktion my logistics (25.05.2209, o.S.).
[100] Vgl. Solow (1988, S. 3).

anbieten. Innovationen sind der Schlüssel zum Wachstum. Vorreiter auf dem Gebiet der Green Logistics bekommen den größten Marktanteil und erzielen dadurch mehr Gewinne. Sie können als erste neue Märkte erschließen, haben Vorsprünge gegenüber den Konkurrenten, hinsichtlich umweltgerechter Konzepte und Technologien und erlangen ein „grünes" Image. Zudem kann die Identifikation der Mitarbeiter mit dem Unternehmen gesteigert werden. Unternehmen müssen sich daher auf die zunehmende Bedeutung der Ökologie in logistischen Fragestellungen einstellen und ihre gesamte Logistikplanung um ökologische Aspekte erweitern. Das Accenture High Performance Institute prognostiziert: „Marktführer zeichnen sich in Zukunft dadurch aus, dass sie eine integrierte Nachhaltigkeitsstrategie verfolgen und über die Kompetenzen verfügen, wertorientierte, hoch profitable und zugleich umwelt- und sozialverträgliche Prozesse, Produkte und Dienstleistungen anzubieten."[101]

5.3.2   Kohlendioxid-(CO_2)-Fußabdruck (Carbon Footprint)

Für Unternehmen und besonders für ihre Kunden wird Klimaschutz zunehmend wichtiger. Immer mehr Unternehmen erkennen, dass eine klare Stellungnahme zum Thema Nachhaltigkeit und Umweltschutz gefragt ist. Ein glaubwürdiges Engagement im freiwilligen Klimaschutz ist heutzutage unentbehrlich. Der Erfolg grüner Logistikstrategien wird daran gemessen, wie viele Emissionen ein Unternehmen einsparen kann. Wer seine Emissionen verringern will, muss zunächst wissen, wie viel er davon verursacht und welche Prozesse und Produkte für diese Emissionen verantwortlich sind. Zur Identifizierung und Messung dieser Emissionsmenge dient der sogenannte CO_2 Fußabdruck. Dabei werden die CO_2-Emissionen für eine bestimmte Transportstrecke, Beladung und Transportmittel ausgerechnet. Durch Änderung der Größen für Ladegewicht und eingesetztem Transportmittel kann man die Bedeutung des Auslastungsgrades sowie die Unterschiede in der Umweltbelastung zwischen den Transportmitteln feststellen.

Das Programm EcoTransIT (Ecological Transport Information Tool) wurde von der Deutschen Bahn entwickelt.[102] Die Methode vergleicht verschiedene Transportmittel hinsichtlich ihres CO_2- und Schadstoffausstoßes. So können Unternehmen ihre individuelle Umweltbilanz erstellen und feststellen, mit welchem Transportmittel ihre Güter nicht nur zuverlässig und schnell, sondern auch umweltverträglich transportiert werden können. Das EcoTransIT-Programm bezieht verschiedene Faktoren in die Berechnungen mit ein. So wird zum Beispiel beim Straßen- und Bahnverkehr die Einwirkung der Topografie auf den Energieverbrauch und die Emissionen berücksichtigt. Bei einem Transport über Wasser wird die Fließrichtung des Gewässers in die Kalkulation mit einbezogen.[103]

Eine andere Anwendung zur Berechnung des CO_2-Fussabdrucks wird von der Firma Climate Partner angeboten. Die Standardversion betrachtet die drei großen Emissions-

---

[101] o. V. Accenture (2009, o.S.).
[102] Vgl. DB Schenker (2012, o.S.).
[103] Vgl. Kettner (2009, S. 12).

bereiche im Unternehmen – Strom, Heizenergie und Mobilität. Die darauf aufbauende Version entwickelt anhand dieser Ergebnisse eine ganzheitliche Klimaschutzstrategie für das Unternehmen sowie eine Beschreibung der möglichen Handlungsoptionen.[104] Diese Methode hat allerdings eine Schwäche, weil sie als Single-Indicator Methode nur eine von vielen Auswirkungen misst. Oftmals wird nicht berücksichtigt, dass Materialien wie Kunststoffe während ihrer Verwendungsphase mehr fossile Brennstoffe einsparen, als zu ihrer Herstellung benötigt wurden. Der Carbon Footprint ist eine Entscheidungshilfe für den Einsatz und Ausbau beispielsweise der eingesetzten Fahrzeugflotte. Durch die Gegenüberstellung der CO_2-Emissionen verschiedener Verkehrsmittel kann ein Unternehmen bestimmen, ob sich eine Investition in einem eigenen Gleisanschluss oder Binnenwasseranschluss aus Umweltsicht lohnt. Er zeigt, wie unterschiedliche Entscheidungen über Transportmittel, Auslastungsgrad und Transportroute den CO_2 Fußabdruck beeinflussen können.

Wenn es zunächst nicht gelingt, CO_2 einzusparen, so besteht die Möglichkeit über Kompensations-Programme für einen Ausgleich zu sorgen. In Höhe des ausgestoßenen CO_2 beteiligt sich das Unternehmen an zertifizierten Projekten, durch die der CO_2-Ausstoß in anderen Bereichen gemindert werden kann. Beispielsweise kann eine Tonne CO_2, die in Deutschland emittiert wird, in Asien durch den Bau eines Wasserkraftwerks anstatt eines Kohlekraftwerks oder durch Wiederaufforstungsmaßnahmen in Lateinamerika eingespart werden. Für das weltweite Klima ist es nicht relevant, wo die Emission oder die Einsparung stattfindet. Kompensation ist die letzte aller klimapolitischen Möglichkeiten. Zuallererst gilt es, die Emission zu vermeiden, zum Beispiel durch die Verringerung von Transporten. Die nächste Möglichkeit ist, den Ausstoß zu reduzieren. Erst dann kommt die Kompensation.

5.4 Green Washing[105]

Als Green Washing wird das Bemühen von Unternehmen, Verbänden oder auch Regierungen bezeichnet, sich ein zumeist nicht oder nur gering begründetes „grünes" Image anzueignen. Versucht wird dies durch eine gezielte medienwirksame Vermarktung der Finanzierung von umweltfreundlichen Projekten und Initiativen. Oftmals gilt es hier, nach einem Skandal oder anderer negativer Berichterstattung wieder ein positiveres Bild in der Öffentlichkeit zu erlangen. Green Washing ergänzt bzw. übernimmt teilweise die Rolle des sozialen Engagements, welches seit jeher von vielen Organisationen zur Imageverbesserung eingesetzt wird.

Die Motivation für die Green Washing betreibenden Organisationen leitet sich aus den zahlreichen potenziellen Vorteilen ab, die sich nach dem Überziehen eines grünen Mantels realisieren lassen. Einige davon seien hier exemplarisch genannt:

---

[104] Vgl. ClimatePartner (2012, o.S.).
[105] Vgl. Büchel (o. J., o.S.).

- Verstärkte Machtposition gegenüber Wettbewerbern durch ein positives Image und daraus resultierende Steigerung der Marktanteile
- Überzeugen von Kritikern von den guten Absichten der Organisation
- Manipulieren der öffentlichen Meinung durch geschickten Einsatz von rhetorischen Stilmitteln im Umweltkontext
- Gezieltes Ablenken der Aufmerksamkeit von Regulatoren
- Erhöhung der Attraktivität der Organisation gegenüber potenziellen Geldgebern, die in eine nicht-grüne Firma nicht investieren würden

Abschließend ist festzustellen, dass nicht jede grüne Kampagne dem Green Washing zuzuordnen ist. Eine kritische Hinterfragung von Projekten mit Umweltbezug sollte dennoch nicht unterlassen werden. Handelt es sich dabei um echtes Engagement oder geht es nur um Imagepflege? Stecken Werte hinter dem Projekt oder wird eine grüne Fassade aufgebaut, hinter der die bestehende CO_2 ausstoßenden Geschäfts- und Produktionsprozesse weiter betrieben werden.

5.5   Übungsaufgaben zu Kap. 5

Aufgabe 1
Definieren Sie kurz den Begriff Green Logistics.

Aufgabe 2
a) Was versteht man unter externen Kosten des Verkehrs?
b) Nennen und erläutern Sie stichwortartig 3 externe Kosten des Verkehrs.

Aufgabe 3
Nennen und erläutern Sie stichwortartig 3 technische und 3 organisatorische Möglichkeiten zur CO_2 Reduzierung im Transportbereich.

Aufgabe 4
Green Logistics wird häufig als Wettbewerbsinstrument eingesetzt.
a) Erläutern Sie an 2 Beispielen die Einsatzmöglichkeiten der „Green Logistics" als Wettbewerbsinstrument.
b) Nehmen Sie zu Ihren Ausführungen unter a) kritisch Stellung vor dem Hintergrund des „Green Washing".

Literaturverzeichnis

Aachener Stiftung Kathy Beys (Hrsg.) Lexikon der Nachhaltigkeit, Aachen. http://www.nachhaltigkeit. info/artikel/geschichte_10/rio_48/weltgipfel_rio_de_janeiro_1992_539.htm (2012). Zugegriffen: 4. Juni 2012

Aberle, G.: Transportwirtschaft: einzelwirtschaftliche und gesamtwirtschaftliche Grundlagen, 4. Aufl. Springer, München (2003)

Accenture GmbH: o. V.: Verbraucherumfrage „CO_2-Bilanz bei Lebensmitteln? Ja bitte! http://www. accenture.com/Countries/Germany/Research_and_Insights/CO2Jabitte.htm (2007). Zugegriffen: 19. Juni 2009

Accenture GmbH: Einzelhandel: Nachhaltigkeit Kunden fordern bessere Vernetzung von Internet und Ladengeschäft auf. http://www.accenture.com/Countries/Germany/Research_and_Insights/ NachhaltigkeitEinzelhandel.htm (2009). Zugegriffen: 19. Juni 2009

ADAC e.V. (Hrsg.): o. V.: Umweltzonen zeigen keine Wirkung in ADAC Motorwelt, Heft 7, S. 11. (2009)

Adelsberger, H., Khatami, P.: ERP I: Produktionslogistik, Veranstaltung im Wintersemester 2006/2007 an der Universität Duisburg-Essen

Antoni, C.H.: Gruppenarbeit: mehr als ein Ansatz zur betrieblichen Flexibilisierung. In: Antoni, C.H., Eyer, E., Kutscher, J. (Hrsg.) Das flexible Unternehmen: Arbeitszeit, Gruppenarbeit, Entgeltsysteme, Loseblattwerk 2001, Sektion 02.01. www.flexible-unternehmen.de (2001)

Appelfeller, W., Buchholz, W.: Supplier Relationship Management: Strategie, Organisation und It des modernen Beschaffungsmanagements, 1. Aufl. Springer, Wiesbaden (2005)

Arndt, H.: Supply Chain Management: Optimierung logistischer Prozesse, 4. aktualisierte und überarbeitete Auflage. Wiesbaden, Wiesbaden (2008)

Arnold, D., Kuhn, A., Furmans, K., Isermann, H., Tempelmeier, H. (Hrsg.): Handbuch Logistik, 2. aktualisierte und korrigierte Aufl. Springer, Berlin Heidelberg (2004)

Arnold, D., Kuhn, A., Furmans, K., Isermann, H., Tempelmeier, H. (Hrsg.): Handbuch Logistik, 3. neu bearbeitete Aufl. Springer, Berlin Heidelberg (2008)

Little, A.D.: The Pennsylvania State, Centre of Logistics Research: Logistics in Service Industries, Prepared for Council of Logistics Management. Oak Brook, IL (1991)

Bäck, H.: Erfolgsstrategie Logistik. Springer, München (1984)

Bardua, J.: Navigation professionell: Übersicht: Navigationssysteme für LKW 2012. http://www. navigation-professionell.de/ubersicht-navigationssysteme-fur-lkw/ (2012). Zugegriffen: 9. Juni 2012

Barth, T., Barth, D.: Controlling, 2. Aufl. Springer, München (2008)

Bea, F.X., Friedl, B.: Schweitzer, Marcell: Allgemeine Betriebswirtschaftslehre, 9. Aufl. Springer, Stuttgart (2005)

S. Koch, *Logistik*,
DOI 10.1007/978-3-642-15289-4, © Springer-Verlag Berlin Heidelberg 2012

Beck, G.: Leichter Laufen. In: Effizient Transportieren, Sonderheft Verkehrsrundschau, S. 10–13. (2009)

Becker, J., Rosemann, M.: Logistik und CIM. Springer, Berlin usw. (1993)

Beckmann, T.: Emerging Market Sourcing: Eine empirische Untersuchung über Erfolgsfaktoren in der Beschaffung aus Wachstumsmärkten.1. Aufl. Springer, Berlin (2008)

Berkstein, G. von: Buch der Flugzeugbauer: Die Luftfahrtindustrie und deren Produkte. Springer, Norderstedt (2011)

Berr-Sorokin, M., Hermann, S.: Lieferanten-Know-how nutzen. In: Beschaffung aktuell, S. 35. (2006a)

Berr-Sorokin, M., Hermann, S.: Messen und kontrollieren. In: Beschaffung aktuell, S. 43. (2006b)

BIEK: KEP-Studie 2011. http://www.biek.de/download/gutachten/kep_studie_2011.pdf (2012). Zugegriffen: 21. Apr. 2012

Bimber, O.: Mediensysteme schaffen neue Dimensionen: Barcodes mit Farbe und Zeit. Springer, Weimar. http://www.uni-weimar.de/cms/mitteilung.455.0.html?mitteilungid=32973 (2007). Zugegriffen: 9. Juni 2012

Blohm, H., Beer, T., Seidenberg, U., Silber, H.: Produktionswirtschaft, 4. vollständig überarbeitete Aufl. Springer, Hamm (2008)

Blum, H.: Logistik-Controlling, Kontext, Ausgestaltung und Erfolgswirkungen. Springer, Wiesbaden (2006)

Bohlmann, B., Müller, B.: Besser steuern; Veröffentlicht in Logistik Heute, Jahrgang 27. (2005)

Boing: Neue Winglets für BOEING 737–800: 3–5 % weniger Kraftstoff bedeuten Entlastung für die Umwelt. http://www.boeing.com/global/german/archiv2000/februar20–00.html (2000). Zugegriffen: 10. Juni 2012

Braun, S.: Die Prozesskostenrechnung, 4. Aufl. Sternefels (2007)

Braun, F.: Von Leichtbau zu Ecotrail, in KFZ-Anz. **07**, 26–29 (2011)

Bretzke W.-R.: „Make or Buy" von Logistikdienstleistungen: Erfolgskriterien für eine Fremdvergabe logistischer Dienstleistungen. In: Isermann, H. (Hrsg.) Logistik: Beschaffung, Produktion, Distribution, S. 321–330. Springer, Landsberg/Lech (1994)

Brunner, F.: Japanische Erfolgskonzepte, Kaizen, KVP, Lean Production Management, Total Productive Management, Shop Floor Management, Toyota Production Management. Springer, München Wien (2008)

Buck-Emden, R.: mySAP CRM, Geschäftserfolg mit dem neuen Kundenbeziehungsmanagement. Springer, Bonn (2002)

Bücherl, C. (Hrsg.): Slowsteaming & Containerschiffe – Keine Krise für die Schifffahrt trotz steigener Rohölpreise in: Ratgeber Schiffsbeteiligungen vom 08.09.2008. http://www.ratgeber-schiffsbeteiligungen.de/aktuelle-nachrichten/slowsteaming-containerschiffe-keine-krise-fur-die-schifffahrt-trotz-steigener-roholpreise (2008). Zugegriffen: 10. Juni 2012

Bücherl, C. (Hrsg.): Greenwashing – Wie Unternehmen und Politik Imagepflege mit ökologischen Projekten betreiben in: Klimawandel global o.J. http://www.klimawandel-global.de/klimawandel/kritische-stimmen/greenwashing-wie-unternehmen-und-politik-imagepflege-mit-okologischen-projekten-betreiben/ (2012). Zugegriffen: 10. Juni 2012

Bundesministerium der Justiz (Hrsg.): Bundesfernstraßengesetz in der Fassung der Bekanntmachung vom 28. Juni 2007 (BGBl. I S. 1206), das zuletzt durch Artikel 6 des Gesetzes vom 31. Juli 2009 (BGBl. I S. 2585) geändert worden ist. http://www.gesetze-im-internet.de/fstrg/index.html. Zugegriffen: 10. Juni 2012

Bundesamt für Güterverkehr (BAG auf www.BAG.bund.de)

Bundesministerium für Umwelt, Naturschutz und Reaktorsicherheit (BMU): „Das Kyoto-Protokoll". http://www.bmu.de/klimaschutz/internationale_klimapolitik/kyoto_protokoll/doc/5802.php (2002). Zugegriffen: 11. Juni 2012

Bundesministerium für Umwelt, Naturschutz und Reaktorsicherheit (BMU): VerpackV – Verpackungsverordnung (Verordnung über die Vermeidung und Verwertung von Verpackungsabfällen). http://www.bmu.de/abfallwirtschaft/downloads/doc/5882.php (2009b). Zugegriffen: 9. Juni 2012

Bundesministerium für Umwelt, Naturschutz und Reaktorsicherheit (Hrsg.) Die LKW-Maut April 2009a. http://www.bmu.de/verkehr/gueterverkehr/lkw-maut/doc/4379.php (2009a). Zugegriffen: 3. Juni 2012

Bundesministerium für Umwelt, Naturschutz und Reaktorsicherheit (Hrsg.): KrW-/AbfG, Kreislaufwirtschafts- und Abfallgesetz Stand 28.10.2011. http://www.bmu.de/abfallwirtschaft/downloads/doc/1954.php (2011). Zugegriffen: 09. Juni 2012

Bundesministerium für Verkehr, Bau und Stadtentwicklung: „LKW-Fahrverbot in der Ferienreisezeit". http://www.bmvbs.de/SharedDocs/DE/Artikel/StB-LA/lkw-fahrverbot-in-der-ferienreisezeit-aktualisierung-2012.html (2012). Zugegriffen: 11. Juni 2012

Bundesministerium für Verkehr, Bau und Stadtentwicklung: Die Lkw-Maut: Fragen und Antworten. http://www.bmvbs.de/SharedDocs/DE/Artikel/UI/lkw-maut-fragen-und-antworten.html (2012). Zugegriffen: 09. Juni 2012

Bundesverband Güterkraftverkehr Logistik und Entsorgung (BGL) e. V. – (Hrsg.): Daten & Fakten. http://www.bgl-ev.de/images/daten/verkehr/transportleistung_tabelle.pdf (2012). Zugegriffen: 06. Juni 2012

Bundesverband Güterkraftverkehr Logistik und Entsorgung (BGL) e. V. – (Hrsg.): Informationen zur LKW-Maut. http://www.bgl-ev.de/images/downloads/service/mauttabellen/mautfaktor.pdf (2009). Zugegriffen: 09. Juni 2012

Bundesverband öffentlicher Binnenhäfen (Hrsg.): Abschlussbericht, o. J. http://www.binnenhafen.info/download/akt_5024_Abschlussbericht_Kap_3_Grundlagen.pdf (2012). Zugegriffen: 06. Juni 2012

Bundesverband Materialwirtschaft und Einkauf (BME) (Hrsg.): Grüne Logistik zahlt sich aus, 12.2009. http://www.allaboutsourcing.de/de/gruene-logistik-zahlt-sich-aus/ (2009). Zugegriffen: 09. Juni 2012

Bundeszentrale für politische Bildung (Hrsg.): Luftfracht 2010. http://www.bpb.de/wissen/PQK08R,0,Luftfracht.html (2010). Zugegriffen: 21. Apr. 2012

http://www.umweltbundesamt.de/verkehr/verkehrstraeg/gueterverkehr/texte/mautgesetz.htm

http://www.binnenschiff.de/downloads/daten_und_fakten/Daten_und_Fakten_2005_2006.pdf

Bundesverband der deutschen Binnenschifffahrt (Hrsg.): Daten und Fakten. http://www.binnenschiff.de/downloads/statistik_der_binnenschifffahrt.pdf (2010/2011). Zugegriffen: 06. Juni 2012

Burkert, M.: Qualität von Kennzahlen und Erfolg von Managern, direkte, indirekte und moderierende Effekte. Springer, Wiesbaden (2008)

Camp Robert, C.: Benchmarking. Springer, München Wien (1994)

Christopher, Martin: Marketing Logistics. Butterworth-Heinemann, Oxford (1997)

ClimatePartner (Hrsg.): Footprint Manager. Springer, München. http://www.climatepartner.com/footprint-manager.html (2012). Zugegriffen: 10. Juni 2012

Coase, R.H.: The Nature of the firm. Economica, **November**, 386 ff (1937)

Coenenberg, A.G.: Kostenrechnung und Kostenanalyse, 5. Aufl. Schäffer-Poeschel, Stuttgart (2003)

Cooper, R.: Activity-Based Costing – Einführung von Systemen des Activity-Costing. Kostenrechnungspraxis. **34**(6), 345–351 (1990)

Copley, F.B.: Frederick W. Taylor: father of scientific management, Vol. 1, 2. Harper and Brothers, New York (1923)

Counicil of Supply Chain Management Professionals: Supply Chain Management Definitions 2011. http://cscmp.org/aboutcscmp/definitions.asp (2011). Zugegriffen: 09. Juni 2012

Coyle, J.J., Bardi, E.J., Langley, Jr., C.J.: The Management of Business Logistics, 5. Aufl. West Publishing, St. Paul, MN (1992)

DB Schenker: Mit Software gegen Kohlendioxid vom 09.05.2012. http://www.dbschenker.com/hode/nachhaltigkeit/oekologie/loesungen/ecotransitworld.html;jsessionid=FF15DAC00061768A2-996C4B284BB03E4.ecm-ext-cae-slave1-buchholz (2012). Zugegriffen: 11. Juni 2012

Däumler, K.-D., Grabe, J.: Rechnungswesen – Prozesskostenrechnung (II). Veröffentlicht. Betr. Wirtsch. **54**(5), 176–179 (2000)

Daimler HighTechReport: Faszination Technologie – Ausgabe 01/2008, Stuttgart, 09.04.2008. http://media.daimler.com/dcmedia/0-921-614316-49-1065752-1-0-0-0-0-1-11702-614316-0-1-0-0-0-0-0.html (2008). Zugegriffen: 05. Aug. 2009

Danisch, R.: Interview mit Prof. Dr. Karl Viktor Schaller, Vorstand für Technik und Einkauf bei der MAN Nutzfahrzeuge AG (o.J.). http://www.atzonline.de/index.php;do=show/site=a4e/sid=766fcd925830043bc463fbb49ca22dfc/alloc=35/id=130 (2012). Zugegriffen: 09. Juni 2012

Delfmann, W., Klaas-Wissing, T.: Strategic Supply Chain Design –Theory, Concepts and Applications. Kölner Wissenschaftsverlag, Köln (2007)

Delsing, U.: Das Leben einer Mehrwegflasche vom 10.11.2008. http://www.geva.com/index.php?id=31&backPID=31&pS=1225494000&pL=7948799&arc=1&tt_news=2513 (2008). Zugegriffen: 10. Juni 2012

Deutsche Bundesstiftung Umwelt: „Schwimmen, Fliegen, Laufen" auf http://www.inspiration-natur.net/776.html (2012). Zugegriffen: 10. Juni 2012

Deutsche Post DHL: Wir transportieren Verantwortung, Bericht zur Unternehmensverantwortung, Bonn 2011. http://www.dp-dhl.com/content/dam/dpdhl/verantwortung/Bericht-zur-Unternehmensverantwortung-2011.pdf (2011). Zugegriffen: 09. Juni 2012

Deutsche Post DHL: DHL Packstation auf http://www.dhl.de/de/paket/privatkunden/packstation.html (2012). Zugegriffen: 09. Juni 2012

Redaktion Deutsche Verkehrszeitung (DVZ): Mit Kooperation durch die Flaute. DVZ **79** (vom 02.07.2009), 6

Redaktion Deutsche Verkehrszeitung (DVZ): Schweiz gibt Geld für Kombi frei vom 30.05.2009. DVZ **65**, 1

Redaktion Deutsche Verkehrszeitung (DVZ): Euro-6-Norm macht LKW um 10 % teurer vom 11. Juni 2009. DVZ **70**, 1

Redaktion Deutsche Verkehrszeitung (DVZ): „Maersk reizt, „Slow steaming" „aus" vom 05.05.2009. DVZ **53/54**, 1

Redaktion Deutsche Verkehrszeitung (DVZ): „Schiffe fahren weiter im Spargang" vom 30. Juni 2009. DVZ **78**, 1

Redaktion Deutsche Verkehrszeitung (DVZ): Ohne Kran auf die Bahn vom 12.05.2009. DVZ **57**, 12

Redaktion Deutsche Verkehrszeitung (DVZ): Erdgasantrieb für schwere LKW erreicht Praxis vom 12.05.2009. DVZ **57**, S. 2

DHL Logbook: Discover Logistics, Erste und letzte Meile. http://www.dhl-discoverlogistics.com/cms/de/course/technologies/reinforcement/first.jsp (2008). Zugegriffen: 09. Juni 2012

DHL Innovationscenter: Intelligente Zustellung. http://www.dhl-innovation.de/de/projekte/intelligenteZustellung.php (2011) Zugegriffen: 09. Juni 2012

Diller, H.: Beziehungs-Marketing. WiSt **24**(9), 442–447

Domschke, W.: Schildt, Birgit: Standortentscheidungen in Distributionssystemen. In: Isermann, H. (Hrsg.): Logistik: Beschaffung, Produktion, Distribution, S. 181–189. Verl. Moderne Industrie, Landsberg/Lech (1994)

Drebinger, T.: Zukunftsweisende Impulse durch neue Medien. Beschaff. Aktuell **11**, 52–54 (2000)

Dreyer, H.W.: Lieferantentypspezifische Bewertung von Lieferleistungen: eine empirische Analyse. Frankfurt a.M. (2000)

Drury, C.: Cost & Management Accounting, 5. Aufl. London (2004)

Dürr, Chr.: Global Transport – Zertifikate. Eisenbahn, Schiffe, Flugzeuge vom 29.08.2007. http://www.n-tv.de/wirtschaft/empfehlungen/Eisenbahn-Schiffe-Flugzeugearticle229399.html (2007). Zugegriffen: 06. Juli 2009

EADS: „A380 beginnt Testprogramm mit alternativem Flugkraftstoff", vom 01.02.2008. http://www.eads.net/1024/de/pressdb/archiv/2008/2008/20080201_airbus_alternative_fuel.html (2008). Zugegriffen: 10. Juni 2012

Ebers, M., Gotsch, W.: Institutionenkonomische Theorien der Organisation, in: Kieser, A. (Hrsg.) Organisationstheorien, 2. überarbeitete Aufl., S. 185—235. Stuttgart usw. (1995)

Ehrmann, Harald.: Logistik, 6. überarbeitete und aktualisierte Auflage. Ludwigshafen (Rhein) (2008)

Ellram, L.M.: Supply chain management: Partnershipsand the shipper-third party relationship. Int. J. Logist. Manage. **01**, 1–10 (1990)

Ellram, L.M., Cooper, M.C.: The relationship between supply chain management and Keiretsu. Int. J. Logist. Manage. **01**, 1–12 (1993)

Engelsleben, T., Niebuer, A.: Entwicklungslinien der Logistik-Forschung, Arbeitsbericht Nr. 93 des Seminars für Allgemeine Betriebswirtschaftslehre, Betriebswirtschaftliche Planung und Logistik. Kölner Wissenschaftsverlag, Köln (1997)

Eisenhut, M.: Von kurzfristigen Kostensenkungsmaßnahmen zu nachhaltiger Wertsteigerung. http://www.oliverwyman.com/de/pdffiles/OW_Value_Sourcing(1).pdf (2009). Zugegriffen: 27. Mai 2009

Esser, K., Kurte, J.: KEP-Studie 2005; Deutsche KEP-Markt 2004 mit einer Abschätzung für 2010. Hamburg (2006)

Esser, K, Kurte, J.: KEP-Studie 2006; Beschäftigungs- und Einkommenseffekte der KEP-Branche: Entwicklung und Prognose. Hamburg (2007)

Esser, K., Kurte, J.: KEP-Studie 2008/2009; Untersuchung für den Bundesverband Internationaler Express- und Kurierdienste e. V. Hamburg (2010)

Esser, K., Kurte, J.: KEP-Studie 2008/2009; Wirtschaftliche Bedeutung der KEP-Branche: Entwicklung und Prognose. Hamburg (2010)

Europäische Umweltagentur (Hrsg.), anhand vorläufiger Daten für 2007

Europäische Kommission: EU Energy and Transport in Figures, Statistical Pocketbook (2009)

Fahrzeugwerk Bernard Krone GmbH (Hrsg.): Light Liner: Immer leicht ans Ziel, Werlte. http://www.kroneshop.de/nfz/pros/lightliner_de.pdf (2006). Zugegriffen: 10. Juni 2012

Falkner, A.M.: Logistik-Controlling für Produktionsnetzwerke. Wiesbaden (2004)

Falzmann, J.: Mehrdimensionale Lieferantenbewertung. Gießen (2007)

Fearnleys Review, United Nations Conference on Trade and Development (UNCTAD): Review of Maritime Transport (2008)

Finkenzeller Klaus: RFID Handbuch. München (2008)

FIS (Forschungsinformationssystem): Modal-Split-Anteil und Bedeutung des Kombinierten Verkehrs, Hamburg. http://www.forschungsinformationssystem.de/servlet/is/306347/ (2011). Zugegriffen: 09. Juni 2012

Focus Magazin: Frischer Wind für Frachter vom 03.09.2007. http://www.focus.de/wissen/wissenschaft/innovation-frischer-wind-fuer-frachter_aid_221649.html (2007). Zugegriffen: 09. Juni 2012

Förderkreis des Verbandes Deutscher Verkehrsunternehmen, Köln und Verband der Bahnindustrie in Deutschland, Berlin (Hrsg.): Bahn und Umwelt – Nachhaltigkeit im Verkehr, Jahrbuch des Bahnwesens Nah- und Fernverkehr, Bd. 57. (2008/2009)

Ford, H. Das große Heute, das größere Morgen. Leipzig (1926) (engl. orig. 1926)

Ford, H.: Mein Leben und Werk. Leipzig (1923)

Ford, H.: Erfolg im Leben, Mein Leben und Werk. Bielefeld, Hannover (1951)

Ford, H.: Why I favor five days' Work With Six Days' pay. In: World's Work. www.vcn.bc.ca/timework/ford.htm (1926)

Franke Werner, Dangelmaier Wilhelm: RFID – Leitfaden für die Logistik. Wiesbaden (2006)

Fritsch, M., Wein, T.: Ewers, H.-J.: Marktversagen und Wirtschaftspolitik: Mikroökonomische Grundlagen staatlichen Handels. München (2005)

Fritz, M.: Nachhilfe in Kaizen – Qualität von Toyota leidet unter schnellem Wachstum und Überheblichkeit. Frankf. Rundsch. (FR) **66**(29), 14–15 (2010)

ProSieben Sat1 Digital GmbH (PSD): Sendung „Galileo" vom 20.07.2009 auf ProSieben. http://www.galileo-videolexikon.de/home.php (2009). Zugegriffen: 06. Juni 2012

Gabler Verlag (Hrsg.), Gabler Wirtschaftslexikon, Stichwort: Economies of Scale. http://wirtschaftslexikon.gabler.de/Archiv/54610/economies-of-scale-v4.html (2009). Zugegriffen: 02. Dez. 2009

Gartner Inc. (Hrsg.): Gartner Says Worldwide RFID Revenue to Surpass $1.2 Billion in 2008 (25.02.2008). Gartner.com. http://www.gartner.com/it/page.jsp?id=610807 (2012). Zugegriffen: 09. Juni 2012

Garfamy Reza, M.: Supplier Selection and Business Process Improvement: An exploratory multiple-case study, Research Paper. Universitat Autònoma de Barcelona, Barcelona (2003)

GDV: Containerhandbuch, Berlin 2012. http://www.containerhandbuch.de/chb/stra/index.html?/chb/stra/stra_01_01_00.html (2012). Zugegriffen: 11. Juni 2012

Gleißner, H.: Femerling Christian: Logistik – Grundlagen, Übungen, Fallbeispiele 1. Aufl. Wiesbaden (2008)

Glantschnig, E.: Merkmalsgestützte Lieferantenbewertung. Köln (1994)

Göpfert, I.: Logistik: Führungskonzeption; Gegenstand, Aufgaben und Instrumente des Logistikmanagements und -controllings. München (2000)

Greenpeace: Biodiesel: Mogelpackung auf Kosten der Umwelt 2006. http://www.greenpeace.de/themen/sonstige_themen/feinstaub/artikel/biodiesel_mogelpackung_auf_kosten_der_umwelt/ (2006). Zugegriffen: 09. Juni 2012

Greenpeace: Exxon Valdez Katastrophe – 16 Jahre später, Bittere Bilanz: Keine Entschädigung für die Opfer, kein Schutz für die Meere, kein Ende der Ölpest in Alaska 2005. http://www.greenpeace.de/themen/oel/oeltanker/artikel/exxon_valdez_katastrophe_16_jahre_spaeter/ (2005). Zugegriffen: 09. Juni 2012

Greve, G.: Erfolgsfaktoren von Customer Relationship-Management-Implementierungen. Wiesbaden (2006)

Grimm, C. Viel Wind um die Schiffsemissionen, aus DVZ vom 30.04.2009

Grochla, E.: Erfolgsorientierte Materialwirtschaft durch Kennzahlen: Leitfaden zur Steuerung und Analyse der Materialwirtschaft. Baden Baden (1983)

Groth, U, Kammel, A.: Lean Management, Wiesbaden 1994

Grundhoff, S.: auf Car-to-Car-Kommunikation, Autos schlauer als Fahrer. http://www.focus.de/auto/ratgeber/sicherheit/assistenzsysteme/car-to-car-kommunikation-autos-schlauer-als-fahrer_aid_345880.html (2008). Zugegriffen: 09. Juni 2012

GS 1 Germany GmbH (Hrsg.): Der Weg zum erfolgreichen Supply Chain Management, 2. Aufl. Köln (2008)

GS 1 Germany GmbH (Hrsg.): EDI – hohe Einsparungen durch Einsatz von elektronischem Datenaustausch möglich. http://www.gs1-germany.de/content/e39/e56/e552/e295/datei/32003/c303_20.pdf (2011). Zugegriffen: 09. Juni 2012

Guba Gabriele (NexLogistics): Kostensituation. In: IASLonline. http://www.newlogix.de/100_logistics/120.html (2010). Zugegriffen: 12. März 2010

Hagemann, J.M.: Schlüsselbegriffe der gesellschaftlichen Wirklichkeit. Münster (2002)

Hahn, D., Laßmann, G.: Produktionswirtschaft, 3. vollständig überarbeitete Auflage. Basel (1999)

Haldimann, H.R.: Integrale Logistik. Zürich (1975)

Hammer, M., Champy, J.: Business Reengineering – Die Radikalkur für das Unternehmen. München (1998) (amerik. Orig.: Reengineering the Corporation, New York 1993; dt. 1993)

Hanse, U.: Absatz- und Beschaffungsmarketing des Einzelhandels. 2., neubearbeitete und erweiterte Auflage. Göttingen, Stuttgart (1990)

Harland, C.M.: Supply chain management, purchasing and supply management, logistics, vertical integration, materials management and supply chain dynamics. In: Slack, N (Hrsg.) Blackwell Encyclopedic Dictionary of Operations Management. Blackwell, UK (1996)

Harrington, H.J.: Business Prozess Improvement: The Breakthrough Strategy for Total Quality, Productivity and Competitiveness. New York (1991)

Heiserich, O.-E., Helbig, K.: Ullmann, W.: Logistik – eine praxisorientierte Einführung, 4. Aufl. Wiesbaden (2011)

Heß, G.: Supply-Strategien in Einkauf und Beschaffung: systematischer Ansatz und Praxisfälle. 1. Aufl. Wiesbaden (2008)

Hessenberger, M., Krcal, H.-C.: Innovative Logistik. Wiesbaden (1997)

Hieber, R, Windischer, A., Alard, R., Fischer, D.: Erfolgreich kooperieren in Supply Chains. Trends und Praktiken in der unternehmensübergreifenden Zusammenarbeit. Ergebnisse der Umfrage im Rahmen des KTI-Projektes ProNet. ETH-Zentrum für Unternehmenswissenschaft, Zürich (2000)

Hippner, H.: CRM – Grundlagen, Ziele und Konzepte. In: Hippner, H., Klaus, D (Hrsg.) Grundlagen des CRM. Konzepte und Gestaltung, 2. überarbeitete und erweiterte Aufl. Wiesbaden (2006)

Hirschsteiner, G.: Materialwirtschaft und Logistikmanagement. Ludwigshafen (2006)

Hoepke, E., et al.: Der Lkw im europäischen Straßengüter- und kombinierten Verkehr. Renningen-Malmsheim (1997)

Hoepke, E., Brähler, H.: Nutzfahrzeugtechnik, 4. Aufl. Wiesbaden (2006)

Höchst, B., Stausberg, B.: Artikel strukturieren nach ABC und XYZ. Beschaff. Aktuell **12**, 18–20 (1993)

Holderied, C.: Güterverkehr, Spedition und Logistik. München (2005)

Horváth, P.: Controlling. München (1998)

Horváth, P., Mayer, R.: Prozesskostenrechnung. Wiesbaden (1989)

Ickert, L., et al.: Abschätzung der langfristigen Entwicklung des Güterverkehrs in Deutschland bis 2050, Auftraggeber Bundesministerium für Verkehr, Bau und Stadtentwicklung, Basel. http://www.bmvbs.de/cae/servlet/contentblob/30886/publicationFile/455/gueterverkehrs-prognose-2050.pdf (2007). Zugegriffen: 06. Juni 2012

IFEU (Institut für Energie- und Umweltforschung Heidelberg GmbH): Fortschreibung und Erweiterung "Daten- und Rechenmodell: Energieverbrauch und Schadstoffemissionen des motorisierten Verkehrs in Deutschland 1960–2030 (TREMOD, Version 5) Endbericht im Auftrag des Umweltbundesamtes (FKZ 3707 45 101) Heidelberg. http://www.ifeu.de/verkehrundumwelt/pdf/IFEU(2010)_TREMOD_%20Endbericht_FKZ%203707%20100326.pdf (2010). Zugegriffen: 06. Juni 2012

IFEU (Institut für Energie- und Umweltforschung Heidelberg GmbH) und SGKV (Studiengesellschaft für den kombinierten Verkehr e. V.): Vergleichende Analyse von Energieverbrauch und CO-Emissionen im Straßengüterverkehr und Kombinierten Verkehr Straße/Schiene Heidelberg. http://www.bgl-ev.de/images/daten/emissionen/vergleich.pdf (2002). Zugegriffen: 09. Juni 2012

Ihde, G.B.: Transport, Verkehr, Logistik. Gesamtwirtschaftliche Aspekte und einzelwirtschaftliche Handhabung. 1. Aufl. München (1991)

Ihde, G.B., et al.: Ersatzteillogistik. München (1988)

Inderfurth, K.: Beschaffungskonzepte. In: Isermann, H. (Hrsg.) Logistik – Gestaltung von Logistiksystemen, 2. Aufl. S. 197–211. Landsberg am Lech (1998)

Industriemagazin (Hrsg.): Factory: Schnell und Punktgenau vom 15. Juni 2007. http://www.industriemagazin.at/index.php?id=f-artikel&tx_ttnews[tt_news]=2432 (2007). Zugegriffen: 29. März 2010

IMQ Consulting GmbH: QM „Total-Quality-Management". http://www.tqm.com/methoden/tqm, Zugriff 07. Juni 2010

Isermann, H.: Logistik. Landsberg/Lech (1994)

ISL: Institut für für Seeverkehrswirtschaft und Logistik, IHS Global Insight Deutschland GmbH, Raven Trading: Prognose des Umschlagpotenzials des Hamburger Hafens für die Jahre 2015, 2020 und 2025– Endbericht – Bremen. http://www.westerweiterung.de/fileadmin/downloads/ISL_Potenzialprognose_Endbericht.pdf (2010) Zugegriffen: 06. Juni 2012

Jackson, J.H.: The Controller: His Functions and Organization. Cambridge (1949)

Jacobs, R.: Die neue Medien: Auswirkung auf Konsumverhalten und Handelsstruktur. Mannheim (1986)

Janker, C.G.: Multivariate Lieferantenbewertung: empirisch gestützte Konzeption eines anforderungsgerechten Bewertungssystems. 1. Aufl. Wiesbaden (2004)

Janker, C.G., Lasch, R.: Lieferantenmanagement. In: Arnold, D., Kuhn, A., Furmans, K., Isermann, H., Tempelmeier, H (Hrsg.) Handbuch Logistik. 3. Aufl., S. 1001–1009. Berlin (2008)

Jossé, G.: Basiswissen Kostenrechnung, 5. Aufl. München (2008)

Jungbluth N.: Emmenegger Mireille: VerbraucherInnen können viel zur Entlastung der Umwelt beitragen in Ernährungs-Info-Nutrition/Nutrizione, S. 4 ff. http://www.svde-asdd.ch. (2004)

Jünemann, R.: Einführung in die Industrielle Logistik, In: 1. Europäischer Materialfluß-Kongreß, Berlin 20–22. März 1974, S. 11 –125. München (1974)

Jünemann, R.: Materialfluß und Logistik, Systemtechnische Grundlagen mit Praxisbeispielen. Heidelberg (1989)

Kamiske, G.F., Umbreit, G. (Hrsg.): Qualitätsmanagement – Eine multimediale Einführung mit CD-ROM „Lernprogramm Qualitätsmanagement", 3., aktualisierte Aufl. München/Wien (2006)

Kämpf, R.: Produktionsorganisation. In: Gienke, H., Kämpf, R (Hrsg.) Handbuch Produktion: Innovatives Produktionsmanagement: Organisation, Konzepte, Controlling. München (2007)

Kaplan, R.S., Atkinson, A.A.: Management Accounting, 4. Aufl. Academic Internet Publishers Incorporated (USA) (2006)

Katalyse-Institut: Umweltlexikon-online.de: Treibhauseffekt, Köln. http://www.umweltlexikon-online.de/RUBluft/Treibhauseffekt.php (2012). Zugegriffen: 09. Juni 2012

Kämpf, R., Götz, C., Wichelhaus, F.: Kennzahlen und Kennzahlsysteme in der Logistik, Thema des Monats der EBZ Beratungszentrum GmbH. Stuttgart (2000)

Keller, U. (Hrsg.): Missfitsbiz: Report E-Commerce in Deutschland veröffentlicht am 03.11.2007 http://www.missfitsbiz.de/2007/11/03/report-e-commerce-in-deutschland/ (2007). Zugegriffen: 09. Juni 2012

Kern, C.: Anwendung von RFID–Systemen. Berlin (2007)

Kettner, J.: Umweltbilanz für Gütertransporte vom 12.05.2009. DVZ **57**, 12

Kleinaltenkamp, M., Plinke, W.: Technischer Vertrieb: Grundlagen des Business – to – Business Marketing. Springer – Verlag, Berlin Heidelberg (2000)

Klima aktiv gemeinnützige Gesellschaft (Hrsg.): CO$_2$-Rechner: Das Standardtool. http://www.klimaktiv.de/article395_0.html (2012) Zugegriffen: 10. Juni 2012

Knackstedt, R.: Logistik, Kap. 5: Entsorgungslogistik, Vorlesung an der Universität Münster o. J. http://www.ercis.de/imperia/md/content/wi-information_systems/lehrveranstaltungen/lehrveranstaltungen/fis/ws0405/log05_kapitel_5___entsorgungslogistik_.pdf (2012). Zugegriffen: 09. Juni 2012

Knapp, T.M., Durst, M., Bichler, K.: Permanente Bewertung der Lieferantenleistung. Beschaff. Aktuell **12**, 42–47 (2000)

Koch, S.: Lebenszyklusorientierte Ersatzteillogistik in Hersteller-Anwender-Kooperationen. Hamburg (2004)

Köcher, M.M.: Fulfillment im Electronic Commerce, Gestaltungsansätze, Determinaten, Wirkungen. Wiesbaden (2006)

Koether, R.: Taschenbuch der Logistik. Leipzig (2008)

Koether, R.: Technische Logistik, 3., aktualisierte Aufl. München Wien (2004)

Georg, K.: Theorie, Anwendbarkeit und strategische Potenziale des Supply Chain Management. Wiesbaden (2005)

Korf. W. (Hrsg.): Lorenz I, 21. Aufl. Hamburg (2008)

Kostka, C., Kostka, S.: Der Kontinuierliche Verbesserungsprozess – Methoden des KVP, 4. Aufl. München (2008)

Kotzab, H.: Bestandsaufnahmen aktueller (innovativer) Technologien und Techniken der Distributionslogistik. markt. **1**, 22–38 (1995)

Kotzab, H.: Zum Wesen von Supply Chain Management vor dem Hintergrund der betriebswirtschaftlichen Logistikkonzeption–erweiterte Überlegungen. In: Supply Chain Management, S. 21–47. München (2000)

Kröner, T.: Hybridantrieb. http://www.autos-hybrid.de/hybridantrieb.html (2012) Zugegriffen: 10. Juni 2012

Kruse, K.-O.: Anreizsysteme in Abnehmer–Zuliefer–Kooperationen. Hamburg (1998)

Kuchenbrod, M.: Frederick Winslow Taylor – Ein Beitrag zur Geschichte der modernen Rationalisierung. http://people.freenet.de/matkuch1/taylor.htm

Küpper, H.-U.: Controlling: Konzeption, Aufgaben und Instrumente, 4. Aufl. Stuttgart (2005)

Kummer, S.: Logistikcontrolling. In: Kern, W., Schröder, H.H., Weber, J (Hrsg.) Handwörterbuch der Produktionswirtschaft. Stuttgart (1996)

Kummer, S.: Einführung in die Verkehrswirtschaft. Wien (2006)

Kummer, S. (Hrsg.), Grün, O., Jammernegg, W.: Grundzüge der Be-schaffung, Produktion und Logistik, 2., aktualisierte Aufl. München (2009)

Larson, P.D., Halldorsson, A.: Logistics versus supply chain management: An international survey. Int. J. Logist.: Res. Appl. **7**(1), 17–31 (2004)

Laux, H., Lierman, F.: Grundlagen der Organisation, 6. Aufl. Berlin Heidelberg (2005)

Leischner, E.: Das Toyota-Produktionssystem. München/Ravensburg (2007)

Lemke, A.: Logistikkompetenz in Entsorgungsunternehmen – Prozessorientierung und Verbesserung der Umweltleistung der Entsorgungslogistik. Dresden (2004)

Lenger, T.: Windkraftantrieb für Frachtschiffe, in:Institut der deutschen Wirtschaft Köln (IW), Forschungsstelle Ökonomie/Ökologie (Hrsg.) Klimazwei Risiken mindern, Chancen nutzen, Newsletter Nr. 2 Mai 2007

Logistra Redaktion: Seetransport reduziert CO_2. http://www.logistra.de/news-nachrichten/nfz-fuhrpark-lagerlogistik-intralogistik/2667/seetransport-reduziert-co2 (2008). Zugegriffen: 09. Juni 2012

Lokale Agenda 21 für Dresden e. V. (Hrsg.): Agenda 21 global – Ausgewählte Internationale Konferenzen und Beschlüsse, o. J. http://www.dresdner-agenda21.de/index.php?id=48 (2012). Zugegriffen: 11. Juni 2012

Lorch, M.: Binnenschifffahrtswelt, aktualisiert am 06. Juni 2012. http://www.binnenschiffahrtswelt.de/frachtarten.htm (2012). Zugegriffen: 08. Juni 2012

Luhmann, N.: Einführung in die Systemtheorie, 5. Aufl. Heidelberg (2009)

Männel, W.: Die Wahl zwischen Eigenfertigung und Fremdbezug. Stuttgart (1981)

Martin, H.: Transport- und Lagerlogistik, Planung, Struktur, Steuerung und Kosten von Systemen der Intralogistik, 6. vollständig überarbeitete Aufl. Wiesbaden (2006)

Martin, H., Römisch, P.: Weidlich, Andreas: Materialflusstechnik, Auswahl und Berechnung von Elementen und Baugruppen der Fördertechnik. 9., verbesserte und aktualisierte Aufl. Wiesbaden (2008)

May, C., Schimek, P.: Total Productive Management: Grundlagen und Einführung von TPM – oder wie Sie Operational Excellence erreichen, 2. Aufl. Ansbach (2009)

May, W. „Spedition und Lagerei" in Hesse, M. (Hrsg.) Verkehrswirtschaft auf neuen Wegen? (1992)

Mediengruppe macondo (Hrsg.): Lufthansa mit nachhaltiger Flottenmodernisierung in Umweltdialog vom 30.04.2009. http://www.umweltdialog.de/umweltdialog/emissionen/2009–04-30_Lufthansa_mit_nachhaltiger_Flottenmodernisierung.php (2009). Zugegriffen 09. Juni 2012

Mengen, A., Urmersbacht, K.: Prozesskostenrechnung im Industrieunternehmen; Veröffentlicht in Controlling Manage. **50**(4) (2006)

Mentzer, J.T., Firman, J.: Logistics control systems in the 21st century. J. Bus. Logist. **15**(1), 215–227 (1994)

Mertens, P.: Integrierte Informationsverarbeitung 1, operative Systeme in der Industrie, 17. überarbeitete Aufl. Wiesbaden (2009)

Meurer, P.: Konsignationslager vereinigt Zielkonflikte. Beschaff. Aktuell **6**, 31–33 (1994)

Michalack, P.: Ökologische Logistik; Analyse von Wirkungszusammenhängen und Konzeption von Ökologischen Wettbewerbs- und Logistikstrategien. (Diplomica Verlag GmbH) Hamburg (2009)

Ministerium für Wirtschaft und Mittelstand, Technologie und Verkehr des Landes Nordrhein-Westfalen, Marktstudie Schienengüterverkehr Verantwortlich für die Studie: SCI Verkehr GmbH. http://www.sci.de

Mitschke, M., Wallentowitz, H.: Dynamik der Kraftfahrzeuge, 4. Aufl. Berlin (2004)

Morgenstern, O.: Note of the formulation of the theory of logistics. Nav. Res. Logist. Q. **2**, 129–136 (1955)

Müssigmann, N.: Strategische Liefernetze: Evaluierung, Auswahl, kritische Knoten. 1. Aufl. Wiesbaden (2007)

Naddor, E.: Lagerhaltungssysteme. Frankfurt a. M. und Zürich (1971)

Nicolai, C.: Betriebliche Organisation. Stuttgart (2009)

Nohlen, D., et al.: Lexikon der Politikwissenschaft, 3. Aufl. München (2005)

Nyhuis, P.: Konzepte und Möglichkeiten einer bestandsarmen, zeitnahen Materialbereitstellung, 5. Sitzung AWF AG Moderne Produktionslogistik Wiesloch, 20. und 21. Januar 2009

Odenwald, M.: Die Leichten rollen an, Focus Nr. 12 (2008) vom 17.03.2008. http://www.focus.de/auto/unterwegs/fahrzeugbau-die-leichten-rollen-an_aid_265426.html (2008). Zugegriffen: 09. Juni 2012

Oeldorf, G., Olfert, K.: Materialwirtschaft, 11. Aufl. Ludwigshafen (2004)

Oelfke, W.: Güterverkehr-Spedition-Logistik, Speditionsbetriebslehre, 32. Aufl. Bad Homburg v.d.H. (1996)

Ohno, T.: Das Toyota-Produktionssystem. Frankfurt – New York (1993) (orig. japan. 1978; engl. 1988)

Ossimitz, G.: Endbericht zum Projekt SIMULATION VON SUPPLY-CHAIN-MANAGEMENT SYSTEMEN, Klagenfurt. http://beergame.uni-klu.ac.at (2002). Zugegriffen: 09. Juni 2012

Ostrenga, M.R.: Activities: The focal point of total cost management. Veröffentlicht Manage. Account. 71 (1990)

Oliver, K.R.: Webber, M.D: Supply chain management. Logistics catches up with strategy. In: Christopher, M. (Hrsg.), S. 61–75 (1992)

o.V. auf http://reset.to/blog/16-vertragsstaatenkonferenz-mexiko-stadt-vom-29-november-bis-10-dezember-2010

PACT (Pilot Actions for Combined Transport): CO_2-Reduzierung durch Kombinierten Verkehr. Juli 2003

Pawellek, G.: Schönknecht Axel: Maritime Logistik – Innovationsstrategien, Lösungsansätze und Potenziale. Jahrb. Logist. **2007**, 87–89 (2007)

Pfaff, D.: Kostenrechnung als Instrument der Entscheidungssteuerung – Chancen und Probleme; Veröffentlicht in Kosten-Rechnungs-Praxis, Z. Control. **40**(3) (1996)

Pfohl, H.-C.: Logistikmanagement. Implementierung der Logistikkonzeption in und zwischen Unternehmen. Bd. 1: Funktionen und Instrumente. Berlin et al. (1994)

Pfohl, H.-C.: Logistikkosten und -leistungen. In: Kern (Hrsg., 1996), Sp. 1129–1141 (1996)

Pfohl, H.-C.: Logistiksystems – Betriebswirtschaftliche Grundlagen, 5. Aufl. Berlin Heidelberg (1995)

Pfohl, H.-C.: Logistiksystems – Betriebswirtschaftliche Grundlagen, 8. neu bearbeitete und aktualisierte Aufl. Berlin Heidelberg (2010)

Picot, A.: Der Transaktionskostenansatz in der Organisationstheorie. Die Betriebswirtschaft (2), 267 ff (1982)

Picot, A., et al.: Die grenzenlose Unternehmung – Information, Organisation und Management, 2. Aufl. Wiesbaden (1996)

Picot, A., et al.: Organisation – Eine ökonomische Perspektive, 2., überarbeitete und erweiterte Aufl. Stuttgart (1999)

Planco Studie: Verkehrswirtschaftlicher und ökologischer Vergleich der Verkehrsträger Straße, Schiene und Wasserstraße, Verkehrswirtschaftlicher und ökologischer Vergleich, Essen/ Koblenz November 2007

Porter, M.-E.: Wettbewerbsvorteile(Competitive Advantage) – Spitzenleistungen erreichen und behaupten, 6. Aufl. Frankfurt, New York (2000)

Pratt, J.W.: Zeckhauser, R.J.: Principals and gents. Boston 1985

Preißler, P.R.: Controlling, Lehrbuch und Intensivkurs, 13. Aufl. München (2007)

PricewaterhouseCoopers: Land unter für den Klimaschutz?, 06.05.2009, S. 9, auf www.pwc.de (2009). Zugegriffen: 03. Aug. 2009

Procter & Gamble: P&G arbeitet kontinuierlich daran, den ökologischen Fußabdruck in seinen Werken zu reduzieren. Das Unternehmen arbeitet zu diesem Zweck auf eine langfristige ökologische Nachhaltigkeitsvision hin. http://www.pg.com/de_DE/unternehmen/nachhaltigkeit/umwelt/index.shtml (2002). Zugegriffen: 09. Juni 2012

Quirin, I.: Das Ende der roten Welle. http://www.capital.de/auto_technik/bitsundbytes/100016949.html (2008). Zugegriffen: 09. Juli 2009

Rainer, G., Schusterer, K. (Hrsg.): Innovative Lösungen für die „letzte Meile" in Die Metallzeitung. http://www.megatech.at/ireds-27112.html (2009). Zugegriffen: 29. März 2010

RECO – Regionalzentrum für Electronic Commerce Anwendungen Osnabrück (Hrsg.): Software für das Supply Chain Management. Osnabrück o. J.

Reckenfelderbäumer, M.: Entwicklungsstand und Perspektiven der Prozesskostenrechnung, 2. Aufl. Wiesbaden (1998)

Redaktion my logistics: Grüne Fracht durch sauberen Fuhrpark. 12.06.2008. http://www.mylogistics.net/de/news/themen/key/news899862/jsp (2008). [Stand: 09. Juni 2012

Redaktion my logistics: Von der Strasse auf die Schiene vom 03.12.2008. http://www.mylogistics.de/de/news/print_themen1.jsp?key=news975682 (2008). Zugegriffen: 09. Juni 2012

Redaktion my logistics: „Grüne Flotte: CWS und boco stellen auf Erdgas um" vom 29.02.2008. http://www.mylogistics.de/de/news/print_themen1.jsp?key=news853482 (2008). Zugegriffen: 09. Juni 2012

Redaktion my logistics: Deutsche Post DHL testet Neuentwicklung bei Expresszustellung vom 23.03.2009. http://www.mylogistics.net/de/news/themen/key/news1024422/jsp (2009). Zugegriffen: 04. Juli 2009

Redaktion my logistics: Studienarbeit: Klimaschutz im Fokus vom 25.05.2009. http://www.mylogistics.net/de/news/themen/key/news1044662/jsp (2009). Zugegriffen: 10. Juni 2012

Redaktion Verkehrsrundschau: Procter & Gamble verstärkt „Grüne Logistik" vom 30.03.2009. http://www.verkehrsrundschau.de/cms/827984 (2009). Zugegriffen: 09. Juni 2012

Redaktion Verkehrsrundschau: UPS setzt Elektrofahrzeuge ein, vom 20.11.2008. http://www.logistikinside.de/cms/787228/li_artikel_drucken (2008). Zugegriffen: 09. Juni 2012

Redaktion Verkehrsrundschau: Deutsche Post testet Hybrid-LKW vom 29.01.2008. http://www.verkehrsrundschau.de/sixcms/detail.php?id=618074 (2008). Zugegriffen: 09. Juni 2012

Redaktion Verkehrsrundschau: Computerlogistik: Dell will neun Millionen Kilo Verpackungsmaterial sparen vom 17.12.2008. http://www.logistik-inside.de/cms/793819 (2008). Zugegriffen: 10. Juni 2012

Redaktion Verkehrsrundschau: Trans-o-flex setzt komplett auf Ökostrom vom 20.08.2008. http://www.logistikinside.de/cms/744004 (2008). Zugegriffen: 04. Juli 2009

Redaktion Verkehrsrundschau: DHL eröffnet erstes klimaneutrales Lager vom 20.11.2008. http://www.logistik-inside.de/cms/786999 (2008). Zugegriffen: 06. Juli 2009

Redaktion Verkehrsrundschau: GLS baut Öko-Depot vom 16.10.2008. http://www.logistik-inside.de/gls-baut-oeko-depot-759024.html (2008). Zugegriffen: 23. Juni 2009

Redaktion Verkehrsrundschau: Tchibo versendet Briefe mit Go Green vom 14.04.2009 in Logistik Inside. http://www.logistik-inside.de/cms/831542 (2009). Zugegriffen: 04.07.2009

Redaktion Stern.de: o. V. Nie mehr an der Ampel warten vom 11.04.2007. http://www.stern.de/computertechnik/technik/:Feldversuch-Travolution-Nie-Ampel/586646.html (2007). Zugegriffen: 09. Juni 2012

Rees, J., Kiani-Kress, R.: Ökoflieger vor dem Boom vom 15.06.2009. http://www.wiwo.de/technik/oekoflieger-vor-dem-boom-399728/ (2009). Zugegriffen: 15. Juli 2009

Reichmann, T.: Controlling mit Kennzahlen, S. 311. München (1985)

Reim, U.: „Räumliche Mobilität und regionale Disparitäten", S. 319. Datenreport. www.destatis.de (2008). Zugegriffen: 03. Juli 2009

Remer, D.: Einführen der Prozesskostenrechnung, 2. Aufl. Stuttgart (2005)

Richtlinie 2008/101/EG des europäischen Parlaments und des Rates vom 19. November 2008 zur Änderung der Richtlinie 2003/87/EG zwecks Einbeziehung des Luftverkehrs in das System für den Handel mit Treibhausgasemissionszertifikaten in der Gemeinschaft

Riedl, A.: Greening Logistics Berlin, 23. Juni 2007, Wachstumschancen im Kombinierten Verkehr.

Rogall, H.: Ökologische Ökonomie, 2. Aufl. Wiesbaden (2008)

Rohweder, D.: Informationstechnologie und Auftragsabwicklung: Potenziale zur Gestaltung und flexiblen kundenorientierten Steuerung des Auftragsflusses in und zwischen Unternehmen. Berlin (1996)

Rossa, H.: Durch Windkraft über die Weltmeere, Mit Segeln kann auch ein großes Schiff Treibstoff sparen auf Schiffe Boote und Seefahrt vom 08.04.2008. http://schiffe-boote-seefahrt.suite101.de/article.cfm/durch_windkraft_ueber_die_weltmeere (2008). Zugegriffen: 09. Juni 2012

Rotering, J.: Zwischenbetriebliche Kooperation als alternative Organisationsform: ein transaktionskostentheoretischer Erklärungsansatz. Stuttgart (1993)

Rothlauf, J.: Total Quality Management in Theorie und Praxis: Zum ganzheitlichen Verständnis. München (2010)

Rudolph, F.: Klassiker des Managements – Von der Manufaktur zum modernen Großunternehmen. Wiesbaden (1994)

Rupprecht-Däullary, M.: Zwischenbetriebliche Kooperation: Möglichkeiten und Grenzen durch neue Informations – und Kommunikationstechnologien. München (1994)

Sadowski, P.: Grüne Logistik: Grundlagen, Ansätze und Hintergründe zur Optimierung der Energieeffizienz in der Logistik. Saarbrücken (2010)

Scharnweber, H.: Lieferantenbewertung in kleinen und mittleren Unternehmen. Tönning (2005).

Schierenbeck, H., Lister, M.: Value Controlling, Grundlagen wertorientierter Unternehmensführung, 2. unveränderte Aufl. München (2002)

Schindler: Distributionsprozesse: Die Form: (02.11.2008), In: IASLonline. http://de.wikipedia.org/w/index.php?title=Datei:Distributionsprozesse.png&filetime stamp=20040702140045 (2008). Zugegriffen: 22. März 2010

Schmelzer, H.J., Sesselmann, W.: Geschäftsprozessmanagement in der Praxis – Kunden zufrieden stellen, Produktivität steigern, Wert erhöhen, 6., vollständig überarbeitete und erweiterte Aufl. München (2008)

Schmitt, R.: Vorlesung Qualitätsmanagement, Qualitätsmanagement in der Beschaffung, Vorlesung an der RWTH Aachen. http://www.wzl.rwth-aachen.de/de/ebecb2e7d199a686c125736f00454c10/10_v_deu.pdf. Zugegriffen 6. Aug 2012

Schönsleben, P.: Integrales Logistikmanagement: Operations and Supply Chain Management in umfassenden Wertschöpfungsnetzwerken. Heidelberg (2007)

Schubert, W. (Hrsg.): Verkehrslogistik. München (2000)

Schüller, M.: Strategieentwicklung airlinegeführter Supply Chains, Spezifische Erfolgsfaktoren des Supply Chain Managements in der Luftfracht und Handlungsempfehlungen für Luftfracht-Carrier. Hamburg (2003)

Schulte, C.: Logistik, Wege zur Optimierung der Supply Chain, 5. überarbeitet und erweiterte Aufl. München (2009)

Schumacher, S.C., Schiele, H., Contzen, M., Zachau, T.: Die 3 Faktoren des Einkaufs: Einkauf und Lieferanten strategisch positionieren, 1. Aufl. Weinheim (2008)

SCI (Hrsg.): Marktstudie Schienengüterverkehr, Auftraggeber: Ministerium für Wirtschaft und Mittelstand, Technologie und Verkehr des Landes Nordrhein-Westfalen. https://services.nordrheinwestfalendirekt.de/broschuerenservice/download/381/Marktstudie_Schieneng_terverkehr.pdf (2009). Zugegriffen: 06. Juni 2012

Seghezzi, H.-D., Fahrni, F., Herrmann, F.: Integriertes Qualitätsmanagement. München (2007)

Siebert, H.: Ökonomische Analyse von Unternehmensnetzwerken; Nachdruck aus Staehle, W.-H.; Sydow, J. (Hrsg.): Managementforschung, Berlin usw. 1991, S. 291–311. In: Sydow, J. (Hrsg.) Management on Unternehmensnetzwerken: Beiträge aus der „Managementforschung", S. 7–27. Wiesbaden (1999)

Simons, D., Withington, T.: Die Geschichte der Fliegerei. Parragon (2007)

Sloan, A.P.: My Years with General Motors (1963)

Smith, A.: Der Wohlstand der Nationen, 8. Aufl. München (1999) (engl. orig. 1776)

Solow, R.: Growth Theory: An Expansion. In: Zahn, E., Foschiani, S (Hrsg.) Innovation, Wachstum, Ertragskraft-Wege zur nachhaltigen Unternehmensentwicklung. Cambridge (1988)

Spiegel Online 9/1994: http://www.spiegel.de/spiegel/Print/d-13688457.html (1994). Zugegriffen: 11. Mai 2010

Stelling, J.: Kostenmanagement und Controlling, 3., unveränderte Aufl. München Wien (2009)

Sterzenbach, R., Roland, C.: Luftverkehr. Betriebswirtschaftliches Lehr- und Handbuch 3., völlig überarbeitete und erweiterte Aufl. München (2003)

Stillich, S.: Der Schwarze Tod kam am Karfreitag. http://einestages.spiegel.de/static/topicalbumbackground/3823/der_schwarze_tod_kam_am_karfreitag.html (2009). Zugegriffen: 09. Juni 2012

Stölzle, W.: Umweltschutz und Entsorgungslogistik- theoretische Grundlagen mit ersten empirischen Ergebnissen zur innerbetrieblichen Entsorgungslogistik. Berlin (1993)

Straube, F.: eLogistik – ganzheitliches Logistikmanagement. Berlin Heidelberg (2004)

Strebel, H.: Umweltwirkungen der Produktion zfbf, S. 508. (1981)

Strüker J., Gille D., Faupel T.: RFID Report 2008 – Optimierung von Geschäftsprozessen in Deutschland. Freiburg (2008)

Taylor, C.C.: The Life of Admiral Hahan. London (1920)

Taylor, F.W.: Die Grundsätze wissenschaftlicher Betriebsführung, 2. Aufl. Weinheim (1995) (engl. orig. 1911; dt. 1913/1995)

Taylor, F.W.: Die Betriebsleitung – insbesondere der Werkstätten (engl. orig. 1903; dt. 1912)

TCW (Hrsg.): Wertsteigerung – Perspektiven zukunftsorientierter Unternehmen. http://www.tcw.de/uploads/html/publikationen/aufsatz/files/wertsteigerung wertsteiger.pdf. Zugegriffen: 15. Mai 2009

Tempelmeier, H.: Materiallogistik, Modelle und Algorithmen für die Produktionsplanung und –steuerung in Advanced Planning-Systemen, 6. Aufl. Berlin Heidelberg (2006)

Töpfer, A., Günther, S.: Steigerung des Unternehmenswertes durch Null-Fehler-Qualität als strategisches Ziel: Überblick und Einordnung der Beiträge. In: Töpfer, A. (Hrsg.) Six Sigma – Konzeption und Erfolgsbeispiele für praktizierte Null-Fehler-Qualität, 4., aktualisierte und erweiterte Aufl., S. 3–40. Berlin et al. (2007)

Turowski, K., Christoph U.C.v.: Workflow-basierte Geschäftsprozeßregelung als Konzept für das Management industrieller Produktentwicklungsprozesse, Arbeitsbericht Nr. 50. Münster (1996)

UIC: Die UIC bei der Vorbereitungssitzung der UN-Klimakonferenz (COP 15) in Bonn, Pressemitteilung Nr. 13. http://docs.noodls.com/viewDoc.asp?filename=76960/EXT/20090617007500633068110.pdf (2009). Zugegriffen: 09. Juni 2012

Umweltbundesamt: Entwicklung der THG-Emissionen in Deutschland nach Sektoren, Dessau-Roßlau. http://www.umweltbundesamt.de/uba-info-presse/2010/pdf/pd10–003_bild1.pdf (2010). Zugegriffen: 09. Juni 2012

United Nations: United Nations Framework Convention on Climate Change. http://unfccc.int/meetings/bali_dec_2007/meeting/6319.php. Zugegriffen: 04. Juni 2012

UNFCCC: Copenhagen Accord (PDF). http://unfccc.int/files/meetings/cop_15/application/pdf/cop15_cph_auv.pdf. Zugegriffen: 14. Sept. 2010

Urbach, J.P. (Hrsg.): Schiffsschraube in: wissen.de. http://www.wissen.de/lexikon/schiffsschraube. Zugegriffen: 10. Juni 2012

Richard, V.: Produktionsmanagement, 6., überarbeitete Aufl. München (2008)

VCD: http://www.vcd.org/gueterverkehr.html. Zugegriffen: 08. Juni 2010

Schweiz, V. (Hrsg.): Eine Transportidee erobert die Welt: der Container. http://www.verkehrsdrehscheibe.ch/transport/kombi/container.html. Zugegriffen: 10. Juni 2012

Wagner, S.M.: Lieferantenmanagement. In: Pfeifer, W., Schmitt, R. (Hrsg.) Masing – Handbuch Qualitätsmanagement. 5. Aufl., S. 547–573. München (2007)

Wäscher, G.: Layoutplanung für Produktionssysteme. In: Isermann, H. (Hrsg.) Logistik, 1. Aufl. Landsberg/Lech (1994)

Wannenwetsch, H.: Integrierte Materialwirtschaft und Logistik: Beschaffung, Logistik, Materialwirtschaft und Produktion, 4., aktualisierte Aufl. Berlin usw. (2010)

Wasser- und Schifffahrtsdirektion Ost (Hrsg.): Verkehrswirtschaftlicher und ökologischer, Vergleich der Verkehrsträger Straße, Schiene und Wasserstraße, November (2007)

Wasser.wsv.de/wasserstrassen/gliederung_bundeswasserstrassen/index.html. Zugegriffen: 06. Juni 2012

Wasser- und Schifffahrtsverwaltung des Bundes (WSV): Binnenschiff und Umwelt. http://www.wsv.de/Schifffahrt/Binnenschiff_und_Umwelt/index.html. Zugegriffen: 08. Juni 2009

Wasser- und Schifffahrtsverwaltung des Bundes (WSV): Gut zu wissen, was dahinter steckt Wasserstraßen, Sicherheit, Vitalität (Imagebroschüre). Bonn (2010)

Weber, J.: Logistik-Controlling, 4. überarbeitete Aufl. Stuttgart (1995)

Weber, J.: Ursprünge, Begriff und Ausprägungen des Controlling. In: Weber, J, Mayer, E. (Hrsg.) Handbuch Controlling. Stuttgart (1990)

Weber, J. et al: Kundenwert-Controlling. Weinheim (2004)

Weber, J., Kummer, S.: Aspekte des Betriebswirtschaftlichen Managements der Logistik. DWB **50**, 775–787 (1990)

Wegener, U.: Organisation der Logistik: Prozess- und Strukturgestaltung mit neuer Informations- und Kommunikationstechnik. Berlin (1993)

Werner, H.: Supply Chain Management, Grundlagen, Strategien, Instrumente und Controlling, 3. vollständig überarbeitete und erweiterte Aufl. Wiesbaden 2008

Werner, F., Dangelmeier, W.: RFID – Leitfaden für die Logistik: Anwendungsgebiete, Einsatzmöglichkeiten, Integration, Praxisbeispiele. Wiesbaden (2006)

Werth, S.: Schienentransporte 2008: 4,2 Mio. Container und Wechselbrücken vom 07. http://www.transport-online.de/Transport-News/Wirtschaft-Politik/9201/Schienentransporte-2008–42-Millionen-Container-und-Wechselbruecken (2009). Zugegriffen: 10. Juni 2012

Weinhard, C., Carsten, H.: E-Commerce – Netze, Märkte, Technologien. Heidelberg (2002)

Werners, B.: Grundlagen des Operations Research, mit Aufgaben und Lösungen, 2. überarbeitete Aufl. Berlin Heidelberg (2008)

Wettach, S.: Teure Abgase vom 15. http://www.wiwo.de/technik/teureabgase-399799/ (2009). Zugegriffen: 15. Juli 2009

Wiendahl, H.-P.: Fertigungsregelung, Logistische Beherrschung von Fertigungsabläufen auf Basis des Trichtermodells. München, Wien (1997)

Wiendahl, H.-P., et al.: Kennzahlengestützte Prozesse im Supply Chain Management. Ind. Manage. **14**(6), 18–24 (1998)

Wiener Stadtwerke (Hrsg.): Energieverbrauch Doppelte Verantwortung beim Energiesparen. http://www.nachhaltigkeit.wienerstadtwerke.at/oekologie/energieverbrauch.html (2011). Zugegriffen: 09. Juni 2012

Wildhage, H.-J.: Neuer Öko-Diesel entlastet Umwelt vom 25. Juni 2009, im NFZ-Markt der DVZ, Nr. 76, S. 1 (2009)

Winter, H.: Seeverkehr 2009. In: Statistisches Bundesamt (Hrsg.): Auszug aus Wirtschaft und Statistik. Wiesbaden (2010)

Witherton, P.G.: Kombinierter Verkehr in Wirtschaftslexikon24 o. J. http://www.wirtschaftslexikon 24.net/d/kombinierter-verkehr/kombinierter-verkehr.htm. Zugegriffen: 06. Juni 2012

Witzel, M.: Fifty Key Fictures in Management. New York (2003)

Woeckener, Bernd: Einführung in die Mikroökonomik, Heidelberg 2006

Womack, J.P., Jones, D.T., Roos, D.: Die zweite Revolution in der Autoindustrie – Konsequenzen aus der weltweiten Studie des Massachusetts Institute of Technology. München 1997 (amerik. Orig.: The Machine that changed the World, New York 1990; dt. 1991)

Wouters, R.: Der Triebwerksbau muss ran! http://www.aerotec-online.com/dertriebwerksbau-muss-ran/. Zugegriffen: 16.07.2009

Wranik, S.: „Der verbrauchsgünstigste Serien LKW der Welt" vom 04.06.2008. http://www.mylogistics.de/de/news/print_themen1.jsp?key=news895342. Zugegriffen: 09. Juni 2012

Wulf-Mathies, M.: Leiterin des Zentralbereichs Politik und Nachhaltigkeit von Deutsche Post World Net (Handelsblatt, 2. Juni 2006)

Wüste, M.: Innovations- und Nachhaltigkeitstrategien in der Automobilindustrie – der Einfluss des Marktes auf die Entwicklung alternativer Antriebe. Hamburg (2010)

Wycisk, C.: Flexibilität durch Selbststeuerung in logistischen Systemen, Entwicklung eines realoptionsbasierten Bewertungsmodells, 1. Aufl. Wiesbaden (2009)

Sachverzeichnis

S. Koch, *Logistik*,
DOI 10.1007/978-3-642-15289-4, © Springer-Verlag Berlin Heidelberg 2012